HERZLICHEN GLÜCKWUNSCH

Und Dankeschön für den Kauf dieses Buches. Als besonderes Schmankerl* finden Sie unten Ihren persönlichen Code, mit dem Sie das Buch exklusiv und kostenlos als eBook erhalten.

Beachten Sie bitte die Systemvoraussetzungen auf der letzten Umschlagseite!

70186-r65p6-
vw000-4nzui

Registrieren Sie sich einfach in nur zwei Schritten unter **www.hanser.de/ciando** und laden Sie Ihr eBook direkt auf Ihren Rechner.

KOMPETENZ · HANSER · GEWINNT

* Bayrisch für eine leckere Kleinigkeit; ein Leckerbissen

Heinemann

Jenseits der Programmierung

Elisabeth Heinemann

Jenseits der Programmierung

Mit T-Shaping erfolgreich in die IT-Karriere starten

HANSER

Prof. Dr. Elisabeth Heinemann, Darmstadt

www.jenseits-der-programmierung.de
www.effactory.de

Alle in diesem Buch enthaltenen Informationen, Verfahren und Darstellungen wurden nach bestem Wissen zusammengestellt und mit Sorgfalt getestet. Dennoch sind Fehler nicht ganz auszuschließen. Aus diesem Grund sind die im vorliegenden Buch enthaltenen Informationen mit keiner Verpflichtung oder Garantie irgendeiner Art verbunden. Autorin und Verlag übernehmen infolgedessen keine juristische Verantwortung und werden keine daraus folgende oder sonstige Haftung übernehmen, die auf irgendeine Art aus der Benutzung dieser Informationen – oder Teilen davon – entsteht.

Ebenso übernehmen Autorin und Verlag keine Gewähr dafür, dass beschriebene Verfahren usw. frei von Schutzrechten Dritter sind. Die Wiedergabe von Gebrauchsnamen, Handelsnamen, Warenbezeichnungen usw. in diesem Buch berechtigt deshalb auch ohne besondere Kennzeichnung nicht zu der Annahme, dass solche Namen im Sinne der Warenzeichen- und Markenschutz-Gesetzgebung als frei zu betrachten wären und daher von jedermann benutzt werden dürften.

Bibliografische Information der Deutschen Nationalbibliothek:

Die Deutsche Nationalbibliothek verzeichnet diese Publikation in der Deutschen Nationalbibliografie; detaillierte bibliografische Daten sind im Internet über http://dnb.d-nb.de abrufbar.

Lektorat: Margarete Metzger
Herstellung: Irene Weilhart
Copy editing: Jürgen Dubau, Freiburg/Elbe
Umschlagdesign: Marc Müller-Bremer, www.rebranding.de, München
Umschlagrealisation: Stephan Rönigk
Datenbelichtung, Druck und Bindung: Kösel, Krugzell
Ausstattung patentrechtlich geschützt. Kösel FD 351, Patent-Nr. 0748702
Printed in Germany

ISBN 978-3-446-42260-5

Inhalt

Geleitwort

Informationstechnologie ist heute überall zu finden. Eingebettet in die Gegenstände des Alltags hat sie sichtbar und unsichtbar die Welt erobert. Elektronik und das Internet sind allgegenwärtige Begleiter – sie haben unser Leben und unsere Arbeit verändert. Die Geschwindigkeit, mit der immer neue Innovationen auf den Markt kommen und sich rasch ausbreiten, ist überwältigend und nimmt weiter zu.

Analog dazu verändern sich nicht nur die Anforderungen an Informationstechnologie ständig, sondern auch die an alle, die in dieser Branche arbeiten. Aber was bedeutet überhaupt „IT-Branche" in einer Welt, in der kaum ein Konsumprodukt ohne IT auskommt? Einer Welt, in der sogar Bäcker die Backprogramme mit dem Laptop in den Backofen hochladen!

Die saubere Trennung zwischen einer IT-Fachkraft und Experten aus anderen Bereichen weicht auf. Vom IT-Spezialisten wird heute mehr als je zuvor erwartet, die Nutzer der IT-Lösungen zu verstehen, ihre Bedürfnisse zu erkennen und ihnen verständlich und transparent die richtigen Antworten zu geben. Die Zeiten sind vorbei, in denen Programmierer in einem separierten Arbeitsbereich einsam auf ihre Tasten einhackten. Heute sind Informatiker häufig keine reinen Informatiker, sondern Wirtschaftsinformatiker, Medieninformatiker, Medizininformatiker oder haben gleich etwas ganz anderes studiert und sind wie ich als Quereinsteiger in die IT-Branche geraten. Sie arbeiten keineswegs nur in Hardware-, Software- oder IT-Beratungsunternehmen – sie finden sich in IT- oder Produktentwicklungsabteilungen in Unternehmen jeder Größe und jeder Branche. Auch länderübergreifend, d.h. die Teams bestehen aus Kollegen mit unterschiedlichsten Hintergründen, Frauen und Männern, mit und ohne IT-Ausbildung. Interkulturelle Kommunikation ist dabei genauso gefragt wie Flexibilität und Mobilität. Video- und Telefonkonferenzen finden über mehrere Zeitzonen hinweg und in unterschiedlichen Sprachen statt. Hierarchien sind flacher geworden, Aufgaben werden in wechselnden Projekten erledigt, mit immer neuen Teamkollegen, mit häufiger wechselnden Chefs.

Dieses veränderte Arbeitsumfeld verlangt neue Fähigkeiten, die häufig nicht beim Studium gelehrt und gelernt werden. Das einmal erworbene Wissen veraltet schnell – in der IT ist die Halbwertzeit des Wissens inzwischen gerade einmal zwei Jahre lang. Lebenslanges

Lernen ist geradezu eine Kernkompetenz geworden, wenn man mit der rasanten Weiterentwicklung in der Informationstechnologie Schritt halten will.

Viele Kompetenzen, die früher eine untergeordnete Rolle spielten, gehören heute zu den Erfolgsvoraussetzungen. Wichtige Fähigkeiten sind das Eingehen auf Menschen unterschiedlichster Charaktere und der Umgang mit Vielfalt. Aber auch das Etablieren und Pflegen von guten Beziehungen, der Aufbau eines belastbaren Netzwerkes – innerhalb und auch außerhalb der Firma, zu Kunden und Geschäftspartnern sind für die Karriere wichtig.

Für mich ist das Zuhören-Können eine der wichtigsten Fähigkeiten, um im Berufsleben erfolgreich zu sein, auch in der IT und vor allem als Führungskraft. Aufmerksam für die Bedürfnisse der Kunden zu sein, ihre Wünsche und Probleme zu verstehen und darauf zu reagieren ist dabei ebenso wichtig, wie unterschiedlichste Mitarbeiter immer wieder neu zu motivieren, sie nicht nur als Ressourcen, sondern als Menschen zu begreifen, die neben ihrer Arbeit auch andere Interessen, Leidenschaften oder Nöte haben. Wer immer ein Ohr für die Anliegen der Kunden hat, wird die Zeichen der Zeit nicht übersehen, Veränderungen im Markt rechtzeitig wahrnehmen und die Chance ergreifen können, sich immer wieder neu anzupassen oder Entwicklungen mitzubestimmen.

All diese Fähigkeiten sind nicht allen Menschen gleich in die Wiege gelegt. Die meisten müssen sie immer wieder üben – zuallererst aber sich ihrer Bedeutung immer wieder bewusst werden. Jeder hat dabei eigene Stärken, aber auch Bereiche, in denen man sich individuell stets weiter entwickeln kann. Dieses Buch wird Ihnen dabei helfen, das komplexe Anforderungsspektrum an Nachwuchs, aber auch Führungskräfte in der IT und all den interdisziplinären Fachgebieten, in denen IT eine zunehmende Rolle spielt, besser zu verstehen, eigene Entwicklungspotenziale zu identifizieren und gezielt bestimmte Kompetenzen zu schulen.

Angie Gifford

Mitglied der Geschäftsleitung der Microsoft Deutschland GmbH

München im Sommer 2010

1 Prolog

Jedes Mal, wenn du ein Buch fortgelegt hast und beginnst, den Faden eigener Gedanken zu spinnen, hat das Buch seinen beabsichtigten Zweck erreicht.

Janusz Korczak (1878-1942)
polnischer Arzt, Kinderbuchautor und Pädagoge

Schön, dass Sie dieses Buch entdeckt haben. Vielleicht ist es Ihnen einfach so ins Auge gesprungen oder es hat sogar jemand zu Ihnen gesagt, dass es sich lohnt, einmal hineinzuschnuppern. Wie dem auch sei – es ist schön, dass es so ist.

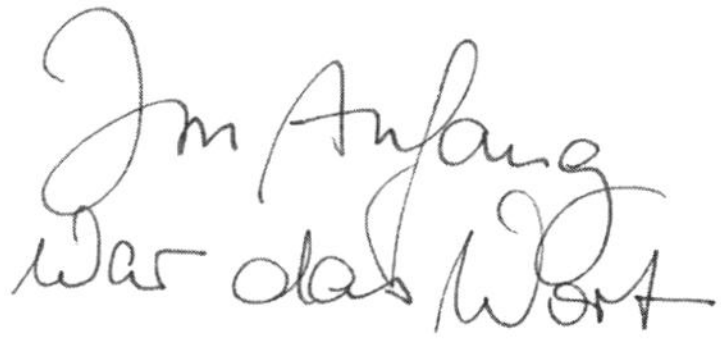

Der Prolog – vom griechischen *prólogos*, also „vor (pro) dem Wort (logos)“ abgeleitet – bezeichnet eine Vorrede, schlicht gesagt: die Einleitung. Sie dient dem ersten Eintauchen in die darauf folgende Thematik und soll es Ihnen, liebe Leserin, lieber Leser, erleichtern, sich in selbiger zurechtzufinden. Kurz gesagt: Bevor wir in das Selbst-Coaching-Programm dieses Buches eintauchen, denn um nicht mehr und nicht weniger handelt es sich hier, sollten Sie wissen, was Sie erwartet. Damit Sie aus den vorliegenden 250+ Seiten den bestmöglichen Nutzen ziehen, sei in diesem ersten Kapitel schon einmal der Hintergrund näher beleuchtet, vor dem sich der Inhalt dieses Buchs präsentiert, und eine kleine Gebrauchsanleitung vorgestellt, *wie* es *von wem* sinnvollerweise gelesen werden sollte.

1.1 Der Hintergrund des Ganzen

Die (technologische) Welt ist kompliziert, und wir sind mittendrin: Heutzutage durchziehen Informationstechnologien (IT) die Firmen fast auf dieselbe Weise wie das Nervensystem den menschlichen Körper. Doch nicht nur das. Die IT ist darüber hinaus gleichsam die Lebensader des dynamischen Systems *Unternehmen* im Kontakt mit seiner Umwelt. Entsprechend kompliziert und vernetzt ist heute in den meisten Organisationen die IT-Landschaft. Noch dazu, wenn sie über Jahre hinweg – wie es in der gelebten Praxis sehr oft der Fall ist – durch „ein bisschen ändern hier“ und „noch was ergänzen da“ zu einem heterogen Gebilde gewachsen ist. Daraus ergeben sich natürlich auch wieder immer neue Anforderungen an die IT-Mitarbeiter, unabhängig ob aus dem eigenen Haus oder von außen als externe Dienstleister hereingeholt.

1.1.1 Sein oder Nichtsein: Eine Frage der Karriere

Fachexperte oder Führungskraft? Thematische Expertise oder personelle Verantwortung? Das war lange Zeit eine häufig gestellte Frage, wenn es um die Laufbahnplanung nicht nur in Großunternehmen ging. Infolgedessen wurde der betreffende Hochschulabsolvent entweder bereits vor der Einstellung oder spätestens ein, zwei Jahre danach von seinem Arbeitgeber gefragt, ob er sich

- in Richtung *Spezialist* entwickeln möchte, der bezogen auf sein Fachgebiet nahezu alles weiß, oder
- doch lieber in Richtung *Generalist*, der sich eher durch ein Überblickswissen auszeichnet, also durch ein Wissen um das „große Ganze“, bezogen auf viele Themengebiete.

Dabei wurde – und wird teils auch nach wie vor – „Generalist sein“ meist mit „Führungskraft sein“ gleichgesetzt. Und wenn man sich einmal entschieden hatte, so war der Weg vorgegeben. Bei einem kürzlich durch eine große, international tätige Unternehmensberatung durchgeführten Karrieretag für weibliche Absolventen IT-naher Studiengänge war die Antwort auf die Frage einer Absolventin, ob „man sich denn noch mal umentscheiden könne“ ein klares „Nein“. Einmal Fachkraft, immer Fachkraft, und einmal Führungskraft, immer Führungskraft – so lautete und lautet offenbar auch heute noch in fast allen Großunternehmen die Devise.

Doch ein Wandel bahnt sich an, begründet durch veränderte Arbeitswelten und -weisen. Viele Unternehmen haben die Bedeutung der Fachexpertise verbunden mit dem Blick für „den Rest“ neu entdeckt. Denn sie wissen, dass vor allem die Nutzung des Wissens ihrer Mitarbeiter dasjenige Potenzial ist, das es bestmöglich zu fördern und fordern gilt. Das zeigt ein Blick in die Vorstandstagen von Unternehmen, deren Kerngeschäft nicht den Informations- und Kommunikationstechnologien zuzuordnen ist. Während dort vor 10 bis 15 Jahren noch vorwiegend Betriebswirte und Juristen saßen, haben in den vergangenen Jahren auch verstärkt Ingenieure, Naturwissenschaftler und Informatiker Einzug gehalten. Man denke an berühmte Beispiele hochrangiger Manager wie den Informatiker und künftigen Porsche-Chef Matthias Müller oder den erst kürzlich abgelösten Vorstandsvorsitzenden Jürgen Hambrecht (BASF), seines Zeichens promovierter Chemiker, sowie den Diplomingenieur Ferdinand Piëch, Aufsichtsratsmitglied von VW. Es gibt zwar auch einige wenige Frauen mit technischem Hintergrund auf entsprechenden Managerposten, aber man muss sie suchen. Ein Mut machendes Beispiel ist die Ingenieurin Ines Kolmsee, Vorstandsvorsitzende der SKW Metallurgie und damit einzige Frau an der Spitze eines börsennotierten Unternehmens der DAX-Familie.

1.1.2 Die Renaissance des Fachwissens

Viele Unternehmen haben mittlerweile erkannt, dass ein generalistisches Know-how zwar hervorragend dazu geeignet ist, ein Unternehmen zu steuern, aber an bestimmten Punkten einfach nicht ausreicht. Die Grenzen des reinen Generalismus sind nämlich in der Regel dann erreicht, wenn es beispielsweise darum geht, die Weichen in der Organisation in Richtung *Zukunft* zu stellen und unternehmerisch relevante Fragen wie diese zu beantworten:

- Wie können wir künftig aufgrund der technologischen Entwicklungen unsere Arbeitsprozesse gestalten?
- Welche neuen Produkte und Dienstleistungen bzw. welche „Rundum-sorglos-Pakete" können wir infolgedessen unseren Kunden anbieten?

Die Antworten auf solche Fragen, die die Zukunft gedanklich – teils visionär – vorwegnehmen, erfordern häufig ein fundiertes technisches und bzw. oder naturwissenschaftliches Fachwissen. Denn aus dem Unternehmen von gestern ist längst ein Enterprise 2.0[1] geworden. Und wenn nicht, dann ist es für das betreffende Unternehmen höchste Zeit, sich in diese Richtung hin zu entwickeln. Denn noch einmal: Ohne solides Fachwissen kann heutzutage niemand seinen Job gut machen, egal ob Fach- oder Führungskraft.

Ein wesentlicher Treiber dieser Entwicklung war und ist die Informationstechnologie (IT). Denn deren rasante Entwicklung hat nicht nur die Arbeitsprozesse in den Unternehmen rationalisiert, sondern die Verantwortlichen oftmals dazu gezwungen, ihr Geschäftsmodell per se zu überdenken.

1.1.3 In die Tiefe und in die Breite

Aufgrund der zunehmenden Vernetzung prägt heute die bereichsübergreifende Zusammen- und interdisziplinäre Projektarbeit über Abteilungs- und teils Ländergrenzen hinweg den Arbeitsalltag in vielen Unternehmen. Dadurch wurden auch die alten Klassifikationen Fach- *oder* Führungskraft sowie Spezialist *oder* Generalist aufgeweicht. Zunehmend gewinnt stattdessen ein Mitarbeitertyp an Bedeutung, der als *T-Shaped Professional* bezeichnet werden kann und der die Stärken des Spezialisten und Generalisten gleichermaßen in

---

[1] Der Begriff Enterprise 2.0 wurde von dem Harvard Professor Andrew P. McAfee geprägt und beschreibt ein Unternehmen, das die interne Kommunikation und Interaktion ebenso wie die mit Kunden und Lieferanten unter Zuhilfenahme der Tools des Web 2.0 (Social Software und Media) gestaltet [McAf09.]

sich vereint. Sein Merkmal: Außer dem für seinen Job erforderlichen fachlichen *Tiefenwissen* verfügt er über das für die Bewältigung komplexer Aufgaben und die Kommunikation mit den Anwendern (situativ) nötige *Breitenwissen*.

Dieses Kompetenzprofil betrifft insbesondere Menschen wie Sie, lieber Leser, liebe Leserin. Also solche, die auf der großen Spielwiese der IT ihren Beruf und idealerweise auch ihre Berufung finden wollen. Denn die IT-Systeme haben letztlich in den meisten Fällen eine den Fachbereich, also die Domain *unterstützende Funktion* – sei es in Form der Geräte, in die sie integriert sind, oder als Anwendungssysteme in den Unternehmen selbst. Folgerichtig müssen IT'ler ungeachtet ihres fachlichen Schwerpunkts auch „die Peripherie" verstehen, für welche die Technologien, mit denen sie zu tun haben, entwickelt werden bzw. wurden. Sonst dient die Technik im Sinne des „l'art pour l'art" ganz schnell nur sich selbst und nicht dem Anwender bei der Bewältigung seiner Probleme und alltäglichen Herausforderungen.

1.1.4 Es gibt ein Leben nach Hochschule oder Lehre

Von den Hochschulen bringen Informatiker eine derart breite und gleichzeitig in die Tiefe gehende Ausbildung im Allgemeinen eher selten mit. Das liegt teils an den dortigen Lehrangeboten, teils aber auch am Selbstverständnis der Informatik-Studierenden. Nicht jeder „Tekkie" ist während des Studiums, also fern der Einbindung in eine konkrete unternehmerische Praxis, offen für Themen, die „jenseits der Programmierung" liegen. Die Aha-Effekte nach den ersten Kontakten mit eben dieser Praxis und entsprechender Erfahrung, welches Wissen, welche Fähigkeiten und Fertigkeiten tatsächlich benötigt werden, sind meistens sehr einschneidend. Denn die meisten Berufseinsteiger erwerben ein solches Profil erst im Laufe ihres Berufslebens und zahlen dafür nicht selten etliches an Lehrgeld. Um diese Phase zu verkürzen, bieten zahlreiche Unternehmen Abiturienten ein duales Studium an, bei dem die jungen Männer und Frauen jeweils die Hälfte der Zeit studieren und im Betrieb arbeiten. Auf diese Weise wird gleich zu Anfang der IT-Ausbildung dafür Sorge getragen, dass der Mitarbeiter in spe weder fachliche Scheuklappen trägt noch sich in idealtypischen Theorien verliert.

Dass ihre Absolventen oft nicht das von den Unternehmen gewünschte Qualifikationsprofil vorweisen, haben die meisten Hochschulen längst erkannt. Das belegt die wachsende Zahl sogenannter „Bindestrich-Informatiken" wie Wirtschafts-, Medizin- oder auch Kommunikationsinformatik, die als interdisziplinäre Studiengänge die Breite zu ihrer natürlichen (Fach-)Tiefe quasi gleich von Anfang an zu implementieren versuchen. Auch die zahlreichen Career Center, in denen Schlüsselqualifikationen oder auch Veranstaltungen im Sinne eines Studium Generale angeboten, sind klare Anzeichen dafür, dass die Hochschulen erkannt haben: Unternehmen benötigen und wollen mehr „T-Shaped Professionals". Um so wichtiger ist es, dass junge Menschen, die von Hochschulen abgehen oder ihre IT-orientierte Lehre abschließen, verstanden haben, dass sie im Sinne eines *lebenslangen Lernens* spätestens ab dann selbstverantwortlich und proaktiv für die stete Erweiterung ihres Horizonts sorgen müssen.

Dabei sollte allerdings die Beantwortung der Frage, welche Kompetenzen ein solcher T-Shaped Professional neben seinem Spezialwissen zum Abrunden seines Profils noch benötigt, nicht auf die sogenannten Soft Skills reduziert werden. Deren Bedeutung steht für den beruflichen Erfolg außer Frage[2] – branchen- und funktionsübergreifend –, stellt aber nicht alleine das Breitenwissen eines T-Shaped Professionals dar. Das ergibt sich in der Regel aus der angestrebten Funktion, den persönlichen Stärken, der Branche, in der man arbeitet, und nicht zuletzt auch aus der Unternehmenskultur. Denn diese ist verantwortlich für das Umfeld, in dem sich ein junger Mensch über die Jahre hinweg zu einem richtigen T-Shaped Professional entwickeln kann. Bei einem Informatiker, der als Inhouse-Entwickler für ein Handelsunternehmen arbeitet, können die Breitenkompetenzen beispielsweise fundierte Logistik-Kenntnisse sowie Prozess-Know-how im Hinblick auf das Supply Chain Management[3] des Unternehmens sein. Generell von Nöten ist vielfach das Wissen über Geschäftsprozesse und Organisationsstrukturen sowie Branchen-Know-how. Beispielsweise braucht ein IT'ler, der bei einem Baufinanzierer arbeitet, auch Kenntnisse betrieblicher und regulatorischer Anforderungen im Finanzwesen. Ansonsten kann er keine Software-Lösungen entwickeln, die die Herausforderungen desjenigen Unternehmens bewältigt, für das er arbeitet.

1.2 Eine kleine Gebrauchsanleitung für dieses Buch

Es gibt Menschen, die bauen das Bücherregal eines bekannten schwedischen Möbelhauses ganz ohne Anleitung auf. Gleich beim ersten Mal. Das kann gut gehen, muss es aber nicht. Dann gibt es wiederum Menschen, die vor diesem Abenteuer die Anleitung auswendig lernen und noch den Rat von mindestens zwei erfahrenen „Bücherregalaufbauern" einholen. Das kann und wird wahrscheinlich gut gehen. Muss es aber nicht.

Zu welcher Kategorie Sie sich auch immer zählen: Werfen Sie am besten mal einen Blick in die nun folgenden Kapitel, denn danach werden Sie wissen, ob dieses Buch etwas für Sie ist oder ob Sie es jemandem in die Hand drücken möchten, zu dessen Hintergrund und Zielen es besser passt als zu den Ihren.

1.2.1 Wer dieses Buch wie lesen sollte

Wer sind Sie, der Sie dieses Buch in den Händen halten? Idealerweise sind Sie jemand, der gerade sein Informatikstudium oder eine entsprechende Ausbildung beendet hat und erste Schritte ins Berufsleben gehen möchte bzw. kurz davor ist, dies zu tun. Das technische Handwerkszeug haben Sie mitbekommen und hatten möglicherweise auch schon die eine

[2] Das belegt auch die steigende Zahl an entsprechender, auf den IT-Bereich ausgerichteter Literatur wie [ViSc08], [ViSM09] oder [Bohi09].

[3] Planung, Kontrolle und Steuerung des Wertschöpfungsprozesses, also des Kernprozesses mit all seinen unternehmensinternen wie -externen Prozessbeteiligten.

oder anderen Berührungspunkte mit Soft Skills und betriebwirtschaftlichen Themen. Im Großen und Ganzen haben Sie eine Idee davon, wo ihr beruflicher Weg Sie hinführen wird, und sind ihn möglicherweise schon ein Stück gegangen.

Vielleicht sind Sie auch ein „alter Hase“, der seine Kompetenzen *jenseits der Programmierung* einer kleinen Aktualitätskontrolle unterziehen möchte. Dabei spielt es keine Rolle, ob Sie reine oder eine sogenannte Bindestrich-Informatik wie Wirtschaftsinformatik oder Ähnliches studiert haben. Vielleicht sind Sie aber auch einfach nur neugierig und interessieren sich für Dinge die – wie der Buchtitel schon sagt – eben jenseits der Programmierung liegen, und das, obwohl Sie nun schon ein paar Jahre im Beruf sind. In jedem Fall verspreche ich Ihnen jetzt schon, dass Sie hier folgende drei Varianten von Informationen erhalten werden und zitiere dabei die wunderbare Lehr- und Lernexpertin Vera F. Birkenbihl[4]:

- *Neues*
  Wunderbar, dann hat das Buch schon einmal seinen Zweck erfüllt, und Sie werden es – vorausgesetzt, Sie finden das Neue auch gut und praktikabel – interessiert lesen und die Inhalte nach Ihrem persönlichen Gutdünken für sich umsetzen. Wobei: Um Neues erfahren zu können, muss der dargebotene Inhalt ca. 80 Prozent Bekanntes beinhalten, denn sonst wäre unsere Gehirn gar nicht in der Lage, die 20 Prozent Neues als solches zu verarbeiten.
- *Bekanntes*
  Auch das ist gut, denn wenn Sie etwas lesen, das Sie aus Ihrer aktiven Erfahrung heraus kennen, intuitiv schon so gemacht haben oder es Ihnen in sonst einer Weise vertraut ist, dann werden Sie vielleicht denken: „Ach ja, stimmt, kenne ich“ oder „Klar, habe ich so auch schon erlebt“ oder auch „Richtig, so habe ich das intuitiv auch gemacht“. Das bestätigt Sie in Ihrem Tun. Und wer von uns weiß es nicht zu schätzen, wenn er quasi „von außen“ signalisiert bekommt, dass es richtig ist, was er tut?
- *Bekanntes*
  Nein, das ist kein Druckfehler. Es gibt eine zweite Ausprägung für das bereits Bekannte. Und diese fassen Sie i.d.R. – im Gegensatz zur ersten Variante – erst einmal eher negativ auf. Ihnen können Sachverhalte zwar grundsätzlich, also theoretisch bekannt sein, aber deswegen müssen Sie diese ja noch lange nicht (aus)leben. Die Gründe dafür sind vielleicht Zweifel an der Sinnhaftigkeit oder ein nicht Nachvollziehen-Können oder schlichte Trägheit, weil Ihnen der Hinweis so banal vorkommt. Eine Binsenweisheit, die als Weisheit verkauft wird. Aber Achtung: Jetzt kommt der *Birkenbihl-Banalitäts-Test* zum Tragen: Schreiben Sie den Gedanken, der Ihnen so fürchterlich banal vorkommt, doch einfach mal auf einen Post-it-Zettel und kleben Sie diesen an

[4] Diese wunderbare Einteilung nebst dem Birkenbihl-Banalitäts-Test können Sie in [Birk85], aber auch hier nachlesen: `http://birkenbihldenkt.wordpress.com/2009/08/14/der-birkenbihl-banalitats-test/`, Abruf am 12.06.2010.

eine Stelle, wo Sie ihn am Tag mehrmals sehen können (Badspiegel, Sonnenblende am Auto oder an den Küchenschrank). Lassen Sie ihn mindestens drei Tage dort. Jedes Mal, wenn Sie ihn nun lesen, wird dies in einem Kontext sein, mit dem der Text auf dem Zettel höchstwahrscheinlich nichts zu tun hat. Sie sind also im Kopf frei genug, ihn mit anderen Kontextbezügen in Verbindung zu bringen. Und vielleicht ist er auf einmal gar nicht mehr so banal. Wenn der Gedanke aber nach drei bis fünf Tage immer noch nicht zündet, dann „feel free" und schmeißen Sie ihn einfach weg.

Nun ein Vorschlag dazu, *wie* Sie dieses Buch lesen sollten. Generell kann man ein Buch natürlich auf verschiedene Weisen goutieren. Zum einen steht es Ihnen frei, es einfach durchzublättern und an den Stellen hängen zu bleiben, die für Sie am interessantesten sind. Zum anderen können Sie ganz gezielt das Inhaltsverzeichnis durchforsten und anschließend die Schlagworte und andere markante Stellen während des Querlesens erfassen. Sie können das Buch natürlich auch konsequent von vorne nach hinten durcharbeiten. Und das ist im vorliegenden Fall sicherlich die sinnvollste und gewinnbringendste Art, sich der Thematik zu widmen. Ich sage das auch auf die Gefahr hin, dass Sie während des Lesens viele Aspekte erkennen oder gar wieder erkennen werden, mit denen Sie sich im Laufe Ihrer Ausbildung, Ihres Studiums oder auch bereits während Ihrer Berufstätigkeit beschäftigt haben. Aber diesen Punkt haben wir ja schon geklärt. Und bekanntlich verfestigt sich etwas dann am besten, wenn es mit ein wenig Wiederholung öfter mal gehört, gelesen und praktiziert wird.

Eines allerdings ist ganz wichtig: Sie sollten dieses Buch nicht einfach lesen, sprich konsumieren, sondern als „Sparringspartner" ansehen, der Sie zu einem aktiven Tun motiviert. Denn die hier vorgestellte *T-Shaping-Strategie* (siehe auch Kapitel 2.3) bietet Ihnen konkrete Anregungen für ein Selbst-Coaching. Aus diesem Grund finden Sie in den Kapiteln dieses Buches – neben dem Fließtext – folgende Werkzeuge:

- *Übungen*, mit denen Sie den Inhalt des Abschnitts sowohl reflektieren als auch selbsttätig vertiefen können, **Ü**
- *Checklisten* als konkrete Hilfsmittel für die gelebte Praxis, **C**
- *Aha-Effekte* (A-Icon) für bedenkens- und behaltenswerte Erkenntnisse, **A**
- *Tipps*, die auf den Punkt gebracht Hinweise für das Denken und Handeln anbieten, **T**
- *Praxisbeispiele* in großen grauen Kästen, die das zuvor Dargelegte mit einem konkreten Praxisbeispiel oder auch mit einer an die Praxis angelehnte Geschichte untermauern.

Ein Buch ist im Idealfall ein *Sparringspartner*, mit dem Sie zwar nicht immer einer Meinung sein müssen, der Sie aber ins Nachdenken bringt und Ihnen Impulse für Ihren beruflichen und/oder privaten Alltag geben kann.

Vertrauen Sie mir: Sie werden deutlich mehr Aha-Effekte – und auch Spaß – haben, wenn Sie sich nicht nur gedanklich mit dem Gelesenen und den dazugehörigen interaktiven Teilen des Buches auseinandersetzen, sondern vielmehr real. Üben Sie, probieren Sie aus, übersetzen Sie das Gelesene und die Praxisbeispiele in Ihre Lebens- und Arbeitswelt. Deswegen sollten Sie sich nach jedem Kapitel die dort als Anregung aufgeführten Fragen stellen, denn diese unterstützen Sie im Idealfall dabei, am Ball zu bleiben und sich weiterhin, d.h. auch über die Lektüre dieses Buches hinaus, mit Ihren T-Shaping-Kompetenzen zu beschäftigen. Hier schon einmal ein paar beispielhafte Fragen, die Sie zum Nachdenken und Nacharbeiten der angebotenen Inhalte anregen sollen:

- Bei welchen Themen hatten Sie im betreffenden Kapitel Ihre besonderen Aha-Effekte?
- In welchen der vorgestellten Themen fühlen Sie sich ziemlich oder sogar völlig sicher?
- Und an welchen möchten Sie (trotzdem) noch arbeiten?

Es macht ja schließlich auch keinen Spaß, ständig auf das schicke iPad in der Fernsehwerbung zu starren und es nicht ausprobieren zu dürfen oder in der Kneipe stundenlang das Objekt der Begierde vor der Nase sitzen zu haben und es nicht ... Na, das lassen wir jetzt lieber ☺.

1.2.2 Was Sie von diesem Buch erwarten dürfen und was nicht

Wenn Sie als Student oder Berufseinsteiger in der IT-Welt erfolgreich sein wollen, so sollten Sie nicht allein auf Ihr IT-Know-how vertrauen. Unternehmen, die in unserer heutigen Wissensgesellschaft mit Erfolg bestehen wollen, haben viele technische Aufgaben längst automatisiert oder in ferne Länder ausgelagert. Und ungeachtet dessen, in welcher Phase des Software-Entwicklungsprozesses Sie beschäftigt sind, benötigen Sie neben der fachlichen Expertise, also dem fachlichen Spezialwissen im Sinne der T-Shaping-Strategie, auch Wissen und Fertigkeiten darüber hinaus, als da beispielsweise wären:

- Unternehmerisches Verständnis (Kapitel 3)
- Selbstkompetenz (Kapitel 4)
- Kommunikationsfähigkeiten (Kapitel 5)
- Team- und Konfliktkompetenz (Kapitel 6)
- Kunden- und Serviceorientierung (Kapitel 7) oder auch
- Networking-Fähigkeiten (Kapitel 8).

Wie Sie es schaffen, sich in diesen Bereichen Kenntnisse anzueignen, die zumindest eine sehr gute Basis bieten, daran weiterzuarbeiten, erfahren Sie in diesem Buch. Kompakte Einführungen in verschiedene Themenbereiche, Praxistipps, Selbsttestfragen und konkrete Handlungsempfehlungen unterstützen und begleiten Sie bei Ihrer Entwicklung zum T-Shaped Professional und helfen Ihrer Karriere – so Sie das möchten – auf die Sprünge.

Nachdem Sie nun erfahren haben, was Sie mit diesem Buch erreichen können, möchte ich Sie darauf hinweisen, was Ihnen dieses Buch *nicht* bietet, nämlich Vollständigkeit. Dieses Buch ist weder vollständig im Hinblick auf erwähnte Beispiele aus dem beruflichen Alltag eines IT'lers noch hinsichtlich der Vielfalt IT-naher Berufe geschweige denn in Bezug auf potenzielle Lösungsmöglichkeiten, aus einem Scheuklappen tragenden IT-Experten einen über den eigenen Tellerrand schauenden T-Shaped Professional zu machen. Sie finden allerdings in Kapitel 9 (Epilog) einen Vorschlag für einen Aktionsplan, der Sie auf weitere wichtige Themen für Ihr T-Shaped-Profil aufmerksam machen möchte. Hier finden Sie u.a. auch die bewusst im Hauptteil ausgelassenen Themen *Projektmanagement* und *Führung*.

Beide sind natürlich sehr wichtig, denn Erstgenannter gehört natürlich unbedingt zum Querbalken eines richtig „guten" T. Allerdings habe ich beim Projektmanagement die größte Hoffnung, dass Sie hier aus Ihrer Ausbildung, Ihrem Studium oder den ersten Berufsjahren bereits einiges an Input mitbekommen haben.

Was das Thema Führung angeht, so ist auch dies sicherlich wichtig, wenn Sie Ambitionen „in die Höhe" haben. Aber da dieses Buch ja in erster Linie für den Nachwuchs gedacht ist, kann dieser Aspekt zugunsten anderer vernachlässigt werden. Wir werden der Führung als „Seitenstrang" im Team-Kapitel jedoch trotzdem zumindest ein wenig Aufmerksamkeit schenken.

Für alle Themen, die behandelten ebenso wie die ausgelassenen, gilt: Es gibt ganz hervorragende Online-Portale zu verschiedenen Themen, Fachzeitschriften und vor allem Bücher, von denen ich Ihnen einige in den folgenden Kapiteln auch durch Nennung ans Herz legen möchte. Nehmen Sie sich einfach mal ein paar Stunden für einen inspirierenden Besuch in einem gut bestückten Buchladen (oder auch Amazon) und schmökern Sie in Ruhe. Buchempfehlungen sind gut. Aber besser ist es, seine Leseentscheidung (wie im Übrigen auch sonstige) *selbst* zu treffen. Blättern Sie real oder virtuell darin, überfliegen Sie das Inhaltsverzeichnis und lesen Sie in besonders interessant klingende Kapitel hinein. Nach Ihren Kriterien, nach Ihren Maßstäben. Und auch Online-Portale bieten sehr viele aktuelle und interessante Informationen.

Denn noch einmal: Dieses Buch kann nicht vollständig sein. Das ist auch nicht Sinn und Zweck der Übung. Es soll Ihnen vielmehr zeigen, was eine IT-Karriere vorteilhaft beeinflussen kann und wie Sie sich selbst mit der T-Shaping-Strategie in diese Richtung weiterentwickeln können. Es möchte Impulse geben, die eigene Komfortzone zu verlassen, und *jenseits der Programmierung* zu schauen, was für Sie mit den Stärken, die Sie haben, und mit den Zielen, die Sie verfolgen, wichtig und richtig ist. Es soll Sie anstoßen, neue Ufer zu entdecken, die Ihre technischen Fähigkeiten erst so richtig zur Geltung bringen. Und wenn Sie mit mir zusammen die Roadmap aus Abbildung 1.1 verwenden, dann kann eigentlich nichts mehr schief gehen.

Abbildung 1.1: Eine Roadmap für dieses Buch

1.2.3 Wer dieses Buch warum geschrieben hat

Wer über das schreibt, was jenseits der Programmierung liegt, der sollte sich auch diesseits derselben auskennen. Meine Name ist Elisabeth Heinemann, und ich habe als Bindestrich-Informatikerin mit stark technisch ausgerichteter Ausbildung und diversen kommunikationspsychologischen Zusatzausbildungen in den letzten knapp zwei Jahrzehnten beide Seiten, also das „Diesseits" und das „Jenseits" der Informationstechnologien kennengelernt: im aktiven IT-Consulting ebenso wie in der Hochschullehre.

Ich durfte und darf die IT-Branche in vielen ihrer Facetten erleben, und vor allem sind mir die in ihr arbeitenden menschlichen Charaktere vertraut. Denn am spannendsten sind und waren für mich von jeher die Menschen. Und egal *wo* ich *mit welcher* Aufgabe bisher betraut war, ich habe immer dieselbe Rolle eingenommen, nämlich die der *Sprachbrückenbauerin*, die für sprachliche und bisweilen auch für emotionale Klarheit sorgte. Denn daran hapert es in den meisten IT-Projekten. Das betrifft – auch heute noch – das Herstellen von Verständnis zwischen den in ihren jeweiligen Welten verhafteten Informatikern und Endanwendern ebenso wie zwischen meinen Studierenden, die sich nicht umsonst *Coder in Action* nennen, und den potenziellen Arbeitgebern in der Industrie. Denn deren Anforderungsprofil an den Nachwuchs hat längst das Bild des im stillen Kämmerlein vor sich programmierenden Tekkies überwunden.

Dieser Umstand ist aber immer noch nicht in den Köpfen aller (Nachwuchs-) Informatikerinnen und Informatiker angekommen. Deshalb und wegen der in Abschnitt 1.1 genannten Gründe war mir das Schreiben dieses Buches eine echte Herzensangelegenheit. Ich hoffe es ist gelungen, und Sie, liebe Leserin, lieber Leser, haben viel Spaß daran und können die eine oder andere Erkenntnis oder auch eine mehr aus diesem Buch herausziehen[5].

1.2.4 Wem Dank dafür gebührt

An dieser Stelle möchte ich ein paar Menschen sehr herzlich danken für ihren fachlichen Input, ihre kritisch-konstruktiven Anmerkungen und ihre Durchhalteparolen. Dies sind stellvertretend für einige andere vor allem Daniel Schwertner von der it-Plan GmbH und Co. KG und Christian Schneider von der Schneider & Wulf EDV-Beratung GmbH & Co. KG, die mir beide ganz hervorragende Sparringspartner waren. Des Weiteren gebührt natürlich ein von Herzen kommender Dank Erich Ortner (Technum) für seinen gelungenen Ausflug zu den „weichen“ Themen der Informatik und meiner wunderbaren Mutter als unverzichtbarer Stil-Polizei und Allround-Motivatorin.

Ein letztes und ganz besonderes Dankeschön gebührt den beiden „Zauberfrauen“ vom Hanser-Verlag: Meiner Lektorin und Meisterin des Wortes, Frau Margarete Metzger, sowie der Meisterin des (MS) Word, Frau Irene Weilhart, für die fachlich wie menschlich wunderbare Zusammenarbeit.

Elisabeth Heinemann

Darmstadt im Sommer 2010

[5] Ich verabschiede mich an dieser Stelle von der Berücksichtigung der weiblichen Anrede. Die Damenwelt möge es mir nachsehen, doch dieser Verzicht ist zugunsten einer besseren Lesbarkeit sicherlich zu verzeihen. Und da eine Frau dieses Buch geschrieben hat, sollte für den „weiblichen Anteil“ ohnehin in ausreichender Weise gesorgt sein.

2

2 Vom Programmierer zum Lösungsanbieter

Wir erwarten von jedem Mitarbeiter unternehmerisches Denken. Das Klischee vom Nerd, der von der Außenwelt abgeschlossen an weltfremden Software-Programmen arbeitet, hat doch schon lange ausgedient. Das klassische Berufsprofil Programmierer hat sich aus meiner Sicht weiterentwickelt. Gefragt sind IT'ler, die programmieren können und dabei die reale Lebenswelt vor Augen haben.

*Brigitte Hirl-Höfer (*1966)*
Direktorin Human Resources, Microsoft Deutschland GmbH

In diesem Kapitel erfahren Sie,

- wie sich die (Arbeits-)Welt für uns und durch uns dramatisch verändert,
- welche Konsequenzen das für das Berufsbild Informatiker hat und
- wie Sie sich mit der T-Shaping-Strategie bestmöglich für eine neu ausgerichtete Arbeitswelt wappnen können.

Die Dinge verändern sich. Stetig, unaufhaltsam und machtvoll. Und diese „Macht der Veränderung" betrifft jede Epoche, jeden Menschen. So hat sich auch unsere Arbeitswelt im Laufe der Zeit grundlegend gewandelt. Angekommen im 21. Jahrhundert müssen wir uns nun von verschiedenen Blickwinkeln aus wesentliche Fragen stellen:

- Welchen Veränderungen unserer *Lebens- und Arbeitsumstände* sind wir noch nicht mit einem veränderten *Denken und Handeln* entgegengetreten?
- Mit welchen Veränderungen, nicht nur in Bezug auf unsere Arbeit, haben wir in naher *Zukunft* zu rechnen?

In einer komplexen, von Wissen und Dienstleistungen geprägten Welt kann kaum noch jemand auch nur einen einzigen Aufgabenbereich vollständig erfassen, geschweige denn beherrschen. Menschen sind als Wissensträger diejenige Ressource im Unternehmen, die es bestmöglich zu fördern und zu fordern gilt. Von ihr hängt der wirtschaftliche Erfolg, ja sogar das wirtschaftliche Überleben ab. Mitarbeiter müssen immer stärker in projektbezogenen Teams zusammenarbeiten, die über Wissens-, Fachbereichs- und – angesichts einer globalisierten Wirtschaft – natürlich Ländergrenzen hinweg nach *gemeinsamen* Lösungen für *gemeinsame* Aufgabenstellungen suchen. Und dazu brauchen sie verschiedene Kompetenzen und ein Wissen, das auch durch Interdisziplinarität geprägt ist. Das erfordert zum einen natürlich ein entsprechendes, von den Unternehmen auf Weiterbildung und Teamgeist ausgerichtetes Umfeld. Und zum anderen werden Mitarbeiter benötigt, die dem Wandel Rechnung tragen und – unter Berücksichtigung der eigenen Stärken und Vorlieben – ihre Kompetenzen nicht mehr nur losgelöst „vom Rest" sehen, sondern erkennen, dass ihre Fähigkeiten und Kenntnisse im Zusammenspiel mit anderen Wissensbereichen am erfolgreichsten wirken können. Darum und um andere daran anknüpfende Themen wird es nun gehen.

2.1 Von Wissensarbeitern in einer Servicewelt

Um die Dimension dessen zu würdigen, was uns Gegenwart und Zukunft bringen bzw. bringen werden, sollten wir mit einem Blick in die Vergangenheit beginnen. Denn die Veränderungen, die uns in den letzten Jahrzehnten beschert wurden, haben unsere Gesellschaft – wie die meisten „Revolutionen" (z.B. der Buchdruck) – wieder einmal vor völlig neue Herausforderungen gestellt. Und diese haben wir bei Weitem noch nicht alle gemeistert, geschweige denn, dass wir ihnen allen gewachsen wären.

2.1.1 Eine kleine kritische Zeitreise

Vor dem 18. Jahrhundert diente das menschliche Arbeiten noch in erster Linie der Selbstversorgung. Die Menschen mussten in der Lage sein, alles für ihr Überleben Notwendige selbst zu produzieren. Stellen Sie sich das nur mal für einen kurzen Augenblick vor: kein Discounter um die Ecke und auch kein McIrgendwas für den schnellen Happen zwischendurch! Das ist in unserer fortgeschrittenen und turbulenten Welt, die in den westlichen Industrieländern selbst den Ärmsten der Armen ermöglicht, nicht zu verhungern, kaum noch vorstellbar. Die Epoche der Industrialisierung, die ihren Anfang im späten 18. Jahrhundert in England nahm, brachte schließlich eine regelrechte Revolution mit sich. Durch die maschinelle Herstellung von Waren wurde der Handel angetrieben, Kapital konnte gebildet und die gesamte Volkswirtschaft durch technologische Erneuerungen angekurbelt werden.

War nach dem allmählichen Niedergang der Landwirtschaft ab Ende des 19. Jahrhunderts das Industriezeitalter die treibende Kraft gesellschaftlichen Wohlstands, so hat uns seit dem vergangenen Jahrhundert die sogenannte *Digitale Revolution*, also salopp formuliert der Computer „im Griff", und das immer mehr von der Sprachseite und immer weniger von der Hardware-Seite her, wie die Entwicklung in Richtung *Disappearing Computing* zeigt.

Mit der fortschreitenden Technik hat sich unsere Arbeit in immer stärker werdendem Maße verändert und damit natürlich auch die Anforderungsprofile der arbeitenden Bevölkerung.

Insbesondere *Sprachperformanz* und Sprachkompetenz[1] werden zum entscheidenden Wettbewerbsvorteil. Was nun unser Arbeitsleben bestimmt, ist der *Dienstleistungs-* und *Wissenssektor*. Der Zukunftsforscher Mathias Horx sieht die Verteilung der Arbeit wie folgt (siehe Abbildung 2.1):

- *Arbeiter*: Rohstoffgewinnung, Produktion und Landwirtschaft
- *Servicearbeiter*: Bürojobs, Handel und Basisdienstleistungen. In 2020 werden ca. die Hälfte der Servicearbeiter als Datenverarbeiter und Kommunikatoren arbeiten.
- *Wissensarbeiter*: Organisation, Forschung & Entwicklung und Wissenstransfer
- *Strategen & Koordinatoren*: Beratung, Coaching, Management

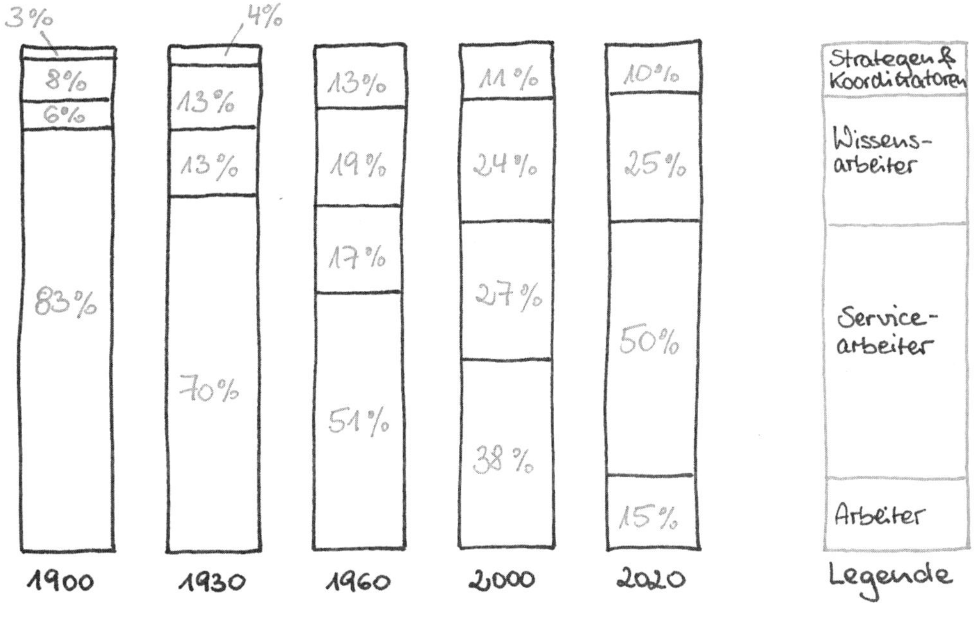

Abbildung 2.1: Die Verteilung der Arbeit seit 1900 [Horx06]

Die alles bestimmenden Ressourcen heißen heute *Wissen* und *Dienstleistung*. Und das dazugehörige Medium ist vor allem der sprachbegabte Mensch, der in dieser Wissens- und Dienstleistungsgesellschaft lebt und arbeitet. In einer von Microsoft Österreich in Auftrag gegebenen Studie von 2008 heißt es hierzu [Kühm08]:

> „Heute stehen wir erneut vor einem Wechsel der grundlegenden Produktionsweise. Automatisierung und Informationstechnologie haben den mechanischen Prozess, in dem klassische Rohstoffe wie Kraft und Energie entscheidend waren, zurückgedrängt oder

[1] Die *Sprachkompetenz* des Menschen bezeichnet im Verständnis Noam Chomskys die Fähigkeit, Kenntnis von einer Sprache zu haben (Grammatik und Wortschatz). Die *Sprachperformanz* hingegen meint die Fähigkeit, eine Sprache in verschiedenen Kontexten entsprechend benutzen zu können. Es liegt nahe, dass die Kompetenz der Performanz zugrunde liegt [Chom78].

> verfeinert. Die Ressource Wissen rückt nun ins Zentrum der Wertschöpfung. Wir bewegen uns am Grad des Wandels von einer produktionsorientierten Gesellschaft zur Wissensökonomie."

Bereits heute arbeiten mehr als 70 Prozent der Menschen in Wissensberufen, wobei die Grenze nur schwer zu ziehen ist. Ein Handwerker, der plant und seine komplizierten, zum Teil sprachgesteuerten Maschinen benutzt sowie durch sein Know-how über Kundenwünsche am Markt punktet, hat mittlerweile wohl mehr mit entscheidungs- und handlungsrelevantem Wissen als mit einfachem Handwerk zu tun.

In einer *Wissensgesellschaft* arbeiten folgerichtig auf allen Ebenen und in allen Abteilungen eines Unternehmens oder einer Institution *Wissensarbeiter*. Dieser Begriff wurde ca. 1959 durch den US-amerikanischen Ökonom Peter F. Drucker (1909-2005) bekannt. Er verdeutlichte mit dieser Wortschöpfung den Wandel der Arbeitswelt generell, denn auch schon Mitte des letzten Jahrhunderts war der Übergang von der durch eine sklavisch vorgegebene Produktion hin zu einer durch Geist und Verstand motivierten Dienstleistung erwirtschafteten Wertschöpfung – wie oben beschrieben – nicht mehr zu ignorieren.

Als einen *Wissensarbeiter* bezeichnen wir einen Menschen, der vorwiegend mit und auf der Basis von verschiedenen Informationen und daraus ableitbarem (Fach-)Wissen arbeitet. Wissensarbeiter sind ein „Produkt" des sogenannten Wissenszeitalters, das vorwiegend durch überlegte Arbeit, Kreativität und Innovation geprägt ist. Wird dieses Wissen durch gezieltes *Wissensmanagement* für alle verwaltet, erhalten und erweitert, so können Unternehmen laut Drucker erhebliche Wettbewerbsvorteile erzielen, insbesondere hinsichtlich einer Produktivität und Qualität auf dem gesamten Globus.

So weit zur Theorie. Die Praxis hält darüber hinaus aber noch ganz andere Herausforderung parat. Indem nämlich die Arbeit an sich wissensbasierter und damit gleichzeitig wissensintensiver wird, verlangt sie auch nach entsprechend ausgebildeten Menschen, die sie bewältigen. Denn die weniger wissensintensiven und eher routinemäßigen Tätigkeiten werden zunehmend automatisiert. Übrigens hat auch der neue Wissensarbeiter Routinen zu bewältigen. Denken Sie beispielsweise an einen Koch. Er kreiert mit Kreativität, Sinn für Innovation und Herzblut ein neues Gericht. Voilà, ein Wissensarbeiter! Wenn er und sein Team dieses Gericht nun aber Abend für Abend ihren Gästen kredenzen, dann liegt offensichtlich eine Routinetätigkeit vor[2]. Die Trennlinie lässt sich also nicht sehr klar ziehen. Fakt ist aber, dass die Routinearbeiten heute und vermehrt in der Zukunft diejenigen sind, die automatisiert werden können, wohingegen anspruchsvolle Wissensarbeit (hoffentlich) noch sehr lange Zeit eine menschliche Domäne bleiben wird.

Das bedeutet aber gleichzeitig, dass sich Bildung und Ausbildung der Wissensarbeiter stetig verbessern müssen. Denn Arbeit 2.0 erfordert Bildung 2.0. Der Futurist Raymond Kurzweil bemerkt hierzu – in Anlehnung an das bekannte Moore'sche Gesetz[3] –, dass technische

---

[2] Nachzulesen im Blog der Harvard Business Review: `http://blogs.hbr.org/bigshift/2010/04/are-all-employees-knowledge-wo.html`, Abruf am 20.06.2010.

[3] Gordon Moore (*1929), Mitgründer der Intel Corporation, formulierte sein Moore'sches Gesetz bereits 1965, und doch hat es bis heute Gültigkeit, auch wenn es immer wieder kontrovers diskutiert wird. Es

Entwicklungen exponentiell verlaufen, und wenn eine davon an ihre Grenzen stößt, wird sie eben von einer anderen abgelöst, einem Paradigmenwechsel gleich. Die menschliche Innovationsfähigkeit hingegen ist linear, kommt also mit dieser enormen Entwicklung nicht mit. Das wiederum würde gemäß Kurzweil bedeuten, dass Computer irgendwann auch die „Rechnerleistung" des menschlichen Gehirns bei Weitem übertreffen werden[4]. Ob er damit richtig liegt oder nicht, Fakt ist, dass wir bereits heute in einem Dilemma stecken: Das technisch Machbare ist in seiner Komplexität von immer weniger Menschen in der Gesellschaft sinnvoll und ethisch vertretbar handhabbar. Das fängt bei der keineswegs trivialen Bedienung des Kartenautomaten an der Straßenbahnhaltestelle an und endet bei der Befähigung, der Menschheit liebste Suchmaschine Google so mit Daten zu füttern, dass auch genau die tatsächlich gesuchten Informationen aufgelistet werden. Denn was Google in Abhängigkeit der Qualität des Inputs findet, das wird in der Regel auch geglaubt. *Quid non est in Google, non est in mondo*[5]. Kritisches Nachhaken ist unbequem und nicht der Standard. Und überhaupt: Die Masse (der Treffer) kann nicht lügen, und Wahrheit lässt sich zur Not bekanntermaßen auch durch stete Wiederholung erzeugen.

Die IT ist so gesehen gleichermaßen Fluch und Segen. Vieles ist möglich, und längst kann das Mini-Handy in unserer Hosentasche mehr als der Computer, der seinerzeit den Flug der Apollo 5 kontrollierte. Dank der Informationstechnologien überfluten uns Informationen, doch diese gemäß den tatsächlichen Bedürfnissen gefiltert aufzunehmen, ihnen somit Bedeutung beizumessen, um daraus tatsächliches Wissen zu generieren, wird zum Balanceakt, den, wie bereits angemerkt, nur die wenigsten beherrschen. Erst Wissen, Kontext, Sprachkompetenz und Erfahrung machen aus Informationen etwas Bedeutsames. Und das ist eine Kombination, die man nicht im Laden um die Ecke kaufen kann. Insofern ist wirkliches Wissen ein knappes Gut, und derjenige, der darüber verfügt, gehört zu denen, die in dieser Gesellschaft einen festen Platz haben. Für die anderen kann man diese Gewähr leider nicht geben, weder heute noch in Zukunft.

Aber was muss der informatische Mensch vor diesem Hintergrund denn nun können? Generell sollte sich natürlich jeder vor allem nach seinen Stärken und Interessen richten, wenn es um die „richtige" berufliche Ausrichtung geht. Aber dennoch ist es sinnvoll, den soeben geschilderten Entwicklungen durch eine entsprechende Aus- und Weiterbildung Rechnung zu tragen. Denn gerade der dynamische Einsatz der IT wird für die Unternehmen in Zukunft das Zünglein an der Waage des Scheiterns oder Reüssierens sein.

---

besagt in seiner heutigen, aktualisierten Fassung, dass sich die Anzahl der Transistoren auf einem Prozessor alle achtzehn Monate verdoppelt und somit exponentiell ansteigt.

4 Das betrifft auch die menschliche Sprachkompetenz und wird immer mehr dazu führen, dass man vom antiquierten Begriff *Computer* zur Bezeichnung *Sprachbasierte Technologien* kommt.

5 Freie Übersetzung: „Was nicht von Google gefunden wird, das existiert nicht." Leider gilt aber viel öfter, als es wünschenswert wäre: „quid est in Google, non semper est in mondo" („was Google findet, muss es noch lange nicht geben bzw. das muss noch lange nicht wahr sein") [Hein08].

2.1.2 IT'ler und der Ruf nach Multikompetenz

Egal ob Studium oder erste Berufserfahrung: Sie wissen bereits oder schon lange, dass die Software-Entwicklung immer einhergeht mit Phasen, also Realisierungsstufen, aus denen bestimmte Ergebnisse herauskommen sollen. Damit dieser Prozess „seine Ordnung" hat, folgt er im Idealfall einem sogenannten Vorgehensmodell wie z.B. V- oder Wasserfall-Modell, Spiral- oder Multipfad-Vorgehensmodell etc. In den letzten Jahren haben sich hier auch Methoden durchgesetzt, die nicht nur ein Modell, sondern fast schon eine bestimmte Einstellung, ein Paradigma darstellen. Dazu gehören z.B. SCRUM, RUP oder auch die agilen Methoden. Egal nach welcher Vorgehensweise Sie arbeiten, werden doch in irgendeiner Art und Weise bzw. auch Detaillierungsstufe in der Regel immer die folgenden Phasen abgearbeitet: *Analyse*, *Entwurf*, *Realisierung* (der Komponenten), *Integration* (zu einem Gesamtsystem) und *Implementierung*.

Und wenn der Kunde dann nach einiger Zeit – manchmal auch schon sofort, je nachdem, wie gut man in der Analysephase gearbeitet hat – auf neue Ideen kommt oder Fehler findet, starten wir irgendwann wieder bei Punkt 1, der Analyse, und enden mit der Implementierung eines neuen Release. Lassen Sie uns doch zunächst einmal die Phasen im Einzelnen skizzieren und dabei gleich beachten, ob wir rein technische Kenntnisse brauchen oder ob es da doch noch mehr an Kompetenzanforderungen gibt:

1. **Analyse**

   Der Kunde hat einen Mangel entdeckt. Beispielsweise reichen die Serverkapazitäten nicht mehr aus oder aber ein auf die unternehmerischen Bedürfnisse ausgerichtetes ERP (Enterprise Resource Planning) wird eingesetzt. Wen er nun braucht, ist jemand, der die technische, organisatorische und finanzielle Machbarkeit auslotet, Anforderungen der betroffenen Geschäftsbereiche versteht und als Ist-Zustand aufnimmt, Lösungsalternativen anfertigt und zur Entscheidung bringt sowie erste Pläne anfertigt.

   Ideales Anforderungsprofil des Einzelnen bzw. des Teams in dieser Phase:

   - Verständnis für den bzw. die Geschäftsbereiche des Kunden (Branchenkenntnis und „die Sprache des Kunden sprechen")
   - Kommunikationsfähigkeiten, Empathie und Fingerspitzengefühl für die Bedürfnisse und möglichen Vorbehalte des Endanwenders
   - Technisches Know-how
   - Betriebswirtschaftliche Grundkenntnisse
   - Teamgeist und Kundenorientierung

2. **Entwurf**

   Nun geht es um die Architektur des Systems, das in Komponenten bzw. Funktionsblöcke aufgeteilt wird. Schnittstellen müssen festgelegt werden. Ein in einer Diagrammsprache wie z.B. UML visualisiertes Modell entsteht, das in ständiger Rückkopplung mit dem

Kunden auf seine Übereinstimmung hinsichtlich der definierten Anforderungen überprüft werden muss. Im nächsten Schritt erfolgt die detaillierte Spezifizierung der Komponenten wie z.B. die Festlegung der Wertebereiche einzelner Objekttypen.

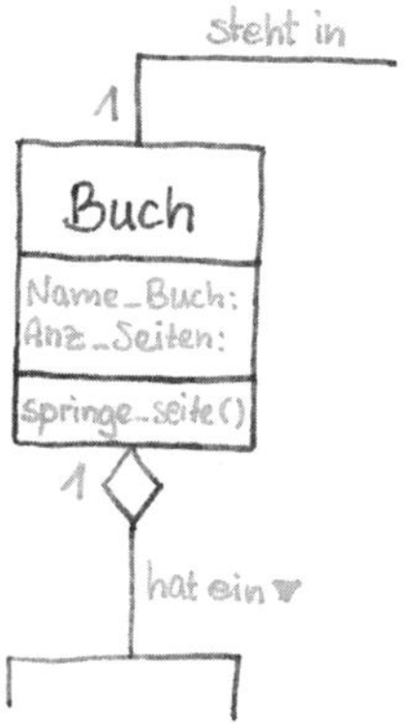

Ideales Anforderungsprofil des Einzelnen bzw. des Teams in dieser Phase:

- Modellierer-Know-how und Abstraktionsvermögen
- Verständnis für den bzw. die Geschäftsbereiche des Kunden (Branchenkenntnis und „die Sprache des Kunden sprechen")
- Technisches Know-how
- Kommunikationsfähigkeiten und Empathie
- Teamgeist und Kundenorientierung

3. **Realisierung**
Die Programmierung der einzelnen Funktionsblöcke bzw. Komponenten sowie entsprechende Tests. Aber auch das ist ohne Verständnis dafür, was die Anwendung eigentlich *für* und im Zusammenspiel *mit* dem Endanwender tun soll, recht schwer. Einmal mehr ist Kommunikation – vor allem innerhalb des (Entwickler-)Teams – erforderlich. Hier ist Handarbeit gefragt.

Ideales Anforderungsprofil des Einzelnen bzw. des Teams in dieser Phase:

- Technisches Know-how
- Verständnis für den bzw. die Geschäftsbereiche des Kunden (Branchenkenntnis und „die Sprache des Kunden sprechen") – fällt umso weniger ins Gewicht, je gründlicher der Modellierer seine Arbeit gemacht hat
- Kommunikationsfähigkeiten und Empathie
- Teamgeist und Kundenorientierung

4. **Integration**
Es erfolgt die Fertigstellung des Systems, das Anpassen (Customizing) der zur Anwendung kommenden Standardprogramme bzw. die Konfiguration der Komponenten. Neben den Tests auf syntaktische Korrektheit (= fehlerfreie Syntax, also der Grammatik der eingesetzten Programmiersprache) muss die Anwendung auch hinsichtlich ihrer semantischen (= inhaltlich richtige Bedeutung der einzelnen Konstrukte) und pragmatischen Korrektheit (= das Programm macht das, was es machen soll) überprüft werden. Aufgrund der zu absolvierenden Testszenarien muss der Tester durchaus einen destruktiven Zug haben, denn er prüft das Anwendungssystem auch aus einem Blickwinkel heraus, der nicht unbedingt etwas mit sachgemäßer Bedienung zu tun haben muss.

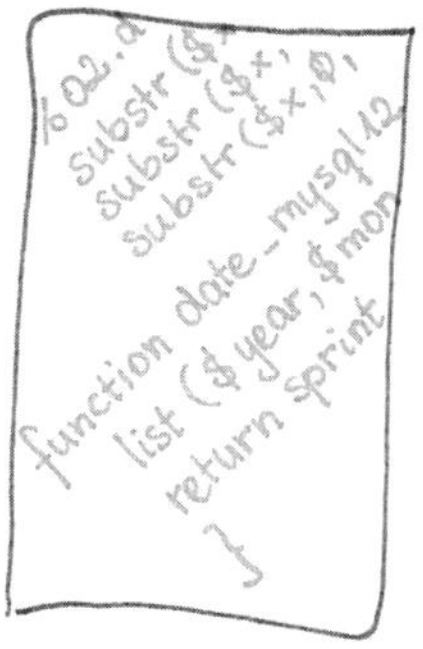

Ideales Anforderungsprofil des Einzelnen bzw. des Teams in dieser Phase:

- Technisches Know-how
- Vertieftes Verständnis für den bzw. die Geschäftsbereiche des Kunden (Branchenkenntnis und „die Sprache des Kunden sprechen“)
- Kommunikationsfähigkeiten und Empathie
- Teamgeist und Kundenorientierung

5. **Implementierung**

   Das Produkt ist vom Kunden abgenommen und geht produktiv, d.h. das Anwendungssystem, die Software wird ausgeliefert und vor Ort z.B. per Rollout den Endanwendern verfügbar gemacht. Das System wird in Betrieb genommen, und es erfolgen möglicherweise Anwenderschulungen und/oder Einweisungen vor Ort. Jetzt spätestens zeigt sich, wie gut in den vorgelagerten Phasen gearbeitet wurde.

   Ideales Anforderungsprofil des Einzelnen bzw. des Teams in dieser Phase:

- Kommunikationsfähigkeiten, Empathie und Fingerspitzengefühl für die Bedürfnisse und möglichen Vorbehalte des Endanwenders unabhängig von jedweden Hierarchien
- Verständnis für den bzw. die Geschäftsbereiche des Kunden (Branchenkenntnis und „die Sprache des Kunden sprechen“)
- Technisches Know-how
- Teamgeist und Kundenorientierung

Sie haben es sicherlich bemerkt, dass die einzelnen Phasen sich hinsichtlich des technischen Fokus doch deutlich unterscheiden. Während in Realisierung und Integration überwiegend entwickelt wird, sind in den vor- und nachgelagerten Phasen doch eher planerische, beratende und kommunikative Fähigkeiten gefragt.

Eine klare Trennlinie ist aber schwer zu ziehen. Ebenso schwer, wie die Frage zu beantworten, was ein IT'ler eigentlich macht. Bevor wir uns dieser Frage widmen, gibt es erst einmal eine klare Antwort darauf, was er nicht mehr macht, nämlich im berühmten stillen Kämmerlein sitzen und umgeben von mindestens drei Monitoren sowie unzähligen Pizzakartons unkommentierten Quellcode generieren, wobei er die Kommunikation mit der Außenwelt maximal via E-Mail, Twitter & Co. aufrechterhält. Kompetente „Fließbandarbeiter“ dieser Art gibt es günstig im Ausland. Jedoch halten sich solche Vorurteile hartnäckig, und deswegen werden wir in Abschnitt 4.3.1 auch noch einmal auf das *Image des Informatikers* zurückkommen.

Kritische Mitdenker unter Ihnen könnten jetzt einwenden, dass es ja auch nicht nur *den* Informatiker gibt, sondern jede Menge Berufsbilder mit IT-Hintergrund, die je nachdem, in welcher Phase man gerade ist, Einsatz finden. Da werkeln Business Analysts und Software Engineers, Netzwerk- und Datenbankadministratoren, Anwendungsentwickler und technischer Support, Systemadministratoren und IT-Trainer, Senior Consultants und Help Desk-Leute, IT-Vertriebsbeauftragte und Testmanager. Die Liste ist nahezu beliebig erweiterbar und variiert bezüglich der Benennungen von Unternehmen zu Unternehmen und von Jahr zu Jahr. Und außerdem sind da ja auch noch IT-Tätigkeiten außerhalb der Anwendungsentwicklung zu erledigen wie beispielsweise durch die erwähnten Administratoren. Das sei unwidersprochen. Um es kurz zu machen: Nein, es gibt ihn nicht, den *einen* Informatiker, der genau *einer* Phase im Software-Lebenszyklus eineindeutig zuordenbar ist. Heutzutage arbeiten IT'ler mehr denn je *phasenübergreifend* und *inter-* bzw. *transdisziplinär*[6]. Und wo seine Schwerpunkte liegen, bleibt natürlich den Stärken, Vorlieben und der Persönlichkeit jedes Einzelnen überlassen, ggf. natürlich in Abhängigkeit vom Bedarf des beschäftigenden Unternehmens.

Aus den obigen Ausführungen können wir aber folgende Schlussfolgerungen ziehen:

- In der Software- und Anwendungssystementwicklung werden besonders in den *frühen Phasen* – neben dem technischen Know-how – vor allem kommunikative, prozessbezogene, kreative, analytische und beraterische Kompetenzen benötigt.
- Insgesamt kann in *jeder Phase* die Notwendigkeit von *Schwerpunktsetzungen*, also Spezialisierungen, auftauchen, die dann wiederum als eigene Berufsbezeichnung konkretisiert werden (z.B. der IT-Testmanager). Trotz dieses Fokus auf eine Phase muss dennoch jeder dieser Spezialisten quasi „multikompetent" in angrenzende Kompetenzbereiche hinüberschauen und sich dort bis zu einem gewissen Grad auskennen sowie mit den jeweiligen Vertretern interagieren können.
- Ein IT'ler kommt in keiner Phase um den direkten Kontakt mit Menschen und somit auch um die Notwendigkeit des Kommunizierens und Kooperierens herum. Denn Kunde, Team und Chef „lauern" nun einmal überall.
- Ein Informatiker ist wie auch ein Ingenieur immer ein *Lösungsanbieter*, der – egal, in welchem Bereich oder welchen Phasen des Software-Entwicklungsprozesses er tätig ist – nicht einfach seine technische Kompetenz einbringt, sondern diese immer im Kontext der Problemstellung und der Kundenanforderungen sieht bzw. sehen sollte.

Gerade der Bedarf an sprachlich-analytischer Kompetenz von IT'lern ist nicht zu unterschätzen. Oftmals sind sie Sprachbrückenbauer, die zwischen

- dem technisch *Machbaren* („technologischer Input der Tekkies"),
- dem kundenseitig *Erträumten* („bestmögliche Qualität und Funktionalität zu kleinstmöglichem Preis") und
- dem technisch sowie inhaltlich *Sinnvollen* („die für alle Beteiligten beste Lösung")

vermitteln müssen. Der Kunde bzw. der Endanwender lebt naturgemäß in seiner (Sprach-) Welt, in der er sich deutlich besser auskennt als der Informatiker, der ihm ein Anwendungssystem „auf den Leib schneidern soll". Der wiederum hat mehr Ahnung von dem, was technisch möglich ist, muss sich aber erst einmal in der Kundenwelt zurechtfinden.

---

[6] Mit *Interdisziplinarität* ist die *Zwischenfachlichkeit* gemeint. Diese liegt beispielsweise dann vor, wenn eine Disziplin aus verschiedenen bereits existierenden Fachbereichen (neu) zusammengestellt wird wie z.B. der Studiengang Wirtschaftsinformatik, der aus den drei Disziplinen Informatik, Betriebswirtschafts- und Volkswirtschaftslehre zu einer neuen Einheit geschaffen wurde. *Transdisziplinarität* hingegen bezeichnet man auch als *Überfachlichkeit*. Sie ist überall dort anzutreffen, wo die Disziplinen ihre Fachlichkeit zum Wohle einer gemeinsamen Lösung zusammenbringen, jedoch ohne den Anspruch, die jeweils andere Disziplin „umerziehen", also erweitern oder gar verändern zu wollen [Mitte05].

Dieser *Abgleich zwischen Machbarem und Sinnvollem* ist oftmals ein nervenaufreibender, anstrengender Prozess – für beide Parteien. Hier kommt es vor allem auf die Analysephase an. Das Ausarbeiten, Erfassen und Dokumentieren der kundenseitigen Anforderungen (Requirements Engineering) spielt daher eine ganz entscheidende Rolle, denn wenn hier ungenau gearbeitet wird, kann zum Schluss etwas herauskommen, das zumindest vom Kunden so nicht angedacht war. Leider weiß der Kunde aber bisweilen nicht viel – außer, dass die Software leicht zu bedienen sein muss und alles Erdenkliche können sowie konkurrenzlos günstig sein soll. Das ist auch legitim, denn er sieht den Mangel ja vornehmlich, wenn nicht gar ausschließlich aus der Sicht seines Arbeitsbereichs, also von der fachlichen Seite aus. Für den IT-Blickwinkel hingegen werden *Sie* engagiert. Auf diesen Aspekt kommen wir aber in Kapitel 7 noch einmal eingehend zu sprechen.

2.2 Im Anfang war das „T"

> *„Die letzte Stimme, die man hört, bevor die Welt explodiert, wird die Stimme eines Experten sein, der sagt: ‚Das ist technisch unmöglich!'"*
>
> *Sir Peter Ustinov (1921-2004)*
> *britischer Schauspieler, Autor, Regisseur und Weltbürger*

Die Zeiten haben sich also geändert und mit ihnen die Arbeit der Menschen sowie deren Stellenprofile. Heute ist es selbstverständlich, dass man im Laufe seines Lebens mehrere Berufe hat oder zumindest verschiedene berufliche Wege einschlägt. Das gilt natürlich und insbesondere auch für die Informationstechnologien. Die Welt ist kleiner, weil vernetzter und transparenter geworden, und die Grenzen des Miteinander-arbeiten-Könnens sind der Digitalität „zum Opfer" gefallen. Das ist spannend, verlangt aber von den in dieser Welt agierenden Menschen andere Kompetenzen als noch in den letzten Jahrzehnten.

Die „weichen Kompetenzen" oder zu Neudeutsch *Soft Skills* haben immer mehr an Bedeutung gewonnen und werden es auch weiterhin tun. Darüber hinaus bedarf es in einer komplexen Welt aber auch eines Verständnisses dieser Komplexität. Die Planung, Herstellung und Distribution von Produkten ebenso wie von Dienstleistungen enthält in immer stärker werdendem Maße sprachbasierte Technologien, was wiederum bedeutet, dass die IT aus der Wertschöpfungskette eines Unternehmens nicht mehr weg zu denken ist. Und dafür muss ein „IT-Arbeiter“ von morgen über den berühmten Tellerrand hin zu angrenzenden Kompetenzbereichen wie Prozessverständnis, Kommunikation, Kundenorientierung etc. schauen können, eben sich auch *jenseits der Programmierung* gut auskennen.

2.2.1 Der Homo Informaticus im Hier & Heute & Morgen

Kommen wir zurück zu einer Frage, die ich in Kapitel 1 zwar bereits beantwortet habe, an dieser Stelle aber noch einmal in Erinnerung bringen möchte: Warum habe ich dieses Buch geschrieben? Ganz einfach: Weil mir in meinem Beruf *immer wieder* und *immer noch zu viele* junge Menschen begegnen, die dabei sind, einen IT-geprägten Berufsweg einzuschlagen und glauben, dass die reine „Tekkie-Kompetenz“ ausreicht. Falsch. Tut sie nicht. Schon zu Zeiten, in denen Programmierer nicht Entwickler hießen, musste man als Angehöriger dieser Spezies mehr können, als bloßen Code zu generieren. Wenn man seinen Job ernst nahm. Und wenn man das Ergebnis, nämlich die fertige Software nicht als Produkt des eigenen Egotrips ansah, sondern als die in Bits und Bytes übertragenen Wünsche und Bedürfnisse des Auftraggebers.

Wie gesagt – das war vor vielen Jahren schon so und hat sich bis zum heutigen Tage nicht zugunsten reiner Technologieverliebtheit geändert. Im Gegenteil. Der „Umstand“, als Informatiker mehr zu können als mit PHP oder C-Sharp zu jonglieren, wiegt in unserer Zeit schwerer denn je. Heutzutage bekommt man für 15 EUR die Stunde hervorragende Programmierer, die ihr Handwerk verstehen, aber leider in Indien oder sonst irgendwo geboren sind und somit für deutlich niedrigeres Salär ihre Dienste via Internet anbieten (müssen) als ein deutlich „teurerer“ deutscher Informatiker.

A Der T-Shaping-Aha-Effekt:

Deutsche Informatiker und Ingenieure sind zu teuer, um „nur“ zu programmieren.

Nach der industriellen Produktion droht nun auch der Dienstleistung das Schicksal der Automatisierung, und die wird eine Spaltung mit weitreichenden Folgen für die zukünftige Gestaltung der Bildungssysteme mit sich bringen: Denn aus dem Faktum der Existenz allgegenwärtiger Informationstechnologien zeichnet sich für die Zukunft noch eine Einteilung für die Berufswege junger Menschen ab. Wie viele Arbeitsplätze es auch immer geben wird: Mit zwei Rollen, dem *Modellierer* und dem *Ausführer*, werden sie alle abgedeckt [Ortn10]. Informationstechnologien sind nur noch nach vorherigem sprachlichen Erfassen und entsprechender Modellierung der Einsatzgebiete effektiv und effizient nutzbar. Während sich der Berufsstand des Modellierers primär mit der auf Modellsprachen basierenden Rekonstruktion von Software und arbeitsrelevantem Wissen beschäftigen wird, gehen die Ausführer kollaborativ mittels intelligenter Informationstechnik nicht nur algorithmisch, sondern auch kreativ, in virtuellen und realen interdisziplinären Projektteams ihrer Arbeit kompetent nach (siehe auch Strategen, Koordinatoren und Wissensarbeiter in Abbildung 2.1). Ein Unternehmen mit solchen Mitarbeitern kann auf den Märkten nicht untergehen, wenn es konsequent dem Motto „Erst modellieren, dann ausführen" oder „Business by Modeling" folgt. Allerdings: Der Bedarf an solchen Mitarbeitern – vor allem auf der Modelliererseite – ist weltweit gigantisch. Das US-amerikanische Department of Labour schätzt den weltweiten Fachkräftemangel an entsprechend ausgebildeten jungen Menschen zwischen 2010 und 2020 weltweit auf etwa 32 Millionen. Dem gegenüber steht eine bei Weitem nicht ausreichende Anzahl entsprechend ausgebildeter Menschen, die dem globalen Arbeitsmarkt für die nächsten Jahre zur Verfügung stehen.

2.2.2 Von Generalisten, Spezialisten und den anderen

Stellen Sie sich vor, Sie hätten einen großen Garten. Vielleicht haben Sie den ja sogar. Nun stellen Sie sich weiterhin vor, Ihr Gärtner wäre ein überaus fachkompetenter, sehr gut informierter Geselle, der auf „Du und Du" mit Ihren Pflanzen stünde. So weit, so gut. Jetzt haben Sie aber die Idee, einen Teich anzulegen und diesen nebst Fischen auch mit geeigneten Wasserpflanzen zu begrünen. Falls Sie jetzt auf Ihren Gärtner zurückgreifen möchten, so könnten Sie auf folgende Spezies treffen:

- Ihr Gärtner ist *Generalist*, der – „na klar" – auch schon mal etwas mit Teichen gemacht hat und mit geballtem Halbwissen in puncto Wasserpflanzen glänzt. Als typischer Generalist kennt er die beliebtesten Sorten, natürlich alle elitären Teichbewohner wie etwa Kois, weiß selbstverständlich über deren Fress- und Paarungsverhalten bestens Bescheid und kann Ihnen auf jedem anfallenden Gebiet semi-kompetent weiterhelfen.
- Ihr Gärtner ist *Spezialist*, der Ihnen bei jeder Butterblume die Vorzüge der Gattung nennen kann und auch bei Ihren Rosen zwischen all den optisch identischen sicherlich ungezählte Unterschiede hinsichtlich Knospenstand, Gießverhalten und Düngen zu erzählen weiß. Was nun aber Ihren Teich angeht, so hält er sich naturgemäß nicht nur bei den tierischen Bewohnern mit Ratschlägen zurück, sondern auch beim Thema Wasserpflanzen. Schließlich ist das ein anspruchvoller Bereich, auf den er nicht auch noch spezialisiert sein kann.
- Ihr Gärtner ist *T-Shaped* und hat sich also neben seiner tief gehenden Fachkompetenz bereits das dazu passende interdisziplinäre Breitenwissen angeeignet. Er kann nicht nur wunderbar Ihren Garten anlegen und pflegen, sondern versteht auch Ihre Wünsche, wenn Sie ihm diese in Ihrer eigenen Sprache und eben nicht im gärtnerischen Fachchinesisch kommunizieren. Darüber hinaus weiß er Bescheid, mit welcher pestizidfreien Farbe Sie Ihren Gartenzaun streichen können und bei welchem Sonnenschirmhersteller das Preis-Leistungs-Verhältnis stimmt. Doch nun das Beste: Er kennt sich mit Gartenteichen aus und hat überdies fundierte Kenntnisse in der Haltung und Aufzucht von Kois.

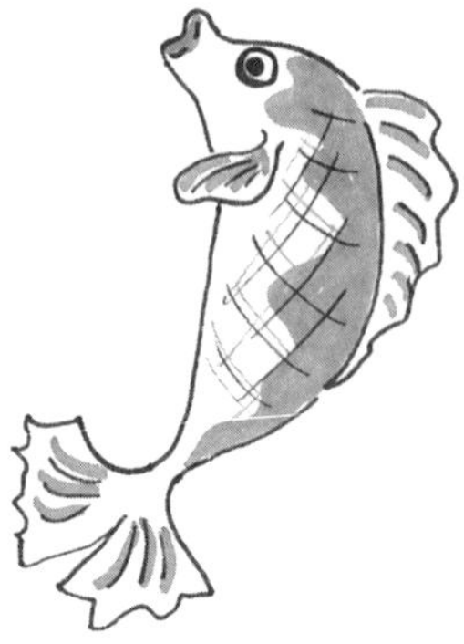

Während unser Gärtnerfreund aus dem ersten Beispiel zweifelsfrei in Richtung „Eier legende Wollmilchsau" tendiert, können wir mit Nr. 2 höchstwahrscheinlich an der Bundesgartenschau teilnehmen, aber dann auch nur zu einem speziellen Teilbereich grüner Kunst. Der letztgenannte Gärtner hingegen ist genau der, den wir brauchen. Er hat detaillierte Fachkenntnisse auf seinem Gebiet, aber er weiß zu diesem passend abgestimmt auch über den Tellerrand zu schauen. Seine Kompetenz setzt sich also aus einer fachlichen Tiefe bzw. Expertise und einer ebensolchen Breite zusammen, die der Tiefe zuarbeitet und ihm ermöglicht, über angrenzende Themenbereiche kompetent (mit)reden zu können. Voilà, er ist eben T-Shaped.

Nun verlassen wir aber die Fauna und Flora und wenden uns Ihrem Kerngebiet zu, lieber Leser, nämlich der Informationstechnologie im weiteren und engeren Sinne. Dazu lassen wir zunächst einmal Herr K. zu Wort kommen, erfahrener IT-Consultant und Juniorpartner einer renommierten deutschen Unternehmensberatung mit dem Fokus auf technologische Fragestellungen.

Ein Blick in die Praxis:
Informatische Scheuklappen

„Sehen Sie, das ist leider immer dasselbe." Herr K. lehnt sich in seinen Ledersessel zurück und schaut die vor ihm sitzende Personalberaterin leicht entnervt an. „Die Informatikabsolventen, die in unserem Unternehmen anfangen, sind alle fit, was die Technik angeht. Das erwarte ich auch. Aber nehmen wir mal unseren Herrn S., der hat ein Diplom in Informatik, ist seit einem knappen Jahr im Unternehmen und soll unseren Netzwerkadministrator dabei unterstützen, die IT-Landschaft der gesamten Firma neu zu strukturieren. Was das – ich sage es mal salopp – Strippen ziehen und das Einarbeiten in für ihn neue Software angeht, so kann ich mich absolut nicht beklagen. Aber dafür hat er immer noch Null Ahnung von den Strukturen und Arbeitsabläufen hier im Unternehmen, bringt keinerlei eigene Ideen ein, und präsentieren lassen kann ich ihn seine eigenen Arbeitsergebnisse erst recht nicht. Strategisches Denken? Fehlanzeige. Nur: Für die reine Netzwerkadministration »auf Ansage« hole ich mir keinen Akademiker. Das gleiche Arbeitsergebnis kann ich auch von einem gelernten Fachinformatiker kriegen und der kostet mich deutlich weniger Geld."

Herr S. ist offensichtlich nicht T-Shaped, sondern eher spezialisiert und streng fokussiert auf sein Gebiet, die Netzwerkadministration. Damit könnte er im Grunde zufrieden sein, aber da seine Spezialisierung weder Herrn K. als Vorgesetzten glücklich macht noch den Anforderungen an IT-Fachkräfte im Zeichen des Wissenszeitalters genügt, sollte unser Netzwerkadministrator anfangen, über den Tellerrand der IT zu schauen. Doch schauen zunächst wir noch einmal auf die klare Unterscheidung zwischen *Spezialist*, *Generalist* und *T-Shaped Professional*, wie wir ihn ab jetzt nennen wollen [Hein09].

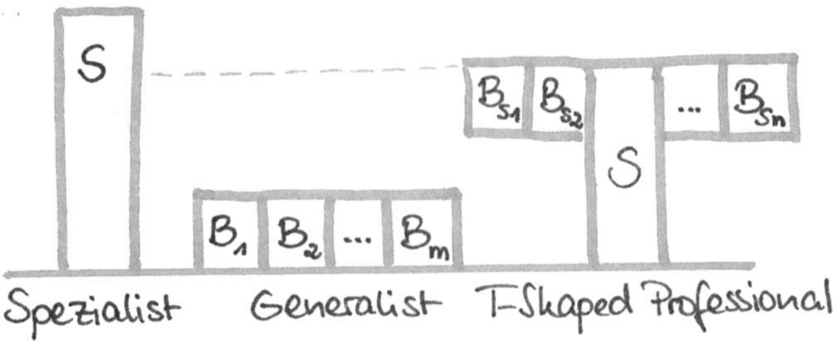

Abbildung 2.2: Spezialist, Generalist und T-Shaped – eine Gegenüberstellung

Der *Spezialist* in Abbildung 2.2 kann etwas (S) sehr, sehr gut, aber leider trägt er die Scheuklappen aus obigem Praxisbeispiel und mag nicht so gerne rechts und links neben seiner Spezialisierung die Weite des dortigen Horizonts erblicken. Wenn es um *sein* Thema geht, dann ist er der richtig Ansprechpartner. Der *Generalist* hingegen hat von vielen Dingen (B_1, B_2, ... B_n) eine Ahnung. Sein Horizont ist beliebig weit, geht jedoch in keinem Bereich dergestalt in die Tiefe, als dass mehr als ein „oberflächliches Mitredenkönnen" möglich wäre. Aber er versteht dafür, von was so im Allgemeinen die Rede ist, und kann daher auch gut den Überblick behalten. Ein Projektleiter wie er – sonstige Fähigkeiten im Sinne einer Führungskraft vorausgesetzt –, ist sicherlich eine gute Besetzung.

Der *T-Shaped Professional* hingegen vereint das Beste aus den beiden anderen Modellen. Er hat (mindestens) eine Spezialisierung (S), die zwar sehr in die Tiefe geht, aber nicht notwendigerweise so tief wie das Spezialgebiet des Spezialisten. Dafür ergänzt er seine Fachexpertise durch daran „angedockte" Breitenkompetenzen, d.h. durch Kompetenzen (B_{S1}, B_{S2}, ... B_{Sn}), die seine Spezialisierung bestmöglich ergänzen und auf diese ausgerichtet sind. Es geht also nicht darum, sämtliche französische Spätexpressionisten nebst Geburtsdaten und wichtigsten Kunstwerken zu kennen, wenn Sie Workflow-Management-Experte sind, sondern darum, Ihre technische Expertise entweder durch angrenzendes, ebenfalls technisches Wissen (z.B. Datenbanken) oder etwa durch Branchenkenntnisse (z.B. Pharma) und entsprechende Soft Skills (z.B. Teamgeist) abzurunden. Denken Sie einfach an unser Gärtnerbeispiel.

Der Bereich des Tiefenwissens zeigt sich im Übrigen oft schon in sehr jungen Jahren. Die Wahrscheinlichkeit, dass ein Kind, das mit Leidenschaft seine Modellautos zerlegt und aus Lego®-Steinen die tollsten Maschinen konstruiert später einmal spätgriechische Geschichte studiert und zu seinem Expertisenthema macht, ist doch recht unwahrscheinlich. Eine mögliche „Tiefe" sollte daher frühzeitig erkannt, gefördert und gefordert werden. Oftmals ist es nämlich reine Energieverschwendung und für den Betreffenden mit den Jahren immer unbefriedigender, aus seiner Begabung nichts gemacht oder gar den „falschen" Fokus gesetzt zu haben. Denn jeder Mensch ist von Geburt an immer beides: ein „Mängel"- und ein „Fähigkeiten"-Wesen. Mängel kann man beseitigen oder abfedern, Fähigkeiten hingegen sollten lebenslang gestärkt werden.

2.2.3 Der T-Shaped Professional

Generalistischer Spezialist oder spezialisierter Generalist sind Begriffe, die dem, was T-Shaped meint, schon sehr nah kommen[7]. Aber woher kommt nun dieser Ausdruck, der sich langsam und dennoch sehr gewaltig sowohl bei Bildungsinstitutionen als auch vor allem bei Arbeitgebern auf der Suche nach den Hoffnungsträgern von morgen durchsetzt?

Oft hört man von Personalverantwortlichen in Unternehmen bezogen auf die Absolventen von Informatikstudiengängen Klagen wie: „Wenn die bei uns anfangen, sind sie zwar technisch fit, aber von den Strukturen und Abläufen in Unternehmen haben sie ebenso wenig Ahnung wie von kundenorientierter Kommunikation.“ Was den Unternehmen also fehlt, ist ein „T-Shaped“ Kompetenzprofil der jungen IT-Fachleute, die sogenannten *T-Shaped Skills*. Viele Informatiker beherrschen zwar zum Beispiel PHP und Linux aus dem Effeff, aber dafür fällt ihnen das unabdingbare Denken in Anwendungszusammenhängen schwer. Das wiederum ist aber notwendig, um im eigenen Unternehmen oder auch beim Kunden Lösungen zu realisieren, die der Ganzheitlichkeit eines Unternehmens gerecht werden.

Dass künftig mehr Mitarbeiter benötigt werden, die die Vorzüge des Generalisten und Spezialisten in sich vereinen, erkannten Personalverantwortliche schon vor fast 20 Jahren. Damals tauchte der Begriff „T-Shaped“ erstmals auf [Gues91]:

> „The hunt for a new breed of computer manager is on. The British Computer Society, in a controversial report published last year, described the quarry as a “hybrid” manager who would combine business expertise with IT skills. The hybrid manager, it said, would be distinguished by his or her ability to relate to “the broad picture” and to people, understanding their motivation and aspirations; he or she would also be energetic, intuitive, a good listener, and (cryptically) would have “an unusual set of interests”. This type of rounded personality is also sought in other branches of the same theory, which prizes individuals known as T-shaped People. These are [...] equally comfortable with information systems, modern management techniques and the 12-tone scale.“

Von wissenschaftlicher Seite war dann 1993 auch erstmalig von einer „T-Shaped combination of skills“ die Rede [Ians93]:

> „[...] a T-shaped combination of skills: they are not only experts in specific technical areas but also intimately acquainted with the potential systemic impact of their particular tasks. On the one hand, they have a deep knowledge of a discipline like ceramic materials engineering, represented by the vertical stroke of the T. On the other hand, these ceramic specialists also know how their discipline interacts with others, such as polymer processing – the T’s horizontal top stroke.“

Aus Forschungssicht hat dieser Ansatz viele Grundlagen, auf denen er aufbaut, doch mit den beiden genannten Quellen haben wir der Wissenschaftlichkeit ausreichend Tribut

---

[7] Scott W. Ambler hat hierzu ein äußerst lesenswerten Artikel über den „Generalizing Specialist“ verfasst: `http://www.agilemodeling.com/essays/generalizingSpecialists.htm`, Abruf am 21.06.2010.

gezollt. Für Interessierte findet sich eine schöne und kompakte Zusammenstellung in [Busc09].

Zurück zur Praxis. Firmen wie beispielsweise IBM legten bereits Mitte der 90er Jahre des vergangenen Jahrhunderts ihrer Mitarbeiterförderung und -entwicklung das Modell einer „T-Shaped Career“ zugrunde. Es war wiederum auch IBM, die im Jahre 2007 ihre Anwender anlässlich eines User Meetings dazu befragte, was denn für das erfolgreiche Einführen einer serviceorientierten IT-Architektur, kurz SOA, unabdingbar sei. Das Ergebnis: 68 Prozent der Befragten erachteten die Kombination von breiter Geschäftserfahrung und umfassendem IT-Know-how als Schlüssel zum Erfolg. Die mit der SOA-Einführung betrauten Mitarbeiter dürften daher keine reinen „IT-Cracks“ sein, sondern müssen ebenso einen Einblick in Geschäftsprozesse haben und diese mit technologischen Konzepten versehen im Sinne der Unternehmensstrategie in Einklang bringen können. Welche Disziplinen hierbei die Breite darstellen und welche in die Tiefe gehen, hängt unter anderem natürlich auch von Branche und dem Geschäftsbereich ab, in welchem der IT'ler arbeitet bzw. arbeiten möchte. Dabei gilt: Je runder das Profil, desto wertvoller die Arbeitskraft.

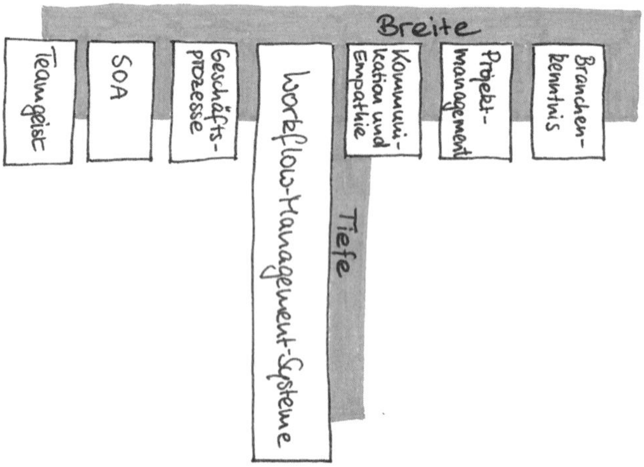

Abbildung 2.3: Beispiel eines T-Shaped Professionals für Workflow-Management-Systeme

Überfachlichkeit ist also gefragt. Um den Anforderungen einer global agierenden Welt gerecht zu werden und erfolgreich in ihr bestehen zu können, bedarf es einer Aus- und Weiterbildung in die *Breite* ebenso wie in die *Tiefe*. Welche Fächer hierbei die Breite darstellen und welche in die Tiefe gehend vermittelt werden, ist freilich abhängig von der Schwerpunktsetzung eines jeden Einzelnen. Im Falle des exemplarischen Workflow-Management-Experten aus Abbildung 2.3 sollte ein breites Verständnis (*Breitenwissen*) für z.B. Geschäftsprozesse oder auch Aufbau- und Ablauforganisation (Organisationslehre), sowie für eine benachbarte technischen Disziplin wie beispielsweise Datenbanken vorhanden sein und gleichzeitig vertieftes Expertenwissen (*Tiefenwissen*) in seinem informatischen Teilbereich wie in diesem Fall eben dem Workflow-Management. All diese Aspekte machen sein Spezialwissen noch effizienter und effektiver einsetzbar, also schlichtweg wertvoller. Nun ist die Sache einfach rund.

2.2.4 Wenn Unternehmen multikompetent qualifizieren

Viele Unternehmen haben eine gewachsene IT-Landschaft, die sowohl eine Großrechnerumgebung wie auch Client-Server-Anwendungen umfasst. Entsprechend breit gefächert muss das fachliche Know-how der IT-Experten sein, damit sie IT-Lösungen entwickeln können, die mit den vorhandenen Systemen kompatibel sind und die Anforderungen, die die Endanwender zum Beispiel an eine CRM-Software (Customer Relationship Management) stellen, erfüllen. Das ist ohne Frage eine herausfordernde Aufgabe, die neben Konzeptionsstärke auch die Fähigkeit erfordert, *vernetzt zu denken* und *(prozess-)integrierend zu handeln*. Und das insbesondere, wenn ein Unternehmen möglicherweise noch in einen Konzern eingebunden ist, in dem wiederum andere Voraussetzungen gegeben sind – technisch und fachlich wie auch menschlich. Etliche Unternehmen wie z.B. Microsoft Deutschland erwarten daher von ihren Berufseinsteigern und Young Professionals, dass diese das erforderliche betriebswirtschaftliche Wissen, die notwendige unternehmerische Denke mitbringen oder sich systematisch aneignen, um die Geschäftsprozesse des Unternehmens zu verstehen, in dem oder für das sie arbeiten. Denn nur wenn IT'ler über ein solches Zusatzwissen verfügen, können sie – zum Beispiel als Projektleiter oder auch -mitarbeiter in interdisziplinären Teams – ihr Spezialwissen in der Organisation effizient und effektiv einbringen. Damit steigt selbstverständlich auch der Wert ihrer Arbeitskraft für das Unternehmen, denn ihr Kompetenzprofil ist sozusagen „rund“.

Überdies führen demographischer Wandel und Fachkräftemangel dazu, dass immer weniger Fachkräfte immer mehr können müssen. Das haben auch viele Unternehmen längst begriffen und steuern das Ihrige dazu bei, schon frühzeitig T-Shaped Kompetenzprofile beim Nachwuchs zu entwickeln bzw. bei den langjährigen Mitarbeitern zu fördern.

Ausgehend von der Stammkompetenz des Mitarbeiters – in Ihrem Fall also einer technischen Fachrichtung – gibt es verschiedene Varianten, wie sich ein Unternehmen im Sinne einer angestrebten *Multikompetenz* entwickeln kann [Busc09]:

- *Multifunktionalität*

  Die Multifunktionalität ähnelt eher einem „Generalisten de luxe“, denn hier ist der betreffende Mitarbeiter gleich in mehreren Disziplinen so hervorragend ausgebildet und erfahren, dass er die jeweiligen Stelleninhaber jederzeit ersetzen könnte, weil er über das gleiche (Objekt-)Wissen verfügt.

  Unschwer anzunehmen, dass solch überdurchschnittlich Begabte zum einen selten und zum anderen sehr begehrt sind, denn sie können im Unternehmen als Koordinatoren und wichtige Wissensquelle vor allem für den Nachwuchs fungieren. Sie stellen kompetente Sparringspartner für das Management dar und können hier Wesentliches zu unternehmerischen Entscheidungen beitragen wie z.B. der strategische Ausrichtung oder den Prozessoptimierungen. Natürlich fallen solche multifunktional einsetzbaren Mitarbeiter nicht vom Himmel, sondern entwickeln sich über viele Jahre hinweg durch entsprechende Förderung und Weiterbildung. Sie merken, wir sind hier „nur“ im vertikalen Teil des T unterwegs.

- *Kompetenzkette*
  Was das Ersetzen der Stelleninhaber anderer Kernbereiche angeht, so will die Kompetenzkette erreichen, dass der betreffende Mitarbeiter den jeweils nächsten Kollegen in dessen Aufgabenbereich unterstützen bzw. sogar ersetzen kann, wiederum weil er über dessen (Objekt-)Wissen verfügt. Diese „Stellvertreterregelung" ist zwar nicht ganz so anspruchsvoll wie die Multifunktionalität, fordert aber immer noch viel vom Mitarbeiter und kann daher auch nur über einen längeren Zeitraum herangebildet werden. Je spezialisierter ein Bereich ist, desto schwieriger wird es auch, diese Kompetenzkette zu realisieren. Auch hier liegt unser Fokus auf dem vertikalen Teil des T.
- *Kompetenzspaltung*
  Nun werfen wir erstmalig einen Blick auf den horizontalen Teil des T. Die Kernkompetenz des Mitarbeiters wird nun so aufgespalten, dass daraus Teilgebiete, also (Objekt-)Wissen mit unterschiedlichem Komplexitätsgrad entstehen, die wiederum den horizontalen Strich des T bilden. Der Mitarbeiter kann beispielsweise in grundlegenden Fragestellungen hinsichtlich benachbarter Fachaufgaben mitreden, könnte aber die Stelle seines Kollegen nicht übernehmen. Allerdings ist es ihm möglich, mit diesem bei einer projektbezogenen Zusammenarbeit auf einer gemeinsamen Verständigungsbasis über interdisziplinäre Fragestellungen zu reden und nach fachübergreifenden Lösungen zu suchen[8].
- *Metawissen*
  Im Gegensatz zum Objektwissen hat die betreffende Person hier „nur" eine Art Überblickswissen. Sie weiß, wie es „theoretisch ginge" oder „wer es tatsächlich kann". Aber über die Details weiß der Mitarbeiter nicht so recht Bescheid und kann daher die Aufgaben der entsprechenden Stelle nicht übernehmen.

Soweit zu den bekannten Modellen. Im folgenden Abschnitt werden wir noch eine fünfte Variante kennenlernen, die nicht nur in der Weiterbildung durch die Unternehmen von Relevanz sein sollte, sondern vor allem auch in ihrem höchsteigenen Bestreben, nicht auf der Stelle zu treten – beruflich wie persönlich.

2.3 Die T-Shaping-Strategie

Noch einmal: Natürlich gibt es nicht *die* IT-Fachkraft. Die „IT-Welt" ist – bezogen auf die Berufe – fast schon eine Art Paralleluniversum im Vergleich zum Rest der Welt. Daraus ergibt sich zwangsläufig, dass in der IT-Welt für die unterschiedlichen Berufe genauso unterschiedliche Anforderungen gelten wie in der Nicht-IT-Welt für die restlichen dort existierenden Berufe. Ein Fließbandarbeiter braucht eben auch ganz andere Kompetenzen als ein Schreinermeister. Dennoch haben alle IT-Profile eines gemeinsam: Eine Spezialisie-

[8] Genau dieses Suchen nach gemeinsamen Lösungen durch Vertreter verschiedener Bereiche nennt man übrigens *Transdisziplinarität*, wir sprachen ja bereits darüber.

rung ohne flankierende Interdisziplinarität schafft weder dauerhafte Befriedigung noch ist sie ein Freifahrtschein in die Zukunft der IT.

2.3.1 Das Ziel klar vor Augen – ganz prinzipiell

Auch auf die Gefahr hin, dass ich Sie langweile, aber wissen Sie eigentlich, wohin Ihre berufliche – und möglicherweise auch die private – Reise gehen soll? Etliche Geschäftsführer oder Abteilungsleiter, mit denen ich in den letzten Jahren gesprochen habe, ich als Hochschuldozentin inklusive, stellen seit Langem eine bemerkenswerte Ziellosigkeit bei vielen jungen Menschen fest. Nicht wenige haben zu Anfang ihres (Informatik-)Studiums oder auch ihrer IT-Ausbildung keine konkrete Vorstellung, wohin ihr Weg sie führen soll. Das wäre ja nicht so tragisch, aber leider weiß es der größte Teil von ihnen auch zum Zeitpunkt ihres Abschlusses noch nicht. Und wenn Gevatter Zufall die Weichen dann doch noch irgendwie stellt, so wird die Zielorientierung, was das eigene Leben angeht, leider nur selten wirklich besser.

A Der T-Shaping-Aha-Effekt:

Ziele sind wie ein Kompass:
Sie weisen Ihnen in Ihrem Leben die Richtung.

Wissen Sie, was Sie morgen oder die nächsten fünf Jahre machen möchten, wo Sie in zehn Jahren beruflich (und auch privat) gelandet sein wollen? Ja? Dann lassen Sie den Rest dieses Abschnitts einfach aus. Wenn nicht, dann verspreche ich Ihnen, nicht zu schimpfen, aber bitte lesen Sie dafür unbedingt weiter und machen Sie vor allem die folgenden Übungen. Dazu brauchen Sie aber ein wohlformuliertes Ziel. Vielleicht ist es so groß, dass Sie es in mehrere Teilziele zerlegen, oder es ist ein nahes Ziel, das Sie direkt angehen können. Ganz egal, formulieren Sie es, und zwar gemäß des *SMART-Prinzips*:

- *S* wie *spezifisch*
  Ganz konkret formuliert und nicht von Nebel umhüllt. Also nicht „Ich will irgendwann einmal einen neuen Job“, sondern beispielsweise so: „Ich habe in einem mittelständischen Unternehmen der IT-Branche eine Projektleiter-Position mit Personalverantwortung inne, sitze in einem eigenen Büro und verdiene mindestens 48.000 EUR p.a.“.
- *M* wie *messbar*
  An welchen quantitativen oder qualitativen Indikatoren, welchen Kennzahlen werden Sie erkennen, dass Sie Ihr Ziel erreicht haben? In obigem Fall erfolgt dies beispielsweise durch den Kontoauszug und das Organigramm der Firma, in der Sie nun arbeiten.
- *A* wie *attraktiv*
  Das Ziel ist „so sexy“, dass es sie auch wirklich reizt, es zu erreichen. Es sollte daher in jedem Fall positiv, in der Gegenwart und nach vorne gerichtet formuliert sein. Wählen

Sie keine „Weg von"-Formulierungen („Ich möchte nicht mehr ..."), sondern nur „Hin zu"-Formulierungen („Ich bin/habe ...").

- *R* wie *realistisch*:
  Das Ziel ist für Sie auch tatsächlich erreichbar. Es ist nicht sehr sinnvoll, sich das Ziel zu setzen, innerhalb des nächsten Jahres Chef von Apple zu werden. Wobei gegen hochgesteckte Ziele an sich absolut nichts einzuwenden ist, solange sie sich durch eine realistische Machbarkeit auszeichnen.
- *T* wie *terminiert*:
  Bis wann haben Sie Ihr Ziel erreicht?

Hier nun unser fertiger Zielsatz für einen Menschen mit der entsprechenden Qualifikation (von wegen des „R"):

> „Ab 01.09.2010 bin ich in einem mittelständischen Unternehmen der IT-Branche im Rhein-Main-Gebiet Projektleiter mit entsprechender Personal- und Budgetverantwortung, sitze in einem eigenen Büro und verdiene mindestens 50.000 EUR p.a."

Jetzt sind Sie dran. Sie brauchen ein Ziel! Nutzen Sie die folgenden Fragen zur Findung und formulieren Sie Ihren Zielsatz dann gemäß SMART.

Ü Die T-Shaping-Übung: Die Zielfindung

1. Was wollen Sie? Was wäre gegeben, wenn Sie eines Morgens aufwachten und alles wäre perfekt, alle Wünsche erfüllt?

   ____

   ____

2. Was sind Ihre Stärken, die Sie dann ausleben können?

   ____

   ____

3. Formulieren Sie nun gemäß SMART Ihren Zielsatz:

   ____

   ____

Kommen wir zum nächsten Schritt. Ziele zu haben, ist *eine* Sache. Ziele auf Herz und Nieren zu überprüfen, eine *andere*. Und das sollten Sie jetzt durch die Beantwortung der nächsten Fragen tun, denn dann können Sie ziemlich sicher sein, dass Ihr Ziel bzw. Ihre Ziele zum einen auch tatsächlich die richtigen für Sie sind und es zum anderen sehr wahrscheinlich ist, dass Sie diese erreichen – vorausgesetzt, Sie bleiben am Ball.

Ü Die T-Shaping-Übung: Der Ziel-Check

1. Welche persönliche Bedeutung hat das Ziel für Sie? Ist es „sexy" genug, dranzubleiben?

   ____

2. Sind Sie bereit, Zeit, Energie u.ä. in dieses Ziel zu investieren und deswegen ggf. auch auf andere Dinge zu verzichten?

   ____

3. Gibt es Einwände gegen das Ziel wie z.B. Vorurteile, negative Erfahrungen, Meinungen anderer?

   ____

4. Haben Sie Rollenvorbilder und können Sie aus deren Erfahrungen etwas lernen hinsichtlich dessen, bestimmte Dinge zu tun und andere zu lassen?

   ____

5. Wie wird sich Ihr soziales Umfeld ändern, wenn Sie das Ziel erreicht haben (Familie, Freunde etc.)?

   ____

6. Gibt es Menschen in Ihrem engsten Umfeld, die Bedenken haben, und wie können Sie diese zu Befürwortern machen?

   ____

7. Auf welche Ressourcen können Sie auf dem Weg zu Ihrem Ziel zurückgreifen (eigene Fähigkeiten, Einstellungen, Optimismus etc.)?

   ____

8. Auf welche Menschen können Sie diesbezüglich zurückgreifen bzw. welche wären hilfreich und wie können Sie diese für sich gewinnen?

   ____

9. Was fehlt Ihnen noch an Wissen, Fähigkeiten und Fertigkeiten, um das angestrebte Ziel zu erreichen?

   ____

10. Welche Stolpersteine kennen Sie und welchen „Plan B" haben Sie in petto?

    ____

11. Können Sie Ihr Ziel in sinnvolle Teiletappen aufsplitten und welche wären das?

    ____

12. Woran werden Sie erkennen, dass Sie die Teiletappen erreicht haben?

    ____

13. Woran werden Sie erkennen, ob der Weg noch der richtige ist, ob das Ziel noch das richtige ist?

    ____

14. Wann fangen Sie an loszulaufen?

    ____

So, das wäre (hoffentlich) geklärt. Wenden wir uns nun Ihrem T zu.

2.3.2 Die Mittel zum Ziel – längs und quer

Finden Sie es spannend, sich in ein Thema vertieft einzuarbeiten, und wollen am liebsten weder personelle noch Projektverantwortung übernehmen? Sie sind also eher an einer horizontalen (Fach-)Karriere interessiert? Wissen Sie von allem ziemlich viel bis sehr viel und möchten sich eher nicht mit Details quälen, sind dafür aber bereit, möglicherweise irgendwann einmal Verantwortung für Aufgaben und Menschen zu übernehmen? Sie möchten also eher die Karriereleiter vertikal nach oben steigen? Oder gibt es da ein Thema, das Sie ohnehin sehr interessant finden, und es reizt Sie, sich auch noch die nächsten x Jahre vertiefend damit zu beschäftigen, aber Sie schauen thematisch auch gerne mal nach rechts und links? Sie können fachlich-horizontal mitreden und haben gleichzeitig schon die Leiter nach oben im Visier?

Zum T-Shaped Professional werden Sie – sofern Sie das möchten – natürlich durch Erlebtes und Erfahrenes während Ihres Berufslebens, aber nur, wenn Sie mit Interesse und auf „Empfang gestelltem Radar" durch die Welt gehen. Sie können jedoch auch gleich von Anfang an, also ganz zu Beginn Ihres (IT-)Berufslebens, selbst etwas dafür tun. Und da ich als Autorin ja davon ausgehe, dass Sie – gemäß der Zielgruppendefinition aus Kapitel 1 – eher „Frischling" denn „alter Hase" sind, will dieses Buch Sie bei Ihrem höchst persönlichen T-Shaping unterstützen. Deswegen zeigt Ihnen die *T-Shaping-Strategie* einen von vielen möglichen Wegen auf, wie Sie Ihre hoffentlich bereits vorhandene oder zumindest fest im Blick befindliche technische Expertise für die Zukunft so richtig „auf Vordermann" bringen können.

Egal, für welchen Weg Sie sich entscheiden, es ist wichtig, dass Sie sich darüber im Klaren sind, welcher Weg der richtige für Sie ist, denn noch einmal: Ein Wechsel von Fachkarriere zur Führungsposition ist eher schwer bis unmöglich. Womit Sie aber immer richtig liegen und sich dabei auch noch recht viele Optionen offenhalten, ist der Weg des T-Shaped Professionals. In Zeiten wie heute kommen Sie – wie wir im vorherigen Kapitel diskutiert haben – um eine solche Orientierung fast nicht mehr herum.

Wir fügen den Weiterbildungsvarianten aus Abschnitt 2.2.4 nun eine weitere hinzu, die auch Ihnen als Grundlage dienen kann, in Richtung T-Shaped Professional zu gehen.

- *Kompetenzergänzung*
  Hier geht es nun darum, Ihrer Spezialisierung oder Ihrer Spezialisierungsabsicht – sofern vorhanden – eine Breite beizufügen, die Ihre „Tiefe" bestmöglich ergänzt. Diese Breite kann aus verschiedenen Kombination von anderen Disziplinen oder auch Soft Skills bestehen und hängt von Ihrer Zielsetzung, Ihrer Ausrichtung und Ihrem Job-Profil ab. Wichtig ist, dass einfach „das Drumherum" stimmt. Auch ein schönes Bild kommt dann am besten zur Geltung, wenn es an einer nicht zu vollen, gut sichtbaren Wand in einem geschmackvollen, zu Stil und Motiv des Kunstwerks passenden Zimmer hängt und von entsprechendem Licht angestrahlt wird.

Nun zu Ihnen. Das Tiefenwissen haben Sie längst, oder? Wenn nicht, dann wird es aber Zeit. Es ist in jedem Falle günstig für Ihren beruflichen Weg, wenn Sie sagen können: „In dem (und dem) Bereich bin ich sehr gut und werde mir über die Jahre hinweg eine Expertise aufbauen." Je mehr Karriere Sie aus hierarchischer Sicht machen möchten, desto wichtiger ist es allerdings, dass Sie den Querbalken Ihres T zielorientiert ausbauen.

Ü Die T-Shaping-Übung: Wie T-Shaped sind Sie?

1. Welches ist das „Bein Ihres persönlichen T", d.h. von welcher IT-bezogenen Disziplin oder auch welcher Branche können Sie ruhigen Gewissens behaupten, dass Sie darin auf dem besten Wege zum Experten sind?

   ____

2. Welches interdisziplinäre Wissen und Können braucht es aus Ihrer Sicht, um die oben genannten Fachkompetenzen noch wirkungsvoller und erfolgreicher für Sie selbst ebenso wie für Ihre Kunden einsetzen zu können? Übrigens: Sie dürfen auch gerne schon darüber verfügen.

   ____

   ____

Tauschen Sie sich gerne mit Gleich- oder auch Nichtgleichgesinnten über die Beantwortung der obigen Fragen in Bezug auf Ihre Person aus. Manchmal – und auch ich bin sicherlich nicht frei davon – sieht man einfach den Wald vor lauter Bäumen nicht mehr.

Nachdem Sie nun diese beiden Fragen beantwortet haben, markieren Sie bitte unter 2. diejenigen Kompetenzen, die Sie bei sich selbst als (stark) optimierungsbedürftig einschätzen. Egal, was Sie in den nächsten Kapiteln noch erfahren und lernen: Sie haben den ersten Schritt in Richtung T-Shaped Professional getan. Denn wenn Sie morgen anfangen, in den soeben markierten Bereichen Kenntnisse zu erwerben, dann ist das T-Shaping.

2.3.3 Ein T, das immer passt

Mit dem T-Shaping, also dem Aneignen passender Kompetenzen, die zu Ihrem speziellen Expertenwissen orthogonal zu verstehen sind, wollen wir nun fortfahren. Und weil es nicht den universellen Querbalken für jedes mögliche T gibt, müssen wir zwangsläufig eine Auswahl treffen, die denjenigen unter Ihnen, die bis dato noch wenig über den Tellerrand geschaut haben, den größtmöglichen Nutzen bietet. Meine langjährige Erfahrung als IT-Consultant, Projektfrau, Trainerin und Dozentin sowie zahlreiche Gespräche mit Vorgesetzten aus dem IT-Bereich haben mir die für den größten Teil der augenblicklich nachgefragten IT-Berufe passenden interdisziplinären Aspekte quasi auf dem Silbertablett serviert.

Diese Aspekte finden ihren Niederschlag in den einzelnen Kapiteln dieses Buches. Dabei geht es zum einen um ein gewisses unternehmerisches Verständnis: Wie „tickt" das Unternehmen, *in* dem Sie als IT'ler arbeiten bzw. *für* das Sie als Dienstleister tätig sind? Inwieweit tragen Sie Ihren Teil innerhalb der Wertschöpfungskette bei, an deren Ende ein fertiges Produkt oder eine am Markt platzierbare Dienstleistung steht? Und zum anderen liegt der Fokus auf Ihnen selbst: Wissen Sie immer genau, warum Sie in welcher Situation auf eine bestimmte Weise (re)agieren? Sich selbst zu kennen ist ein ungemein wichtiger Schritt auf dem Weg, andere zu (er)kennen und mit ihnen kommunizieren zu können. Ja, die Kommunikation: das Ah und Oh des Miteinanders. Insbesondere wenn Sie in Kundenkontakt sind, ist das kommunizieren Können und Wollen wichtig, aber ebenso bei der Teamarbeit, also beim gemeinsamen Ziehen an einem Strang – zum Wohle des Kunden versteht sich, denn das Thema Kundenorientierung muss vor allem in der IT groß geschrieben werden. Produkte und Dienstleistungen sind vergleichbarer denn je, und umso wichtiger wird der Service, mit dem sie dargeboten werden. Und sollten Sie selbst keine Zeit oder nicht über ausreichendes Spezialwissen verfügen, um das Problem Ihres Kunden zu lösen, dann kann es vielleicht ein Netzwerkpartner, mit dem Sie eine vertrauensvolle, auf gegenseitiger Fairness und Wertschätzung basierende Kooperation pflegen.

Es liegt auf der Hand, dass dieses Buch keine Branchenkenntnis vermitteln kann, aber es gibt Ihnen gemäß des T-Shaping-Ansatzes zu den oben genannten Aspekten wesentliche Werkzeuge an die Hand – ohne Anspruch auf Vollständigkeit, aber mit dem großen Anspruch auf Nutzen in Ihrem täglichen Arbeitsumfeld.

3

3 In die Breite (Teil 1): Denke und handle unternehmerisch!

Es gibt nichts Gutes, außer man tut es.

Erich Kästner (1899-1974)
deutscher Schriftsteller und Drehbuchautor

In diesem Kapitel klären wir aus der Perspektive des IT'lers heraus die folgenden Punkte:

- was ein System überhaupt ist und
- wie das System *Unternehmen* funktioniert,
- was hinter dem unternehmerischen Dreieck *Mensch-Organisation-Technik* steckt und
- welche Rolle dabei Geschäftsprozesse spielen.

Lassen Sie mich raten: So ein „trockenes Zeug" wie die BWL ist nicht wirklich Ihr Ding, oder? [1] Andererseits haben Sie als IT'ler, der schon einen Job hat, oder auch als Absolvent, der bereits durch ein Praktikum den ganz „normalen Wahnsinn" des betrieblichen Alltags mitbekommen hat, bereits die Erkenntnis gewonnen, dass ein bisschen unternehmerisches Verständnis gar nicht so schlecht wäre. Wohlan – das ist doch schon einmal eine sehr gute Grundeinstellung, auf der wir aufbauen können. Denn eines sollte Ihnen nach Lesen von Kapitel 2 klar geworden sein: Sie als Informatiker – egal mit welcher Vertiefung – benötigen in jedem Fall eine anständige Portion Wissen in Bezug auf ein Unternehmen und auf unternehmerisches Denken. Denn zum einen sind Sie selbst ein Rädchen im Getriebe eines solchen Gebildes, und zum anderen ist die Arbeit, die Sie IT-seitig verrichten, immer eingebettet in das gesamte unternehmerische Tun. Entweder weil z.B. die von Ihnen installierte Software die wichtigen Kundendaten administrierbar und auswertbar macht oder weil

---

1 Wirtschaftsinformatiker und andere bereits „BWL"-mäßig Gebildete seien an dieser Stelle natürlich ausgenommen.

Ihre Beratung hinsichtlich der neuen Systemarchitektur das Unternehmen für die Zukunft auf sichere Beine stellt oder weil Ihr Konzept für einen konzernübergreifenden First und Second Level Support Ihrem Auftraggeber mittel- und langfristig richtig Geld zu sparen hilft. Bringen wir es noch einmal auf den Punkt, warum Sie sich erst einmal mit dem Unternehmen per se auseinandersetzen sollten, bevor wir uns dann ab Kapitel 4 mit – vielleicht für manche von Ihnen – etwas spannenderen Themen beschäftigen werden.

- Die IT ist nicht mehr nur ein „Mittel zum Zweck", das Erreichen unternehmerischer Ziele von der technischen Seite her zu unterstützen, sondern in zunehmendem Maße auch die Triebkraft für eine bestimmte Ausrichtung der Unternehmensstrategie. Das betrifft z.B. die Fähigkeit, als „dynamisches Unternehmen" durch *Modularisierung* in allen *Funktionsbereichen* (Beschaffung, Produktion bzw. Leistungserstellung, Absatz und ggf. Lagerung, sowie Finanzierung und Zahlung) schnell auf sich ändernde Marktlagen reagieren zu können. Übrigens gilt das bei Weitem nicht nur für „IT-Schmieden", sondern generell für Unternehmen aus dem Produktions-, ebenso wie aus dem Dienstleistungsbereich.
- *Unternehmerisches Denken und Handeln* ist notwendig, um zu verstehen, inwieweit Ihr eigenes Wirken den Erfolg der Organisation beeinflusst, in der Sie arbeiten. Denn ab dem Eintreten in ein Unternehmen sind Sie mitverantwortlich für dessen wirtschaftlichen Erfolg und sollten daher zumindest grob wissen, was quasi außerhalb Ihres eigenen Betätigungsfelds so passiert. Davon abgesehen hat Ihr *Wirken* meistens mehr *Auswirkungen*, als Ihnen vielleicht bewusst ist.
- Sie werden als Informatiker permanent innerhalb des unternehmerischen Dreiecks *Mensch-Organisation-Technik* tätig sein: als Modellierer, der ablauf- und aufbauorganisatorische Aspekte IT-seitig abbilden muss, als Software-Architekt, der eine Anwendung unternehmens- oder gar konzernweit implementieren muss oder auch als IT-Support und -Trainer, der Verständnis für verschiedene Anwendungsbereiche haben und bei den entsprechenden Anwendern für Akzeptanz der IT sorgen soll.
- Auch Ihr *Kunde* hat in der Regel wiederum Kunden, d.h. auch er folgt unternehmerischen Grundsätzen und vor allem *Zielsetzungen*, deren Erreichen Sie durch Ihre Dienstleistung maßgeblich unterstützen sollen. Überdies sind Sie für den Kunden das Gesicht des Unternehmens, für das Sie arbeiten. Er sieht *Sie*, erlebt *Ihr* Handeln und Verhalten und zieht daraus Rückschlüsse auf *Ihre Firm*a als Ganzes.

Also werden wir uns in diesem Kapitel dem Unternehmen und seinen Geschäftsprozessen ein wenig annähern. Ganz homöopathisch dosiert natürlich. Und sollten Sie schon über Grundkenntnisse in Sachen BWL verfügen, sowie Geschäftsprozesse kein Fremdwort für Sie sein, so ist das

- prima, weil sinnvoll,
- und vielleicht dennoch kein Grund, den folgenden Abschnitt zu überblättern.

3.1 Das modellierte Unternehmen

Um ein (soziales) *System* wie beispielsweise unsere Gesellschaft oder eben ein Unternehmen besser zu verstehen, muss man es *verstehbar machen*. Das gelingt am besten dadurch, es zu *modellieren*. Nicht in Ton oder mit Knete, sondern als vereinfachtes „Abbild" der Realität, das aber alle relevanten Aspekte enthält, wegen derer das Modell überhaupt erstellt wird. Denn Modellieren heißt nichts anderes, als einfach *einzelne Gegenstände allgemein zu beschreiben*.

3.1.1 Modellieren für Anfänger

Stellen Sie sich einmal vor, Sie möchten einem Kind erklären, wie ein Hund „aufgebaut" ist. Nun studieren Sie entweder noch auf die Schnelle Tiermedizin, damit Sie die hündische Hardware (Knochen, Haut, Organe, etc.) ebenso wie die Software (Gehirnleistung, Instinkt, Gefühle etc.) bestmöglich erklären können oder aber Sie arbeiten mit einem *Modell*. Bevor Sie das tun, haben Sie allerdings ein paar grundlegende Fragen zu beantworten:

- *Wem* (Modellbenutzer) möchten Sie
- *was* (Ziel der Modellbildung)
- *wie*, also mittels *welchen Modells* (z.B. getöpfert oder gezeichnet) verdeutlichen? Hier: Einem Kind die wichtigsten Merkmale eines Hundes erklären.
- *Welches Original* liegt dem *Modell* zugrunde? Hier: Gala, eine Labradormischlingshündin.

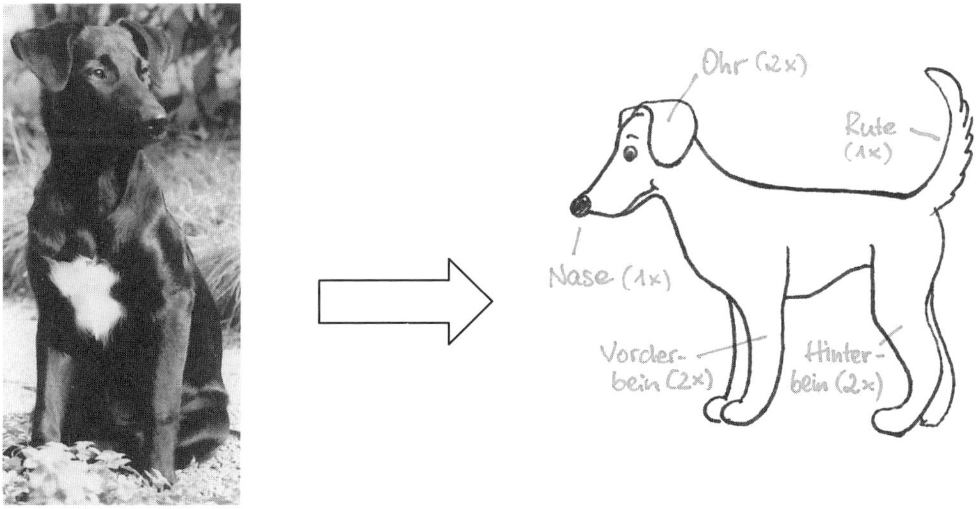

Abbildung 3.1: Vom Original (Einzelding) durch Verallgemeinerung zum Modell (Allgemeinbegriff)

Unter dem Original verstehen wir ein sogenanntes *Einzelding* bzw. eine *Ausprägung*, also ein ganz bestimmter Hund. Das Modell hingegen ist ein *Allgemeinbegriff*, also ein *Schema*, aus dem wir – so wir gut modellieren – viele verschiedene Ausprägungen generieren können. Nun müssen Sie für die Modellbildung nur noch die wichtigsten Merkmale des Einzeldings in Ihrer allgemeinen Beschreibung, also Ihrem Modell erfassen und alle hinsichtlich der Zielerreichung irrelevanten oder aus Zeitgründen zu vernachlässigenden Aspekte wie z.B. die Zehenkrallen weglassen (siehe Abbildung 3.1). Ein Modell ist also keine Fotografie eines einzelnen Gegenstandes, sondern stellt das dar, was viele ähnliche einzelne Gegenstände gemeinsam ausmacht.

A Der T-Shaping-Aha-Effekt:

Ein Modell ist eine allgemeine und nicht zwangsläufig bis ins letzte Detail gehende Beschreibung eines Einzeldings (Originals).

Dieses Modell, das von einem ganz bestimmten, einzigartigen Original mittels Verallgemeinerung entwickelt wurde, können wir nun für viele andere Hunde verwenden, da zu vermuten ist, dass diese über die gleichen relevanten *Ausprägungsmerkmale* bzw. *Merkmalsbegriffe* verfügen wie Gala[2].

Wenn Sie in Sachen Modellierung schon Vorkenntnisse oder in irgendeiner Form davon gehört haben, dann wird Ihnen nun sicherlich der Begriff *Abstraktion* in den Sinn kommen. Er leitet sich vom lateinischen *abstrahere* ab, was soviel heißt wie „trennen“ oder „abziehen“. Wenn von der Abstraktion die Rede ist, dann meint man damit in der Regel, dass „etwas weggelassen wird, um es zu vereinfachen“. Der Maler lässt in seiner abstrakten Kunst oftmals so viele Eigenschaften des Gegenständlichen weg, dass es dem Betrachter bisweilen schwer fällt zu erkennen, welches reale Objekt der Abstraktion denn wohl ursprünglich einmal zugrunde gelegen haben mag. Ungeachtet dessen, wird der Gedanke des Weglassens und Vereinfachens der Modellierung einfach nicht vollständig gerecht. Denn noch einmal: Modellieren und somit auch Abstrahieren heißt, die für das *Ziel* unseres Modells relevanten Eigenschaften eines Einzeldings aufzugreifen und zu einem Allgemeinbegriff, also einer alle wesentlichen Eigenschaften enthaltenden Beschreibung zusammenzubringen. Wenn wir uns auf diesen Abstraktionsbegriff einigen, dann können wir ihn im Folgenden auch gelegentlich hinzudenken bzw. verwenden.

Unternehmerische Modelle, die in der Regel deutlich umfassender sind als unser Hunde-Modell, dienen verschiedenen Zwecken:

- der *Beschreibung*, um z.B. Transparenz hinsichtlich der Abläufe, Funktionsweisen und Kommunikationswege herzustellen,
- der *Entscheidung*, um z.B. aufgrund der beschriebenen Zusammenhänge relevante Entscheidungen bezüglich neuer Investitionen oder der Modifikation bestehender Prozesse treffen zu können,

[2] Aus der Informatik kennen Sie das natürlich als Objekttyp mit entsprechenden Attributen.

- der *Erklärung*, um z.B. bestimmte Verhaltensweisen von Systemteilnehmern im System zu erkennen und eventuelle Schwachstellen aufzudecken,
- der *Prognose* und *Erprobung*, um z.B. bestimmte Prozesse im Vorfeld simulieren und somit evaluieren zu können und
- der *Standardisierung*, um z.B. anderen Systemteilnehmern erprobte und für gut befundene Prozesse und relevantes Domänenwissen als Muster zur Verfügung zu stellen.

Widmen wir uns also nun im Folgenden dem Begriff *System*, denn was wir modellieren bzw. verstehen wollen, nämlich ein Unternehmen, stellt ja ein solches System dar.

3.1.2 Systeme mit System

Das Objekt unserer „Modelliererbegierde" ist das Unternehmen als System. Und wie der Name schon sagt, sollten wir hierzu systematisch vorgehen, indem wir als Nächstes klären, was überhaupt ein System ist. Denn, liebe Tekkies, hier ist nicht von Betriebssystemen & Co. die Rede, sondern von *sozialen* (weil Menschen darin interagieren), *offenen* (weil sie mit ihrer Umwelt in Austausch stehen) und bzw. oder *produktiven Systemen* (weil das System materielle oder immaterielle Güter herstellt). Nehmen Sie als Beispiel doch einfach einmal Ihre Familie (siehe Abbildung 3.2). Sie ist

- ein *System* von vielen Menschen (*Systemelementen*) und/oder wiederum eigenen kleinen Familieneinheiten (*Subsystemen*, also quasi „Systemen im System"),
- die miteinander in einer wie auch immer gearteten Weise *verbunden* sind (*Relationen* und deren *Eigenschaften*) und
- möglicherweise auch noch Verbindungen außerhalb ihres Familiensystems leben (*Umwelt* oder *Umgebung* des Systems).

Außerhalb heißt in diesem Fall, dass es eine natürliche *Systemgrenze* gibt, die eben dadurch definiert ist, ob ein Mensch zu Ihrer Familie gehört oder nicht. Ein solches System hat die Eigenschaft, dass es in der Regel ein gemeinsames Ziel verfolgt. Über dieses ist jedes Systemelement (also alle Mitglieder Ihrer Familie) mit jedem anderen Elemente des Systems entweder direkt oder über Dritte verbunden. Ein System kann wiederum ein oder mehrere Systeme enthalten, die sogenannten *Subsysteme*. In unserem Familienbeispiel könnte das die Familie Ihrer Mutter sein, die innerhalb Ihres großen Familiensystems wieder ein eigenes Subsystem bildet. Daneben hat jedes System auch noch eine *Umwelt* oder *Umgebung*, mit der es in wechselseitigem Austausch steht. So wird es von außen beispielsweise durch den Gesetzgeber beeinflusst (*Input*). Stellen Sie sich einmal vor, eine Familie hat schon lange ein Pflegekind. Die formale (nicht emotionale) Beziehung zwischen Mann, Frau und angenommenem Kind unterliegt somit rechtlichen Gegebenheiten. Diese bringen auch einen bestimmten Input in das System, wenn das Paar beschließt, das Kind zu adoptieren. Andersherum wirkt das System Familie nach außen auf seine Umwelt (*Output*), indem das Kind beispielsweise einen Krippenplatz beansprucht.

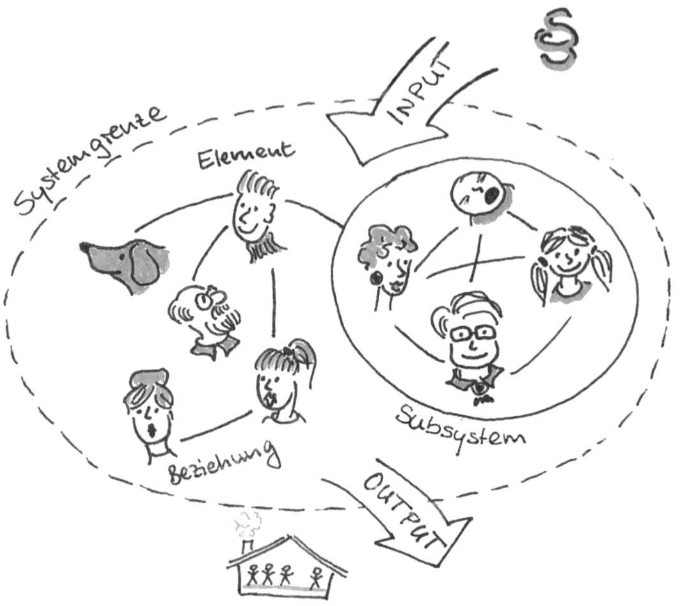

Abbildung 3.2: Systemkomponenten am Beispiel „Familie“

Wir können also zusammenfassen, dass ein System vereinfacht gesagt aus folgenden Komponenten besteht (wobei wir uns in der Wahl unserer Beispiele jetzt zugunsten einer unternehmerischen Sicht von „unserer“ Familie verabschieden):

- *Element* (z.B. die Person „Pia Müller“ oder die Stelle „Sachbearbeiter Wareneingang“)
- *Beziehung* (*Relation*, auch *Interaktion*, z.B. A *ist_Chef_von* B)
- *Subsystem* (z.B. der Geschäftsbereich „SuperOffice“ oder ein Projektteam)
- *Input* (z.B. Inanspruchnahme von Dienstleistungen externer Anbieter wie Steuerberater, Materialeinkauf von einem Lieferanten oder auch Gesetze, die eine direkte Auswirkung auf das unternehmerische Handeln haben wie z.B. die Höhe der Mehrwertsteuer)
- *Output* (z.B. die Erbringung der Dienstleistung „2nd Level Support“ für Kunde X, der Rollout des neuen Betriebssystems oder die Auslieferung von mobilen Endgeräten)

Eine besondere Systemeigenschaft ist die *Komplexität.* Je höher die Komplexität eines Systems, desto weniger ist es in seiner vollen Gänze beschreibbar und infolgedessen auch voraussagbar. Ein sehr komplexes System, in dem sowohl die Anzahl der Systemelemente als auch der Relationen sehr hoch ist, zeichnet sich demzufolge vorwiegend durch Kompliziertheit und Dynamik aus und ist in der Regel auch schwer beherrschbar. Aus Modellierungssicht – und mit dem Modellieren wird sich die „Informatikerkaste“ in den nächsten Jahren und Jahrzehnten vornehmlich beschäftigen müssen – ist es in einem solchen Fall unabdingbar, ein Modell zu erstellen und damit die im System vorhandene Komplexität durch Bildung von Subsystemen und die Aufdeckung von Beziehungen der Subsysteme und Systemelemente untereinander zu reduzieren.

Ü Die T-Shaping-Übung: Ihr Modell von ...?

1. Greifen Sie sich nun als Übung einmal ein (soziales) System Ihrer Wahl heraus.

   ____

2. Welche Elemente gibt es, welche Subsysteme (Gruppen) und Beziehungen?

   ____

   ____

3. Mit welcher Umwelt interagiert Ihr System auf welche Weise, d.h. wo gibt es einen Input, wo möglicherweise einen Output?

   ____

   ____

4. Skizzieren Sie Ihr System nun als Modell.

3.1.3 Wer mit wem wofür: Das System Unternehmen

Ein Unternehmen ist – soviel sei an dieser Stelle schon einmal verraten – ein kompliziertes und komplexes System, das sich in ständiger Wechselwirkung mit anderen Systemen befindet. Dies geschieht – vereinfacht gesagt – mit der Zielsetzung, *Güter* und/oder *Dienstleistungen* zu erstellen und diese auf den entsprechenden *Märkten* abzusetzen. Unternehmen folgen hierbei dem sogenannten *Wirtschaftlichkeitsprinzip*, d.h. dass es entweder bei einem vorgegebenen Aufwand (materiell und immateriell) den größtmöglichen Ertrag erwirtschaftet (*Maximalprinzip*) oder dass es einen bestimmten Ertrag unter Minimierung des eingesetzten Aufwands realisiert (*Minimalprinzip*). Aber schauen wir uns zunächst das *System Unternehmen* sowie seine Systemelemente und Faktoren doch einmal genauer an [GaTi07]. Betriebliche *Funktionen*, also *Aufgabenbereiche*, sind in der Regel die folgenden:

- Unternehmensführung und Organisation (Management)
- Einkauf (Beschaffung)
- Lagerhaltung (Logistik)
- Produktion (physisch, aber auch geistig, wenn es z.B. um Dienstleistungen geht)
- Rechnungswesen (Controlling)
- Informationsverarbeitung (IT)
- Investition und Finanzierung
- Personalwesen sowie
- Marketing und Vertrieb.

Typischerweise finden Sie diese Aufteilung in den meisten mittelständischen und größeren Unternehmen in der einen oder anderen Variante als Abteilungsbezeichnung wieder. Daneben setzt ein Unternehmen auch noch betriebliche Produktionsfaktoren bzw. Ressourcen ein, die im Wesentlichen wie folgt unterschieden werden können:

- *Werkstoffe*: Zu ihnen gehören die *Rohstoffe* (z.B. Kunststoffe, um die Verkleidung eines Laptops herzustellen), *Hilfsstoffe* (z.B. Schrauben, die diverse aus Rohstoffen hergestellte Einzelteile miteinander verbinden), *Betriebsstoffe* (z.B. das Öl, das die Maschine schmiert) und zugekaufte *Fertigteile* (z.B. der Prozessor, der in den Laptop hineinkommt). Zusammengefasst bezeichnet man damit also all das, was als Ausgangs- oder Grundstoff für die Herstellung von Erzeugnissen dient [Gute05]. Nutzen wird durch den *Verbrauch* dieser Stoffe erzeugt.
- *Betriebsmittel*: Sie umfassen das „Drumherum", das benötigt wird, um das unternehmerische Erzeugnis herstellen zu können, also z.B. Maschinen, Roboter, Gebäude, Werkzeuge, Computer etc. Da sich diese Mittel im Gegensatz zu den Werkstoffen nicht oder nur sehr langsam verbrauchen, sprechen wir hier auch von einer Generierung von Nutzen durch den *Gebrauch*.
- *Ausführende Arbeit*: Hiermit ist die objektbezogene Arbeit gemeint, die direkten Anteil an der Fertigstellung der Enderzeugnisse hat (z.B. das Zusammenschrauben eines Laptops). In Zeiten zunehmender Automatisierung muss diese Arbeit nicht zwangsläufig durch einen Menschen ausgeführt werden, sondern kann natürlich auch durch eine Maschine erfolgen.
- *Arbeit* als *dispositiver Faktor*: Hiermit ist die *anführende* Arbeit gemeint, also die durch Planung, Organisation und Kontrolle unterstütze Leitung der erzeugenden bzw. *ausführenden* Tätigkeiten.
- *Wissen* (siehe Abschnitt 3.3.3)

Soweit zur – fast könnte man sagen – Binnenstruktur des Unternehmens. Aber gemäß unserem Systembegriff ist es natürlich auch in ständiger Interaktion mit seiner Umwelt. Da wären zum Beispiel die *Märkte*. Zum einen haben wir den *Beschaffungsmarkt*, auf dem sich das Unternehmen all das besorgt, was es zum Herstellen seiner Produkte oder zum Anbieten seiner Dienstleistungen benötigt. Von dort hat es beispielsweise auch Sie „geholt", sofern Sie schon „in Amt und Würden" sind. Denn der Beschaffungsmarkt, auf dem Sie und Ihre Arbeitskraft zu finden waren, ist der *Arbeitsmarkt*. Andere Märkte bieten dem Unternehmen Rohstoffe, bereits vorproduzierte Werkstoffe oder direkt zum Weiterverkauf bereitgestellte Produkte an. Auch Geld kann in Form von Krediten von einem entsprechenden Beschaffungsmarkt geholt werden, konkret vom *Finanzmarkt*.

Um auf solchen Märkten einzukaufen, muss natürlich Geld ausgegeben werden. Damit ein Unternehmen wirtschaftlich arbeitet, sollten sich die Ausgaben nicht nur amortisieren, sondern durch die Einnahmen möglichst übertroffen werden. Diese erzielt das Unternehmen im Idealfall auf dem *Absatzmarkt*, der, wie der Name schon sagt, dem Unternehmen die Möglichkeit bietet, seine Produkte und/oder Dienstleistungen an den Mann beziehungsweise die Frau zu bringen. Wenn der Betrag, der auf diesem Absatzmarkt erwirtschaftet wird, geringer ist als das, was auf dem Beschaffungsmarkt und während des Herstellungsprozesses an Material- und Personalkosten ausgegeben wurde, dann hat das Unternehmen ein Problem. Damit dem nicht so ist, muss es also *Wertschöpfung* generieren. Darunter verstehen wir die *Transformation* des Wertes eines Produkts bzw. einer Dienstleistung (siehe Abbildung 3.3)

- *von* „vor der Erstellung" (ein Prozessor, ein einbaubarer Monitor, Kabel, Schrauben, jede Menge Plastik, etc.),
- *über* verschiedene Zwischenschritte hinweg
- *in* „nach Fertigstellung" (einen für den Verkauf fertigen Laptop).

Denn das Ergebnis einer unternehmerischen Tätigkeit (Produkt oder Dienstleistung) muss natürlich nach der Fertigstellung mehr Wert haben als zu Beginn. Sonst könnte es ja nicht mit Gewinn an den Mann oder die Frau gebracht werden. Hier steckt natürlich implizit ein Prozess drin (siehe auch Abschnitt 3.3.2), genauer gesagt eine *Kette*, die sogenannte *Wertschöpfungskette* (*Value Chain*), die den Weg eines Produkts oder einer Dienstleistung von seiner Gewinnung bzw. Herstellung bis hin zum Endkunden sowie die damit einhergehende Wertsteigerung bezeichnet (siehe Abbildung 3.3).

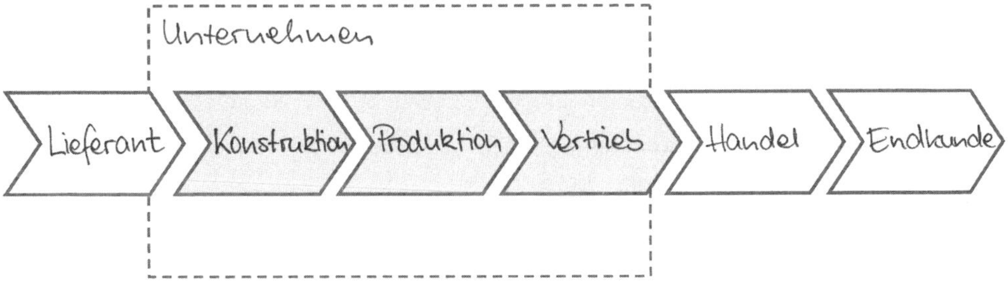

Abbildung 3.3: Vereinfachte exemplarische Wertschöpfungskette

Innerhalb dieser Wertschöpfungskette können wir nun folgende Prozesse unterscheiden:

- Prozesse mit *direkter Wertschöpfung* (z.B. die oben angeführte Produktion eines Laptops), die sogenannten Kernprozesse oder Kerngeschäftsprozesse, die von
- Prozessen mit *indirekter Wertschöpfung* flankiert und unterstützt werden, als da wären
    - *Managementprozesse*, also alles, was die Führung und Organisation des Unternehmens betrifft, und
    - *Supportprozesse*, die unterstützenden Prozesse, die da sein müssen, aber eben nicht unbedingt auf den ersten Blick zur Wertschöpfung beitragen (z.B. Personalentwicklung, Unternehmenskommunikation, Werksdienstleistungen etc.)

Diese Prozesse fallen alle unter den Begriff *Geschäftsprozesse*, und um den kümmern wir uns in Abschnitt 3.3.2. Kommen wir zurück zu Ihnen. Die Notwendigkeit, wirtschaftlich zu produzieren bzw. Dienstleistungen anzubieten, ist das, was ein Unternehmen bzw. unternehmerisches Handeln motiviert. Und das sollte Ihnen jederzeit bewusst sein.

A Der T-Shaping-Aha-Effekt:

Egal in welchem Bereich der IT Sie tätig sind: Sie arbeiten stets als Glied der Wertschöpfungskette und tragen damit direkt zur Wertschöpfung des Unternehmens bei.

Natürlich haben Sie Ihren Job in erster Linie, weil Sie sich und gegebenenfalls Ihre Familie ernähren wollen. Aber auch das kann nur funktionieren, wenn die von Ihnen geleistete Arbeit für das Unternehmen einen *Mehrwert* innerhalb der Wertschöpfungskette bietet. Dieser muss freilich nicht immer materieller Art sein. Auch eine hohe menschliche Kompetenz kann in einem Unternehmen zu sehr vielen Vorteilen führen wie z.B. einem die gesamte Belegschaft motivierenden Arbeitsklima, auch wenn dies nicht immer sofort durch einen direkten Geldeingang oder erhöhten Gewinn bzw. verringerte Kosten bewertet werden kann. Leider hat sich diese Erkenntnis noch nicht bei allen Firmeninhabern und Führungskräften durchgesetzt, aber die Hoffnung stirbt ja bekanntlich zuletzt.

3.2 Hand in Hand: Mensch, Organisation und Technik

Stellen Sie sich einmal folgende, exemplarisch herausgegriffene Situationen vor:

- Eine neue rechtliche Verordnung kommt heraus, die mittel- oder gar kurzfristig Auswirkungen auf Ihre Produktionsverfahren hat.
- Einer Ihrer wichtigsten Kunden bricht weg und damit nahezu ein kompletter Geschäftsbereich[3].
- Ein neuer Mitbewerber erscheint gleichsam aus dem Nichts und erobert – für Sie schmerzlich an den Absatzzahlen bemerkbar – etliche Marktanteile.
- Die gesellschaftliche Entwicklung geht dahin, dass von verantwortungsvollen Unternehmen erwartet wird, sich mit Green-IT auseinanderzusetzen.

Was bedeuten solche Entwicklungen für ein Unternehmen? Richtig, es muss quasi von gleich auf jetzt aktiv werden und an bestimmten „unternehmerischen Schrauben“ drehen, um wettbewerbsfähig zu bleiben. Und die wiederum befinden sich „irgendwo“ im *unternehmerischen Dreieck* aus *Mensch*, *Organisation* und *Technik* (siehe Abbildung 3.4). Im Fokus dieser Betrachtung stehen im Folgenden vor allem die *Abläufe*, also die *Prozesse*, denn sie sind im Wesentlichen dafür verantwortlich, *wie schnell* und *wie gut* sich ein Unternehmen den neuen Gegebenheiten anpassen kann. All das lässt sich auf eine einfache Formel bringen.

[3] Leider machen sich nach wie vor zu viele – gerade kleinere Unternehmen – von einem Kunden abhängig und geraten in der Folge in große Probleme, wenn dieser plötzlich wegfällt.

Der T-Shaping-Aha-Effekt:

Nur diejenigen Unternehmen, die sich bzw. ihre Abläufe am schnellsten veränderten Gegebenheiten gegenüber anpassen können, werden langfristig überleben.

Denn ein Unternehmen, eine Organisation muss auf dynamischen Prozessen aufgebaut sein und nicht auf statischen, mittel- oder gar langfristig verharrenden Zuständen. Letztere bergen die Gefahr des Stillstands, und der wiederum kann in „beweglichen" Zeiten zum Scheitern eines „unbeweglichen" Unternehmens führen. Aber Vorsicht: Hier ist natürlich von bedeutungsvollen Veränderungen aufgrund elementarer Geschehnisse die Rede, die wesentliche Auswirkungen auf das Unternehmen haben wie z.B. ein neues Gesetz zum Verbraucherschutz (erzwungene Veränderung) oder die Etablierung eines völlig neuen Geschäftsbereichs, vom dem man sich wirtschaftlich viel verspricht (mehr oder minder freiwillige Veränderung).

Abbildung 3.4: Das unternehmerische Dreieck: Mensch-Organisation-Technik

3.2.1 Die Unternehmensstrategie: Ziele, Mittel und Indikatoren

Wir starten mit dem Zentrum des unternehmerischen Dreiecks aus Abbildung 3.4, der *Unternehmensstrategie*, der die folgenden drei Aspekte zugeordnet sind:

- *Ziele*,
- *Mittel* und
- *Indikatoren*.

Eine *Strategie* zu haben, bedeutet nicht nur zu wissen, *wohin* man gehen möchte, sondern auch, *wie* man dorthin kommt. Das ist bei einem Unternehmen nicht anders als bei einem einzelnen Menschen, der beispielsweise seinen Karriereweg plant. Strategien gibt es für fast alles: Marketingstrategien, Verkaufsstrategien etc. Wenn es aber um ein Unternehmen als Ganzes geht, dann ist mit Strategie das Zusammenspiel aller Verhaltensweisen eines Unternehmens gemeint, wie es mittelfristig (*taktisch*), also in einem Zeitraum von ca. 2-4 Jahren, oder eben langfristig bzw. *strategisch* (innerhalb 4-8 Jahren) seine unternehmerischen Ziele erreichen kann. Die Administration ist im Übrigen oftmals weder taktisch noch strategisch, sondern ein *operatives* Tagesgeschäft, das im Idealfall in strategische Überlegungen eingebettet ist. Leider ist gerade das nicht immer der Fall, was zu den berühmt-berüchtigten Kurzschlussreaktionen führen kann (z.B. überstürzter Verkauf einer Unternehmenssparte, die sich bei besserer strategischer Überlegung hätte retten lassen).

In der Regel agieren Unternehmen gemäß dem Maximalprinzip, also der Maximierung des Gewinns (siehe Abschnitt 3.1.3). Es gibt aber auch Organisationen, deren Zielsetzungen woanders liegen, beispielsweise im karitativen Umfeld, die sogenannten Non-Profit-Organisationen. Eine gängige Unterscheidung der *Zielbereiche* ist die folgende [GaTi07]:

- *Leistungsziele* (z.B. größere Anpassungsfähigkeit auf sich ändernde Marktgegebenheiten, Erhöhung der Produktqualität, Verbesserung der Kundenorientierung (siehe auch Kapitel 7) oder etwa eine verstärkt globale Ausrichtung der Unternehmensaktivitäten),
- *ökonomische Ziele* (z.B. Maximierung des Gewinns, Produktivitätssteigerung, Erhöhung des ROI[4] etc.),
- *soziale Ziele* (z.B. gesündere Arbeitsplätze, Motivationssteigerung bspw. durch Job Enrichment oder Job Enlargement[5], familienverträgliche Karrieremöglichkeiten bspw. durch Einrichten eines Firmenkindergartens, Einführen eines Diversity Managements[6]) sowie
- *ökologische Ziele* (z.B. umweltgerechtere Recyclingmaßnahmen, Rohstoff- und Energieeinsparungen).

---

[4] Der *Return on Investment* (ROI), zu Deutsch in etwa „der Rückfluss des investierten Kapitals“, ist diejenige Kennzahl, die Auskunft über die Wirtschaftlichkeit einer Investition gibt, also über die Amortisierung der Investitionskosten.

[5] Siehe auch Abschnitt 3.2.2.

[6] Das *Diversity Management*, zu Deutsch in etwa „Vielfältigkeitsmanagement“, kümmert sich im Unternehmen um die Chancengleichheit und Wertschätzung sozialer Minderheiten wie (leider immer noch) Frauen, Ausländer oder Homosexuelle.

Ein Unternehmen muss also Ziele definieren und anschließend konsequent verfolgen. Doch woran merkt es, dass es diese Ziele erreicht hat? Sie erinnern sich jetzt sicherlich an Kapitel 2, in dem wir das Thema Ziele für Sie als einzelnes Individuum behandelt haben. Auch hier lautete eine Frage, woran Sie erkennen werden, dass Sie Ihr Ziel erreicht haben. Gleiches gilt wiederum für ein Unternehmen, das hierfür *Indikatoren* benötigt, also *Kennzahlen*, anhand derer festgestellt werden kann, ob die Ziele in der vorgegebenen Qualität unter Einhaltung des gegebenen Budgets und innerhalb der geplanten Zeit eingehalten wurden. Sie stellen ein wichtiges Werkzeug für das Management dar, denn nur mittels dieser Kennzahlen kann ein Soll/Ist-Vergleich erfolgen und bei Abweichung der Zielgrößen (z.B. wenn wir Mitte des Jahres feststellen, dass unser Kostenziel schon überzogen ist) entsprechend gegengesteuert werden (z.B. durch Wechsel zu einem günstigeren Lieferanten). IT-seitig kann eine solche Kontrolle durch ein sogenanntes *Management-Informationssystem* (MIS) unterstützt werden. Heutzutage sind überdies vermehrt *Data Warehouses* (DWH) im Einsatz, die der Steuerung und Kontrolle von Geschäftsprozessen dienen (siehe Abschnitt 3.3.2)[7]. Grundlage hierfür sind alle kundenrelevanten Informationen zur Realisierung einer kundenorientierten Wertschöpfungskette wie beispielsweise die Konzipierung einer neuen Dienstleistung anhand der Daten über die für das Unternehmen relevanten Absatzmärkte und natürlich über seine anvisierten oder bereits vorhandenen Kunden.

Wir haben also das Ziel sowie die Indikatoren und benötigen nun noch die Mittel oder umfassender die Faktoren: Was muss ein Unternehmen einsetzen, damit es sein Ziel erreicht? Das sind natürlich neben Rohstoffen (für Produkte), Fertigprodukten (für Handelswaren) und Wissen (für Dienstleistungen) in erster Linie *menschliche Arbeitskraft* und Leistung. Nicht ohne Grund ist die Bedeutung des Faktors Mensch neben Wissen und der Wissensgesellschaft als solcher in den letzten Jahren der zentrale Dreh- und Angelpunkt unternehmerischen Handels geworden.

Fassen wir nun also unser erstes Teildreieck aus Abbildung 3.4 mit einer „unternehmensstrategischen" Checkliste zusammen.

C Die T-Shaping-Checkliste: Die Unternehmensstrategie

- ☐ Welche Produkte und/oder Dienstleistungen (z.B. Prozessberatung) bieten wir
- ☐ mit welchen Zielen (z.B. Gewinnmaximierung),
- ☐ welchen Kunden-/Zielgruppen (z.B. KMU[8])
- ☐ auf welchen Märkten an (z.B. D-A-CH[9])?

---

[7] Siehe auch `http://www.itwissen.info`, Abruf 23. Juli 2010.

[8] Das Akronym KMU steht für kleine und mittlere Unternehmen. Die Kriterien für eine Einteilung variieren ein wenig, aber in der Regel fasst man damit Unternehmen mit bis zu 250 Mitarbeitern zusammen.

[9] D steht für Deutschland, A für Austria (Österreich) und CH für Confoederation Helvetica (Schweiz); D-A-CH bezeichnet also den deutschsprachigen europäischen Markt.

- ☐ Was sind dabei unsere Kernkompetenzen bzw. unser Kerngeschäft (z.B. Prozessanalyse und -optimierung sowie eine herstellerunabhängige Software-Evaluierung hinsichtlich des Einsatzes eines geeigneten ERP[10]),
- ☐ vorhandene oder zu schaffende Erfolgsfaktoren (z.B. international anerkannter Prozessexperte als Firmenchef oder auch ein aus einem vorherigen Unternehmen „mitgenommener" fester Kundenstamm) und
- ☐ Stärken, die es zu unterstützen gilt (z.B. ist sehr viel Prozess-Know-how vorhanden) bzw. Schwächen, die beseitigt werden sollten (z.B. zu wenige T-Shaped Professionals im Team)?
- ☐ Welche Wettbewerbsstrategie verfolgen wir dabei (z.B. 1-a-Qualität gegenüber dem Wettbewerb anbieten),
- ☐ um welche Position innerhalb des Wettbewerbs einzunehmen (z.B. „Erster!")?
- ☐ Welche Mittel (Produktionsfaktoren) müssen wir hierzu in welcher Menge einsetzen (z.B. Berater, Analysten etc.)
- ☐ und woran werden wir erkennen, dass wir unsere Ziele in der gewünschten Qualität, Menge und zum angestrebten Zeitpunkt erreicht haben (z.B. wenn am Jahresende der Umsatz so hoch ist, wie wir ihn uns vorgenommen haben, so viele Mitarbeiter bei uns sind wie erhofft, der Name unserer Firma den Entscheidern in den KMU ein Begriff ist etc.)?

3.2.2 Der Faktor Mensch: Lieferant, Mitarbeiter und Kunde

Die Betrachtung des Faktors Mensch sollte keineswegs nur auf den Mitarbeiter beschränkt sein, obwohl dieser natürlich eine elementare Größe im Unternehmen darstellt, die es zu keiner Zeit zu unterschätzen gilt. Nichtsdestotrotz ist der Aspekt *Mensch* in unserem unternehmerischen Dreieck (siehe Abbildung 3.4) aus wiederum drei Positionen heraus zu betrachten:

- *Lieferant*,
- *Mitarbeiter* und
- *Kunde*.

Beginnen wir mit dem *Lieferanten*. Er ist zweifelsfrei ein Teil der Wertschöpfungskette und so verwundert auch nicht, dass die Pflege erfolgreicher *Lieferantenbeziehungen* eine nicht unwesentliche Aufgabe der Unternehmensführung darstellt. Das sogenannte *Lieferantenbeziehungsmanagement* (Supplier Relationship Management) beschäftigt sich dementsprechend mit allen Maßnahmen, die seitens des Lieferanten und des belieferten Unternehmens getroffen werden müssen, um die Wertschöpfung kontinuierlich zu verbessern.

[10] ERP steht für Enterprise Resource Planning, also eine in der Regel IT-gestützte Einsatzplanung aller im Unternehmen benötigten Ressourcen wie Menschen, Maschinen und Material (z.B. SAP-Produkte).

Dazu gehören – insbesondere bei wichtigen und langjährigen Lieferanten – beispielsweise Liefertermine, Sonderkonditionen oder auch individuell zusammengestellte Produktionsmittel. Wie das Wort Beziehung bereits andeutet, ist es wichtig, sich „zu kennen" (siehe Kapitel 4) und miteinander reden zu können (siehe Kapitel 5), damit man weiß, was der jeweils andere will und was er zu geben bereit ist. Zudem spielt auch das Internet eine zunehmende Rolle nicht nur für das Kundenbeziehungsmanagement (z.B. durch Firmenblogs, Communities, Facebook-Fanseiten etc.), sondern genauso für das Management der Lieferantenbeziehungen. Ausschreibungen erfolgen online, und Lagerbestände werden weltweit konsequent und zu jedem Zeitpunkt über das Internet analysiert und optimiert, um nur wenige Beispiele eines „modernen Unternehmens" zu nennen [Cole10].

Wenden wir uns nun dem *Mitarbeiter* zu und damit dem Humankapital, das er für das Unternehmen darstellt, in dem er arbeitet. Dieser in Verbindung mit menschlichen Lebewesen ein wenig seltsam anmutende Begriff *Humankapital* (Human Capital), beschreibt aus betriebswirtschaftlicher Sicht nichts anders als die Wichtigkeit des *Wissens*, der *Qualifikation* und der *Motivation* der Mitarbeiter eines Unternehmens für dessen Erfolg hinsichtlich der gesetzten Ziele. Eben „menschliches Kapital", das einen wichtigen Beitrag zur Wertschöpfung leistet.

A Der T-Shaping-Aha-Effekt:

Der Erfolg eines Unternehmens bestimmt sich durch das Verbinden der Erfolge derjenigen Menschen, die dort arbeiten.

Im Zuge der Entwicklung hin zur Wissens- und Dienstleistungsgesellschaft (siehe Abschnitt 2.1) werden wir immer mehr Mitarbeiter benötigen, die das, was an Aufgaben automatisiert werden soll,

- konzeptionell erfassen,
- in vorhandene Systeme, Konzepte und Infrastrukturen einbinden
- und anschließend die Realisierung des Ganzen überwachen.

Ungeachtet dessen war der Mitarbeiter mit seinem Wissen und seiner Erfahrung schon immer das wertvollste „Gut" eines Unternehmens. Dass dieser Umstand auch anerkannt ist, stellt allerdings erst eine Entwicklung der letzten Jahrzehnte dar. Dem zu verdanken ist auch das große Forschungsgebiet *Wissensmanagement*, das in den letzten Jahren sowohl Wissenschaft als auch Praxis intensiv beschäftigt hat. Das *Wissen* ist hierbei (nicht nur) aus unternehmerischer Sicht ganz klar die durch Bildung und Weiterbildung mitgegebene Befähigung zum *Arbeiten* oder allgemein zum *Handeln*.

Wenn *Software* (Computer) auf *Wissen* (Mensch) trifft, dann kann eine Mensch-Maschine-Interaktion sowohl auf physischer als auch auf geistiger Ebene erfolgen und somit die Arbeit des Menschen entsprechend erleichtern und verbessern, d.h. effektiver und effizienter gestalten. Tritt aber „nur" die *Software*, also der Computer auf den Plan, so geht es um *Auto-*

matisierung, ergo um das Abnehmen menschlicher Arbeit durch den Computer. Und es besteht kein Zweifel, dass die Automatisierung überall voranschreitet. Doch entgegen der weitverbreiteten Befürchtungen, dass durch diesen Umstand Arbeitsplätze verloren gehen, scheint es fast eher so zu sein, dass bestimmte Arbeitsplätze zugunsten der Schaffung neuer quasi „eingetauscht" werden [Ortn10]. Die Rolle der Automatisierung ist daher nahezu gleichzusetzen mit einer Steigerung des Anspruchs der auszuführenden Arbeiten, wofür auch der nach wie vor gravierende Fachkräftemangel bei gleichzeitig hoher Arbeitslosigkeit spricht. Und oftmals ist für diese neuen Arbeitsplätze sogar ein Job Enrichment[11] oder Job Enlargement erforderlich, das die Arbeit für die Ausführenden zufriedenstellender, besser bezahlt und „verträglicher" hinsichtlich des – nicht ganz zu Unrecht – mit Skepsis betrachteten Technikeinsatzes macht.

Kommen wir noch einmal auf das Wissen des Mitarbeiters zu sprechen und die nicht unerhebliche Unterscheidung in explizites und implizites Wissen. Das *explizite Wissen* ist sprachlich erfassbar und somit auch beschreibbar, beispielsweise in Form von grammatischen Sätzen, mathematischen Formeln, Arbeitsplänen etc. (siehe auch Abschnitt 3.3.3). Es kann quasi von seinem Träger entkoppelt werden. Das *implizite Wissen* hingegen bezeichnet dasjenige Wissen, das nicht so ohne Weiteres sprachlich erfassbar und somit weder schematisierbar noch kommunizierbar ist. Dazu gehören z.B. Werte, Ideale, Erfahrungen, Intuition etc. (siehe auch Abschnitt 4.1), d.h. es handelt sich hierbei um ein Wissen, das sehr stark von seinem Wissensträger abhängt, damit nur schwer von ihm entkoppelt werden kann und beispielsweise die Grundlage für unsere Kreativität darstellt. Kurz gesagt: Sie *können* zwar etwas Bestimmtes tun, sind aber nicht in der Lage, dieses Können einem anderen so zu vermitteln, dass der es auch kann. Der Biologe Michael Polanyi, von dem der Begriff „implizites Wissen" stammt, brachte es einmal sehr treffend auf den Punkt, als es darum ging, jemandem zu erläutern, der noch nie Fahrrad gefahren ist, wie man Fahrrad fährt [Pola85]:

> „Bringen Sie die Kurvung Ihrer Fahrradspur ins Verhältnis zur Wurzel Ihres Ungleichgewichtes, geteilt durch das Quadrat Ihrer Geschwindigkeit!"

Aha. Nun, so wird keiner jemals Fahrradfahren gelernt haben, denn der Prozess des Lernens ist (idealerweise) immer eine Verbindung zwischen einer grundlegenden Theorie sowie einer demonstrierten und ausprobierten bzw. eingeübten Praxis. Wenn ich jemandem ergänzend zu einer allgemeinen *Beschreibung*, wie man Fahrrad fährt, selbiges auch noch *zeige* und ihn dann selbst *ausprobieren* lasse, so ist die Wahrscheinlichkeit recht groß, dass er es bald verstanden haben wird.[12]

---

[11] Mit *Job Enrichment* bezeichnet man – wörtlich übersetzt – die „An- oder Bereicherung" der beruflichen Tätigkeit beispielsweise durch mehr Verantwortung oder schwierigere bzw. herausforderndere Arbeiten. *Job Enlargement*, also die Verbreiterung der beruflichen Tätigkeit meint hingegen, dass dem Mitarbeiter weitere Aufgaben gleichen Schwierigkeitsgrades wie bisher hinzugegeben werden, um sein Tun variabler zu gestalten (z.B. waren Sie bisher Support-Mitarbeiter in einer bestimmten Branche und werden nun auch in einer weiteren eingesetzt).

[12] Mein eigenes Tun, also das gezeigte Fahrradfahren ist dann quasi eine *Ausprägung* der allgemeinen Beschreibung (*Schema*), wie man einen Drahtesel fortzubewegen hat.

A Der T-Shaping-Aha-Effekt:

Beim Wissenserwerb bilden Theorie, Demonstration und Selbermachen eine erfolgreiche Allianz – in Unternehmen ebenso wie „zu Hause".

Natürlich hängt das Lernen auch vom Lerntypen ab, aber das wollen wir an dieser Stelle einmal außer Acht lassen. Übrigens funktioniert diese Vorgehensweise nicht nur beim Fahrradfahren, sondern beispielsweise ebenso bei der Einführung in die Benutzung einer neuen Software.

Dem expliziten und impliziten Wissen sehr nah ist das Modell bewusster bzw. unbewusster Kompetenz bzw. Inkompetenz, die sogenannte *Kompetenzen-Matrix* bzw. vier Stufen des Lernens nach Alfred Badura (siehe Abbildung 3.5).

Abbildung 3.5: Kompetenzen-Matrix

Bei der unbewussten Inkompetenz bin ich mir nicht darüber im Klaren, was ich nicht weiß oder nicht zu leisten imstande bin. „Was ich nicht weiß, macht mich nicht heiß", sodass ich in diesem Zustand durchaus voller *Zufriedenheit* leben kann. Das Bewusstsein bezüglich meiner Inkompetenz kommt erst mit der Konfrontation, etwas Bestimmtes wissen oder können zu müssen. Es entsteht *Unsicherheit.* Beispielsweise weiß ein Mitarbeiter nichts über seine Inkompetenz in Bezug auf eine Aufgabenstellung (1.) bis zu dem Moment, wo diese an ihn herangetragen wird (2.). Dann ist ihm auf einmal sehr klar, dass er wohl aktiv werden und sich mit dem Thema beschäftigen muss. Er lernt und erwirbt bestimmte Kenntnisse wie beispielsweise die Bedienung einer Maschine. Seine diesbezügliche Kompetenz ist ihm dann durchaus auch bewusst (3.), was ihm wiederum *Selbstvertrauen* verleiht. Mit zunehmender Übung, einer gewissen Routine und damit verbundener Erfahrung tritt das bewusste Agieren allmählich in den Hintergrund. Nun ist seine Kompetenz „einfach da" (4.) und somit ins Unterbewusstsein „abgerutscht" (siehe auch Kapitel 5). Das führt bei unserem Maschinenführer zu einer gewissen *Selbstsicherheit*. Wenn Sie selbst Autofahrer sind, dann wissen Sie genau, wovon die Rede ist. Oder denken Sie noch bewusst darüber nach, wie und in welcher Reihenfolge das mit dem „Kupplung treten", „Gang einlegen" und „Gas geben" so funktioniert?

Das „Kennen und Können" eines Mitarbeiters administrierbar und damit gezielt einsetzbar zu machen, ist für Unternehmen eine herausfordernde Aufgabe, der sich heutzutage in zunehmendem Maße das sogenannte *Skill Management* widmet. Es beschäftigt sich neben

- der Ist-Analyse der Kompetenzen eines Mitarbeiters (Fähigkeiten, Sozialkompetenzen, Methodenwissen, technisches Know-how etc.) ebenso damit,
- wie seine Qualifikation und damit die Qualität seiner Arbeit durch einen entsprechenden *Kompetenzenerwerb* – auch im Sinne eines lebenslangen Lernens – optimiert werden können und
- wie seine Fähigkeiten innerhalb der unternehmerischen Wertschöpfungskette (siehe Abschnitt 3.1.3) bestmöglich einsetzbar (*Kompetenzeneinsatz*),
- aber auch planbar, steuerbar und kontrollierbar sind (*Kompetenzen-Controlling*).

Soweit zum Mitarbeiter. Die Betrachtung unseres dritten „Menschen", nämlich des Kunden, werden wir an dieser Stelle auslassen, denn ihm ist mit Kapitel 7 nicht nur ein ganzer Abschnitt gewidmet, sondern im Grunde fast jeder Teil des vorliegenden Buches, in dem es um das Miteinander geht, vor allen Dingen auch um das Kommunizieren (siehe Kapitel 5). Denn als IT'ler haben Sie in der Regel auch Kundenkontakt. Und sei es der, mit dem „internen Kunden", doch dazu – wie schon gesagt – zu einem späteren Zeitpunkt mehr.

3.2.3 Unser aller Technik: Hardware, Software und Netze

Ihnen in Sachen Technik etwas erzählen zu wollen, hieße Eulen nach Athen zu tragen. Bei

- *Hardware*,
- *Software* und
- *Netzen* bzw. *Netzwerken*

sind Sie (hoffentlich) in der einen oder anderen Ausprägung zu Hause, da kennen Sie sich aus. Dennoch seien an dieser Stelle ein paar grundsätzliche Gedanken erlaubt, die das bisher Beschriebene ebenso wie das noch zu Beschreibende gleichermaßen betreffen.

Der bereits erwähnte Ökonom Peter F. Drucker brachte es einmal sehr treffend – und noch dazu sehr weitsichtig – auf den berühmten Punkt [Druc01][13]:

> „[...] die große Errungenschaft des 19. Jahrhunderts war die Fähigkeit, Menschen mittels Zügen und Straßenbahnen, Fahrrädern und Autos zu denjenigen Orten bringen zu können, an denen es Arbeit gibt. Sie wird übergehen in die große Errungenschaft des 20. Jahrhunderts, nämlich der Fähigkeit, mittels ‚Bewegen' von Ideen und Informationen die Arbeit dorthin zu bringen, wo es Menschen gibt, die sie ausführen."

[13] Eigene Übersetzung.

Was Drucker schon vor einigen Jahren damit ausdrückte, gilt heute mehr denn je. Wie in Abschnitt 3.3.3 noch zu erörtern sein wird, ist das Wissen, dass Menschen zum Ausführen ihrer Arbeiten benötigen, heutzutage mehr und mehr in Schemata übertragbar, die wiederum auch von Maschinen verstanden und umgesetzt werden können. Demzufolge ist natürlich Arbeit, *dokumentiert* in z.B. Arbeitsplänen und *transportiert* über das Word Wide Web an jeden Platz der Welt, von jedem dazu befähigten Menschen ausführbar. Das hat Auswirkungen auf die Arbeitswelt von morgen, denn es wird die Berufsbilder verändern und ebenso die Anforderungen an diejenigen, die diese ausfüllen.

Insbesondere die „Hardware" ist dank Moore und seinem Moore'schen Gesetz (siehe Abschnitt 2.1.1) deutlichen Veränderungen unterworfen. Die Geräte, die als Träger hoch leistungsfähiger Technologien dienen, werden immer kleiner und damit auch mobiler. Ubiquitous Computing & Co., also das allgegenwärtige Internet, machen es möglich, dass die Dinge um uns herum – egal ob im Berufs- oder Privatleben – immer intelligenter werden. „Die IT" mit allem was dazu gehört ist längst nicht mehr einfach nur Unterstützungsgehilfe in Sachen Informationsverarbeitung, sondern steckt in Produkten und IT-Servicedienstleistungen drin, die ganz klar Teil der Wertschöpfungskette eines Unternehmens sind [Kiml08], und diesem Umstand gilt es, Rechnung zu tragen, was wir in den nächsten Abschnitten vor allem aus Sicht der Organisation eines Unternehmens tun werden.

3.3 Der Gestaltungsraum Organisation

Eine Geschäftsprozessanalyse bringt es oftmals an den Tag: Immer noch herrscht in nicht wenigen Unternehmen ein ziemliches Tohwabohu, was Zuständigkeiten und Arbeitsabläufe angeht. Aufträge bleiben liegen, wenn der Sachbearbeiter einer Abteilung unerwartet krank wird, und Arbeitsabläufe dauern ungewöhnlich lange, weil „sie halt schon immer so gemacht wurden" und noch keiner auf die Idee gekommen ist, das Ganze mal einer Analyse und Optimierung zu unterziehen. Wenn man dann genauer hinschaut, lässt sich das Dilemma wie folgt zusammenfassen:

- Die *tatsächliche Tätigkeit* mancher Mitarbeiter entspricht nicht der definierten *Rollen-* bzw. *Stellenbeschreibung*, sofern es diese überhaupt (in dokumentierter Form) gibt.
- Durch *Missverständnisse* und unklare *Arbeitszuteilungen* werden *Zeit*
- und *Geld* verschwendet.
- Es herrscht Unklarheit bzgl. *Prozessen* und *Abläufen* (Ablauforganisation)
- sowie *Zuständigkeiten* (Aufbauorganisation).
- Der bisherige *IT-Einsatz* erweist sich als weder effektiv noch effizient.

In der klassischen *Organisationslehre* werden zwei elementare Aspekte unterschieden: die *Aufbau-* und die *Ablauforganisation*. Als dritten Aspekt dieses Teildreiecks „Organisation" (siehe Abbildung 3.4) fügen wir noch das *Wissen* hinzu, dass wir in Abschnitt 3.1.3 ja bereits als Produktionsfaktor identifiziert, aber noch nicht erläutert haben.

3.3.1 „Stein auf Stein" – Die Aufbauorganisation

„Wer hat denn hier nun eigentlich etwas zu sagen?" Wenn jemand eine solche Frage stellt, dann hat er von ihr, nämlich der *Aufbauorganisation* des betreffenden Unternehmens offenkundig wenig Ahnung. Die Aufbauorganisation beschäftigt sich damit, wie ein Unternehmen strukturiert ist, d.h.

- welche organisatorischen Einheiten es gibt,
- welche Arbeitsbereiche abgedeckt sind und
- wie die Arbeitsteilung geregelt ist.

Salopp könnten wir auch sagen, dass die Aufbauorganisation klärt, wer welche *Aufgaben* bzw. *Teilaufgaben* unter wessen Leitung in oder besser an welcher *Stelle* zu erledigen hat. Und im Sinne eines klärenden Modellierens, kann die Aufbauorganisation natürlich auch entsprechend visualisiert werden. Der Einfachheit halber werden wir uns im Folgenden auf die sogenannten *Einliniensysteme* beschränken, also diejenigen Organisationseinheiten, in denen jeder Mitarbeiter genau einem Vorgesetzten zugeordnet ist. Beginnen wir mit der *funktionalen Aufbauorganisation* (siehe Abbildung 3.6). Hier liegt der Fokus auf dem, was getan werden muss, also auf der Funktion bzw. der Verrichtung. Diese Organisationsform richtet alle notwendigen Handlungen an den Abteilungen, also den Funktionsbereichen eines Unternehmens aus. Der zugrunde liegende Leitsatz lautet – in Anlehnung an den bekannten Lehrsatz „Structure follows strategy[14] – demzufolge *„Process follows structure"*[15]: Der Prozess folgt der gegebenen Organisationsstruktur des Unternehmens. In unserer vereinfachten Organisation in Abbildung 3.6 muss also jede Tätigkeit eines Arbeitsablaufs innerhalb derjenigen Abteilung (z.B. Einkauf) erledigt werden, der sie organisatorische zugeordnet ist. Wenn die Arbeit dort abgeschlossen wurde, dann „wandert" die Aufgabe zur nächsten Funktionseinheit. Und gegebenenfalls auch wieder zurück.

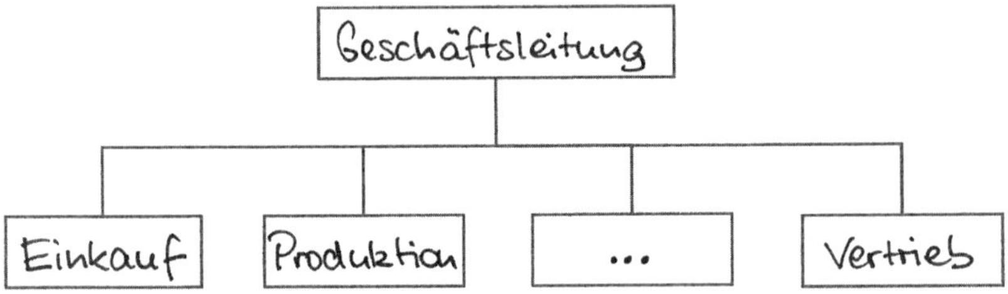

Abbildung 3.6: Beispiel für eine funktionale Aufbauorganisation

---

[14] Dieser Satz, zu Deutsch „die (Unternehmens-)Struktur folgt der (Unternehmens-)Strategie", ist insofern spannend, als dass es keine verbindlichen Regeln dafür gibt, wie er in die Realität umzusetzen ist. Vielmehr ist gerade das ein weiters Feld für Unternehmens-, Change-Management- und Prozess-Berater, die Unternehmen dabei unterstützen, sich entweder neu auszurichten oder auch aus dem „tiefen Tal" des ineffektiven, ineffizienten und somit erfolglosen Nicht-Wirkens heraus zu kommen.

[15] Dieser, ebenso wie der in der vorherigen Fußnote angeführte Leitsatz sind angelehnt an den berühmten Ausspruch „form follows function", zu Deutsch „die Form folgt der Funktion", mit dem in Design und Architektur der Grundsatz gemeint ist, dass die Funktionalität der Dinge im Vordergrund stehen soll.

Dadurch, dass sich die jeweiligen organisatorischen Einheiten auf „lediglich" einen Aufgabenbereich konzentrieren müssen (z.B. den Einkauf), kann sich die entsprechende Organisationseinheit natürlich gut auf ihr „Thema" spezialisieren sowie Aufgaben und Verantwortlichkeiten klar zuteilen. Dieses recht strikte Prinzip der Arbeits(auf)teilung[16] ist allerdings nicht sehr flexibel und hat mit Kundenorientierung nicht zwangsläufig etwas zu tun. Die einzelnen Abteilungen arbeiten sehr autark, und es gibt nicht den *einen* Bearbeiter, der beispielsweise während des gesamten Bestellprozesses immer darüber informiert ist, in welchem Status sich Ihre Laptop-Order gerade befindet. Um hier auf den aktuellen Stand zu kommen, müssen Sie, gerade in großen Unternehmen, Ihrer Bestellung quasi von Abteilung zu Abteilung „nachjagen". Auch wenn der jeweilige Bereich noch so gut arbeitet, so sind doch gerade die Schnittstellen zwischen den einzelnen Abteilungen recht fehleranfällig, was z.B. die Weitergabe relevanter Informationen angeht.

Die *divisionale Aufbauorganisation* oder auch *Spartenorganisation* ist dann besonders sinnvoll, wenn eine Organisation in mehrere unabhängige Teilbereiche aufgespaltet werden muss, um Komplexität und Kompliziertheit zu reduzieren. Das betrifft beispielsweise die Aufteilung nach bestimmten *Produktgruppen*, *Kundengruppen* oder *Regionen* (siehe Abbildung 3.7). Typische Subsysteme eben, wenn wir uns einmal an den Systembegriff aus Abschnitt 3.1.2 erinnern. Neben den Geschäftsbereichen kann es auch funktionale Einheiten geben, die zentral für alle Geschäftsbereiche zuständig sind und diese mit ihren „internen Dienstleistungen" versorgen. Ein typisches Beispiel hierfür ist das Personalwesen, das die Mitarbeiter aller Geschäftsbereiche des Unternehmens betreut (siehe Abbildung 3.7)

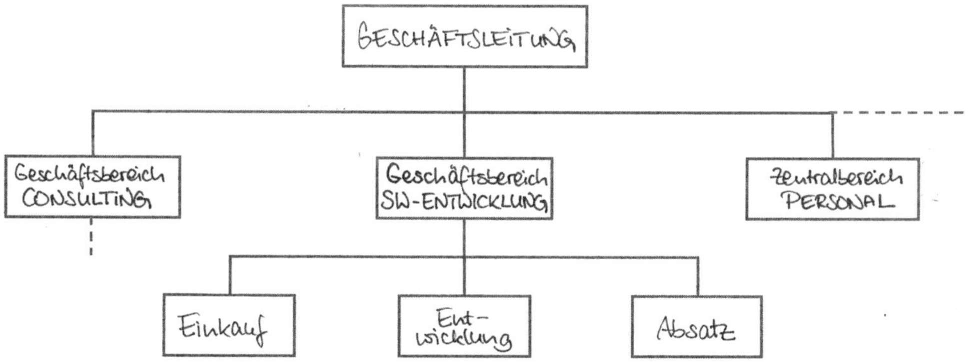

Abbildung 3.7: Beispiel für eine divisionale Aufbauorganisation (Spartenorganisation)

Die einzelnen Sparten werden in der Regel als *Profit-Center* organisiert, d.h. die Leitung der Sparte ist selbst verantwortlich für Kosten und Umsatz, muss sich allerdings in die gesamtunternehmerische Strategie einfügen. Dem gegenüber steht das eher seltener anzutref-

[16] Die klare Arbeitseinteilung basiert u.a. auch auf dem so genannten *Scientific Management* des US-amerikanischen Ingenieurs Frederick W. Taylor (1856-1915). Er entwickelte Methoden, wie die Produktion durch Erfassung und Normierung der einzelnen Arbeitsschritte zu optimieren sei.

fende *Cost-Center*, in dem die Spartenleitung weder Einfluss auf die Art und Menge noch den Preis der angebotenen Leistungen hat, sondern vornehmlich darauf achten muss, dass es die Kosten so niedrig wie möglich hält.

Da wir uns in diesem Kapitel ja insbesondere mit Prozessen beschäftigen wollen, müsste hier folgerichtig nun als Drittes die *Prozessorganisation* vorgestellt werden. Da sie aber quasi die Aufbau- mit der Ablauforganisation „verbindet" wenden wir uns nun erst einmal der letztgenannten zu.

3.3.2 Schritt für Schritt – Die Ablauforganisation

Die *Ablauforganisation* eines Unternehmens strukturiert – wie der Name schon vermuten lässt – den Ablauf allen betrieblichen Geschehens. Was passiert also, wenn ein Kunde mehrere Laptops bestellt und noch dazu die Dienstleistung eines Netzwerkexperten in Anspruch nehmen will? Welche Handlungen löst das im Lieferantenunternehmen aus und welche Abteilungen sind involviert? Nicht wenige Unternehmen haben Probleme mit der „idealen" Beantwortung dieser Frage und infolgedessen damit, effektiv und effizient vorzugehen, also das Richtige mit den richtigen Mitteln zu tun. Aus diesem Grund ist die Analyse und Optimierung der im Unternehmen notwendigen Schritte zur Erzeugung von Wertschöpfung ein zunehmend wichtiges Thema, um am Markt gewinnbringend zu agieren und sich gegenüber dem Wettbewerb erfolgreich abzugrenzen.

Ein *Geschäftsprozess* (*Business Process*) hat immer zum Ziel, Wertschöpfung zu generieren, und ist definiert als [LaLS09]

- eine Folge logisch zusammenhängender Aktivitäten (Arbeitspakete und Teilprozesse),
- die arbeitsteilig verrichtet werden
- einen definierten Anfang sowie ein definiertes Ende haben,
- wiederholt durchgeführt werden können und
- sich vor allem am Kunden bzw. der Erzielung von Kundennutzen orientieren (siehe auch Kapitel 7).

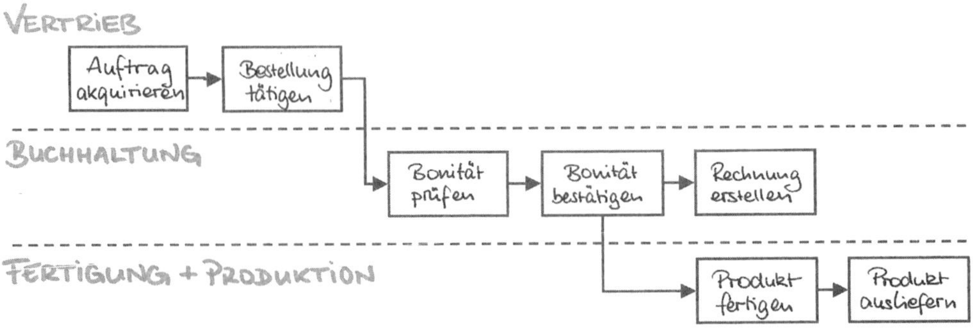

Abbildung 3.8: Die Auftragsbearbeitung als Beispiel eines einfachen Geschäftsprozesses [LaLS09]

Innerhalb eines Geschäftsprozesses wird also ein Produkt oder eine Dienstleistung vollständig bearbeitet bzw. die Bearbeitung und damit die Wertschöpfung für das Unternehmen vollständig abgebildet. Dabei gehen Geschäftsprozesse, wie das einfache Beispiel in Abbildung 3.8 zeigt, im Gegensatz zu den *Betriebsprozessen*, quasi den Arbeitsprozessen des unternehmerischen Alltags, in der Regel über mehrere Abteilungen, also über die funktionale Gliederung eines Unternehmens hinweg.

Nun stellen Sie sich einmal vor, was passiert, wenn in einer funktionalen Unternehmensorganisation ein Prozess bearbeitet wird. Zwangsläufig bearbeiten ihn verschiedene Bearbeiter (nämlich in jeder Funktionseinheit bzw. Abteilung ein anderer), keiner trägt die Gesamtverantwortung, und bisweilen hat auch keiner mehr den Überblick. Wir haben die funktionale Aufbauorganisation im vorherigen Abschnitt ja schon recht kritisch betrachtet. Gerade die Schnittstellen zwischen den Abteilungen sind eine wahre Fundgrube für Zeitverlust und Missverständnisse, denn es wird „jedes Mal wieder geprüft" und in jeder Abteilung wieder etwas gemacht, das in der anderen längst erledigt worden ist. Redundanzen sind an der Tagesordnung. Und von Kundenorientierung kann bei so einer Verfahrensweise auch keine Rede mehr sein. Dabei gilt doch der Grundsatz, dass bei der Gestaltung von Geschäftsprozessen immer die Erzeugung von Kundennutzen und eine entsprechende Kundenorientierung im Vordergrund stehen sollten (siehe auch Kapitel 7).

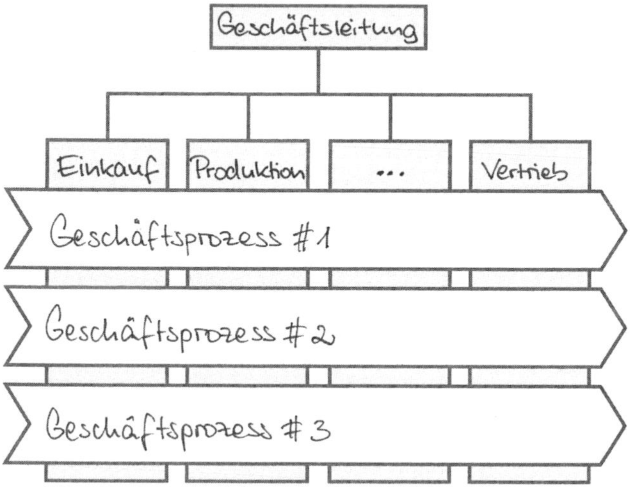

Abbildung 3.9: Beispiel einer funktionalen Organisation mit Prozessausrichtung

Die *prozessorientierte Organisation* (die dritte im Bunde, die in Abschnitt 3.3.1 bereits angekündigt wurde) hingegen löst sich von dieser starren Betrachtungsweise. Nun liegt der Fokus auf der *Aufgabenerfüllung als Ganzes*. Sie ist im Grunde eine Weiterentwicklung der divisionalen Organisation, nur dass hier nicht nach Produktgruppen, Regionen oder anderen Sparten unterschieden wird, sondern all das zusammengefasst wird, was zur Erfüllung einer betrieblichen Aufgabe, also eines Geschäftsprozesses notwendig ist. Wir können hier bei zwei Formen unterscheiden. Zum einen die funktionale Organisation erweitert um eine starke Prozessorientierung, wie sie in Abbildung 3.9 dargestellt ist. Hier gibt es zusätzlich zu den Funktions- auch noch *Prozessverantwortliche* (Process Owner), die gegenüber den Erstgenannten die Ziele des Geschäftsprozesses zu vertreten haben. Diese Organisationsform nutzt beides: die Vorteile der etablierten und sicherlich auch bewährten Funktionsorientierung ebenso wie die starke Kundenorientierung und Flexibilität der Prozessorientierung. Wenn von Prozessorganisation die Rede ist, so meint man in den meisten Fällen diese Kombination, die aufgrund des Beibehaltens der funktionalen Grundorganisation deutlich leichter zu realisieren ist als die reine Prozessorganisation und dennoch eine starke Kundenorientierung hinsichtlich der Prozesse ermöglicht. Natürlich laufen nicht alle Prozesse so geradlinig durch jede Abteilung des Unternehmens, sondern können auch mal wieder „zurückspringen" bzw. einen Funktionsbereich überhaupt nicht tangieren.

Eine *reine Prozessorganisation* würde die konsequente Ausrichtung aller unternehmerischen Bemühungen auf die Geschäftsprozesse bedeuten. Die Funktionsbereiche als solche verlieren hierbei ihre Bedeutung dahingehend, dass sie nunmehr als Stabsstellen fungieren, in denen ausgewählte Teilprozesse durchgeführt werden. Die Gesamtverantwortung für die Prozesse liegt bei den jeweiligen Prozessmanagern.

Zusammenfassend können wir sagen, dass sich mit dem Aufkommen der Geschäftsprozessorientierung das „Schaffen von Kundennutzen" mehr und mehr weg von der Linie hin zu einer Ausrichtung des Unternehmens an den notwendigen Geschäftsprozessen entwickelt hat.

A **Der T-Shaping-Aha-Effekt:**

Modernes Geschäftsprozess-Management folgt dem Grundsatz „Structure follows process", d.h. die Struktur des Unternehmens passt sich den Geschäftsprozessen an, die notwendig sind, um erfolgreich im Sinne von wertschöpfend und kundenorientiert am Markt bestehen zu können.

Das war und ist natürlich gerade dann keine triviale Angelegenheit, wenn neue Prozesse in ein seit Jahren „ganz anders" arbeitendes Unternehmen integriert werden müssen. Hier geht es nicht nur um organisatorische Herausforderungen, die zu bewältigen sind, sondern ganz klar auch um die *Menschen*, die für ganze Prozesse oder einzelne Prozessschritte verantwortlich sind und nun umdenken müssen, sobald die Abläufe umstrukturiert und neu definiert werden.

Geschäftsprozess-Management ruht immer auf vier Stützpfeilern [ScSe10]:

- *Führung* als Grundlage für die Durchsetzung notwendiger Verbesserungen, das Etablieren und Einhalten einer Unternehmenskultur, Zielklarheit und Motivation,
- *Organisation* als Ordnungsrahmen für den Ablauf aller Prozesse, das Identifizieren relevanter Prozesse, das Einsetzen von Entscheidungsträgern und generell die Einbettung des Prozess-Managements in die Unternehmensabläufe,

- *Controlling* als „Lieferant" von Indikatoren, also Kennzahlen, die einen Soll/Ist-Vergleich ermöglichen und somit Auskunft darüber geben, wo man steht,
- *Optimierung* der Prozesse als fortlaufende Tätigkeit, basierend auf den Zahlen, Daten und Fakten, die das Controlling liefert.

Wie ist nun das Geschäftsprozess-Management im Unternehmen eingebunden? Um diese Frage zu klären, schauen wir auf die drei „üblichen Verdächtigen" in einem Unternehmen, nämlich die *strategische*, *taktische* und *operative* Ebene (siehe Abbildung 3.10):

- *Strategische Ebene*
  Der Aufbau eines geeigneten Prozess-Managements hängt natürlich maßgeblich von der *Unternehmensstrategie* (siehe auch Abschnitt 3.2.1) und der Beachtung der Geschäftsfelder sowie möglicher kritischer Erfolgsfaktoren ab, die in einer entsprechenden Prozessbetrachtung zu berücksichtigen sind. Denn aus der Gesamtstrategie des Unternehmens werden Zielgruppen, also Kunden, relevante Märkte, Dienstleistungen und Produkte etc. ebenso abgeleitet wie beispielsweise der Umgang mit dem Wettbewerb. Andererseits hat die Gestaltung der Prozesse auch Einfluss auf die Ausrichtung der Unternehmensstrategie.

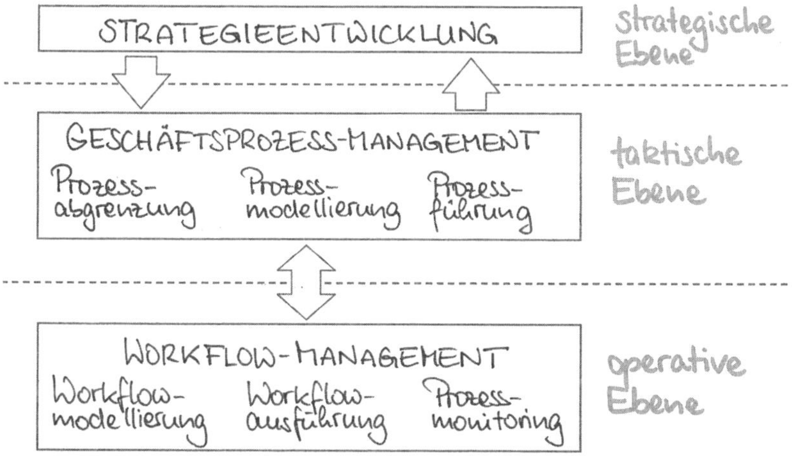

Abbildung 3.10: Integriertes Geschäftsprozess- und Workflow-Management [Gada09]

- *Taktische bzw. fachlich-konzeptionelle Ebene*
  Ausgehend von den strategischen Überlegungen wird nun das *(Geschäfts-)Prozess-Management* etabliert, d.h. Geschäftsprozesse ebenso wie die Funktionsbereiche, die sie betreffen, abgegrenzt, modelliert und geführt. Diejenigen Teilprozesse, die keine Wertschöpfung im eigentlichen Sinne erzeugen, sollten hierbei langfristig eliminiert werden[17].

[17] Beispielsweise erzeugt der Teilprozess „Reklamationsbearbeitung" keinen eigenen Wert, sondern löffelt lediglich die Suppe aus, die ihm der offensichtlich nicht optimal verlaufende, zugrunde liegende Kernprozess „eingebrockt" hat. An dessen Qualitätsschraube gilt es nun zu drehen, damit auf Dauer der nicht-wertschöpfende Teilprozess überflüssig wird.

  - *Prozessabgrenzung*
    Hier gilt es zu klären, welche Prozesse – ausgehend von der Unternehmensstrategie – benötigt werden. Diese werden aufgenommen und hinsichtlich ihrer Bedeutung bewertet. Anschließend sind die zu realisierenden Prozesskandidaten auszuwählen.
  - *Prozessmodellierung*
    Nun geht es darum, die „Prozessverdächtigen" tatsächlich in einem Modell abzubilden[18]. In dieser Phase entscheidet sich auch, inwieweit bisherige Abläufe im Unternehmen so belassen oder möglicherweise auch völlig neu prozess-seitig abgebildet werden müssen. Auch die Frage der Unterstützung durch geeignete Technologien bis hin zu (Teil-)Automatisierungen einzelner Prozessschritte oder ganzer Prozesse klärt sich hier.
  - *Prozessführung*
    Unter der Prozessführung sind gleich mehrere Aspekte zu verstehen. Zum einen natürlich die Prozessdurchführung, also das kontrollierte Durchlaufen der Prozesse, die Erfolgskontrolle. Zum anderen die möglicherweise notwendige Optimierung (Steuerung) derselben, inklusive der Überarbeitung des Prozessmodells. Prozesse müssen sogar kontinuierlich angepasst werden, denn Kundengruppen können weggefallen oder Produkte und Dienstleistungen unattraktiv geworden sein. Außerdem muss ein (Ein-)Verständnis zwischen allen Prozessbeteiligten darüber geschaffen werden, welche Aufgabe sie innerhalb des Prozesses haben und welche Verantwortung sie daher auch für einen reibungslosen Ablauf desselben tragen.
- *Operative Ebene*
  Auf der operativen Ebene kümmern wir uns nun um die Umsetzung und – vom IT-Standpunkt aus gesehen – hier vor allem um das *Workflow-Management*, also die technologische Unterstützung oder (Teil-)Automatisierung der definierten Geschäftsprozesse bzw. darin enthaltener Arbeitsabläufe.
  - *Workflow-Modellierung*
    Die Modellierung des Workflows folgt natürlich der des Geschäftsprozesses. Allerdings wird sie um Spezifikationen erweitert, die für die (teil)automatisierte Ausführung der Arbeitsabläufe des Geschäftsprozesses notwendig sind.
  - *Workflow-Ausführung*
    Die Ausführung eines Workflows beinhaltet nun den Durchlauf des jeweiligen Prozesses unter Einbeziehung der beteiligten *Prozessobjekte* (je nach Automatisierungsgrad Mensch und/oder Maschine). Überwacht wird das Ganze von einem sogenannten *Workflow-Management-System*.

---

[18] Prozesse müssen dokumentiert und visualisiert werden z.B. mittels der Business Process Modeling Notation (BPMN). Dadurch können mögliche Probleme im Vorfeld erkannt und verhindert werden. Überdies erleichtert diese Art der Visualisierung die Kommunikation mit den betroffenen Fachabteilungen, denn eine Diagrammsprache ist in der Regel klarer und widerspruchsfreier als der Informationsaustausch „in Prosa".

- *Workflow-Monitoring*
  Das Monitoring ermöglicht die kontinuierliche Überwachung der Prozessdurchläufe und sammelt entsprechende Kennzahlen, auf deren Basis entschieden wird, ob eine Optimierung des Workflows nötig ist oder ob er die Soll-Vorgaben erfüllt.

Heutzutage werden Workflow-Management-Systeme zunehmend als *Business-Process-Management-Systeme* (BPM-Systeme) bezeichnet, da sie das Geschäftsprozess-Management in erheblichem Maße unterstützen.

3.3.3 Werte konservieren – Das externalisierte Wissen

Allerspätestens seit Erfindung des modernen Buchdrucks Mitte des 15. Jahrhunderts können wir Wissen beschreiben und dokumentieren. Dieses *Externalisieren* von Wissen, eröffnet uns die Möglichkeit, es ausgehend vom ursprünglichen Wissensträger einer anderen Person zugänglich zu machen. Auch dieses Buch, dass Sie gerade lesen, ist nichts anderes als *externalisiertes Wissen*, also ein Schema, dass Sie möglicherweise zu einem anderen konkreten Handeln inspiriert als vielleicht einen anderen unbekannten Leser, der das Buch also in der kommenden Woche lesen wird.

Wenn man Wissen externalisieren, also beschreiben und verfügbar machen kann, dann ist es unabhängig von demjenigen „verwendbar", der es bis dato sein Eigen nennen konnte. Im Klartext bedeutet das, dass ich jeden Produktionsschritt oder auch jeden Teilaspekt einer Dienstleistung dergestalt zu dokumentieren in der Lage bin, dass ihn ein beliebiger Mitarbeiter entsprechend ausführen kann. Dass jede Tätigkeit natürlich auch durch die Persönlichkeit des Ausführenden geprägt ist, lassen wir an dieser Stelle einmal außer Acht.

Diese Externalisierbarkeit hat leider auch einen faden Beigeschmack, denn dadurch ist es freilich auch möglich, das Wissen „teurer" Fachkräfte quasi von diesen abzukoppeln und in gut dokumentierter und somit verwaltbarer, modifizierbarer und wiederverwendbarer Weise an einen beliebigen anderen Ausführenden zu übergeben, der die gleiche Arbeit dann aber für ein deutlich geringeres Entgelt macht. So geschehen beispielsweise bei Nokia. Der finnische Hersteller mobiler Endgeräte schloss im Jahre 2008 unter großem Protest der 2300 Angestellten und reger Anteilnahme der Bevölkerung sein Werk in Bochum, um die entsprechende Produktion ins deutlich „kostengünstigere" Rumänien auszulagern.

Aber natürlich hat externalisiertes Wissen auch enorme Vorteile. Wenn ein Mitarbeiter durch Kündigung oder andere Gründe dem Unternehmen nicht mehr zur Verfügung steht, geht sein Wissen trotzdem nicht verloren. Zumindest nicht das *explizite Wissen*, denn das *implizite*, also das Wissen, das nun wiederum sehr stark vom einzelnen Individuum abhängig ist, lässt nicht so leicht beschreiben. Beispielsweise hat ein Mitarbeiter 20 Jahre Erfahrung darin, wie man eine bestimmte Maschine bedienen muss und welche Besonderheiten sie hat. Wenn er diese „Sonderbehandlung“ nicht dokumentiert hat, dann wird der Kollege, der seinen Platz übernimmt, erst einmal mit für ihn völlig neuen und zeitintensiven Herausforderungen zu kämpfen haben. Oder es einfach nicht so gut hinbekommen. Schon so manches Unternehmen – wie z.B. auch Siemens – ist nach einem Jahre dauernden Versuch, mittels externalisierten Wissens bestimmte Unternehmensbereiche oder -funktionen in Länder mit deutlich geringerem Lohnniveau und anderen finanziellen Vorzügen auszugliedern, „geläutert“ wieder zurückgekehrt.

Die schematische Externalisierung von Wissen ist im Übrigen nichts Neues. Sowohl REFA (Verband für Arbeitsgestaltung, Betriebsorganisation und Unternehmensentwicklung) als auch MTM (Methods-Time Measurement[19]) sind seit Jahren erfolgreich damit beschäftigt, Arbeitsabläufe zu standardisieren und somit beliebigen Ausführenden in Form von Arbeitsplänen verfügbar zu machen. Diese ursprünglich aus der Produktion entstandenen Methoden sind hervorragende Beispiele systematischen Wissensmanagements im Zusammenhang mit vor allem physischer, aber auch geistiger Arbeit sowohl im Produktions- und als auch im Dienstleistungssektor, denn heutzutage ist jedes Unternehmen von externalisiertem Wissen als wichtigem Produktionsfaktor abhängig.

Übrigens werden wir zwar in Kapitel 7 noch einmal darauf zurückkommen, aber es sei an dieser Stelle schon darauf hingewiesen, dass Sie als IT'ler durchaus auch ein wenig Ahnung über das unternehmerische Dreieck *Ihres* Kunden haben sollten. Wie wollen Sie ihn ansonsten dabei unterstützen, beispielsweise eine IT-Infrastruktur aufzubauen, die diejenigen Prozesse bestmöglich abbildet, mit denen wiederum er den Nutzen für *seine* Kunden erzeugt (z.B. Anfertigen von Steuererklärungen oder Autoverleih)?

3.4 Aktiv auf den Punkt gebracht

Ein Unternehmen ist ein kompliziertes System von verschiedenen Systemelementen. Es gibt darin Menschen (Lieferanten, Mitarbeiter und Kunden), die eingebettet sind in eine Organisation (Aufbau- und Ablauforganisation sowie externalisiertes Wissen) und durch Technik (Hardware, Software und Netze) in ihrem Handeln unterstützt werden. Überdies lebt ein Unternehmen in ständiger Interaktion mit seiner Umwelt, als da wären Märkte, der Gesetzgeber oder auch Wettbewerber. Um dieses wie auch jedes andere System zu verstehen, muss es allgemein beschrieben, also modelliert werden.

Ein zentraler Punkt für jeden in der IT Tätigen ist ein grundlegendes Verständnis der Prozesse im Unternehmen. Sie bauen sowohl auf der Aufbau- als auch der Ablauforganisation auf, ebenso wie auf dem externalisierten, also dem als Schema erfassten Wissen, dass zum Ausführen der betrieblichen Aufgaben benötigt wird. Und sie sind immer eingebettet in die Gesamtstrategie des Unternehmens, vor allem hinsichtlich einer starken Kundenorientie-

[19] Methods-Time-Measurement, übersetzt Methodenzeit-Messung, beschreibt die Messung der Zeit, die für die Durchführung einer bestimmten Tätigkeit unter Zuhilfenahme der jeweils gewählten Methode benötigt wird.

rung. Die IT hat hierbei die Aufgabe, diese abgebildeten, also modellierten Prozesse zu unterstützen, z.B. in Form von Workflow-Management-Systemen. Aber sie beeinflusst diese auch durchaus, denn Geschäftsprozesse werden natürlich ebenso durch die Möglichkeiten der auf dem Markt verfügbaren Technologien mit gestaltet.

Ein betriebswirtschaftliches Grundverständnis rundet – natürlich nicht nur – das Tätigkeitsfeld eines Informatikers ab, unabhängig davon, welchen Bereich der IT er vertritt. Denn er arbeitet stets *in* einem Unternehmen, *innerhalb* einer Prozesskette und trägt im Idealfall *seinen Teil* zur *Wertschöpfung* des Unternehmens bei.

Ü Die T-Shaping-Übung: Nächste Schritte

1. Welche neuen Erkenntnisse nehmen Sie aus diesem Kapitel mit, wo hatten Sie den größten „Aha-Effekt"?

   ____

   ____

   ____

2. Was aus diesem Kapitel werden Sie noch einmal vertiefen, an welchem Thema „bleiben Sie dran"?

   ____

   ____

   ____

3. In welchem Bereich können Sie diese Erkenntnis(se) einsetzen und Ihre Arbeit als IT'ler bereichern?

   ____

   ____

   ____

4

4 In die Breite (Teil 2): Entdecke und präsentiere Dich selbst!

Es ist durchaus nicht dasselbe, die Wahrheit über sich zu wissen oder sie von anderen hören zu müssen.

Aldous Leonard Huxley (1894-1963)
britischer Schriftsteller

In diesem Kapitel erfahren Sie,

- wer *Sie* sind,
- wie Sie möglicherweise *auf andere* wirken und
- wer und wie die anderen in der Regel so sein können.

Egal in welchem Bereich Sie jobtechnisch einmal landen oder bereits gelandet sind: Dass Sie in irgendeiner Weise mit Menschen zu tun haben werden, lässt sich wohl kaum vermeiden. Selbst wenn Sie es vorziehen sollten, im stillen Kämmerlein an Internetpräsenzen oder „blühenden" Server-Landschaften „zu basteln", so wird es doch jemanden geben, der Ihnen sagt, was bei Ihrer Arbeit herauskommen soll. Und eventuell einen, der mit Ihrem Arbeitsergebnis wiederum selbst weiter arbeiten soll. Und womöglich auch noch einen, der am gleichen Arbeitsauftrag sitzt wie Sie selbst und Ihnen zuarbeitet bzw. vielleicht auch Sie ihm. Kurz gesagt, es gibt Chefs, Kollegen, Kunden, Endanwender und vielerlei Gestalten mehr, von denen jeder ein Individuum mit eigenen Bedürfnissen, Erfahrungen und Kompetenzen ist. Um also ein bestmögliches Arbeitsergebnis zu erhalten, sollten Sie idealerweise mit jedem auskommen – am besten gut. Das erfordert, dass Sie sich neben Programmiersprachen, Servern oder Verschlüsslungsalgorithmen auch noch mit dem Thema *Mensch* auseinandersetzen. Beginnen wir dieses Kapitel daher der Einfachheit halber ganz pragmatisch mit dem Menschen, den Sie wohl (theoretisch) am besten kennen dürften und der (hoffentlich) die wichtigste Rolle in Ihrem Leben spielen sollte: mit Ihnen selbst.

4.1 Wer bin ich, und wenn nein, warum?

Es geht also um Sie! Dreist von mir anzunehmen, dass Sie sich in den letzten vermutlich 20-plus-X Jahren noch nicht hinreichend kennengelernt hätten. Das unterstelle ich Ihnen auch gar nicht, doch möglicherweise gibt es Aspekte Ihrer Persönlichkeit, die Sie noch nicht kennen, deren Kenntnis Sie aber auf Ihrem Weg in eine erfüllende, spannende und auch herausfordernde IT-Karriere ein Stück weiter führen können. Denn jeder ist seines Glückes Schmied, aber um das Glück zu schmieden, müssen Sie wissen, woran Sie es erkennen, wenn es denn da ist. Aber diesem Thema, nämlich den Zielen, haben Sie sich ja bereits in Abschnitt 2.3.1 ausgiebig gewidmet, wie ich hoffe.

Ungeachtet dessen ist es aber sicherlich spannend für Sie, vielleicht etwas Neues über sich selbst zu erfahren. Zu diesem Zwecke sollten Sie in den kommenden Kapiteln die folgenden drei Punkte für sich klären:

- Das *Warum*: Was macht mich aus, warum denke ich so, wie ich denke, und handele so, wie ich handele? Durch welche Brille schaue ich auf die Welt und die Menschen?
- Das *Was*: Über welches fachliche und methodische Wissen verfüge ich, welches Können zeichnet mich aus? Was habe ich gelernt, was ich in die Waagschale werfen kann?
- Das *Wie*: Auf welche Weise bringe ich das *Warum* und das *Was* in Form meines konkreten Verhaltens in verschiedenen Situationen und verschiedenen Menschen gegenüber zum Ausdruck?

4.1.1 Die Brille auf der Nase

Jeder Mensch hat seine eigene *Brille auf der Nase*, durch die hindurch er einen Ausschnitt der Realität betrachtet, Informationen filtert, interpretiert, bewertet und dann entsprechend auf sie reagiert. Manche von uns tragen rosarote Brillen, andere sehr moderne und klare und manche derart verdunkelte „Blues Brothers"-Modelle, dass man sich fragt, wie sie überhaupt halbwegs sicheren Fußes durch diese Welt gehen können.

Egal welche Brille Sie auf der Nase haben: Gehen Sie davon aus, dass der Mensch, mit dem Sie es gerade zu tun haben, nicht dieselbe trägt. Und je nachdem, aus welchem Blickwinkel wir unsere Reaktionen oder die des anderen betrachten, können Sie unterschiedliche Wirkungen erzeugen. Wir werden diesen Aspekt noch ausgiebig behandeln, doch ein Fazit aus dieser Erkenntnis möchte ich Ihnen bereits mit folgendem T-Shaping-Aha-Effekt vor Augen führen.

A **Der T-Shaping-Aha-Effekt**

Jeder Mensch ist einzigartig und verdient Respekt. Sein Verhalten müssen wir deswegen noch lange nicht gutheißen. Das gilt übrigens auch für Sie selbst!

Werfen wir nun einen Blick auf diejenigen Bereiche, die unserer Brille auf der Nase Ihren individuellen Charakter verpassen.

4.1.2 So wertvoll wie nie: Werte

Werte sind das, was uns im wahrsten Sinne des Wortes etwas wert ist. Sie definieren, was uns in Privat- und Berufsleben wichtig ist, wonach wir – zumeist unbewusst – streben. Das kann übrigens in den beiden erwähnten Bereichen durchaus unterschiedlich sein. Jeder Mensch hat seine eigene *Wertehierarchie*, also eine Reihenfolge gemäß der persönlichen Wichtigkeit dieses Wertes. Beispielsweise kann eine solche Hierarchie so aussehen:

Familie

Gesundheit

Liebe

Karriere

Freiheit

Geld

Macht

„Familie" ist nun kein direkter Wert, aber es steckt einer dahinter. Welcher das ist, kann von Mensch zu Mensch verschieden sein. Auf die Frage, was ihm denn Familie bedeutet oder welche Lebensqualität mit einer intakten Familie verbunden ist, kann der eine antworten, dass er sich dann sicher (Wert: *Sicherheit*) und geborgen fühle (Wert: *Geborgenheit*, sehr nah der Sicherheit), der andere, dass ihm die Familie immer total viel Freiraum lasse (Wert: *Freiheit*), den er beispielsweise im Beruf nicht hat. Apropos: Es ist durchaus möglich, dass uns im Privaten und Beruflichen unterschiedliche Werte antreiben. Oftmals gleichen wir dann hinsichtlich dessen, was wir an Qualitäten leben wollen, den einen Bereich mit dem anderen aus.

Ein Wert bedeutet uns soviel, dass wir versuchen, unser Handeln gemäß der Befriedigung dieses Bedürfnisses auszurichten. Und umgekehrt leiden wir, fühlen uns unausgefüllt, wenn dieser Wert kaum oder gar keinen Raum in unserem Leben einnimmt. Wird dieser Wert von außen verletzt, so birgt dies Konfliktpotenzial. Wenn zwei Menschen beispielsweise durch ganz unterschiedliche Werte geprägt sind, kann das zu Spannungen führen, und keiner weiß so recht warum. Es kann aber auch zu *inneren Konflikten* kommen, ausgelöst vielleicht durch den Zwang, etwas zu tun, was wir nicht wollen. Das genau ist die *Bril-*

le auf der Nase, die durch unsere Werte und die Intensität dessen, wie sehr wir nach deren Verwirklichung streben, maßgeblich beeinflusst wird. Wir kommen auf das Thema Konflikte in Abschnitt 7.3 noch einmal zu sprechen.

Werte sind uns übrigens meistens – wie schon angedeutet – selbst gar nicht so bewusst. Aus meiner Zeit als Karriereberaterin für junge Akademiker ist mir in diesem Kontext ein besonders eindrucksvolles Beispiel in Erinnerung geblieben. Ich ließ eine Gruppe junger Ingenieure und Informatiker spontan ihre Werte aufschreiben (wozu ich Sie in der nächsten Übung herzlich einlade). Lesen Sie einmal, was dabei heraus kam.

Ein Blick in die Praxis: „Money makes the world go around…"[1]

Michael S. und Stefan W. gehörten zu einer Gruppe von Hochschulabgängern, die im Rahmen eines Recruiting-Events an einem Workshop bei mir teilnahmen. Thema waren sie selbst. Eine Übung bestand aus dem spontanen und unreflektierten Niederschreiben der Dinge, die ihnen zum einen im privaten und zum anderen im beruflichen Kontext wichtig waren. Natürlich ging es um Werte, aber das wussten die Herren zu diesem Zeitpunkt noch nicht.

Das Ergebnis war spannend. Beide hatte auf ihrer beruflichen Liste als obersten Wert „Geld" stehen. Nun ist Geld aber kein Wert, sondern lediglich ein Platzhalter für einen solchen. Es galt nun also im nächsten Schritt herauszukitzeln, welchen jeweiligen Wert die beiden tatsächlich meinten. Auf mein Nachhaken, welche Lebensqualität denn da wäre, wenn sie Geld hätten, antworteten die beiden folgendermaßen:

Michael S.: „Na, wenn ich Geld habe, dann kann ich z.B. in Urlaub fahren. Ich hab' mir gerade ein neues Surfbrett gekauft, das Nimbus 2010. War ganz schön teuer, aber geht total ab. Werde ich im Sommer auf Sylt ausprobieren. Da treffen sich wieder die echten Cracks."

Stefan W.: „Meine Freundin ist schwanger. Wir freuen uns total auf das Baby. Jetzt brauch' ich natürlich einen gut bezahlten Job, denn wir wollen eine Eigentumswohnung kaufen und natürlich heiraten. Ich will Frau und Kind ja auch ein Zuhause bieten und keine Angst haben müssen, dass wir im nächsten Monat nicht wissen, wie wir den Kühlschrank voll kriegen.

Na, gemerkt? Michael S. nennt „Geld" als Wert und meint doch eigentlich so etwas wie „Freiheit" oder „Spaß". Und Für Stefan W. steht „Geld" ganz klar für „Sicherheit".

Sie dürfen raten, wem von den beiden ich von einer Beraterkarriere mit viel Reisetätigkeit und wenig Zeit zur Pflege von sozialen Netzwerken abgeraten habe. ☺

[1] Diese treffende Textzeile stammt aus dem Lied „Money", das dem wunderbaren Musicalfilm „Cabaret" in Ergänzung zu den Originalmusikstücken der Broadway-Fassung hinzu komponiert wurde.

Sind Sie nun neugierig geworden? Dann nehmen Sie sich am besten einmal Stift und Papier zur Hand, legen Ihre Rationalität liebevoll zur Seite und versprechen ihr, sie nach der nun folgenden Übung mit offenen Armen wieder aufzunehmen.

Ü Die T-Shaping-Übung: Wertehierarchien

1. Machen Sie zwei Spalten. Die eine erhält die Überschrift „Privat", die andere „Beruf".
2. Stellen Sie Ihren Handy-Timer auf 1 Min (es darf auch gerne ein anderer Zeitmesser sein). Schreiben Sie nun ganz spontan, ohne groß darüber nachzudenken, diejenigen Begriffe in die jeweiligen Spalten, die Ihnen im betreffenden Bereich wichtig sind. Es gelten nur Substantive. Achtung: Sollten Sie vor der Minute fertig sein, so ist das o.k. – Hauptsache, Sie verfallen nicht in Nachdenken und Grübeln. Die Listen machen nur Sinn, wenn sie ganz intuitiv entstanden sind.
3. Lesen Sie sich nun Ihre Listen laut vor und hinterfragen Sie – ähnlich wie in unserem „Money-Beispiel", ob es sich tatsächlich um einen Wert handelt oder ob sich hinter dem von Ihnen gewählten Wort der tatsächliche verbirgt. Ist dem so, dann ersetzen Sie den Platzhalterwert durch den echten.
4. Vergleichen Sie nun die beiden Wertehierarchien und stellen Sie sich folgenden Fragen:
   - Sind sie gleich oder verschieden?
   - Können Sie sich an Situationen erinnern, wo Ihr Denken, Handeln und Reagieren offensichtlich durch diese(n) Wert(e) motiviert waren?
   - Leben Sie diese Werte?
   - Wenn nein, aus welchem Grund nicht und was können Sie tun, um diese – in wertschätzendem Umgang mit Ihrem Umfeld – doch zu leben?

Das Thema *Werte* spielt übrigens nicht nur für uns Menschen eine große Rolle. Auch Unternehmen haben in den vergangenen Jahrzehnten begriffen, dass die gelebten Unternehmenswerte z.B. ausschlaggebend für die Anstellung talentierten Nachwuchses sein können.

T Der T-Shaping-Tipp

Werte sind mächtig, denn sie sind uns oftmals nicht bewusst und lenken doch unser Denken und Handeln! Lernen Sie daher Ihre Werte kennen und leben Sie sie.

4.1.3 Antriebsmotoren der besonderen Art: Glaubenssätze

Solche oder ähnliche Aussagen kennen Sie bestimmt:

- Männer weinen nicht.
- Frauen gehören in die Küche.
- Informatiker tragen Karohemden und kennen Friseure nur vom Hörensagen.
- Das schaffe ich doch nicht.

Diese persönlichen Wahrheiten sind fast schon wie *innere Regeln*, mit denen wir durch die Welt laufen und die unser Verhalten und Handeln entsprechend prägen. Oder glauben Sie, dass ein junger Mann, der Informatik studiert und fest an den Satz „Informatiker sind langweilig“ glaubt, besonders sexy, cool und selbstbewusst abends an der Theke steht? Wohl kaum. Wie soll er auch? Solche sogenannten *Glaubenssätze* haben sehr viel Macht, die sie auf einer unbewussten Ebene ausüben. Meistens wissen wir nämlich gar nichts von ihnen und ahnen nicht, welchen Einfluss sie auf die Art und Weise ausüben, wie wir unsere Welt sehen und beurteilen.

Oftmals sind uns solche verallgemeinernden Bremsklötze durch die Erziehung oder das soziale Umfeld, in dem wir uns täglich bewegen, mitgegeben. So wie auch in unserem folgenden Beispiel.

Ein Blick in die Praxis:
Der Projektleiter, der einen toten Gaul satteln wollte

Marco B. ist ein guter Chef, ein super Software-Architekt und ein Projektleiter mit dem notwendigen Blick fürs Ganze. Alles in allem sind seine Vorgesetzten ausgesprochen zufrieden mit ihm. Wenn, ja wenn da nicht diese Sache wäre ...

Dass Software-Projekte nicht immer oder eher meistens ein wenig aus dem Ruder laufen, ist im Grunde nichts Ungewöhnliches. Entweder wird das Budget überzogen oder das Projekt dauert zu lange oder nicht alle Funktionalitäten werden in der geforderten Qualität geliefert. So weit, so (un)gut. Manchmal passiert es allerdings auch, dass Projekte besser abgebrochen und neu gestartet werden sollten, getreu dem Grundsatz „Besser ein Ende mit Schrecken als ein Schrecken ohne Ende". Oftmals kann man ja mit korrigierten Parametern das ganze Projekt oder zumindest Teile davon noch einmal von vorne starten. Aber genau das war Marco B. nicht möglich. Etwas aufgeben bzw. etwas einmal Begonnenes nicht fertig machen? Ein No-Go. Selbst wenn der „Gaul schon eindeutig tot war", versuchte er immer und immer wieder, ihn erneut zu satteln. Böse Kollegenzungen lästerten schon über den Tag, an dem er eine teure Unternehmensberatung ins Haus holen würde, um den Zustand „tot" neu zu definieren.

Marco B. kam auf ausdrücklichen Wunsch seiner Vorgesetzten ins Coaching. Der Coach arbeitete mit ihm und entdeckte die Blockade, nämlich einen tief verwurzelten Glaubenssatz: „Was man einmal angefangen hat, das macht man auch zu Ende." Genau genommen hätte man dieser Aussage noch den Abschluss „auf Gedeih und Verderb" anhängen können. Der Feind war entdeckt, nun konnte sich Marco B. zusammen mit dem Coach selbigem stellen. Und siehe da, der hinderliche Glaubenssatz hatte seine Wurzeln in frühester Kindheit. Marco B. hatte einen sehr strengen Vater, dem Disziplin und Gehorsam über alles gingen. So durften Marco und seine Geschwister den Mittagstisch erst verlassen, wenn sie fertig gegessen hatten. Ob es schmeckte oder sie überhaupt noch Hunger hatten, spielte für den Vater keine Rolle. Es ging ums Prinzip. Sie hatten mit dem Essen angefangen, und somit musste es auch beendet werden. Äußere Gegebenheiten spielten da ebenso wenig eine Rolle wie etwa persönliche Bedürfnisse.

Es ist unschwer nachzuvollziehen, woher Marco B. seinen Glaubensatz hatte. Und nachdem dieser nebst seinem Ursprung entdeckt war, konnte ihn Marco B. bearbeiten und in eine „gesunde", weil angemessene Alternative transformieren:

„Was man angefangen hat, macht man dann zu Ende, wenn es unter den gegebenen Umständen sinnvoll ist."

An dieser Geschichte wird nicht nur die Macht negativer Glaubenssätze deutlich, sondern auch die positive Kehrseite der Medaille angedeutet: Glaubenssätze können eine große positive Macht ausüben. Sie geben uns Mut, motivieren uns, laden uns mit Energie auf. So wie folgende Beispiele, die im Übrigen alle von IT-Menschen „entliehen“ sind:

- Ich schaffe das.
- Ich kann alles erreichen, was ich will.
- Ich bekomme genau den Job, den ich möchte.
- Ich bin liebenswert.
- etc.

Übrigens kann man solche positiven Glaubenssätze auch ganz bewusst formulieren und durch ständige Wiederholung zu einem Bestandteil Ihres positiven Denkens aufbauen. Solche sogenannten *Affirmationen* werden dann wie ein lieb gewonnenes Ritual in den Alltag eingebaut und können auf diese Weise wie sich selbst erfüllende Prophezeiungen wirken.

4.1.4 Eine SINN-volle Sache: Wahrnehmungsfilter

Unsere Sinne. Nicht immer haben wir sie alle beisammen, aber wenn, dann bestimmen sie ganz entscheidend mit, welche Informationen sie am besten aufnehmen und auf welche Weise wir selbst Informationen an andere weitergeben. Und das kann bei unterschiedlichen Menschen auch unterschiedlich ausgeprägt sein. Zwar erzählen uns ganze Heerscharen von Marketing-Profis seit Jahren, dass der Mensch ein „Augentier“ ist und vornehmlich über dieses Sinnesorgan wahrnimmt. Das ist sicherlich nicht verkehrt, dennoch sollte man berücksichtigen, dass es Zeitgenossen gibt, deren Informationsaufnahme primär eben nicht über die Augen, sondern beispielsweise über die Ohren funktioniert. Eine Bekannte von mir schaut nicht nach, ob ein Auto kommt, wenn sie über die Straße geht, sondern sie hört es. Das sei natürlich in keinster Weise zur Nachahmung empfohlen, zeigt aber sehr eindrucksvoll, dass nicht jeder die Augen als wichtigstes Medium einsetzt.

Menschen nehmen wie gesagt unterschiedlich wahr. Jeder von uns verfügt über ein individuelles Repräsentationssystem. Und wir agieren und reagieren u.a. aufgrund unserer Sinneswahrnehmung als weiterem Bestandteil unserer Brille auf der Nase[2]: Diese Wahrnehmungskanäle sind:

- visuell (sehend)
- auditiv (hörend)
- kinästhetisch (fühlend/empfindend)
- olfaktorisch (riechend)
- gustatorisch (schmeckend)

Es ist unschwer anzunehmen, dass das Visuelle, Auditive und Kinästhetische hierbei die wichtigsten Rollen spielen. Allerdings sollte man gerade den olfaktorischen Faktor nicht unterschätzen. Jeder, der schon einmal in einem voll besetzten Zugabteil gefahren ist, *hinter* sich jemand mit einem süßlichen Parfüm, *vor* sich einen anderen mit deutlich zu viel Rasierwasser und *neben* sich einen Dritten sitzen hatte, an dem die Erfindung von Deodorants bisher spurlos vorbei gegangen war, weiß, wie man über das Riechorgan leiden kann.

Jeder Mensch hat seine ein, zwei oder auch mehr präferierten Wahrnehmungskanäle, die die Art und Weise prägen, wie er Informationen aufnimmt und auch weitergibt. Ausgehend davon empfiehlt es sich beispielsweise bei Präsentationen (aber nicht nur dort), die drei wichtigsten Sinne beim Publikum anzuregen:

- *Visuell*: Sie schauen sauber, ordentlich und dem Anlass angemessen aus und haben optisch gelungene Folien dabei bzw. visualisieren Ihre Worte in geeigneter Weise am Flipchart.
- *Auditiv*: Sie arbeiten gut und angenehm mit Ihrer Stimme, d.h. Sie variieren beispielsweise Höhen und Tiefen und achten auf ein lebendiges, aber verständliches Sprechtempo (siehe auch Kapitel 4.3.5).
- *Kinästhetisch*: Sie haben beispielsweise ein Produktbeispiel dabei, das Sie in der Runde herumreichen können, oder führen die Anwesenden durch konkrete Beispiele in Situationen, die sie kennen und aus denen heraus sie besser nachvollziehen können, was Sie ihnen sagen möchten.

Treffen Sie bei Ihrem Gesprächspartner nicht den oder die „richtigen" Sinnesorgane, so kann auch dies im „schlimmsten" Fall wiederum zu Konflikten führen. Stellen Sie sich einmal vor, Sie wären ein auditiver Mensch, also sehr gut darin, nur über das gesprochene

---

2 Auch Lerntypen werden auf diese Weise übrigens sehr gut unterschieden. Andy Hunt beschreibt das sehr schön – neben vielen anderen, für das Erkennen und Erweitern der eigenen Selbstkompetenz relevanten Themen – in seinem vor allem für IT-Menschen verfassten Buch „Pragmatisches Denken und Lernen" [Hunt08].

Wort Informationen aufzunehmen, und erzählen nun wortreich einer eher visuell ausgerichteten Person über die aktuellen Projektergebnisse. Diese wird nicht begeistert sein, denn was sie braucht, sind beispielsweise Grafiken etc., also eine Visualisierung oder zumindest visualisierte Ergänzung dessen, was Sie ihr gerade erzählen.

Wie Sie mittlerweile sicherlich erkannt haben, hat jeder von uns eine ganz eigene Brille auf der Nase, durch die hindurch er die Welt sieht. Hierbei von Richtig und Falsch zu sprechen, ist nicht angebracht, denn Sie werden sicherlich andere Erfahrungen in Ihrem Leben gemacht haben, durch andere Eltern und ein anderes soziales Umfeld geprägt worden sein als Kollege Müller oder Ihre Chefin Frau Meier. Das gilt es immer im Hinterkopf zu beachten. Auch und vor allem beim Thema *Kommunikation*, um das wir uns in Kapitel 5 kümmern werden.

4.2 Wer wirkt, der bewirkt

Wer kennt sie nicht, die Macht des ersten Eindrucks. Einmal kurz hingeschaut, (Vor-)Urteil gebildet und zack – da ist der Chef in spe oder die neue Kollegin auch schon in die berühmte Schublade gesteckt. Und wenn Sie ehrlich sind, dann haben die beiden nicht wirklich eine Chance, aus der Kiste wieder herauszukommen. So ist das nun einmal mit uns Menschen. Wir reagieren auf bestimmte Eindrücke, und das tun wir in der Regel sehr schnell. Deshalb ist es auch elementar darauf zu achten,

- *wie* wir auf andere Menschen wirken und
- *mit welchen Hilfsmitteln* (optisches Erscheinungsbild, Sprache, Mimik und Gestik) wir
- *was* bei diesen erreichen können.

Ungekehrt sollten wir auch lernen, sehr vorsichtig damit zu sein, in welche Schublade wir die Menschen stecken, denn Sie wissen nie, ob der Netzwerkadministrator, dessen Fehler Sie seit einer Woche ausbessern, wirklich keine Ahnung hat oder vielleicht gerade unter enormem Druck steht, weil er als neuerdings allein erziehender Vater mit den zwei Süßen zu Hause nicht zurechtkommt und deswegen kaum noch eine Nacht schläft.

4.2.1 Du bist, was Du denkst!

Ich lade Sie ein, nun ein kleines Experiment zu machen. Keine Sorge, es wird ausdrücklich *nicht* esoterisch, sondern ideomotorisch[3]. Die folgende Übung, die auch im Feldenkrais[4] zur Entspannung und körperlichen Regeneration eingesetzt wird, soll Ihnen ganz praktisch demonstrieren, wie sehr Sie selbst Meister Ihrer Gedanken und Ihres Tun sind. Sie können Ihre Gedanken ebenso beeinflussen wie Ihren Körper, Ihr Agieren und Reagieren. Und damit meine ich nicht das gezielte Steuern Ihrer Extremitäten. Hier geht es vor allen Dingen um die mentale Kraft, die zwar jeder Mensch grundsätzlich besitzt, jedoch nicht immer Zugriff darauf hat. Das ist sehr schade, muss aber so ja nicht bleiben. Also beginnen wir.

Die T-Shaping-Übung: Mentale Power

1. Setzen Sie sich bitte gerade auf einen festen Stuhl und lehnen Sie sich mit dem Rücken an. Idealerweise liegen Ihre Hände ganz locker auf den Oberschenkeln und Ihre Füße stehen gerade, das heißt nicht überkreuzt und nicht übereinandergeschlagen, auf dem Boden. Achten Sie darauf, dass Ihr Rücken gerade ist.
2. Drehen Sie nun Ihren Kopf langsam nach rechts, und zwar soweit wie Sie können, ohne dass sich der Oberkörper mit dreht. Sie bewegen also nur aus dem Nackenbereich heraus. Achten Sie nun auf irgendeinen Gegenstand im Raum, den Sie in dieser gedrehten Position besonders gut sehen können, und merken Sie sich diesen Kontrollpunkt.
3. Drehen Sie Ihren Kopf wieder nach vorne in die Ausgangsposition.
4. Schließen Sie jetzt die Augen und wiederholen Sie das Drehen Ihres Kopfes nun gedanklich. Fühlen Sie, wie Ihr Kopf sich langsam um 180° dreht. Sehen Sie in inneren Bildern, was Ihr Kopf während dieser Drehung sieht. Vielleicht können Sie während dieses mentalen Drehens auch einen Duft wahrnehmen oder Sie hören etwas. Achten Sie einfach auf alles, was Sie wahrnehmen können, insbesondere in dem Augenblick, in dem der Kopf nun quasi komplett anders herum auf Ihrem Körper sitzt und nach hinten schaut.
5. Nun drehen Sie ihn wieder nur in Gedanken zurück in die Ausgangsposition und öffnen die Augen.
6. Jetzt wiederholen Sie Schritt 1, d.h. Sie drehen Ihren Kopf erneut real nach rechts und wieder soweit wie Sie können. Achten Sie darauf

---

3 Das Ideomotorische Gesetz oder auch der Carpenter-Effekt bezeichnet das Phänomen, dass u.a. durch das Denken an eine bestimmte Bewegung die Tendenz zur Ausführung derselben ausgelöst wird. Beispielsweise besiegte der bekannte Hypnotherapeut Milton Erickson (1901-1980) auf diese Weise seine Kinderlähmung innerhalb von zwei Jahren fast vollständig.

4 Die Feldenkrais-Methode, benannt nach ihrem Begründer Moshe Feldenkrais (1904-1984), ist eine Bewegungslehre und auch Körpertherapie, die den Ausübenden dabei helfen soll, bewusster mit dem eigenen Körper und seinen Bewegungsmustern umzugehen.

- ob Sie – wie beim ersten Mal – wieder bis zu Ihrem visuellen Kontrollpunkt drehen oder
- ob Sie nun mit Ihrem Kopf weiter herum kommen als zuvor.

Na, haben Sie bei der zweiten realen Drehung weiter hinter sich schauen können? In der Regel gelingt dieses Experiment allen Menschen. Das liegt daran, dass unser Geist unseren Körper ebenso beeinflussen kann wie unsere Gedanken. Diese Erkenntnis sollte Ihnen Mut machen, dass sehr viel mehr im Leben möglich ist, als Sie jetzt vielleicht glauben. Das gilt auch für das Aneignen der Tiefen- und Breitenkompetenz in Richtung des T-Shaped Professionals. Wenn Sie eine positive Grundeinstellung zu dem haben, was Sie im Leben erreichen wollen und mit welchen Mitteln Sie dies tun, dann stehen Ihnen alle Möglichkeiten offen.

4.2.2 Die (Ohn)Macht des ersten Eindrucks

Der berühmte erste Eindruck. Jeder hat schon einmal davon gehört, und einigen ist bewusst, dass er „irgendwie" wichtig ist. Doch kaum einer macht sich die Mühe, daran zu arbeiten, wie er in zu erwartenden und auch in unerwarteten Situationen einen bestmöglichen ersten Eindruck hinterlässt. Dabei prägt er unser gesamtes Zusammenarbeiten. Und wenn im schlimmsten Fall die Klappe des gegenseitigen „Dich find' ich nicht sympathisch" erst einmal gefallen ist, dann sind das nicht gerade die besten Voraussetzungen für eine erfolgreiche Zusammenarbeit mit Chef, Kollegen und Kunden.

Der T-Shaping-Tipp

Für den ersten Eindruck gibt es keine zweite Chance! Messen Sie diesen Moment also alle notwendige Aufmerksamkeit bei und machen Sie Ihre Hausaufgaben, d.h. bereiten Sie sich so gut wie möglich auf diesen Moment vor.

Im Gegenteil: Sehr oft schaffen es diejenigen, die wir in eine Schublade gesteckt haben, auch bei allergrößter Mühe nicht mehr, aus selbiger wieder herauszukommen. Dabei sind sie vielleicht völlig unberechtigter Weise „kategorisiert" worden. Was macht den ersten Eindruck aber nun so mächtig? Man unterscheidet da vor allem drei Aspekte, die uns aber heftig zu denken geben sollten.

- Der *Primäreffekt*. Das, was wir als erste Information – egal über welchen Sinneskanal – aufgenommen haben, bleibt uns am besten im Gedächtnis „kleben". Wenn Sie also dem potenziellen Chef bei der ersten Begegnung wortreich erklärt haben, dass Sie keinesfalls gewillt sind, Überstunden zu machen, weil Sie halt ziemlich viele „Freizeitverpflichtungen" haben, dann ist die Wahrscheinlichkeit hoch, dass dieser erste Eindruck bei ihm haften bleibt, ungeachtet Ihrer späteren Versuche, diesen Faux pas wieder glattzubügeln.

- Der *Halo-Effekt*. Er besagt, dass einzelne Merkmale eine so starke Wirkung bzw. Bedeutung haben, dass sie alle anderen Eigenschaften des betreffenden Menschen und somit den Gesamteindruck schlichtweg „überstrahlen". Das geschieht übrigens unabhängig davon, ob der Eindruck begründet ist oder nicht. Wenn Ihr Kollege also eine schier nicht abzustellende „Quasselmaschine" ist, dann wirkt diese Eigenschaft dominant gegenüber beispielsweise seiner unangezweifelten Fähigkeit, tollen Code zu erzeugen.
- Der *Beharrungseffekt*. Das ist die berühmte Schublade: Einmal rein gesteckt und nie mehr herausgelassen.

Und weil Sie in Anlehnung an einen berühmten Ausspruch des nicht minder berühmten Kommunikationspsychologen Paul Watzlawick nicht *nicht* wirken können[5], laufen Sie Gefahr, einem dieser Effekte im wahrsten Sinne zum Opfer zu fallen. Genauso übrigens, wie die anderen umgekehrt *Ihnen*. Sie sollten also sehr achtsam sein beim Fällen vorschneller Urteile, ebenso wie auch Ihr Gegenüber: Quid pro quo[6] .

Etliches, was Ihnen zu einem gelungenen ersten Eindruck verhelfen kann, werden wir vor allem in Kapitel 5 („Sei empathisch und kommuniziere") behandeln. Aber auf einen Punkt möchte ich bereits an dieser Stelle zu sprechen kommen. Machen Sie Ihre *Hausaufgaben*. Es ist ein Zeichen von Respekt, wenn wir so gut vorbereitet sind auf den Moment des Kennenlernens, wie es nur geht. Das gilt natürlich eher für die vorhersagbaren Momente des Lebens. Aber auch für die ungeplanten kann es hilfreich sein, sich seiner selbst und dem, was man kann, bewusst zu sein und selbstbewusst, aber nicht überheblich aufzutreten und einfach zu wissen, welches Verhalten in welcher Situation angemessen ist. Doch zurück zu den Hausaufgaben, die Sie für diejenigen Situationen machen sollten, von denen Sie wissen, dass sie auf Sie zukommen werden.

Ein Blick in die Praxis: **Speed-Dating für Fortgeschrittene**

In der Tat: In unserer Marketing- und Networking-orientierten Welt gibt es Speed-Dating-Veranstaltungen nicht nur für einsame Herzen, sondern auch für Unternehmer und/oder Fachleute, die Geschäftspartner oder auch Kunden suchen. Das Speed-Dating

---

5 Das Originalzitat von Paul Watzlawick lautet „Man kann nicht *nicht* kommunizieren" und sagt aus, dass wir auch dann kommunizieren, wenn wir eigentlich glauben, es nicht zu tun. Denn auch wenn wir schweigen, „spricht" beispielsweise unser Blick, unsere Körperhaltung, etc. (siehe Menschliche Kommunikation: Formen, Störungen, Paradoxien [WaBJ07]).

6 „Quid pro quo", zu Deutsch „dieses für das". Bedeutet im übertragenen Sinne, dass wer gibt, dafür auch eine angemessene Gegenleistung erhalten soll. Dieses Zitat wurde vor allem durch den Film „Das Schweigen der Lämmer" bekannt, in dem der Serienkiller Hannibal Lecter der FBI-Agentin Clarice Starling nur dann weiterhelfen will, wenn sie ihm im Gegenzug für seine Informationen ebenfalls Informationen gibt.

bietet eine interessante Möglichkeit, sich auf unkonventionelle, aber durchaus geplante Weise kennenzulernen. Wenn ... ja, wenn man seine Hausaufgaben gemacht hat.

„Nee, das ist ja echt Quatsch", lamentiert Peter F., IT-Fachmann eines kleinen Beratungsunternehmens. „In den zehn Minuten, die für dieses Speed-Dating angesetzt sind, habe ich bei keinem meiner sechs Gesprächspartner punkten können. Die zehn Minuten braucht man ja schon locker, um zu fragen, wie der Mensch heißt, wo und was er arbeitet. Und dann muss ich ihm das Gleiche ja auch noch von mir erzählen. Das war rausgeschmissene Zeit. Dabei klang die Liste der Leute, mit denen ich zusammengewürfelt wurde, echt klasse, als ich sie vor zwei Wochen zugeschickt bekommen habe."

„Tja", antwortet Anke L. „Also ich habe mit Sicherheit drei meiner Gesprächspartner richtig beeindrucken können, zumindest haben sie das beim Verabschieden gesagt und angekündigt, dass sie sich nächste Woche bei mir melden werden, um mit mir einen Termin auszumachen. Da sollen dann ein Kollege und ich unser Produkt- und Dienstleistungsportfolio vorstellen. Das ist echt klasse gelaufen. Und von den anderen dreien haben sich zwei meine Visitenkarte geben lassen und gemeint, ich solle sie in zwei Wochen noch mal anrufen."

Peter F. wundert sich. „Aha? Und wie hast Du das in nur zehn Minuten hingekriegt?"

„Ganz einfach", antwortet Anke L. „Ich wusste ja, mit wem ich zusammen kommen werde, also habe ich die Personen in Google gesucht und mir alles angeschaut, was da so zu finden war, auf Xing die entsprechenden Profile besucht, sofern vorhanden und natürlich auch die Firmen-Homepages betrachtet. Dadurch wusste ich recht genau, aus welcher fachlichen Ecke die Leute kommen, welche Position sie haben und für was sie sich höchstwahrscheinlich interessieren würden. Und die ganze Vorstellerei konnten wir dann gut abkürzen, weil meine Gesprächspartner nämlich auch prima vorbereitet waren. Also hatte ich fast die ganzen zehn Minuten Zeit, mein Ziel zu verfolgen, nämlich bei potenziellen Kunden über die persönliche Schiene Interesse für unser Unternehmen zu wecken."

Klare Sache. Sowohl Anke L. als auch Peter F. hatten die gleichen Voraussetzungen, einen sehr guten, weil sehr gut vorbereiteten ersten Eindruck zu hinterlassen. Allerdings hat nicht jeder der beiden diese Chance auch genutzt, und auf eines dürfen Sie dabei wetten: Für den ersten Eindruck gibt es keine zweite Chance – also machen Sie Ihre Hausaufgaben und bereiten Sie sich bestmöglich vor. Kommen wir nun zu den weiteren Aspekten eines gelungenen Auftritts.

4.2.3 Maße mit Wirkung: 55-38-7

In Abschnitt 4.1.4 haben wir bereits über die Wahrnehmungskanäle gesprochen. Jetzt brauchen wir sie ganz konkret. Wenn wir einen (ersten) Eindruck hinterlassen, dann greift in der Regel die 55-38-7-Regel nach Mehrabian und Ferris von 1967[7]. Sie besagt, dass wir

- zu **55%** dem Aufmerksamkeit schenken, was unsere Augen sehen, also
  - körperliche Merkmale (z.B. abstehende Ohren),
  - Kleidung und Frisur sowie
  - Körperhaltung und -sprache (Gestik und Mimik),
- zu **38%** das wahrnehmen, was unsere Ohren hören, also
  - Sprechtempo,
  - Modulation (Höhen und Tiefen),
  - Dialekte sowie
  - Akzente und
- nur zu **7%** auf das achten, was tatsächlich inhaltlich gesagt wird!

Sie kennen das sicherlich auch. Da gibt es z.B. die Kandidaten, die uns fast die Finger brechen, wenn sie uns freudig kraftvoll begrüßen. Dann diejenigen, die nicht loslassen wollen und gleichzeitig mit der anderen Hand jovial unsere Schulter tätscheln. Ach ja. Und dann gibt es natürlich noch die Fische. Der Fisch ist die leicht von oben kommende Hand, die engelsgleich in die dargebotene Hand des Gegenübers gleitet, um dort dann kaum noch als solche wahrgenommen zu werden. Dieses eher weniger selbstbewusste Grüßen gibt es in den Varianten „kalter Fisch“, „nasser Fisch“ und „nasskalter Fisch“. Ich bin sicher, Sie kennen den einen oder anderen Fisch und werden sich Ihr eigenes Bild von der betreffenden Person gemacht haben.

A **Der T-Shaping-Aha-Effekt**

Je weniger fassbar das Produkt, desto stärker wird das Angebot an der Persönlichkeit desjenigen gemessen, der es anbietet. Ein misslungener erster Eindruck erschwert oder blockiert gar die Aufnahme von Sachinformationen.

Die obige Prozentaufteilung legt nahe, dass wir uns in den folgenden Kapiteln auch noch mit *Stimme* (Abschnitt 4.3.5) und *Körpersprache* (Abschnitt 5.4) auseinandersetzen.

[7] Quelle: “Inference of Attitude from Nonverbal Communication in Two Channels” (The Journal of Counselling Psychology 31, S. 248-252, 1967).

4.2.4 Charismatiker und Tarnkappenträger

Lassen Sie mich zu Anfang dieses Abschnitts ein wenig die üblichen Klischees bedienen. Wenn Sie nämlich so ein richtiger, in den Köpfen vieler Menschen auf diese Weise verankerter Tekkie sind, dann habe ich jetzt eine gute und eine schlechte Nachricht für Sie. Die schlechte ist, wir beschäftigen uns nun mit dem Thema *Charisma* und damit durchaus ein bisschen mit dem Aspekt des „Klappern gehört zum Handwerk". Und ich weiß – um im Klischee zu bleiben –, dass das nicht unbedingt Ihre Lieblingsdisziplin ist. Aber angesichts unserer komplexen Welt, dem Überangebot an Informationen, Produkten und Dienstleistungen wird es immer wichtiger, nicht nur kompetent zu sein, sondern sich auch kompetent darzustellen. Dieser Aspekt kann zwar in puncto Wichtigkeit variieren, je nachdem ob Sie ein Java-Entwickler oder IT-Consultant sind. Das ist unbestritten. Aber nichts desto trotz haben wir ja schon festgestellt, dass auch der „programmierendste Programmierer" irgendwann einmal in einem Projektmeeting sitzt, seine Ansichten vertreten, möglicherweise sogar in direktem Kundenkontakt stehen oder sich im Austausch mit Kollegen bewähren muss. Vielleicht soll er sogar einen für die Firma und deren Außenwirkung relevanten Vortrag halten. Spätestens dann steht auch dem – na, Sie wissen schon – gut zu Gesicht, wenn er nicht nur weiß, wovon er spricht, sondern auch in seiner ganzen Attitüde und Selbstdarstellung genau das rüber bringt.

Ich weiß, ich höre Sie schon sagen, dass wir doch tatsächlich genug Schenkel klopfende Selbstdarsteller und – Sie werden den Ausdruck verzeihen – „Verbalerotiker" um uns herum haben. Und die stoßen uns in der Regel eher unangenehm auf. Oftmals verbinden wir eben Kompetenz immer noch eher mit seriösem Auftreten ohne Showeffekte und Obamamäßigem „Yes, we can". Aber seien Sie mal ehrlich: Wie oft werden Sie von ermüdenden, akademischen Belehrungen auf der einen Seite und von inhaltslosen Showeinlagen auf der anderen Seite gelangweilt bzw. genervt? Die Wahrheit liegt irgendwo mittendrin und hat ganz entschieden etwas mit Ihnen selbst, Ihren Zielen und der Situation, in der Sie „klappern" ~~müssen~~ dürfen, zu tun. Denn Charisma ist keine Frage von „laut oder leise", sondern – neben Kompetenz natürlich – von Persönlichkeit, Authentizität und Stil.

Auf einer großen Konferenz im Jahre 2009, auf der sich die Redner- und Trainerelite unseres Landes versammelte, trat ein bekannter US-amerikanischer Redner auf und sagte – mit einem kleinen Augenzwinkern, aber dennoch sehr ernst gemeint – etwas äußerst Bemerkens- und Bedenkenswertes:

> „Wir Amerikaner beginnen mittlerweile, den Inhalt unserer Reden so akribisch und seriös aufzubereiten, wie ihr Deutschen das tut. Im Gegenzug fangt ihr jetzt an, unsere Showelemente in eure Reden mit einzubauen. Das ist fantastisch!"

Kommen wir nun zur guten Nachricht. Jeder, wirklich jeder kann sich Charisma aneignen. Es ist nämlich eine falsche Annahme, dass man es entweder besitzt oder eben nicht. Auch hat Charisma nicht zwangsläufig etwas mit ekstatischer Showeinlage à la Steve Ballmer, seines Zeichens Microsoft-Chef[8] („Windows, baby, Windows, baby, ...“), zu tun. Schauen Sie sich doch einfach einmal Steve Jobs an. Auf seine sehr ruhige Weise hat er durchaus Charisma. Zugegeben, das hat auch sehr viel mit dem Charisma seiner Produkte zu tun. Aber lassen Sie beispielsweise das neue iPhone mal auf großer Bühne von ... , na, eben von jemand anderem präsentieren. Ich möchte an dieser Stelle niemanden diskreditieren, aber Sie haben in der Politik und im Fußball ausreichend Beispiele dafür, wie man durch nicht vorhandenes Charisma selbst das neue iPhone in etwas weniger glänzendem Licht darstellen könnte, als es Steve Jobs gelingt.

A **Der T-Shaping-Aha-Effekt**

Klappern gehört zum Handwerk, aber nur, wenn man auch etwas zum Klappern hat.

Was ist nun aber Charisma? Und warum ist es so wichtig, sich dem Thema zu nähern, selbst wenn man am liebsten den ganzen Tag mit einer Tarnkappe herumlaufen würde. Ach ja, die Tarnkappenträger[9]. Kennen Sie das? Sie sind ein paar Tage auf einer Konferenz oder in einem Seminar und stellen erst in der Abschlussveranstaltung fest, dass da jemand mit ihnen zusammen teilgenommen hat, der ihnen während der ganzen Zeit überhaupt nicht aufgefallen ist. Schließlich sieht man bei 30 Leuten doch jeden irgendwann einmal. Möglicherweise waren Sie ja zu sehr von anderen Menschen beeindruckt, die, wenn sie in den Raum hinein kamen, schon alle durch ihre Präsenz in Bann zogen. Im Gegensatz zu ihm ist der Erstgenannte ein typischer Tarnkappenträger. Er macht sich unsichtbar. Das ist eine durchaus schützenswerte Eigenschaft, aber wie immer im Leben nur dann, wenn es sinnvoll ist. Im Idealfall haben auch Sie in Ihrem „Fähigkeitenkoffer“ ein Werkzeug, mit dem Sie sich unsichtbar machen können, aber hoffentlich auch mindestens eines, mit dem Sie auf sehr präsente Art und Weise Ihre Kompetenz unterstreichen können. Dazu gehören:

- ein stilvolles und der jeweiligen Situation im Benehmen angemessenes *Auftreten*,
- eine ihre Worte und Persönlichkeit unterstreichende *Körpersprache* und
- der auf Gesprächspartner und Zielsetzung des Gesprächs ausgerichtete *Wahl der Worte*.

Wie schon gesagt: Charisma ist keine Frage der Show, sondern hat neben der Kompetenz etwas mit Persönlichkeit, Authentizität und Stil zu tun.

8 Ich empfehle Ihnen, in die YouTube-Suche Folgendes einzugeben: „The best of Steve Ballmer“. Dann wissen Sie genau, was mit *ekstatischer Showeinlage* gemeint ist.

9 Zur Ehrenrettung der Tarnkappe und ihrer Träger sei kurz darauf hingewiesen, woher der Ausdruck ursprünglich stammt. In der Nibelungensage (Sie wissen schon: Siegfried & Co.) ist die Tarnkappe ein Zaubermantel, mit dem sich der Held Siegfried unsichtbar macht und somit seinem Freund Hagen im Kampf gegen die böse Königin Brunhild zum Sieg verhilft. Die Tarnkappe ist also eigentlich sehr positiv belegt.

Schätzen Sie doch einmal bei den folgenden Punkten ein, wie sehr diese auf Sie zutreffen. Sie haben die Wahl zwischen 1 (voll zutreffend), 2 (zutreffend), 3 (weniger zutreffend) und 4 (gar nicht zutreffend).

Ü Die T-Shaping-Übung: Der Charisma-Check

1. Ich habe eine positive Grundhaltung.

   ① ② ③ ④

2. Ich kann sowohl mich selbst als auch andere von Themen begeistern, die mir wichtig sind.

   ① ② ③ ④

3. Meine Körperhaltung ist vorwiegend aufrecht, und ich kann, wenn es darauf ankommt, gut den Blickkontakt mit anderen Menschen halten.

   ① ② ③ ④

4. Ich weiß meistens, bei welchen Gelegenheiten ich mich in welcher Weise zu kleiden und zu benehmen habe.

   ① ② ③ ④

5. Ich kann meine Meinung sprachlich klar vertreten und meinen Gesprächspartner dafür interessieren, was ich zu sagen habe.

   ① ② ③ ④

6. Ich bin ein guter Zuhörer und kann mich durchaus auch in eine andere Person hineinversetzen.

   ① ② ③ ④

7. Ich bin flexibel in meinem Verhalten und kann mich gut auf neue Situationen und Menschen beziehungsweise deren Bedürfnisse einstellen.

   ① ② ③ ④

Bei jedem der obigen Punkte, den Sie mit 3 oder 4 bewertet haben, sollten Sie anfangen, an sich zu arbeiten. Noch einmal: Keiner möchte aus Ihnen eine Rampensau machen! Das ist nicht der Sinn der Übung, aber in unserer informations- und angebotsüberfluteten Welt ist es wichtig und wird zunehmend wichtiger werden, dass die Persönlichkeit desjenigen überzeugt, der ein Produkt anbietet oder eine Dienstleistung durchführt. Denn die Angebote sind vergleichbarer geworden und schwanken in der Qualität längst nicht mehr so sehr wie noch vor einigen Jahren. Was aber sehr wohl schwankt, ist das Auftreten derjenigen, die als Vertriebs- oder Support-Mitarbeiter, Entwickler, Software-Architekt, Netzwerkadministrator oder Webdesigner etc. quasi das *Gesicht* eines Produktes oder einer Dienstleistung darstellen.

Ich setze auf die gute Nachricht, dass *jeder* ein Stück weit Charisma erlernen kann, noch eines obendrauf: Die Seiten, die Sie in diesem Buch bisher gelesen haben, helfen Ihnen bereits dabei, an Ihrem Charisma erfolgreich zu arbeiten. Und auch die nächsten Kapitel werden Sie auf Ihrem Weg zu einem (noch) größeren Charisma[10] unterstützen, sofern Sie die Inhalte nicht nur einfach konsumieren, sondern sich aktiv mit der jeweiligen Materie auseinandersetzen. Wenn Sie „am Ball bleiben", kann eigentlich nichts schiefgehen.

4.3 Auf die Bühne, fertig, los!

Zugegeben: Nicht jeder hat es mit der Schauspielkunst. Und doch ... wenn wir es genau nehmen, dann beschäftigt sich die Schauspielkunst doch eigentlich „nur" mit dem Vermögen, in verschiedene Rollen zu schlüpfen, deren Besonderheiten in erster Linie durch das jeweilige Stück bestimmt werden. Was aber machen wir im täglichen Leben anders? Wenn Sie zum Bäcker gehen, so erfordert das ein bestimmtes Verhalten. Wenn Sie Ihren Chef um die längst fällige Gehaltserhöhung bitten, benötigen Sie sicherlich ein anderes Auftreten. Und wenn Sie Ihrem Kunden erläutern möchten, warum seine spontane Erweiterungsidee für das seit Wochen abgenommene Pflichtenheft prinzipiell sehr begrüßenswert, aber dennoch zum gegenwärtigen Zeitpunkt keine wirklich gute Idee ist, dann werden Sie höchstwahrscheinlich wieder eine andere Facette Ihrer Persönlichkeit zeigen müssen.

Genau genommen machen wir also im täglichen Leben Ähnliches wie der Schauspieler auf der Bühne. Nur dass seine Rolle von einem Autoren erdacht und von einen Regisseur inszeniert wird. Im wahren Leben wissen wir nur selten, welche konkreten Anforderungen an unser Auftreten, unser Handeln just in der nächsten Minute herangetragen werden. Dieser Moment der Unsicherheit führt bei manchen zu einem Blackout, wiederum andere laufen dann erst zur Höchstform auf. Wie schön wäre es also, einen imaginären Koffer bei sich zu haben, in dem sich eine passable Auswahl an Rollen befindet, die sich nicht nur für die Stücke unseres täglichen Lebens eignen, sondern darüber hinaus ein Teil unserer jeweiligen Persönlichkeit und somit glaubwürdig sind! Und wie beruhigend und professionell wäre es wiederum, diese in der jeweils danach verlangenden Situation auch souverän aus dem Koffer holen zu können. Aber für den Anfang reicht es ja schon einmal, dass Sie sich selbst bestmöglich, das heißt vorbereitet, kompetent, respektvoll und „sichtbar" präsentieren.

[10] Charisma ist übrigens auch im Privatleben eine nützliche Geschichte. Überlegen Sie mal, in welchen Situationen es von Vorteil sein kann, die eventuell normalerweise getragene Tarnkappe – dem eigenen Temperament entsprechend – einmal abzusetzen.

4.3.1 Hacker goes Hollywood: Der Informatiker und sein Image

Die Sache ist ernst. In Zeiten wie diesen kann sich kein IT'ler mehr auf dem vielfach bemühten Fachkräftemangel ausruhen. Der herrscht zwar, aber dennoch stellen Unternehmen durchaus nicht jeden ein, der halbwegs guten Quellcode programmieren kann. Denn was uns das Morgen bringt, weiß wohl keiner so genau, und da wäre es sicherlich eher Russisch Roulette gespielt, sich auf den Lorbeeren des exzellenten Java-Programmierens oder des brillanten Jonglierens mit Web Services auszuruhen.

Im Großen und Ganzen muss man leider eingestehen, dass das Image des Informatikers sehr zu wünschen übrig lässt. Wenn ein nicht übermäßig attraktiver, sozial isolierter junger Mann gebraucht wird, dessen ebenso verzweifeltes wie erfolgloses Sehnen nach einem weiblichen Alter Ego beim Zuschauer für Amüsement und Schadenfreude sorgt, so greift die Medienlandschaft herzlich gerne auf die Gattung „Homo Informaticus" zurück. Wer von Ihnen, der DSDS („Deutschland sucht den Superstar") gesehen hat (und das an dieser Stelle nur sich selbst gegenüber zugeben möchte), erinnert sich nicht an Steffen H., der das weit verbreitete Vorurteil gegenüber dem Informatiker an sich einmal mehr bestätigte: Als 28-jährige männliche Jungfrau auf der Suche nach weiblicher Gesellschaft und eher mäßigem Gesangestalent bot er Dieter Bohlen & Co. eine Angriffsfläche für Kommentare wie „Takt ist nicht, wenn man 'ner Frau die Tür aufhält". Oder um ein weiteres Beispiel zu nennen: Wochenlang amüsierte sich die Nation über in der seriösen Presse zu lesende Schlagzeilen à la „Balzen für Informatiker: Schau mir in die Augen, Nerd"[11], mit denen die Berichterstattung über dringend notwendige Flirtkurse für Informatiker eingeleitet wurde. Als letztes Beispiel sei an dieser Stelle die folgende Spitze auf den Alltag des Programmierers angeführt, die als *Programmiererkernel*[12] im Internet die Runde macht.

```
while(isAlive)
 {
   if(kaffeeDa) {
     insertCoffee(this.mouth);
     generateCodeLine();
     Thread.sleep(1000);
   }
   else
     waitForCoffee();
   if(Math.Random(1000)==1 && !recentCodeUseful()) {
     insertCoffee(this.targetMachine);
     requestNewHardware();
   }
 }
```

Das Charmante hieran ist allerdings, dass diese Verballhornung der Informatiker von Informatikern selbst stammt. Einsicht ist zwar auch eine Sicht, hilft uns aber an dieser Stelle nicht wirklich weiter. Mancher „echte Tekkie" scheint in der Tat beratungsresistent zu

11 http:/www.spiegel.de/unispiegel/wunderbar/0,1518,600958,00.html, Abruf am 13. Mai 2010.

12 http://www.stupidedia.org/stupi/Informatiker, Abruf am 12. Mai 2010.

sein, wenn es darum geht, seine Kompetenzen jenseits der Programmierung zu erweitern. Eigentlich schade, oder? Wie toll wäre es, wenn der Held[13] der nächsten erfolgreichen Krimiserie mal ein pfiffiger Programmierer oder eine charmante Software-Architektin wäre. Oder gibt es den schon und ich kenne ihn nicht? Ungeachtet des Images des Einzelnen hat das mäßig günstige Image des Informatikers an sich natürlich auch Auswirkungen auf die entsprechenden Studiengänge. Nach wie vor fangen weitaus weniger junge Menschen ein Informatikstudium an, als der Markt an fertigen Fachkräften bräuchte. Dafür ist die Abbrecherquote[14] in Deutschland seit Jahren mit rund 50 Prozent deutlich zu hoch.

4.3.2 Einstellungssache und Authentizität

Achte stets auf deine Gedanken,
sie werden zu Worten.
Achte auf deine Worte,
sie werden zu Handlungen.
Achte auf deine Handlungen,
sie werden zu Gewohnheiten.
Achte auf deine Gewohnheiten,
sie werden zu Charaktereigenschaften.
Achte auf deinen Charakter,
er wird dein Schicksal.

Aus dem Talmud

Ich weiß. Sie sind Informatiker und nicht Mario Barth. Und Sie werden auch nicht auf der Bühne der ausverkauften Köln-Arena 20.000 Menschen erklären, auf welche Weise man mit Ruby on Rails professionelle Webanwendungen erstellt. Einverstanden. Überdies werden Sie auch noch in Abschnitt 4.4.6 erfahren, dass „Ihresgleichen" eher zum introvertierten Teil der Menschheit gehört. Aber es kann gut sein, dass Ihr Chef Sie zum Kunden schickt, um dem dortigen Vorstand die neue Lagerhaltungs-Software vorzustellen, weil er selbst lieber auf den Golfplatz geht oder Sie einfach fordern möchte. Oder Ihr Kollege fällt aus, und Sie sollen einer Runde von Endanwendern klarmachen, dass die nach Abnahme des Pflichtenhefts plötzlich noch „unbedingt" benötigten Funktionalitäten des ausgelieferten Web-Shops erst im nächsten Release hinzugefügt werden können. Kurz und gut, es kann also passieren, dass Sie sich und Ihre Arbeit „zeigen" müssen. Jetzt gibt es genau zwei Möglichkeiten: Entweder Sie fühlen sich in der Situation einigermaßen wohl oder es wird fürchterlich. Für Sie! Und möglicherweise auch für Ihre Gesprächspartner.

---

[13] In Nebenrollen findet man den informatischen Menschen bisweilen, wenn auch ein wenig „freakig" dargestellt, wie z.B. Abigail „Abby" Sciuto, exzentrisches Computergenie im Gothic-Look, das in der US-amerikanischen Krimiserie Navy CIS ihre Forensik-Kollegen vorwiegend „digital" unterstützt, solange sie mit ausreichenden Mengen an brauner Limonade versorgt wird.

[14] Siehe z.B. `http://www.bitkom.de`

Denn auf eines dürfen Sie vertrauen, nämlich darauf, dass Telepathie nicht funktioniert, wenn es darum geht, sich selbst, sein Produkt oder seine Dienstleistung zu präsentieren. Das müssen Sie schon höchstpersönlich übernehmen, in der Ihnen eigenen Art natürlich. Denn etwas vorzugeben, was Sie nicht sind, ergibt nicht nur keinen Sinn, sondern wird in den allermeisten Fällen auch gnadenlos zum Scheitern verurteilt sein. Es sei denn, es ist ein Oscar®-Preisträger an Ihnen verloren gegangen.

Also entscheiden Sie sich am besten dazu, ein *Star* in Ihrem Bereich zu werden. Und Stars können nicht nur etwas besser als die anderen, sondern sie wissen vor allem auch, wie sie die anderen davon überzeugen, dass sie es sind. Ihre Einstellung macht den Unterschied, der Rest ist quasi Handwerk. Aber eines ist klar: Nicht jeder mag im Rampenlicht stehen, nicht jeder ist dafür geeignet. Das ist auch absolut legitim. Diejenigen von Ihnen, die sich darüber schon völlig im Klaren sind, können sich jetzt von mir wahlweise ins Zweifeln bringen oder zum Kaffeetrinken schicken lassen. Die anderen mögen weiterlesen.

A **Der T-Shaping-Aha-Effekt**

Authentizität schafft Sicherheit. Authentizität gepaart mit Stil, dem Blick für die Situation und entsprechender Flexibilität im Verhalten verschafft Ihnen einen starken Auftritt.

Was bedeutet es denn nun aber, authentisch zu sein? Laufe ich dann immer in meinen Lieblingsklamotten herum und benehme mich im Gespräch mit dem Vorstandsvorsitzenden eines international tätigen Unternehmens genauso wie daheim bei Muttern auf dem Sofa? Sicher nicht. Denn auch der bereits angeführte Steve Jobs, der aufgrund der Tatsache, dass er zumeist völlig unverkrampft in Jeans und Rollkragenpullover auftritt, weiß, *in welcher* seiner Rollen er *wie* zu agieren hat, kommt aber jederzeit als „der Kumpel von nebenan“ herüber. Er gilt daher als authentisch, echt und unverbogen.

Was heißt nun aber authentisch? Die *Authentizität* (griech.: αυθεντικός *authentikós*, zu Deutsch „echt“) bezeichnet die Echtheit, die Originalität einer Sache oder auch eines Menschen. Sie kennen den Begriff sicherlich aus der Informatik, nämlich der Authentifizierung von Nachrichten durch digitale Signaturen. Auch hier wird die Echtheit (hinsichtlich der Herkunft der E-Mail) überprüft. Wie aber überprüfen wir die „Echtheit eines Menschen“ bzw. wie müssen wir sein, damit wir echt sind und ist das auch zu jeder Zeit in jeder Situation angebracht?

Authentisch zu sein, hat sehr viel damit zu tun, die eigenen Persönlichkeitsmerkmale (siehe Abschnitt 4.4) leben zu können Nun spielen wir in unseren Leben aber nicht nur eine, sondern in der Regel sehr viele Rollen, und in nicht jeder können wir unseren Persönlichkeitsanteil „Tarnkappenträger“ herausholen, und wiederum nicht in jeder ist es beispielsweise sinnvoll, alles und jedem mit erhobenem Zeigefinger sagen zu wollen, „wie eine Sache richtig geht“.

Abbildung 4.1: Das Dilemma der Rollenvielfalt

Wir stecken also durchaus in einem Rollendilemma (Abbildung 4.1), denn das Verhalten in der einen Rolle kann durchaus auf mein Verhalten in der anderen abfärben. Nicht selten passiert es, dass eine Führungskraft, die in ihrer Rolle „IT-Projektleiter" sehr viel Autorität ausüben muss, dieses Verhalten auch in seine Rolle als „Lebenspartner" übernimmt. Es ist unschwer einzusehen, dass Letzteres durchaus problematisch werden kann. Es gibt aber auch andere Rollenkonflikte. Stellen Sie sich beispielsweise einen Programmierer vor, der bei den Grünen seines Ortes sehr aktiv ist und nun von seinem Arbeitgeber an ein Unternehmen „ausgeliehen" werden soll, das sein Geld mit der Herstellung und dem Vertrieb von Atomenergie verdient. Hier liegt ein Rollenkonflikt vor, der sich höchstwahrscheinlich nicht mit dem ethisch-moralischen Verständnis des Betreffenden vereinbaren lässt. Sich trotzdem nicht verbiegen zu müssen und flexibel auf Menschen und Situationen eingehen zu können, ist Authentizität auf höchstem Niveau.

Dabei sind Rollen absolut sinnvoll, denn sie haben etwas mit gesellschaftlichen Spielregeln zu tun. Weil wir wissen, *wie* wir *in welcher* Rolle agieren und uns benehmen müssen, ist es nicht nötig, diese Regeln immer wieder neu auszuhandeln, denn sie sind durch die Rolle automatisch vorgegeben [Nier08]. Als „Dienstleister" weiß ich (hoffentlich) genau, wie ich mich benehmen muss, und wie es mir ebenso für das Ausfüllen meiner Rolle als „Elternbeirat" bewusst ist. Je flexibler wir agieren und je mehr Rollen wir kompetent einnehmen können, desto erfolgreicher werden wir auch bei der Erreichung unserer Ziele sein – und das, ohne uns zu verbiegen.

Ü Die T-Shaping-Übung: Rollenklarheit und Authentizität

1. Überlegen Sie einmal, welche Rollen Sie innehaben.

2. Welche Erwartungen werden aufgrund dieser Rollen von Ihrem Umfeld an Sie gestellt? Sind diese kompatibel miteinander oder kommt es zu Rollenkonflikten?

 ____

 ____

3. Denken Sie darüber nach, welche Rollen Sie schon sehr gut ausfüllen und in welchen Sie noch Verbesserungspotenzial haben.

 ____

 ____

Verschiedene Rollen einzunehmen, heißt nicht, etwas zu spielen, was man nicht ist. Sie „dürfen" – im Gegenteil – so sein, wie Sie sind. Aber Sie sollten Ihren Koffer an Möglichkeiten, verschiedene Rollen glaubhaft einnehmen zu können, ständig erweitern.

4.3.3 Des Tekkies neue Kleider

Wir sprachen gerade von den Rollen, die wir in unserem Leben „spielen". Nun, aus Theatersicht gesehen hat jede Rolle auch ihre eigene Kostümierung. Ebenso verhält es sich mit den Rollen, die Sie einnehmen. Mit Sicherheit erfordert der Besuch bei einem Kunden aus der Finanzbranche im Frankfurter Bankenviertel eine andere Kleidung als der Besuch bei Oma am kommenden Sonntag.

Ein Blick in die Praxis:
Von der Studentenklitsche zum seriösen IT-Systemhaus

Innerhalb von 10 Jahren hat sich die Firma XY von einer typischen Studentenfirma, mit drei enthusiastischen jungen Leuten, die ihr Studium noch gar nicht abgeschlossen hatten, zu einem soliden kleinen Unternehmen entwickelt. Die fast 30 Mitarbeiter sind motiviert, kompetent und im Großen und Ganzen eine richtig gute Truppe. Dennoch gelingt es dem Unternehmen aus irgendeinem Grund nicht, sein Studentenimage abzuwerfen, und stattdessen als ernstzunehmende, seriöse Firma wahrgenommen zu werden. Das hat nicht zuletzt auch Auswirkungen auf die zu verlangenden Tagessätze für IT-Beratung ebenso wie für Support und Netzwerkadministration. Also beschließt der Geschäftsführer eine kleine Kundenumfrage zu machen. Da er zu dem weitaus größten Teil seiner Kundschaft ein vertrauensvolles Verhältnis hat, fällt es ihm auch nicht schwer, seine jeweiligen Ansprechpartner davon zu überzeugen, ihm folgenden Fragen zu beantworten:

- Was gefällt Ihnen an uns und unserem Angebot besonders gut?
- Was gefällt Ihnen nicht so gut?
- Welche Verbesserungsvorschläge haben Sie für uns?
- Würden Sie uns weiterempfehlen?

Nach Durchsicht der Fragebogen fällt es dem Geschäftsführer wie Schuppen von den Augen, denn auf nahezu allen Bögen wird ein Aspekt immer wieder genannt, der deutlich verbessert werden könnte: das optische Erscheinungsbild und das Benehmen. Da in der Firma XY auf diese Punkte noch nie bewusst geachtet worden ist, erscheinen alle Techniker, Vertriebs- und Supportleute beim Kunden gerade so, wie sie das für richtig halten bzw. wie sie es gewohnt sind. Und das bedeutet bei der heterogenen Truppe einen bunten Mischmasch zwischen Flickenjeans und Anzughose. Sensibilisiert für diese Punkte schaut unser Geschäftsführer seine Truppe nun etwas genauer an und muss feststellen, dass deren Auftreten beim Kunden tatsächlich allenfalls den Eindruck einer studentischen Firma macht und keinesfalls den einer seriösen, renommierten und am regionalen Markt fest etablierten Größe. Er geht das Problem in Zusammenarbeit mit einer Image- und Unternehmensberaterin an, die mit ihm ein Konzept erarbeitet, das für alle Mitarbeiter eine die Firma und deren Image bestmöglich nach außen tragende Kleiderordnung vorsieht, die aber auch Farbtyp und Figur des jeweiligen Mitarbeiters berücksichtigt. Überdies besuchen er und seine Leute ein Knigge-Seminar.

Das Thema Authentizität hatten wir ja bereits. Und viele Menschen glauben, dass die Frage der richtigen Kleidung ebenfalls eine persönliche Angelegenheit ist. Stimmt und stimmt nicht. Es ist zutreffend, was die Frage der passenden Farben und des Stils angeht. Und mit Letzterem sind keine saisonalen Dos und Don'ts gemeint, sondern vielmehr die Frage, wie man „zu kurz" geratene Beine oder einen etwas kräftigen Bauchumfang vorteilhaft kaschieren kann. Was die richtigen Farben angeht, so sollte das im Geschäftsbereich eher keine modische Frage sein, sondern sich aus dem persönlichen Farbtyp[15] ableiten.

Was nun an obiger Aussage nicht stimmt, ist ganz klar das Faktum, dass wir mit der Kleidung – erinnern Sie sich hier bitte an die vor allem visuelle Macht des ersten Eindrucks (siehe Abschnitt 4.2.2) – natürlich auch dafür Sorge tragen, dass unser Gegenüber uns in eine bestimmte Schublade steckt. Wie die Firma in obigem Beispiel, deren Mitarbeiter zwar sehr kompetent sind, diesen guten Eindruck aber durch die Optik und das sehr laxe Benehmen mindern. Es gilt also, eine gute Mischung zu finden zwischen

[15] In der Farbtypenlehre unterscheidet man je zwei kalttonige (Sommer- und Wintertyp) und warmtonige Typen (Winter- und Herbsttyp). Zu welchem der Typen man gehört, entscheidet sich durch den Hautton, die Augen- und Haarfarbe. So etwas selbst bei sich festzustellen, ist nicht immer einfach. Wenn Sie sich für das Thema interessieren, empfiehlt es sich, einen professionellen Farbberater aufzusuchen (z.B. über `http://www.typcolor.de`).

- persönlichem *Stil* (sind Sie eher ein sportlicher Typ mit breiten Schultern, dessen Schultern man nicht noch betonen sollte, oder ein „langer, schmaler Lulatsch", dem man dafür optisch ein wenig „Breite" verpassen könnte),
- dem eigenen *Farbtypen* (bringen eher kalttonige oder eher warmtonige Farben Ihr Gesicht bestmöglich zur Geltung, damit Ihr Gesprächspartner Ihnen in selbiges schaut und nicht auf die Krawatte),
- dem *Image*, das Sie als Gesicht der Firma, für die Sie arbeiten, nach außen tragen (sind Sie Mitarbeiter einer konservativen Unternehmensberatung oder doch eher eines locker-jugendlichen Unternehmens der Internetbranche) und
- nicht zuletzt den *Kleider-Codices* Ihrer Kunden, die von Branche zu Branche verschieden sein können. So macht es zum Beispiel durchaus einen Unterschied, ob Sie als Servicemitarbeiter das Netzwerk einer Bank auf Herz und Nieren prüfen oder ob Sie bei einem Maschinenbauer im Entwicklungsteam mitarbeiten.

Hier nun ein paar Hinweise, mit denen Sie – egal in welcher (beruflichen) Rolle – immer auf der sicheren Seite sind.

C Die T-Shaping-Checkliste: Kleiderhinweise im Beruf

- ☐ Hell betont gegenüber dunkel und glänzend gegenüber matt.

D.h., damit der Blick Ihres Gegenübers auf Ihr Gesicht fällt und nicht auf Ihre Schuhe, sollten die Farben Ihrer Kleidung

- ☐ von innen nach außen dunkler werden (helles Hemd - dunkles Sakko bzw. Blazer) und
- ☐ von oben nach unten (helles Oberteil – dunklere Hose/Rock).
- ☐ Die Schuhe stellen den dunkelsten Punkt Ihrer Garderobe dar und haben im Idealfall die gleiche Farbe wie der Gürtel.
- ☐ Schuhe sind immer geputzt und haben gerade, nicht abgelaufene Absätze.
- ☐ Socken gehen immer so hoch, dass man keinen Blick auf ein nacktes, behaartes Männerbein erhascht, wenn Sie im Sitzen Ihre Beine locker-männlich übereinander schlagen.
- ☐ Das Kostüm von Muttis Abi-Ball oder die Krawatte, die Onkel Herrmann zur Hochzeit Ihrer Eltern trug, sind ein absolutes No-Go. Sie müssen ja nicht gleich bei einem italienischen Designer einkaufen, aber achten Sie darauf, dass Muster und Farben halbwegs dem entsprechen, was gerade aktuell ist.
- ☐ Auch Ihr Brillengestell sollten Sie, sofern Sie Brillenträger sind, spätestens alle paar Jahre auf seine modische Aktualität hin überprüfen.
- ☐ Kleidung, die Sie mindestens zehn Jahre älter macht (wie z.B. ein beige-weiß kariertes Hemd für einen 24-Jährigen), ist ungünstig. Sie können sich auch dezent Ihrem Alter angemessen kleiden.

- ☐ Achten Sie auf den Sitz der Kleidung. Toll, wenn Sie 20 kg abgenommen haben, aber dann kann die bisherige Kleidung naturgemäß nicht mehr sitzen.
- ☐ Die Damenwelt sollte – je „hierarchisch höher" sie unterwegs ist, immer Seidenstrumpfhosen tragen und
- ☐ die Schultern immer bedeckt haben.
- ☐ Für die Herren: Was die „Dreieinigkeit" von Sakko, Hemd und Krawatte angeht, so sollten Sie maximal zweimal Muster (z.B. Sakko mit Nadelstreifen und Krawatte mit Fantasiemuster, dann muss das Hemd uni sein) und maximal drei verschiedene Farben miteinander kombinieren.
- ☐ Und was die korrekte Länge der Krawatte angeht, so sind Sie auf der sicheren Seite, wenn sich die breiteste Stelle ungefähr auf Höhe der oberen Gürtelkante befindet.

Das Thema *gutes Benehmen* hingegen ist weder abhängig von der Persönlichkeit des Einzelnen noch von Branchen oder Ähnlichem. Die wichtigsten Knigge-Regeln zu beachten, ist ein Zeichen des Respekts, das Sie Ihrem gegenüber entgegenbringen. Auch wenn das für Sie banal klingen mag, aber man hält sich beim Gähnen die Hand vor den Mund und wäscht sich nach dem Gang auf die Toilette die Hände. Sie brauchen gar nicht die Augenbraue hochzuziehen. Ich bin persönlich immer wieder höchst erstaunt, wie oft so manche Kinderstube gnadenlos versagt zu haben scheint. Und dabei geht es keineswegs darum ganz exakt zu wissen, wer denn nun wem bei welcher Gelegenheit zuerst die Hand zu reichen hat. Es geht um ganz elementare Benimmregeln, um die Höflichkeit, die ein nicht wegzudenkender Bestandteil des wertschätzenden Umgangs der Menschen miteinander darstellt.

A **Der T-Shaping-Aha-Effekt**

Gutes Benehmen und eine der jeweiligen Situation angemessene Kleidung sind eine Frage des Stils.

Es gibt hervorragende Bücher, Artikel und Online-Publikationen zu diesem Thema. Sie brauchen nur einmal „Knigge" oder „gutes Benehmen" in Google einzugeben und sich anschließend den Nachmittag nichts mehr vorzunehmen. Viel Spaß dabei, denn sowohl Kleidung als auch gutes Benehmen sind sehr spannende Themen und solche, die von Fall zu Fall das berühmte Zünglein an der Waage sein können.

4.3.4 60 Sekunden für Ihre Show: Der Elevator Pitch

Irgendwann in den 1990er Jahren kam ein cleverer Mensch auf die Idee, eine Fahrt in den 20. Stock zu nutzen, um einen ebenfalls im Aufzug befindlichen potenziellen Geldgeber auf sein neues Produkt aufmerksam zu machen. Von Start- bis Zielstockwerk hatte er ungefähr 30 Sekunden Zeit. Das musste reichen, um sein Gegenüber von Produkt und Person zu überzeugen. Es war also nötig, alles Wichtige auf den Punkt zu bringen sowie das Ganze auch noch bestmöglich auf den Interessenten in spe ausgerichtet zu präsentieren. Voilà, der *Elevator Pitch* oder auch die *Elevator Speech* (zu Deutsch die *Fahrstuhlrede*) war geboren. Sie bezeichnet das kurze, prägnante und quasi unwiderstehliche Darstellen eines Produkts, einer Dienstleistung, einer (Geschäfts-)Idee oder auch Person in maximal 30 Sekunden gegenüber einem potenziellen Interessenten. Das kann ebenso ein Investor oder Kunde wie der Traumarbeitgeber in spe sein[16]. Die Angaben darüber, ob der Elevator Pitch nun 30, 60 oder 90 Sekunden dauern sollte, variieren. Wichtig ist aber, dass er „knackig" rüberkommt und demzufolge so kurz wie möglich ist. Ungeachtet dessen können wir bezüglich Länge und Anlass folgende Varianten unterscheiden [Skam04]:

- 30 bis max. 60 Sekunden
  - Networking (siehe auch Kapitel 8)
  - Veranstaltungen (z.B. Pausengespräche auf Konferenzen)
  - Vorstellungsrunden
  - Telefonate
- Bis max. 3 Minuten
  - Konferenzpräsentationen (als Einleitung zu Ihrer eigentlichen Präsentation)
  - Einstellungsgespräche (Sie als Bewerber)
  - Erstgespräche und Präsentationen beim Kunden
  - Erstgespräche und Präsentationen bei potenziellen Geldgebern (als Firmengründer)

Wie funktioniert nun diese rasante Vorstellung und wofür kann man sie gebrauchen? Die gute Nachricht vorneweg: Seit Abschnitt 4.3.2 arbeiten wir uns bereits systematisch in Richtung Elevator Pitch. Die nicht ganz so gute Nachricht folgt auf dem Fuße: Eine richtig gute Kurzvorstellung braucht auch eine richtig gute Vorbereitung. Und der Text muss dann – wie bei einem echten Schauspieler – so gut sitzen, dass ich Sie nachts um drei (falls Sie da schon zu Hause sind) wecken könnte und Sie würden mich sofort hochprofessionell mit Ihrem Pitch überzeugen können. Schauen wir uns aber erst einmal ein Beispiel für einen gelungenen Elevator Pitch an, bevor wir ihn „in seine Einzelteile zerlegen".

---

[16] Wenn der Elevator Pitch nicht dazu dient, als Existenzgründer den Investor davon zu überzeugen, in das neue Geschäft einzusteigen, dann spricht man auch gelegentlich von *Personal Pitch*. Hier verweist schon der Begriff darauf, dass es mehr um das ins rechte Licht setzen der eigenen Person geht und weniger um das dahinter stehende Geschäft. Wir belassen es dennoch bei der gängigen Bezeichnung *Elevator Pitch*, da sich diese in der Literatur und im Sprachgebrauch klar durchgesetzt hat.

Regine S. ist Kommunikationsinformatikerin und interessiert sich für die Position des Netzwerk-Administrators in einem mittelständischen Maschinenbauunternehmen. Über ihre Kontakte weiß sie, dass die Position im Augenblick frei ist und von IT-affinen Mitarbeitern so „nebenbei" mitgemacht wird. In der Tat braucht das Unternehmen aber – trotz momentanem Einstellungsstopp – jemanden, der neben der Administratorentätigkeit auch noch die eine oder andere kleinere Anwendung selbst programmieren kann und überdies den Überblick im Chaos einer über die Jahre hinweg gewachsenen IT-Landschaft behält. Nach zwei Wochen Kampf mit dem Vorzimmer-Drachen, der beständig darauf beharrte, dass im Augenblick keine Neueinstellungen erfolgen, ist es Regine S. endlich gelungen, den Geschäftsführer eines mittelständischen IT-Systemhauses an den Telefonhörer zu bekommen.

Ein Blick in die Praxis: Ein informatischer Elevator Pitch

Michael F. hat eigentlich keine Zeit und gibt Regine S. max. eine Minute, um ihm zu erzählen, was sie will [1]. Und das tut sie dann auch mit den entsprechenden Schlag- und Fachwörtern [2] sowie einer Prise Humor:

„Herr F., mein Name ist Regine S. und ich danke Ihnen dafür, dass Sie sich Zeit für mich nehmen. Zeit ist wichtig, und es kostet Geld und Nerven, wenn sie verschwendet wird durch eine IT-Landschaft, die keiner mehr beherrscht. Ich beherrsche sie, denn ich bin nicht nur studierte Kommunikationsinformatikerin, sondern habe in den vergangenen fünf Jahren schon viele Male Licht ins Dunkel chaotischer IT-Strukturen gebracht. ‚Taschenlampe zu spielen' [4] ist meine Leidenschaft. Das hat meinen Kunden Zeit und somit jede Menge Geld gespart und überdies die Grundlagen dafür gelegt, die ganze IT mal einer ausgiebigen Standortanalyse zu unterziehen. Einsparungen und die Ausrichtung der IT auf zukünftige Bedürfnisse am Markt sind doch zwei Argumente, die auch sicher für Ihr Unternehmen von Belang sind [3]. Lernen Sie mich doch einfach einmal kennen [5], dann erzähle ich Ihnen mehr zu mir und meinen ‚Taschenlampen-Fähigkeiten'."

Dieser Elevator Pitch enthält alle wesentlichen Elemente, die er braucht, um gut zu sein und das Alleinstellungsmerkmal der betreffenden Person, den sogenannten *USP* (*Unique Selling Proposition*) herauszustellen. Der USP bezeichnet das, was uns von allen anderen abhebt und demzufolge für den Adressaten des Elevator Pitch unwiderstehlich macht. Unsere Kurzrede enthält also folgende Elemente:

- Ein klares *Thema* bzw. ein klares *Ziel* [1],
- *Zielgruppenorientierung* [2],
- das Hervorheben des zu erwartenden *Vorteils* für den Zuhörer [3],
- eine interessante, *Aufmerksamkeit* weckende Sprache z.B. durch die Verwendung von griffigen Bildern und Metaphern [4] und

- einen *Appell* an den Gesprächspartner [5].

Wenn Sie eine solche Kurzrede in petto haben, dann sollten Sie diese immer mal wieder einer Aktualitätsprüfung unterziehen, denn ein Elevator Pitch ist – ebenso wenig wie Ihr Leben an sich – keine statische Angelegenheit. Sie lernen dazu, machen Erfahrungen und bilden besondere Schwerpunkte heraus bzw. erweitern Ihr Breitenspektrum. Das hat natürlich auch Auswirkungen auf Ihren Elevator Pitch. Deswegen sollten Sie ihn – auch und insbesondere dann, wenn Sie ihn häufiger benötigen – immer wieder überprüfen, aktualisieren, der jeweiligen Situation und Ihren Absichten anpassen und kontinuierlich optimieren. Die folgenden beiden Übungen werden Ihnen dabei helfen, sich bestmöglich vorzubereiten und quasi „jederzeit" für den Einsatz Ihrer persönlichen Fahrstuhlrede gewappnet zu sein.

Ü Die T-Shaping-Übung: Der Elevator Pitch in Rohfassung

Schreiben Sie zu jedem der nun folgenden Punkte einen (!) knackigen Satz, der spannend, wahrheitsgemäß und in Bezug auf Ihre Person absolut authentisch ist.

Es geht um Sie als Person:

☐ Wer sind Sie?
Z.B.: „Darf ich mich vorstellen: Timo W., international tätiger Projektübersetzer."

____

____

☐ Was – in begeisternden Worten – tun Sie?
Z.B.: „Ich habe die spannende Aufgabe, die Projektkulturen der USA, Deutschland und China auf ein gemeinsames Ziel auszurichten."

____

____

____

☐ Was können Sie bieten, welche für Ihr Gegenüber relevanten Herausforderungen haben Sie bereits erfolgreich gemeistert (unbedingt mit plakativ-spannendem Beispiel!):

____

____

____

- ☐ Was sind Ihre Stärken, von denen Ihr Gesprächspartner[17] profitieren könnte, was macht Sie so ganz besonders und unterscheidet Sie von den meisten anderen (Ihr USP)?

  ____

  ____

  ____

- ☐ Warum interessieren Sie sich ausgerechnet für Ihr Gegenüber? Wollen Sie bei ihm arbeiten oder ihm eine Geschäftsidee verkaufen? Wollen Sie ihn einfach unverbindlich in Ihrem Netzwerk haben oder ihn als Kunden gewinnen?

  ____

  ____

  ____

- ☐ Mit welchem starken Abschlusssatz können Sie den nächsten Schritt „provozieren", um so z.B. die Visitenkarte Ihres Gesprächspartners zu erhalten, damit Sie ihm Bewerbungs- oder Geschäftsunterlagen zusenden können, oder gar um den magischen Satz zu hören „Rufen Sie am besten meine Sekretärin an, Sie wird einen Termin mit Ihnen ausmachen."?

  ____

  ____

  ____

So, nachdem Sie nun einen ersten Entwurf für Ihren Elevator Pitch erstellt haben, sollten Sie die Sache aber noch nicht als abgeschlossen betrachten. Sie haben jetzt lediglich eine Rohfassung. Richtig rund wird es mit der folgenden Checkliste und dem darin beschriebenen „Feinschliff".

Ü Die T-Shaping-Übung: Der Elevator Pitch im Feinschliff

- ☐ Überprüfen Sie das Geschriebene auf überflüssige Worte wie unnötige Adjektive und Adverbien sowie auf komplizierte Satzverschachtelungen.
- ☐ Verbinden Sie die einzelnen Sätze zu einem homogenen Ganzen.

---

[17] Hier sollten Sie im Idealfall schon eine Ahnung davon haben, was Ihr Gesprächspartner beruflich macht.

- ☐ Achtung: Geschriebene Sprache ist selten identisch mit dem gesprochenen Wort. Unterziehen Sie Ihren Text dem Smalltalk-Test, d.h. eignet er sich für einen locker souveränen, fließenden Erzählstil?
- ☐ Üben Sie Ihren Text – auch vor dem Spiegel – und lernen Sie die wichtigsten Punkte auswendig. Es geht um die Hauptpunkte, die Sie parat haben müssen. Wenn Sie einen wörtlichen Text auswendig daher rezitieren, wird das Ihr Gesprächspartner in den meisten Fällen merken, und Sie verlieren überdies Ihre Spontaneität. Sie sollen Sicherheit bekommen, aber flexibel genug bleiben, auf individuelle situative Momente spontan eingehen zu können!
- ☐ Suchen Sie sich Sparrings-Partner, denen Sie Ihren Elevator Pitch vorführen, und holen Sie sich konstruktive Rückmeldungen ein.
- ☐ Nehmen Sie den Text auf und hören Sie ihn sich an. Wie kommt er für Sie rüber? Sind Sie noch authentisch?
- ☐ Freuen Sie sich auf die Gelegenheit, Ihren Elevator Pitch zum ersten Mal erfolgreich „live" umzusetzen.

Im Show Business gibt es drei goldene Regeln, die im Grunde auch auf das andere „Business" übertragbar sind:

1. Langweile niemanden
2. langweile niemanden und
3. langweile niemanden.

Langweilen kann man übrigens auch – eigentlich vor allem – mit schwachen Argumenten. Wenn die dann auch noch schlecht vorgetragen sind, dann haben Sie verloren. Und da Langeweile auch ganz hervorragend über die Stimme verhindert werden kann und wir uns dem Thema ohnehin widmen wollten, kommt jetzt die Stimme dran.

4.3.5 Exkurs: Stimme macht Stimmung

Ist es Ihnen schon einmal passiert, dass Ihnen die Stimme im wahrsten Sinne des Wortes vor lauter Aufregung „nach hinten" gerutscht ist? Oder dass Ihr Mund so trocken wurde, dass Sie ihn kaum noch aufmachen konnten? Sprechen Sie öfter mal so leise, dass Ihr Gesprächspartner ständig mit „Wie bitte?" nachhaken muss?

Gehört zu werden, ist eine wichtige Voraussetzung dafür, den anderen zu überzeugen und zu motivieren, seine Aufmerksamkeit zu wecken und zu begeistern, eben sich auszudrücken. Und natürlich spielt die Stimme für den ersten Eindruck eine enorm wichtige Rolle. Sie erinnern sich bestimmt an die 38 Prozent (auditive Wirkung) aus Abschnitt 4.2.3.

Ob unsere Stimme wirkt, d.h. tatsächlich auch Stimmung macht und unserer Persönlichkeit ebenso Gehör verleiht wie unseren Überzeugungen, hängt von verschiedenen Faktoren ab:

- wie das *Klangbild* unserer Stimme wahrgenommen wird (eher hoch oder eher tief),
- mit welcher *Lautstärke* wir sprechen (eher kräftig oder eher flüsternd),
- wie wir die *Modulation* einsetzen (Höhen und Tiefen),
- ob wir einen *Dialekt* oder *Akzent* haben (z.B. einen hessischen „Touch“) und
- wie wir mit *Pausen* sowie *Betonung* einzelner Worte umgehen.

Wir hören einfach, ob jemand begeistert bei der Sache ist oder selbst nicht so recht an das glaubt, was er da gerade erzählt. Und dabei ist es ganz gleich, ob Sie sich gerade in einem Beratungsgespräch befinden oder einen Vortrag halten. Wenn der Klang Ihrer Stimme nicht das rüber bringt, was Sie inhaltlich ausdrücken möchten, dann haben Sie ein Problem, denn das „Wie“ (Stimme) siegt in den meisten Fällen über das „Was“ (Inhalt der Aussage). Nicht umsonst sagt der Volksmund: „Der Ton macht die Musik“. Ihre Stimme ist also wichtig und es jederzeit wert, trainiert zu werden. Nun die gute Nachricht. Die erfahrene Logopädin und Stimmtrainerin Eva Loschky weist nicht nur darauf hin, dass die Stimme etwas Erlerntes und nicht ausschließlich Angeborenes ist, sondern macht auch Mut, indem sie sagt, dass Stimmmängel mit gutem Training jederzeit wieder behebbar sind [Losc05]. Das erfordert aber – wie immer im Leben – Übung und konsequentes Dranbleiben.

Freilich ist nicht jeder von Ihnen ein reiner Stimmarbeiter, also einer, der sich vorwiegend unter dem Einsatz seiner Stimme die Brötchen verdient. Dennoch ist Ihre Stimme Ihre Visitenkarte – jedes Mal, wenn Sie den Mund öffnen und etwas zu sagen haben. Und dabei macht es durchaus einen Unterschied, ob Sie den Hinweis darauf, dass die gewünschten Änderungen an der Software erst mit dem nächsten Release eingearbeitet werden, mit unsicherer Fistelstimme vortragen oder die Worte in klarer Lautstärke und mit selbstbewusster Aussprache äußern.

Die folgende Übung[18] lädt Sie dazu ein, sich Ihrer Kaumuskulatur zu erinnern, also einmal wieder den Mund so richtig aufzumachen. Wir leben in bewegungsfaulen Zeiten, und zu all den Muskelgruppen, die untrainiert der Verkürzung und Verhärtung entgegendämmern, gehört bei vielen Zeitgenossen auch der Mund- und Kieferbereich. Und wenn der muskulär verspannt und verkürzt ist, dann wird es schwer, mit geöffnetem Mund, klar und somit wirkungsvoll zu artikulieren.

---

[18] Sie basiert auf einer Übung von Eva Loschky, die ihrem sehr empfehlenswerten, übungsintensiven Hörbuch „Die Stimme – der Schlüssel zum Erfolg“ (Verlag Steinbach Sprechende Bücher) stammt. Erweitert wurde sie unter Punkt 3 durch eine Anregung der Logopädin Dorothea Link.

Ü Die T-Shaping-Übung: Mach's Maul auf[19]

1. Lassen Sie den Mund ganz locker, sodass Ihre Zähne etwa einen Finger breit auseinander sind. Die Zunge liegt locker hinter den unteren Schneidezähnen.
2. Öffnen Sie nun bei jedem A, das Sie sprechen, übertrieben weit den Mund und lassen Sie ihn ansonsten wieder locker wie in 1.; die Anzahl der A's gibt Ihnen einen Hinweis darauf, wie lang Sie den Ton ziehen sollten:

   Herr von HAAAgen, dArf ich frAAAgen,
   welchen KrAAAgen Sie getrAAAgen,
   AAls Sie lAAAgen, krAnk Am MAAAgen
   im SpitAAAl zu KopenhAAAgen.

3. Wiederholen Sie jetzt noch einmal den Text unter 2. und machen Sie bei jedem Wort mit drei A eine Handbewegung, als ob Sie es mit den Fingern aus Ihrem Mund ziehen und an die gegenüber liegende Wand „schleudern" wollten.

Wenn Sie diese Ihre Muskeln entspannende und das Stimmvolumen vergrößernde Übung gemacht haben, dann sprechen Sie doch noch einmal Ihren Elevator Pitch aus Abschnitt 4.3.4 ins Aufnahmegerät (wobei ich davon ausgehe, dass Sie das bereits getan haben). Und? Wie klingt das jetzt, wenn Sie dieses Mal nicht so sehr auf den Inhalt, sondern vor allem auf Ihre Stimme achten? Klar, souverän und kräftig? Prima, dann können wir ja zum nächsten Kapitel übergehen.

4.4 Menschenkenntnis für Anfänger und Fortgeschrittene

Menschen sind vielfältig. Und das ist gut so. Menschen gibt es in vielen verschiedenen Ausprägungen. Auch das ist gut so. Nur leider weiß man nicht immer im Voraus, auf welche der Ausprägungen man im nächsten Augenblick treffen wird. Dieser Umstand ist an der Supermarktkasse manchmal ebenso spannend wie im Berufsleben. Nur hat er in Letztgenanntem eher Auswirkungen in die eine oder andere wichtige Richtung als an der besagten Kasse. So können Sie auf Kunden Ihres Unternehmens treffen, die Sie zuvor noch nie gesehen haben, von denen Sie allenfalls wissen, wie sie heißen, und denen Sie nun überzeugend und verbindlich die neue Software vorführen sollen. Keiner hat Sie vorgewarnt, ob dieser Kunde nun eher vom Typ „Mutter Theresa" oder doch eher eine Art „Helmut Kohl" ist. Das heißt, entweder sind Sie von Natur aus ein Kommunikationsgenie und können mit jedem problemlos kommunizieren oder aber Sie haben Ihre ganz eigene, festgefah-

[19] Den Namen der Übung habe ich diesem kernigen Zitat entnommen: „Tritt fest auf, mach's Maul auf, hör' bald auf." Es stammt vom nicht minder kernigen Reformator Martin Luther (1483-1546) und dient heute noch vielen Rednern als Maxime.

rene Art und Weise, mit Menschen umzugehen, die bei dem einen passt und bei dem anderen eben nicht. Das kann im schlimmsten Fall ganz schön in die Hose gehen. Doch bevor wir uns anschauen, wie einer solchen drohenden Kommunikationskatastrophe präventiv entgegengearbeitet werden kann, schauen wir uns zunächst einmal an, welchen verschiedenen Persönlichkeiten Sie möglicherweise in Ihrem beruflichen Leben begegnen können – und natürlich auch an der Supermarktkasse.

4.4.1 Reine Typensache

Menschliche Charaktere wurden in den vergangenen Jahrtausenden auf vielerlei Weisen unterschieden. Schon Hippokrates (460-375 v. Chr.) – genau, der mit dem Eid – und seine wissenschaftlichen Erben hinterließen uns eine bis heute in unserem Sprachgebrauch verankerte Unterscheidung verschiedener Temperamente:

- der reiz- und erregbare Choleriker (griech.: cholé, die gelbe Gallenflüssigkeit),
- der traurige und nachdenkliche Melancholiker (griech.: melas cholé, die schwarze Gallenflüssigkeit),
- der heitere und aktive Sanguiniker (griech.: sanguis, das Blut) und
- der passive und schwerfällige Phlegmatiker (griech.: phlegma, der Schleim).

Im Laufe der Zeit entwickelten Psychologen und Sozialwissenschaftler etliche weitere Modelle und Persönlichkeitsanalysen[20]. Das im Folgenden vorgestellte basiert auf den Ergebnissen der Arbeiten des Schweizer Psychiaters Carl Gustav Jung (1875-1961) und des US-amerikanischen Psychologen William Moulton Marston (1893-1947).

Extravertiert vs. introvertiert

Wir unterscheiden zunächst einmal *extravertierte* und *introvertierte* Menschen. Erstgenannte sind diejenigen Menschen, die kein Problem damit haben, auf andere Menschen

[20] Wenn Sie sich mit dieser Thematik intensiver beschäftigen möchten, so finden Sie in [Simo07] und [ScSW02] eine sehr gute Übersicht gängiger Persönlichkeitstests und -modelle wie z.B. den Myer-Briggs-Typenindikator (MBTI), Structogramm oder auch Insights MDI®.

zuzugehen, gerne auch einmal im Mittelpunkt oder sogar Vordergrund stehen und entsprechend lebhaft und überzeugend kommunizieren können. Risiken und Veränderungen sind ihr Metier. Die Grundeinstellung extravertierter Menschen ist vorwiegend positiv. Sie neigen zur Ungeduld und bringen sich gerne ins Geschehen ein, wobei durchaus auch einmal die eine oder andere als unsinnig angesehene Regel gebrochen wird.

Der introvertierte Mensch hingegen hält sich lieber im Hintergrund, liebt es nicht so sehr, im Mittelpunkt zu stehen, und kommuniziert vorzugsweise „auf Ansage". Seine Risikobereitschaft ist übersichtlich, und an Veränderungen geht er vorzugsweise vorsichtig heran. Er ist sehr geduldig, kooperativ und diplomatisch. Wenn er etwas von sich preisgibt, dann neigt er zur Untertreibung und bringt sich inhaltlich auch nur dann ein, wenn er sich sicher ist, dass er auch etwas Qualifiziertes beizutragen hat.

Überspitzt könnte man zusammenfassen, der extravertierte Mensch ist an der Hotelbar zu finden, wohingegen der introvertierte an der Minibar bleibt.

Sachorientiert vs. menschorientiert

Die nächste Aufteilung differenziert zwischen *sachorientiert* und *menschorientiert*. Bei der Sachorientierung geht es, wie der Name schon sagt, um die Sache, also um das Erreichen von Zielen, das Bewältigen von Aufgaben oder das Arbeiten mit Zahlen, Daten, Fakten (ZDF). Der Mensch mit seinem Befinden spielt hier eine untergeordnete Rolle. Ein sachorientierter Zeitgenosse ist eher formal und gut strukturiert. Auch zieht er es in der Regel vor, unabhängig zu arbeiten.

Nicht so bei der Menschorientierung. Diese legt den Fokus klar auf den Mensch, auf das Gefühl. Ein solcher Vertreter zeigt und teilt seine Gefühle gerne mit anderen Menschen, ist ein kontaktfreudiger Teamplayer und sehr begeisterungsfähig. Er möchte am liebsten, dass es allen gut geht.

Auch wieder überspitzt gesagt ist ein sachorientierter Mensch eher dazu bereit, das Humanitäre zugunsten der Sache links liegen zu lassen, wohingegen ein menschorientierter Zeitgenosse genau diese stets dem Wohle aller Beteiligten unterordnen wird.

In Abbildung 4.2 finden Sie diese beiden Unterteilungen zu einem Koordinatenkreuz zusammengefügt. Wie Sie sehen, ergibt sich eine natürliche Aufteilung in vier Quadranten, also vier verschiedenen Grundcharakteren, auf die wir nun im Folgenden näher eingehen werden. Es handelt sich dabei um

- das *konsequente Alphatier* (sachorientiert und extravertiert),
- den *kreativen Alleskönner* (menschorientiert und extravertiert),
- den *bodenständigen Teamplayer* (menschorientiert und introvertiert) und
- den *analytischen Qualitätssicherer* (sachorientiert und introvertiert).

Abbildung 4.2: Typenquadrant (in Anlehnung an [Sche06])

4.4.2 Typ 1: Das konsequente Alphatier

Wenden wir uns nun dem ersten unserer menschlichen Beobachtungsobjekte zu, dem *extravertierten* und *sachorientierten* Typ 1:

Konsequent verfolgt das *Alphatier* seine Ziele. Zahlen, Daten und Fakten sind das, was ihn vor allen anderen Dingen interessiert. Insbesondere dann, wenn es um das konkrete Erreichen von Zielen und das pragmatische Lösen von Herausforderungen geht. Das Alphatier mag sich nicht gerne mit Detailarbeiten aufhalten, sondern delegiert lieber und trägt die Verantwortung. Menschen dieses Typs kommen gerne ohne Umschweife auf des Pudels Kern zu sprechen und verlieren sich nur ungern in Smalltalk und Nichtigkeiten. Dieser Kämpfer und Macher lebt in allen Bereichen ein so hohes Tempo, dem so manch anderer Typus nur schwer folgen kann. Dafür ist er in der Lage, die Zügel entschlossen in die Hand zu nehmen, wenn das Erreichen des anvisierten Ziels einmal mehr am „Dornröschenschlaf" des restlichen Teams zu scheitern droht.

Das konsequente Alphatier hält mit seinen Emotionen nicht hinterm Berg, sondern neigt eher dazu, kräftig auf den Tisch des Hauses zu schlagen und den wilden Stier zu mimen, anstatt seinen Frust und Ärger in sich hineinzufressen. Das kommt natürlich nicht bei jedem gut an, was reinen Vertretern dieses Typus im Allgemeinen aber eher nicht so wichtig ist. Seine höchste Priorität liegt bei der Zielerreichung und nicht darin, ein harmonisches Miteinander herzustellen oder zu erhalten. Das heißt nicht, dass es unser Alphatier nicht auch gerne „nett mit den anderen hat". Aber vor die Wahl Erreichen des Ziels oder Wohlbefinden des Teams gestellt, wird sich das Alphatierchen immer für die Zielerreichung und damit letztlich auch für seinen persönlichen Erfolg entscheiden. Und den zeigt er durchaus auch gerne. Wofür gibt es denn schließlich entsprechende Statussymbole, Auszeichnungen & Co.?

Die Persönlichkeit des konsequenten Alphatiers ist ganz klar nach außen gerichtet. Er ist eher extravertiert und hat überhaupt keine Probleme damit, im Mittelpunkt des Geschehens zu stehen. Wo er ist, da ist vorn. Sie werden bemerken, dass diese charakterliche Beschreibung nicht wirklich zu einem Programmierer passt, der – glaubt man den Klischees – mehr oder minder abgeschirmt vom Geschehen dieser Welt in seinem Kämmerlein Codezeile um Codezeile generiert. Das wäre unserem Alphatier auf Dauer viel zu eintönig. Er braucht Abwechslung und Herausforderung. Und die holt er sich zur Not auch mit Ellenbogeneinsatz und dem Überrollen der anderen.

Das konsequente Alphatier finden wir daher folgerichtig eher in den Positionen wieder, in denen eigenständig Entscheidungen getroffen oder Teams geführt werden wie beispielsweise als Projektleiter oder selbstständiger IT-Trainer. Denn einen Vorgesetzten über sich zu haben, stellt keineswegs das oberste angestrebte Ziel dieses Typus dar. Eine solche Rolle übernimmt er dann schon lieber selbst.

4.4.3 Typ 2: Der kreative Alleskönner

Extravertiert geht es weiter, aber jetzt *menschorientiert*. Wir stellen vor: Typ 2.

Wenn die Tür auf geht und ein fröhlich auf Sie einredender Mensch schwungvollen Schrittes auf Sie zukommt, Ihnen sogleich die Hand reicht, Sie anlächelt und Sie quasi schon adoptiert hat, dann können Sie davon ausgehen, dass Sie höchstwahrscheinlich einen *kreativen Alleskönner* vor sich haben, unseren Typ 2. Dieser eloquente, vor Energie manchmal übersprudelnde Menschenschlag kann wie fast kein anderer motivieren, kreativ inspirieren, über die Tellerränder dieser Welt blicken und für gute Stimmung sorgen. Ein extravertierter „Hans Dampf in allen Gassen", der sich an wohlsten fühlt, wenn er für sein ohne Zweifel großes Engagement auch entsprechenden Applaus bekommt. Er ist ebenso extravertiert wie das konsequente Alphatier, wird aber nicht so sehr durch Ergebnisse und Ziele geleitet, sondern vor allem durch Menschen. Ihm ist es wichtig, dass das, was getan werden muss, mit Spaß und Kreativität getan wird. Ob das Ziel dann auch tatsächlich zu den vorgegebenen Parametern erreicht wird, sieht er als nicht so wesent-

lich an wie die Frage, ob abends auch alle mit einem Lächeln auf dem Gesicht das Büro verlassen.

Die kreativen Alleskönner erkennen Zusammenhänge sehr gut und erfassen Situationen lieber als Ganzes denn in ihren Einzelheiten. Überhaupt sind Details nicht gerade das, was diesen Menschenschlag besonders glücklich macht. Ebenso wie das konsequente Alphatier hat er es nicht so mit Routineaufgaben. Die langweilen ihn. Aber selbst wenn er mit solchen konfrontiert wird, schafft er es mit seinem Optimismus und seiner fast grenzenlosen Begeisterungsfähigkeit, sich und andere immer wieder zu motivieren, damit alle am Ball bleiben. Das berühmte „Himmelhoch jauchzend und zu Tode betrübt" kann nur von einem kreativen Alleskönner erfunden worden sein. Denn genau das beschreibt diesen Menschentyp hervorragend. Vertreter dieser Spezies sind ausgezeichnete Netzwerker und neigen eher dazu, zu viele Menschen zu kennen als zu wenige. Überhaupt ist die Gefahr sehr groß, dass sich ein kreativer Alleskönner mit zu vielen Projekten, die er gleichzeitig angeht, verzettelt. Denn eine Sache fertig zumachen, ist ja schon wieder Routine. Und die ist bekanntermaßen langweilig. Andererseits beschert genau das ihm bisweilen einen Ruf der Oberflächlichkeit.

Wie war das doch gleich? Nur das Genie beherrscht das Chaos? Richtig. Und deswegen sieht der typische Schreibtisch eines kreativen Alleskönners auch so aus, als ob dort seit Jahren alles Mögliche abgelegt, aber nicht mehr angefasst wurde. Erstaunlicherweise findet unser Freund seine Sachen aber oftmals doch noch irgendwie wieder, auch wenn es Wochen dauert. Was seine berufliche Ausrichtung angeht, so ist er im IT-Vertrieb und -Training bestens aufgehoben und kann durchaus auch als Berater gute Arbeit leisten.

4.4.4 Typ 3: Der bodenständige Teamplayer

Bei soviel Extravertiertheit wird es Zeit, dass wir in etwas ruhigere Gewässer kommen. Voilà, Typ 3: *Introvertiert* und *menschorientiert*.

Der bodenständige Teamplayer ist derjenige, der das Alphatier und den Alleskönner wieder auf den Boden der Tatsachen holt, wenn die beiden mal wieder auf Wolke 7 in Richtung „Visionen" schweben. Denn sein Motto lautet oftmals: „Es ist doch nicht alles schlecht, wir müssen jetzt wirklich nicht alles neu erfinden." Dieser Menschenschlag ist hervorragend darin, für Bodenhaftung zu sorgen. Die wird allerdings von manch anderen als Weigerung oder gar Blockade aufgefasst. Dann heißt es: „Ach, diese Ewiggestrigen!"

Der Teamplayer verfügt über große Geduld und kann es anderen sehr gut recht machen. Das qualifiziert ihn natürlich für Aufgaben, in denen es darum geht, für Harmonie in einem Team zu sorgen oder andere Menschen zu beraten. Sie werden auch selten einen besseren, weil verlässlichen, loyalen und treuen Freund finden als ihn. Er ist der Meister der Empathie und mitfühlend wie kaum ein anderer. Wenn er einmal Vertrauen gefasst hat, dann fürs Leben. Es sei denn, Sie enttäuschen ihn. Damit kann er ganz schlecht umgehen.

Das Extravertierte der beiden anderen Typen liegt dem bodenständigen Teamplayer fern. Er steht weder gerne im Mittelpunkt noch braucht er Applaus. Natürlich möchte auch er gerne wahrgenommen werden, aber lieber von Menschen, die er gut kennt und die er – nach längerem Vertrauensaufbau – an sich heran lässt. Die Oberflächlichkeit von 2.500 Internetkontakten, von denen er im Zweifel gar nicht mehr weiß, woher und warum er sie hat, kämen für ihn nie in Frage. Das überlässt er eher dem kreativen Alleskönner.

Detail- und Routinearbeiten stellen für diesen Menschentyp kein Problem dar. Im Gegenteil. Das sind Arbeiten, die er in Ruhe durchführen und zu Ende bringen kann. Seine Ruhe und Gelassenheit sowie seine Vorliebe für sich wiederholende Arbeitsabläufe sind eine Bereicherung für jedes Team. Im Gegensatz zum Alleskönner ist sein Schreibtisch übrigens nicht unbedingt leer, aber das Hauptaugenmerk liegt hier auf dem Wohlfühleffekt. Er wird also Familienfotos und persönliche Erinnerungen liebevoll drapieren und darauf achten, dass die Möbel einladend und nicht so formell aufgestellt sind.

Berufsbilder in der IT, mit denen er sich voll und ganz identifizieren kann, liegen beispielsweise im Bereich der teamorientierten Software-Entwicklung und im Support. Auch als Netzwerk- oder Datenbankadministrator kann er durchaus glücklich werden.

4.4.5 Typ 4: Der analytische Qualitätssicherer

Wir bleiben *introvertiert*, lassen unseren nächsten Typus nun aber als *sachorientierten* Vertreter der Aufgabe an sich mehr Gewicht schenken als dem Menschen.

Mit hoher analytischer Fähigkeit und einem noch viel höheren Sicherheitsbedürfnis geht der *analytische Qualitätssicherer* den Dingen prinzipiell erst einmal auf den Grund. Und bevor er nicht in ganzer Tiefe verstanden hat, worum es geht, gibt es von ihm kein OK. Zahlen, Daten und Fakten (ZDF) sind für ihn ebenso wichtig wie für das konsequente Alphatier. Aber anders als bei seinen extravertierten Kollegen geht es ihm nicht um die persönliche Zielerreichung und das Bewältigen von Herausforderungen, sondern rein um die Qualität und Sache an sich. Diese hohe Gründlichkeit mit Neigung zur Perfektion lässt den Qualitätssicherer natürlich nicht gerade vor Schnelligkeit ins Schwitzen kommen. Er arbeitet eher langsam und sorgfältig und widmet sich geradezu mit Hingabe dem von Typ 1 und 2 so verhassten Detail- und Routinearbeiten.

Der Qualitätssicherer liebt es zu planen. Wer nicht plant, ist bereits tot. Ordnung und Logik sind für ihn Triebfedern, die sich auch auf seinem Schreibtisch wiederfinden. Dieser ist möglicherweise so leer, dass man unsicher wird, ob dort überhaupt jemand sitzt, oder so ordentlich, dass man wahrscheinlich ein Geodreieck anlegen könnte, um zu beweisen, dass Radiergummi und Kugelschreiber genau im 90° Winkel zueinander liegen.

Er wirkt nach außen eher kühl und distanziert und ist alles andere als ein Vielredner. Mit denen hat er so seine Probleme, denn er liebt es, auf den Punkt zu kommen und sachlich zu bleiben. Damit ist der analytische Qualitätssicherer natürlich alles andere als ein charmanter „Eroberer", und so ist seine Smalltalk-Kompetenz auch eher nicht Oscar-verdächtig. Er trägt halt sein Herz nicht auf der Zunge, denn seine Gefühle gehen keinen etwas an. Die schirmt er zur Not ebenso ab wie seinen Arbeitsbereich. In Sachen Wissenserwerb ist dieser Typus eine richtige „Wühlmaus". Sollten Sie also zu einem bestimmten Fachgebiet eine Frage haben, dann wenden Sie sich vertrauensvoll an den analytischen Qualitätssicherer in Ihrer Abteilung. Aus diesem Grund finden wir ihn auch vorwiegend in den Positionen des Analysten, Systemarchitekten, Testers und natürlich Entwicklers.

4.4.6 Die Realität ist bunt

Wenn Sie die Augen aufhalten und mit allen Sinnen auf Empfang stehen, dann werden Sie feststellen, dass Sie sich jeden Tag auf einer Art Safari befinden, bei der es gar *wunderbare* und manchmal auch *wunderliche* Kreaturen zu beobachten gibt. Ein paar von ihnen tragen mehr Typ 1 in sich, andere sind eine „wilde Mischung" aus Typ 2 und 4, und wieder andere sind fast „reinrassige" Vertreter von Typ 3. Doch Vorsicht: Keiner von uns ist *nur* durch die Eigenschaften von Typ 1 oder Typ 3 geprägt. Wir vereinen allesamt eine Mischung aus den vier Typen, denn natürlich gibt es nicht den *einen* Typ, der das Charakteristische des Alphatiers beispielsweise zu 100 Prozent auslebt und sonst nichts. Wir Menschen sind hinsichtlich unserer Persönlichkeitsausprägungen natürlich „bunt" und vereinen in uns eine ganz individuelle Mischung aus Alphatier, Alleskönner, Teamplayer und Qualitätssicherer. Untersuchungen in eigener Sache haben übrigens meinen Verdacht bestätigt, dass der Informatiker an sich eher ein Vertreter von Typ 3 oder 4 bzw. eine Mischung daraus ist[21].

A **Der T-Shaping-Aha-Effekt**

Jeder Persönlichkeitstyp hat seine eigenen Vorzüge und ist wertvoll. Nutzen Sie das, denn auch Ihre Arbeit kann effektiver und effizienter vorangehen und Sie können sich persönlich weiterentwickeln, wenn Sie die für Sie passenden Sichtweisen und Ideen anderer integrieren.

[21] Ich habe in den letzten Jahren jeden neuen Jahrgang meiner Studierenden (Kommunikationsinformatik) einen kleinen Schnuppertest machen lassen. Das Ergebnis lag über die Jahrgänge hinweg in etwa bei 8 Prozent (Alphatier), 15 Prozent (Alleskönner), 37 Prozent (Teamplayer) und 40 Prozent (Qualitätssicherer). Diese Erkenntnis war eine weitere Motivation für mich, dieses Buch zu schreiben.

Wenn Sie schon dabei sind, dann versuchen Sie doch einmal nach den obigen Beschreibungen im Geiste zuzuordnen, welche Ihrer Kollegen, Chefs, Familienmitglieder, Freunde, etc. welchem der beschriebenen Typen am ähnlichsten sind. Das schult Ihren Blick und Ihre Menschenkenntnis. Und das wiederum stellt – wie wir ja bereits wissen – einen wichtigen Aspekt nicht nur im Umgang mit Ihnen selbst, sondern auch mit Ihren Mitmenschen dar.

Nun schauen wir doch einmal, welcher der vier vorgestellten Typen wohl am ehesten der Ihre ist. Es folgen nun zwölf Mal nacheinander jeweils vier Aussagen als Block. Vergeben Sie in *jedem* Block einer *jeden* Aussage entweder

- eine 4 für „stimmt total“
- eine 3 für „stimmt in der Regel“
- eine 2 für „stimmt nicht so ganz, aber irgendwie doch“
- eine 1 für „stimmt am wenigsten“

Sie dürfen jede Bewertung nur einmal vergeben, d.h., in jedem Aussagenblock kommen die Bewertungen 1, 2, 3 und 4 exakt einmal vor, jedoch in Ihrer persönlichen Reihenfolge. Fangen wir also an. Die Auflösung zu unseren kleinen Schnuppertest[22] finden Sie im Anschluss an die Aussagenblöcke.

Ü Die T-Shaping-Übung: Ein Typen-Schnuppertest

Aussagenblock 1

A. Verantwortung? Die übernehme ich sehr gerne. ________

B. Ich mache meine Aufgaben am liebsten Schritt für Schritt. ________

C. Mit meinen Mitmenschen komme ich i.d.R. super aus. ________

D. Ich interessiere mich sehr für Details und kann mich da richtig reinarbeiten. ________

Aussagenblock 2

A. Aufgeben? Das ist nicht meine Art. ________

B. Veränderungen? Müssen nicht unbedingt sein. Schließlich ist nicht alles schlecht. ________

C. Meine Mitmenschen kann ich sehr gut begeistern und motivieren. ________

D. Genauigkeit, Sorgfalt und Qualität sind mir sehr wichtig. ________

---

[22] Ich darf an dieser Stelle ganz deutlich darauf hinweisen, dass dieser Schnuppertest Ihnen allenfalls eine Idee davon gibt, welche(r) der Typen Ihnen von Ihrer Persönlichkeitsstruktur näher ist bzw. sind. Für eine genauere Bestimmung empfiehlt es sich, einen der diversen Persönlichkeitsanalysen zu machen, die auf dem Markt verfügbar sind.

Aussagenblock 3

A. Ich habe gern das letzte Wort. ______
B. „Geduld" ist mein zweiter Vorname. ______
C. Anerkennung? Immer her damit. ______
D. Hotelbar? Ich bevorzuge die Minibar. ______

Aussagenblock 4

A. Ich kann auch schon mal so richtig wütend werden. ______
B. Andere können sich unbedingt auf mich verlassen. ______
C. Ich finde immer Themen, über die man sich unterhalten kann. ______
D. Klare Regeln und Strukturen sind mir sehr wichtig. ______

Aussagenblock 5

A. Ich bin meist schnell entschlossen. ______
B. Ich bin eher zurückhaltend. ______
C. Ich bin meistens sehr kontaktfreudig. ______
D. Ich plane gern, das macht mir Spaß. ______

Aussagenblock 6

A. Geduld ist keine meiner Tugenden. ______
B. Streiten? Nee, das ist nichts für mich. ______
C. Andere sind gerne mit mir zusammen. ______
D. Ich mache am liebsten alles richtig. ______

Aussagenblock 7

A. Herausforderungen? Her damit ...! ______
B. Lieber in der Gruppe als allein ...! ______
C. Die Initiative übernehme meistens ich. ______
D. Ich lasse bei allem Vorsicht walten. ______

Aussagenblock 8

A. Risiken eingehen? Kein Problem für mich. ______
B. Wenn einer Hilfe braucht ... ich bin da! ______
C. Ich bin i.d.R. impulsiv und spontan. ______
D. Zahlen? Mit denen kann ich gut umgehen. ______

Aussagenblock 9

A. Ich kann mich gut streiten. ______
B. Ich fasse erst langsam Vertrauen. ______
C. Ich kann mich schnell für Neues begeistern. ______
D. Ich überlege mir vorher, was sinnvoll ist. ______

Aussagenblock 10

A. Ich habe einen kräftigen Händedruck. _______
B. Ich setze Gesten sehr sparsam ein. _______
C. Ich mag körperliche Nähe. _______
D. Ich vermeide Berührungen, wenn ich kann. _______

Aussagenblock 11

A. Ich laufe bei Zeit- und Leistungsdruck zu Hochform auf. _______
B. Ich lege Wert auf Planbarkeit und hasse Unerwartetes. _______
C. Ich möchte gerne 1000 Sachen gleichzeitig machen. _______
D. Ich arbeite sehr genau, aber dadurch auch auf Kosten der Zeit. _______

Aussagenblock 12

Auf meinem Schreibtisch

A. ... steht der Pokal vom letzten Golfturnier. _______
B. ... habe ich alle meine Lieben per Foto bei mir. _______
C. ... herrscht „künstlerisch-chaotische Kreativität". _______
D. ... liegt kaum etwas, und das Wenige ist sortiert und kategorisiert. _______

Gut so. Nun zählen Sie alle Punkte unter A, die unter B, C und D zusammen. Hier nun die Zuordnung der Antwortmöglichkeiten zu den jeweiligen Typen:

A: Alphatier, B: Teamplayer, C: Alleskönner und D: Qualitätssicherer.

Wenn Sie bei einem Typus 32 Punkte oder mehr haben, dann liegt, bezogen auf dessen Eigenschaften, bei Ihnen wohl eine Dominanz vor. Haben Sie unter 22 Punkten, dann spielt dieser Typus in Ihrem Profil keine so bedeutende Rolle. Alles dazwischen ist ganz ordentlich vorhanden, kann also in der einen oder anderen Ausprägung Ihre Persönlichkeit bestimmen. Übrigens: Es kann natürlich mehr als ein Typus bei Ihnen dominant sein. Sie wissen ja, wir sind bunt. Und daher ist es durchaus möglich, übertragen auf Ihre verschiedenen Ausprägungen, dass Ihre Auswertung ein wenig wie die in Abbildung 4.3 aussieht.

Sie haben nun also eine Tendenz, welchem der vorgestellten Typen Ihre Persönlichkeit möglicherweise näher steht als einem anderen. Vielleicht sind auch zwei Typen dominant oder gar drei. In nachstehendem Polarkreuz (siehe Abbildung 4.3) finden wir beispielsweise eine Auswertung vor, in welcher der kreative Alleskönner (40 Punkte) zwar der dominante Typus ist, das konsequente Alphatier mit 35 Punkten aber durchaus auch als stark prägend angesehen werden kann. Der bodenständige Teamplayer (20 Punkte) spielt keine so große Rolle, und der analytische Qualitätssicherer befindet sich mit 25 Punkten im „Mittelfeld".

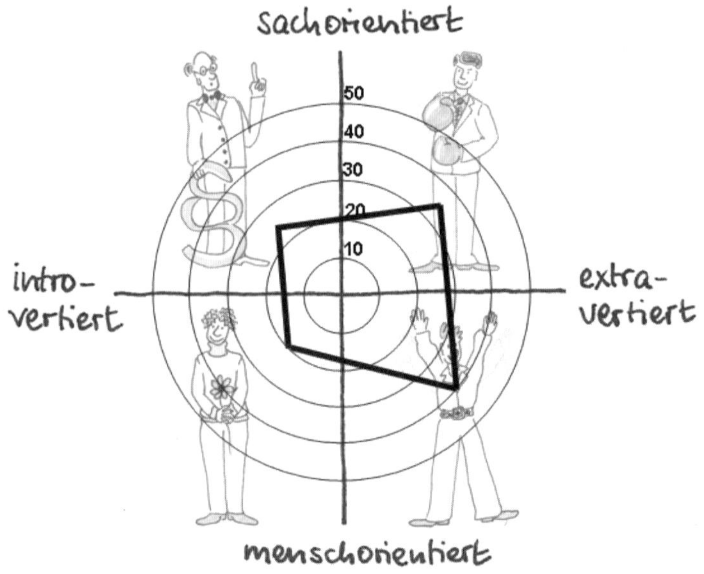

Abbildung 4.3: Beispiel einer Persönlichkeitsauswertung

Vielleicht ist Ihre persönliche Auswertung aber auch relativ ausgeglichen, dann gratuliere ich Ihnen: Da Sie Eigenschaften von allen Typen in sich zu tragen scheinen, dürfte es Ihnen auch recht leicht fallen, Verständnis für den jeweiligen Vertreter zu entwickeln. Wie Sie und alle anderen mit Alphatier, Alleskönner, Teamplayer und Qualitätssicherer idealerweise kommunizieren, wird übrigens in Abschnitt 5.5 thematisiert.

4.5 Aktiv auf den Punkt gebracht

In diesem Kapitel haben Sie nun einen Eindruck davon erhalten, wie komplex und vielschichtig das menschliche Wesen ist – Sie selbst eingeschlossen. Daraus leitet sich ab, dass man nicht nur bei sich, sondern auch bei anderen genauer hinschauen sollte, welche Brille sie auf der Nase haben und warum sie so (re)agieren, wie sie es nun einmal tun. Hierbei spielen die eigenen Werte, Glaubenssätze, aber auch Wahrnehmungskanäle und persönliche Ziele wichtige Rollen.

Gerade auch im Beratungsgeschäft kommt es nicht selten auf den berühmten ersten Eindruck an. Dabei gilt, dass wir zu 55 Prozent auf das achten, was wir sehen, zu 38 Prozent auf das, was wir hören, und nur zu 7 Prozent auf den Inhalt der getätigten Aussagen. Auf Grundlage dieser Erkenntnis sollten Sie also sowohl auf Ihr Auftreten bezüglich einer angemessenen Kleidung als auch auf entsprechendes Benehmen achten und Ihre Stimme trainieren. Der Elevator Pitch hilft Ihnen dabei, sich in ca. 60 bis 90 Sekunden bestmöglich darzustellen und Ihren Gesprächspartner von sich und Ihrem Leistungsangebot zu überzeugen. Doch solange Sie nicht auch eine „Ich will"-Einstellung zu den Situationen entwickeln, in denen Sie nicht nur Ihr Produkt bzw. Ihre Dienstleistung präsentieren, sondern vor allem auch sich selbst, nutzen der feinste Zwirn und die originellste Kurzvorstellung nichts. *Denn unsere Gedanken steuern maßgeblich unser Handeln.*

Dass Menschen verschieden sind, war Ihnen sicherlich schon bewusst. Nichtsdestotrotz können wir aber vier Grundtypen unterscheiden: das konsequente Alphatier, den kreativen Alleskönner, den bodenständigen Teamplayer und den analytischen Qualitätssicherer. Deren charakterliche Ausprägungen zu erkennen, sich darauf einzustellen und zu respektieren, hilft uns im beruflichen ebenso wie im privaten Umgang mit Menschen.

Ü Die T-Shaping-Übung: Nächste Schritte

1. Welche neuen Erkenntnisse nehmen Sie aus diesem Kapitel mit, wo hatten Sie den größten „Aha-Effekt"?

   ____

   ____

   ____

2. Was davon möchten Sie für sich umsetzen, vertiefen, etc.?

   ____

   ____

   ____

3. In welchem Bereich möchten Sie diese Kompetenzen auf welche Weise nutzen bzw. einsetzen?

   ____

   ____

   ____

4. Wie wollen Sie 2. ganz konkret in die Tat umsetzen? (Bücher oder Audio-Books, Seminar oder Webinar, Austausch mit Profis auf diesem Gebiet etc.)

   ____

   ____

   ____

5. Wie schaut Ihr Zeitplan für Punkt 3 aus, d.h. *wann* fangen Sie damit an und *bis wann* wollen Sie *was* vertieft, geübt etc. haben?

5

5 In die Breite (Teil 3): Sei aufmerksam und kommuniziere!

Zu viele Menschen machen sich nicht klar, dass wirkliche Kommunikation eine wechselseitige Sache ist.

*Lee Iacocca (*1924)*
US-amerikanischer Manager

In diesem Kapitel erfahren Sie,

- wie wichtig es ist, Situationen und Menschen mit „auf Empfang gestellten Antennen" aufmerksam wahrzunehmen, und
- wie Sie mit verschiedenen sprachlichen Mitteln über diverse Kanäle erfolgreich und wertschätzend kommunizieren.

Kennen Sie Kunden, die UML sprechen? Nein? Ach! Da sind wir doch bereits beim springenden Punkt angelangt. Ein Kunde benötigt ein bestimmtes Anwendungssystem. Ob dieses nun customized, also als vorhandenes System auf die Bedürfnisse des Kunden maßgeschneidert wird, oder ob es sich um eine vollständige Neuentwicklung handelt, spielt dabei keine Rolle. Unser Kunde hat Wünsche und Bedürfnisse, auf die wir – im Idealfall unter Beachtung von *Sinnhaftigkeit* und *Machbarkeit* – eingehen sollten. Wir sind schließlich Dienstleister und daher mit dem Servicegedanken als solchem hoffentlich durchaus vertraut. Falls nicht, sollten Sie Kapitel 7 („Sei kunden- und serviceorientiert") ganz besonders aufmerksam lesen.

Wir sprachen weiter vorne im Buch von der Selbstkompetenz, also dem Erkennen der eigenen Persönlichkeit in all ihren wunderbaren und spannenden Facetten, und erwähnten auch schon die Sozialkompetenz als die Fähigkeit, mit anderen in bestimmter Weise erfolgreich und wertschätzend zu interagieren. Der wichtigste Aspekt ist hierbei neben Führen, Motivieren etc. also das Kommunizieren als solches.

Auch wenn Sie eher ein ruhiger Vertreter Ihres Geschlechts sind: Sie kommunizieren. Sie kommen quasi gar nicht daran vorbei. Und das wirklich Spannende an dieser Tatsache ist, dass Sie es sowohl *bewusst* als auch *unbewusst* tun. Unsere Körpersprache ist beispielsweise ein *nonverbales* Ausdrucksmittel, das eher unbewusst eingesetzt wird, während wir beim gesprochenen Wort, also der *verbalen* Kommunikation, in den meisten Fällen doch von einem bewussten Einsatz ausgehen sollten. Was die Sache nicht immer besser macht. Wussten Sie beispielsweise, dass wir für unser Verhalten in Alltagssituationen nur zu 10 bis 20 Prozent auf bewusstes, rational begründetes Wissen und Können zurückgreifen? Die restlichen 80 bis 90 Prozent stellen Aspekte dar, die uns zwar maßgeblich in unserem Handeln beeinflussen, auf die wir aber nicht bewusst zurückgreifen (können). Dazu gehören neben Ängsten, Traumata, Instinkten oder verdrängter Wut beispielsweise auch die uns schon bekannten Werte, Glaubenssätze und Wahrnehmungskanäle.

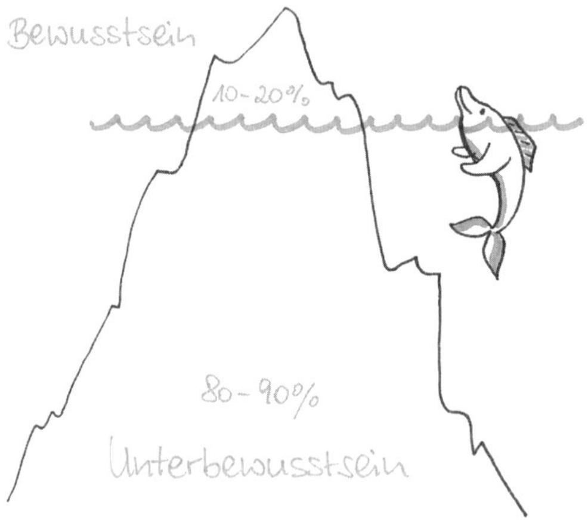

Abbildung 5.1: Das Eisberg-Modell des Bewusstseins nach Sigmund Freud

Der Begründer der Psychoanalyse, Sigmund Freud (1856-1939), stellte diese Erkenntnis in seinem bekannten *Eisberg-Modell* dar (siehe). Das Bewusstsein ist – wie die herausragende Spitze eines Eisbergs – *oberhalb* des Wassers und somit als Verhalten auch beobachtbar, wohingegen das Unterbewusstsein *unterhalb* der Wasseroberfläche liegt, nicht sichtbar ist, aber durchaus Wirkung zeigen kann. Und das nicht nur, wenn es von einem Ozeanriesen geschrammt wird.

5.1 Kommunizieren können vs. kommunizieren wollen

Nicht jeder Mensch ist in der Lage, das auszudrücken, was er denkt. Auch fällt es nicht wenigen schwer, sich vor einer größeren Menge zu präsentieren. Manche haben schon Probleme damit, sich in einem einfachen Gespräch verständlich und korrekt auszudrücken. Die Ursachen hierfür sind so vielfältig wie die Menschen selbst. Von „keine Lust“ bis hin zu regelrechter „Angst vor der Selbstdarstellung“ sind hier fast alle Facetten vertreten. Deswegen beschäftigen wir uns im Folgenden zunächst einmal mit ein paar grundsätzlichen Aspekten des kommunizieren Könnens und Wollens.

5.1.1 Ein Puzzle und seine Teile

Wir beginnen dieses Kapitel mit einer kleinen Geschichte[1]. Wenn Sie sie gelesen haben, dann bitte wirken lassen und überlegen, was diese Geschichte Ihnen sagen will. Erst danach sollten Sie weiter lesen.

Die Blinden und der Elefant

Es waren einmal fünf weise Gelehrte. Sie alle waren blind. Diese Gelehrten wurden von ihrem König auf eine Reise geschickt und sollten herausfinden, was ein Elefant ist. Und so machten sich die Blinden auf die Reise nach Indien. Dort wurden sie von Helfern zu einem Elefanten geführt. Die fünf Gelehrten standen nun um das Tier herum und versuchten, sich durch Ertasten ein Bild von dem Elefanten zu machen.

Als sie zurück zu ihrem König kamen, sollten sie ihm nun über den Elefanten berichten. Der erste Weise hatte am Kopf des Tieres gestanden und den Rüssel des Elefanten betastet. Er sprach: „Ein Elefant ist wie ein langer Arm."

Der zweite Gelehrte hatte das Ohr des Elefanten ertastet und sprach: „Nein, ein Elefant ist vielmehr wie ein großer Fächer."

Der dritte Gelehrte sprach: „Aber nein, ein Elefant ist wie eine dicke Säule." Er hatte ein Bein des Elefanten berührt.

---

[1] Diese und noch weitere sehr kluge Geschichten für vielerlei Anlässe finden Sie auf `http://www.lichtkreis.at/html/Gedankenwelten/Weise_Geschichten`, Abruf am 01.07.2010.

> Der vierte Weise sagte: „Also ich finde, ein Elefant ist wie eine kleine Strippe mit ein paar Haaren am Ende“, denn er hatte nur den Schwanz des Elefanten ertastet.
>
> Und der fünfte Weise berichtete seinem König: „Also ich sage, ein Elefant ist wie ein riesige Masse, mit Rundungen und ein paar Borsten darauf.“ Dieser Gelehrte hatte den Rumpf des Tieres berührt.
>
> Nach diesen widersprüchlichen Äußerungen fürchteten die Gelehrten den Zorn des Königs, konnten sie sich doch nicht darauf einigen, was ein Elefant wirklich ist. Doch der König lächelte weise: „Ich danke Euch, denn ich weiß nun, was ein Elefant ist: Ein Elefant ist ein Tier mit einem Rüssel, der wie ein langer Arm ist, mit Ohren, die wie Fächer sind, mit Beinen, die wie starke Säulen sind, mit einem Schwanz, der einer kleinen Strippe mit ein paar Haaren daran gleicht, und mit einem Rumpf, der wie eine große Masse mit Rundungen und ein paar Borsten ist.“

So, jetzt lassen Sie die Geschichte bitte wirken und denken einen Moment nach. Was möchte sie Ihnen sagen und was hat das mit Ihrer Arbeit als T-Shaped Professional zu tun?

Fertig? Na, dann „dürfen“ Sie jetzt den Schluss der Geschichte lesen.

> Die Gelehrten senkten beschämt ihren Kopf, nachdem sie erkannten, dass jeder von ihnen nur einen Teil des Elefanten ertastet hatte und sie sich zu schnell damit zufrieden gegeben hatten.

Und? War das auch das Ergebnis Ihres Nachdenkens? Wenn Sie einen Menschen kennenlernen oder sich in einer neuen Situation befinden, dann haben wir ja bereits gelernt, dass Ihr erster Eindruck – und nicht nur der, den Sie hinterlassen, sondern auch der, den andere Menschen auf Sie machen – zu 55 Prozent durch visuelle und zu 38 Prozent durch auditive Aspekte geprägt wird. Sie werden aber immer nur einen Teil der Realität mitbekommen. Wenn Sie beispielsweise auf einen neuen Projektpartner treffen, der Ihnen nur äußerst missmutig die Hand gibt und Ihnen auch sonst durch Gesten und Einsilbigkeit zu verstehen gibt, dass Sie ihm gerade so gar nicht in den Kram passen, dann beziehen die meisten von uns das wahrscheinlich sofort auf sich selbst. Auf wen auch sonst? Ist ja kein anderer da. Und schon ist Ihr Gegenüber in einer Schublade gelandet, von der wir bereits wissen, wie schwer man aus dieser wieder rauskommt. Sie sehen aber – wie die Blinden in unserer kleinen Geschichte – wie schon gesagt meist nur einen Teil der Wahrheit. Vielleicht wurde der Betreffende gerade von seinem Chef ganz fürchterlich niedergemacht. Oder seine Frau hat ihm am Abend zuvor eröffnet, dass sie sich scheiden lassen will und das Sorgerecht für die Kinder ebenso wie das Haus zu behalten gedenkt. Sehen Sie? Wir fällen bisweilen Entscheidungen auf Grundlagen, die nur einen Bruchteil der tatsächlichen Realität offenbaren.

T **Der T-Shaping-Tipp:**

Vermeiden Sie vorschnelle Urteile. Versuchen Sie stattdessen immer, so viele Eindrücke von Menschen und Situationen zu erhalten wie nur möglich, bevor Sie sich ein abschließendes Bild machen.

Gerade wenn Sie zum ersten Mal bei einem neuen Kunden sind, ist es wichtig, sich ein umfassendes Bild der Gegebenheiten zu machen, um daraus Erkenntnisse für das eigene Handeln und vor allem das Kommunizieren abzuleiten. Das führt uns doch direkt zum nächsten Thema, nämlich der Empathie.

5.1.2 Die Sache mit der Empathie

Kennen Sie die Redewendung „In den Schuhen des anderen gehen"? Bestimmt. Und wissen Sie auch, was damit gemeint ist? Dann ist Ihnen sicherlich auch *Empathie* kein Fremdwort. Sie bezeichnet die Fähigkeit, aus seiner eigenen Rolle, Situation und Persönlichkeit einen Moment lang auszusteigen und stattdessen die *Position des anderen* einzunehmen, die Welt ein Stück weit mit *seiner* Brille auf der Nase zu sehen (siehe Abschnitt 4.1), versuchen zu fühlen, was er gerade empfindet, und dann möglicherweise in seinem Sinne zu handeln. Doch bevor wir uns der Empathie für einen Einzelnen zuwenden, sollten wir einen Blick fürs Ganze bekommen, denn wie mit der Geschichte von den Blinden und dem Elefanten klar wurde, ist die Realität ähnlich einem Puzzle. Und bevor ich nicht eine ordentliche Menge an Puzzleteilen zusammengesetzt habe, können wir schwerlich erkennen, welches Bild am Ende dabei herauskommen wird.

C Die T-Shaping-Checkliste: Die Situation erkennen

- ☐ Welche Menschen sind im Raum? Lassen sich Vermutungen über Hierarchien anstellen, d.h. über die Chef-Angestellten-Verhältnisse?
- ☐ Achten Sie auf die Stimmung im Raum. Ist sie fröhlich oder eher getrübt?
- ☐ Wie ist der Umgangston der Menschen miteinander: locker oder steif?
- ☐ Welche Kleidung wird getragen? Jugendlich und locker oder doch eher steif und zurückhaltend?
- ☐ Welchen Eindruck machen die Räumlichkeiten auf Sie? Sehen diese z.B. eher „nach Arbeit" aus oder wirken sie fast schon steril?
- ☐ Ist die Ausstattung auf einem aktuellen Stand oder wird in die Gerätschaften, an denen die Angestellten arbeiten, nichts investiert (z.B. alte 15"-Monitore)?

Wenn Sie sich ein erstes Gesamtbild gemacht haben, dann sollten Sie Ihr Verhalten nun danach ausrichten und sich den Gegebenheiten entsprechend anpassen. Damit meine ich nicht, dass Sie sich völlig verbiegen sollen. In der Regel kann man sich einer Situation und stillschweigenden Vorgaben auch anpassen, ohne seine Authentizität zu verlieren.

Bei der Empathie für mein Gegenüber geht es vor allem darum zu erkunden, was er gerade benötigt, und das kann der Kollege mit dem Blackout ebenso sein wie der Kunde mit der blockierenden Angst vor der SAP-Einführung, die er natürlich in den seltensten Fällen offen zugeben wird.

A Der T-Shaping-Aha-Effekt:

Je besser wir uns in einen anderen Menschen hineinfühlen und -denken können, desto wertschätzender und erfolgreicher wird der Umgang mit ihm sein.

Das Ganze hat sehr viel mit der Menschenkenntnis zu tun, die wir im gleichnamigen Abschnitt 4.4 ausführlich besprochen haben. Denn natürlich fällt es mir deutlich leichter, mich in einen anderen Menschen einzufühlen, wenn ich erkenne, wie er zumindest grob „tickt“, und ich daher auch eine Ahnung davon habe, was er in der bestimmten Situation gerade denkt, fühlt und demzufolge an Ansprache braucht:

- Klare Entscheidungsgrundlagen in Form Checklisten-artiger Informationen oder einfach einen guten Zuhörer?
- Verständnis für seine Vorbehalte oder konkrete Unterstützungsangebote?
- Würdigung seiner hierarchischen Stellung im Unternehmen oder eine Sparringspartner auf gleicher Augenhöhe?
- etc.

Es ist wichtig, dass Sie sich in Ihren Gesprächspartner hineinversetzen, das Problem als Ganzes sehen und auf das achten, was in der Situation, in dem Augenblick tatsächlich zählt. Denn wenn Sie Verständnis für die Bedürfnisse Ihres Gegenübers signalisieren, dann stimmt auch die Chemie, und das sind allerbeste Voraussetzungen für jedwede Kommunikation, die letztendlich ja immer ein bestimmtes Ziel verfolgt. Und das sollte bei aller Empathie auch nie aus den Augen verloren werden.

Sicher, Sie sind kein Profi in Sachen Psychologie und werden daher nicht auf alle Kleinigkeiten achten, geschweige denn, sie eindeutig interpretieren können, aber darum geht es auch nicht. Es ist schon ein guter Anfang, wenn man *bewusst* auf sein Gegenüber achtet und sein Verhalten entsprechend modifiziert.

5.1.3 Anlässe gibt es viele

Situationen, in denen wir bewusst mit Kunden, Kollegen oder Vorgesetzten kommunizieren, gibt es reichlich. Besonders in Projekten kommen Sie um ein sorgfältiges Kommunizieren nicht herum. Etliche Studien haben sich bereits mit der Frage auseinandergesetzt, woran Projekte in der Regel scheitern oder zumindest in ernstzunehmende Schwierigkeiten geraten, und dreimal dürfen Sie raten, welcher Punkt diese Liste anführt. Richtig, die *Kommunikation*. Die Menschen reden entweder gar nicht miteinander, aneinander vorbei oder sie reden miteinander und verstehen sich nicht. Wir kommen auf diese Aspekte noch eingehend zu sprechen. Übrigens fällt auch eine Präsentation unters Kommunizieren. Sie können den Anwesenden ja schlecht verbieten, Verständnisfragen zu stellen oder kritisch über das vorgestellte Thema zu diskutieren. Generell sollte für Sie der folgende Grundsatz Motor Ihres gesamten (beruflichen) Handelns sein, quasi eine Ihrer *Silver Bullets*:

A Der T-Shaping-Aha-Effekt:

Kommunizieren ist die Grundlage allen beruflichen und privaten Miteinanders. Wer nicht kommuniziert, bleibt „außen vor".

Dass diese Erkenntnis die IT- und insbesondere auch die Software-Entwicklungsbranche längst erreicht hat, zeigt beispielsweise das Agile Manifest, das mit folgenden Grundsätzen die entscheidende Leitlinie für eine sogenannte „leichtgewichtige" Software-Entwicklung vorgibt[2]:

- Menschen und Interaktionen *vor* Prozessen und Werkzeugen.
- Funktionierende Anwendungen *vor* umfassender Dokumentation.
- Zusammenarbeit mit dem Kunden *vor* vertraglichen Verhandlungen.
- Reaktion auf Veränderung *vor* Einhaltung eines Plans.

Merken Sie etwas? Keiner dieser Punkte kommt ohne Kommunikation aus. Man mag zu agilen Methoden stehen wie man will: Dass der Mensch und dessen Bedürfnisse im Vordergrund stehen, sollte eine Maxime sein, die sich auch der technikverliebteste Entwickler auf die Fahne schreiben sollte. Was aber – wie die Praxis immer wieder zeigt – leider noch viel zu selten der Fall ist. Die Schnittstellen der Kommunikation bzw. die Anlässe sind dabei nahezu so vielfältig wie das Kommunizieren selbst, so z.B.

- Kick-off Meetings zum Projektstart,
- Anforderungsworkshops mit dem Kunden,
- Präsentationen vor dem Lenkungsausschuss,
- formelle Absprachen und konkrete Zusammenarbeit mit Kollegen,
- informelle Treffen mit fachlichem Austausch (in der Kaffeeküche, während der Zigarettenpause etc.),
- vor Ort beim Kunden (als IT-Dienstleister, Vertriebsmitarbeiter etc.),
- auf Konferenzen und Messen oder auch
- am Telefon, im Chat, während Videokonferenzen und in Foren.

Auch wenn Sie zu den schweigsameren Vertretern gehören, so seien Sie bitte achtsam mit dem, was Sie nicht sagen, denn für viele von uns gilt „Schweigen" als Zeichen von Desinteresse am Geschehen oder auch von Ahnungslosigkeit. Das wirft weder ein gutes Licht auf Sie noch auf die Firma, für die Sie arbeiten. Andererseits interpretieren gerade auch

---

[2] Das *Agile Manifesto* stammt aus dem Jahre 2001 und wurde von den Gründern der *Agile Alliance* festgehalten: `http://www.agilemanifesto.org`, Abruf am 10.07.2010.

Menschen, die eine Zustimmung von Ihnen möchten, Ihr Nicht-Reagieren (auch im E-Mail-Verkehr) bisweilen als „o.k.".

A Der T-Shaping-Aha-Effekt:

Schweigen und nicht reagieren gelten oft als nonverbale Zustimmung. Also achten Sie auch auf das, was Sie nicht sagen, und ebenso auf das, was Sie nicht tun.

Aber freilich sollten Sie wiederum auch nur dann den Mund aufmachen, wenn Sie tatsächlich etwas zu sagen haben. Kompetenz gilt *vor* Show, aber ohne „Show" wird die Kompetenz mitunter übersehen.

5.1.4 Und schon wieder: Die richtige Einstellung

Beginnen wir mit einem berühmten Beispiel eines großen Kommunikationsexperten, nämlich Paul Watzlawick, das ich ein wenig auf unsere IT-Lebenswelt umgeschrieben, im Großen und Ganzen aber in der Sprache des Autors belassen habe [Watz09].

Ein Blick in die Praxis:
Der Kollege, der (nicht) helfen wollte

Ein Programmierer will ein Anwendungssystem auf den neuesten Stand bringen. Den ursprünglichen Code hat er, nicht aber das frisch aktualisierte UML-Diagramm dazu. Der Kollege nebenan hat es. Also beschließt unser Mann, hinüberzugehen und ihn um einen Ausdruck zu bitten. Doch da kommt ihm ein Zweifel: „Was, wenn der Kollege mir das Diagramm nicht geben will? Gestern schon grüßte er mich nur so flüchtig. Vielleicht war er in Eile. Vielleicht hat er die Eile nur vorgeschützt, und er hat was gegen mich. Und was? Ich habe ihm nichts getan; der bildet sich da etwas ein. Wenn *mich* jemand nach einer für das Projekt wichtigen Aktualisierung fragen würde, ich gäbe sie ihm sofort. Und warum er nicht? Wie kann man einem Mitmenschen einen so einfachen Gefallen abschlagen? Leute wie dieser Kerl vergiften einem das Leben. Und dann bildet er sich noch ein, ich sei auf ihn angewiesen. Bloß weil er die aktuellste Version von diesem UML-Diagramm hat. Jetzt reicht's mir wirklich."

Und so stürmt er hinüber, klopft, der Kollege bittet ihn herein, doch bevor er „Guten Tag" sagen kann, schreit ihn unser Mann an: „Behalte doch dein blödes UML-Diagramm!"

Was ist hier passiert? Unser Mann hat sich in eine Vorstellung dessen hineinlaviert, was er – aus welchen Gründen auch immer – als Reaktion seines Kollegen erwartet hat. Er konnte nicht wissen, was passiert. Aber er hatte eine Idee, und die ließ er vor seinem geistigen

Auge und für sein Empfinden zu „seiner Realität“ werden. Sein Gegenüber brauchte gar nicht mehr selbst aktiv in das Geschehen einzugreifen. Erinnern Sie sich noch an das Gedicht aus dem Talmud (siehe Abschnitt 4.3.2)? Hier noch einmal die erste Zeile:

Achte auf Deine Gedanken, denn sie werden Deine Worte.

Was geschah, lässt sich sehr schön durch eben diesen Satz erfassen. *Warum* es geschah, lässt sich hingegen nur vermuten. Aber aufgrund der bereits durchgenommenen Aspekte in Kapitel 4 können wir recht konkrete Mutmaßungen anstellen:

- Unser Mann hat schlechte *Erfahrungen* damit gemacht, jemand anderen um Unterstützung zu bitten. Das hat bei ihm im Laufe der Jahre einen Glaubenssatz wie beispielsweise „Es gibt keine Unterstützung unter Kollegen, das ist alles ein einziger Konkurrenzkampf.“ aufkommen lassen, der nun mit voller Kraft zur Wirkung kommt.
- Er wird stark durch die *Werte* „Unabhängigkeit“ (→ Er ist auf das UML-Diagramm angewiesen, das ein anderer hat) oder auch „Gerechtigkeit“ (→ Wieso hat der andere das Diagramm und er nicht?) angetrieben und empfindet diese nun als verletzt.
- Er hat den Kollegen bereits vor langer Zeit in die Schublade „Unsympathisch, mag ich nicht“ abgelegt und nie ergründet, ob der Eindruck auch tatsächlich gerechtfertigt ist.

Für das Kommunizieren an sich ist es schon einmal ein wesentlicher Schritt in die richtige Richtung, wenn Sie sich ganz bewusst „positiv programmieren“, wie wir das mit den Glaubenssätzen aus Abschnitt 4.1.3 kennengelernt haben. Ja, das geht nicht nur mit Software! Wie wäre es beispielsweise mal mit den folgenden Glaubenssätzen (in diesem Kontext auch positive Affirmationen genannt), die Sie sich täglich in einer ruhigen Minute selbst vorsagen können.

- Ich mag Menschen.
- Ich mag es, mit Menschen zu reden, mich mit ihnen auszutauschen.
- Ich stelle mich gerne auf andere Menschen ein.
- Ich will andere Menschen in ihrem Denken und Handeln verstehen.

Es gibt bei geübten Rednern und Präsentatoren einen alten Trick, den Sie sich für jede Kommunikationssituation zu Eigen machen können. Er basiert auf der Macht der Gedanken, die ich „programmiere“, um die darauf folgende Situation günstig zu beeinflussen.

Ü Die T-Shaping-Übung: Positiv einstimmen

- ☐ Der erste Satz, den Sie sich selbst sagen, ist nach innen, also *gedacht*: „Ich freue mich, dass ich hier bin."
- ☐ Der zweite Satz ist wie der erste auch *nur gedacht*: „Ich freue mich, dass du, lieber Gesprächspartner, da bist."
- ☐ Der dritte Satz ist nun der erste, den Sie für Ihren Gesprächspartner tatsächlich *hörbar* sagen. Meistens handelt es sich hierbei um eine Begrüßung oder einen anderen Start in ein Gespräch wie z.B. „Schön, dass Sie da sind, ich habe da mal eine Frage ... "

5.2 Grundlegendes Handwerkszeug

Gute Ideen überzeugen leider meist nicht von selbst. Zudem ist jeder Mensch anders, ebenso seine Wahrnehmung. Vorgesetzte, Kollegen, potenzielle Kunden und Partner können sich Ihre Gedanken erst zu eigen machen, wenn sie diese verstanden haben und einen Vorteil für sich darin entdecken können.

Abbildung 5.2: Kommunikationsmodell in an Anlehnung Shannon und Weaver[3]

Sie als Redner bzw. Sender haben eine *Nachricht*, die Sie auf eine bestimmte Art und Weise „verpacken" (codieren, also *ver*schlüsseln), damit Sie von Ihrem Zuhörer bzw. Empfänger der Nachricht verstanden (decodiert, also *ent*schlüsselt) wird. Wir können diesen Prozess, wie in Abbildung 5.2 gezeigt, darstellen. Nun ist die Übermittlung der Nachricht, also des in der Regel gesprochenen Wortes, bisweilen leider einigen „Übertragungsstörungen" unterworfen, die entweder von außen kommen können (z.B. Geräusche) oder durch die sprichwörtliche Brille entstehen, die die beiden Protagonisten auf der Nase tragen.

In den folgenden Abschnitten eignen wir uns daher einige kommunikationspsychologische Grundlagen für Situationen an, die Ihnen in Ihrem informatischen wie in Ihrem restlichen (Berufs-)Leben garantiert widerfahren werden. Am Ende dieses Abschnitts treffen wir dann – aus kommunikativer Sicht – unsere vier Freunde wieder, nämlich Alphatier, Alleskönner, Teamplayer und Qualitätssicherer.

3 Shannon und Weaver lieferten das klassische nachrichtentechnische Kommmunikationsmodell, dem die meisten später entwickelten zugrunde liegen zugrunde liegen [ShWe76].

5.2.1 Zuhören ... und zwar aktiv

Kennen Sie das? Sie unterhalten sich vielleicht gerade mit einem Kollegen oder einem Kunden, sind mit Feuer und Flamme bei der Sache und haben doch irgendwie das Gefühl, Ihr Gegenüber interessiert sich in keinster Weise für das, was Sie zu sagen haben. Möglicherweise schaut er unmotiviert in der Gegend herum, spielt mit seiner Armbanduhr und lehnt sich immer weiter von Ihnen weg. Auf jeden Fall zeigt er Ihnen deutlich, dass er sich langweilt oder zumindest nicht wirklich interessiert. Was passiert nun mit Ihnen? Entweder Sie gehören zu der Gattung „Traktor“, der, egal wie Ihr Gegenüber auf Sie reagiert, konsequent seinen Weg verfolgt und „sein Ding“ durchzieht. Oder aber Sie reagieren so wie die meisten Menschen in einer solchen Situation: Sie werden unsicher, hinterfragen das eigene Gesagte gedanklich und verfallen zusehends in Schweigen. Möglich ist aber auch, dass Sie richtig wütend werden und Ihr Gegenüber ganz direkt fragen, ob denn das, was Sie gerade erzählt haben, wirklich so uninteressant sei. Natürlich gibt es dazwischen – wie immer – viele Facetten möglichen Reagierens, aber die soeben erwähnten Varianten stellen dar, was meistens passiert, wenn unser Gegenüber den Eindruck erweckt, dass er nicht zuhört. Aber Vorsicht: Es gibt nämlich auch Menschen, die zwar den Anschein machen, nicht zuzuhören, es aber doch tun. Ein solcher Zeitgenosse hat einen sehr *auditiv* geprägten Wahrnehmungsfilter (siehe Abschnitt 4.1.4) und zeigt, wenn er nicht gerade kommunikationspsychologisch geschult ist, durch kaum ein Signal, dass er tatsächlich doch zuhört. Das zu wissen, macht das Kommunizieren mit solchen Menschen manchmal deutlich leichter, weil es den durch augenscheinlich nicht vorhandenes Zuhören fehlenden Respekt wettmacht.

Respekt. Das ist ein gutes Thema. Indem wir unserem Gegenüber zuhören, erweisen wir ihm eine ganz besondere Form von *Respekt* und *Wertschätzung*. In jedem menschlichen Wesen steckt, ob bewusst oder unbewusst, das Bedürfnis nach *Anerkennung* und *Wahrnehmung* durch die Außenwelt. Indem wir jemandem signalisieren „ich höre dir zu“, geben wir ihm diese Anerkennung und zollen ihm somit Respekt. Umgekehrt gilt: Fehlt diese Form von Wertschätzung, dann bringen wir den anderen möglicherweise in eine ungünstige Gefühlslage, aus der heraus er in den meisten Fällen nicht mehr authentisch, geschweige denn selbstsicher (re)agieren kann.

Wie geht es denn nun aber richtig? Nun, eigentlich ganz einfach. Das *aktive Zuhören* transportieren wir über verschiedene Ebenen, der verbalen ebenso wie der nonverbalen, also körpersprachlichen. Wichtig ist, dass wir all diese Elemente „homöopathisch dosiert" einsetzen, es also nicht übertreiben. Wenn unser Gegenüber beispielsweise eine sehr von uns abgewandte Körpersprache hat, dann macht es keinen Sinn, sich ihm im wörtlichen Sinne fast auf den Schoß zu setzen. Wir müssen die Sache schrittweise angehen und den anderen erst einmal dort abholen, wo er emotional gerade ist. Auch in seiner eventuell ablehnenden Haltung. Und dann nähern wir uns stückweise.

C Die T-Shaping-Checkliste: Aktiv zuhören

- ☐ Nehmen Sie sich für das Zuhören Zeit, konzentrieren Sie sich auf Ihren Gesprächspartner und lassen Sie parallel laufende „Nebenaktivitäten" wie Papiere sortieren oder mit dem iPhone spielen sein.
- ☐ Senden Sie „Ich-Botschaften", d.h. vermeiden Sie Formulierungen wie „man"[4] und „wir".
- ☐ Erkennen Sie wichtige Aussagen und Gefühle Ihres Gesprächspartners und wiederholen Sie diese dann und wann (wiederum in „Ich-Botschaften): „Sie sagen also, dass eine Verschiebung des Roll-Outs für die beteiligten Abteilungen keine Problem wäre?"
  Zum einen geben Sie Ihrem Gesprächspartner mit diesem Vorgehen die Möglichkeit, Sie zu korrigieren, wenn Sie etwas falsch verstanden haben sollten, und zum anderen erhalten Sie selbst Gewissheit darüber, dass Sie richtig liegen. Noch dazu zeigen Sie Interesse und damit Wertschätzung für Ihren Gesprächspartner.
- ☐ Greifen Sie zentrale Aspekte der aktuellen Körperhaltung Ihres Gesprächspartners auf, d.h. setzen Sie sich eher gerade hin, wenn er gerade sitzt, eher verschlossen, wenn er verschlossen sitzt, eher leger, wenn er leger sitzt etc., aber äffen Sie ihn nicht nach!
- ☐ Lächeln Sie – homöopathisch dosiert (also nicht ständig) und situativ angepasst (also nicht dann, wenn das Thema gerade im wahrsten Sinne des Wortes zum Heulen ist).
- ☐ Haken Sie nach und stellen Sie Fragen aus dem Kontext heraus. Das hat zum einen der Vorteil, dass Sie an weitere Informationen herankommen, und zum anderen gibt es Ihrem Gesprächspartner das Gefühl, dass Sie sich für das, was er zu sagen hat, auch interessieren.
- ☐ Versuchen Sie, sich auch stimmlich etwas anzupassen. Wenn Ihr Gegenüber also eher sehr schnell und aktiv spricht, so sollten Sie sich dem etwas anpassen und nicht in monotoner, langsamer Pfarrermanier meditative Antworten geben.

---

[4] Achten Sie mal in Fernsehinterviews darauf, wie oft die Menschen mit „man" statt mit „ich" formulieren, wenn es eigentlich um sie selbst geht. Und wie klingt das für Sie? Als ob derjenige mit dem, was er da erzählt, gar nichts zu tun hat, oder? Richtig. Und weil Sie in jedem Fall die Verantwortung nicht nur für Ihre Taten übernehmen, sondern auch für Ihre Worte, sprechen Sie bitte immer mit „Ich-Botschaften".

- ☐ Halten Sie Blickkontakt, aber gönnen Sie sich und Ihrem Gegenüber auch einmal eine Pause. Ein guter Blickkontakt heißt nicht, den Gesprächpartner zu fixieren im Sinne des alten Kinderspiels „Wer zuerst wegschaut, hat verloren".
- ☐ Senden Sie Signale, die den Gesprächspartner ermutigen und in einen guten Zustand bringen („Richtig, das haben Sie sehr gut erkannt!").
- ☐ Verwenden Sie „Türöffner", um Ihrem Gegenüber den Einstieg zu erleichtern, wie z.B. „Ich möchte Ihnen gerne meine Unterstützung anbieten, sofern es in meiner Macht steht" oder „Hilft es Ihnen, wenn wir über die Probleme im Projekt noch einmal reden?"

Eine ganz wichtige Ergänzung des aktiven Zuhörens sind Fragen. Denn wer fragt, der führt. Und weil diese sprachliche Finesse so wichtig ist, widmen wir ihr auch mit Abschnitt 5.3 einen *eigenen* Abschnitt.

5.2.2 Das konstruktive Feedback-Pingpong

Wenn wir nun aktiv zugehört haben, dann sind wir auch in der Lage, unserem Gesprächspartner Rückmeldung über das zu geben, was er gesagt oder getan hat. Zu Neudeutsch heißt das *Feedback geben* und ist genauso eine Form des Zollens von Respekt wie auch das aktive Zuhören.

Wann sind denn die Gelegenheiten, zu denen Sie Feedback geben? Nun, das kann im Workshop mit dem Kunden sein, in dem es darum geht, seine Anforderungen für die neu zu erstellende Software herauszuarbeiten. Oder im Team-Meeting, wenn eine neue IT-Strategie diskutiert wird. Genauso gut kann es aber auch einfach in einem sachlichen Gespräch vorkommen, dass Sie Feedback geben. Es ist immer dann sinnvoll, wenn Sie die Aussagen Ihres Gegenübers in irgendeiner Form kommentieren oder gar sachlich und fachlich bewerten möchten. In solchen Momente sollten Sie sich konstruktiver Feedbackregeln erinnern. Das erleichtert, wie wir ja schon weiter oben gesehen haben, den Umgang miteinander ganz ordentlich. Ich erinnere an das magische Wort Respekt.

Das Geben von Feedback sollte immer konstruktiv geschehen, das heißt bezogen auf die Sache an sich und losgelöst von der Persönlichkeit desjenigen, der verbal oder handelnd für sie eintritt. Zugegeben, das ist nicht immer ganz einfach, insbesondere dann, wenn die betreffende Person nicht gerade zu unseren Lieblingsmenschen zählt. Es gehört aber zu einer „erwachsenen Kommunikation", das eine vom anderen unterscheiden zu können.

A Der T-Shaping-Aha-Effekt:

Ohne Feedback wissen wir nicht, wer wir sind.

Theoretisch ist konstruktives Feedback eigentlich eine ganz einfache Angelegenheit, Sie müssen eben „nur“ die Menscheleien beiseite lassen. Probieren Sie es doch einfach einmal mit folgender Checkliste. Die dürfen Sie im Übrigen auch gerne kopieren und an Menschen verteilen, die das mit dem „konstruktiv Feedback geben“ gelegentlich sehr eigen interpretieren.

C Die T-Shaping-Checkliste: Feedback geben

- ☐ Setzen Sie beim konstruktiven Geben von Feedback unbedingt Ich-Botschaften ein, denn Sie teilen Ihre ganz persönliche, subjektive Meinung mit, die muss keineswegs für den Rest der Menschheit Gültigkeit haben („für mein Gefühl", „ich finde, dass", „aus meiner Sicht").
- ☐ Wenn Sie Beobachtungen gemacht, Gefühle oder Vermutungen entwickelt haben, dann formulieren Sie diese auch als solche und nicht als feststehende „Wahrheiten" („Kann es sein, dass ...", „Aus dem, was ich da gehört habe, vermute ich, dass ...").
- ☐ Reden Sie immer über die Sachen, das Verhalten oder die Situation, nicht aber über die Persönlichkeit des Feedback-Nehmers. Treten Sie also den Ball und nicht den Spieler!
- ☐ Feedback bitte am besten erst dann geben, wenn Sie explizit dazu aufgefordert werden oder wenn Sie auf das Angebot, Rückmeldung zu geben, eine positive Antwort erhalten. Ausnahme: In kritischen Situationen kann es sinnvoll sein, auch ohne „Vorankündigung" Feedback zu geben, z.B. dann, wenn Sie sehen, dass eine Sache in die völlig falsche Richtung läuft.
- ☐ Sprechen Sie die betreffende Person immer direkt an, am besten mit Namen, und halten Sie Blickkontakt.
- ☐ Unterlassen Sie Erziehungsversuche mit den quasi gestreckten Zeigefingern in Form von Anweisungen oder Belehrungen. Äußern Sie stattdessen Vorschläge und Wünsche als Angebote, über deren Annahme der Betreffende dann selbst entscheiden kann. („Was halten Sie davon, wenn ... ", „Ich täte mich leichter damit, wenn Sie ... ", „Könnten Sie sich vorstellen, die Sache mal anders anzupacken ... ", etc.)
- ☐ Spielen Sie – vor allem coram publico[5] - nicht den Psychologen oder Sozialarbeiter! Auch wenn Sie vielleicht wissen, dass der Projektleiter gerade von seiner Freundin verlassen wurde („Mir ist schon klar, dass der klare Blick für die Projektbelange in einer solchen Situation schwer ist ... ")
- ☐ Respektieren Sie Ihr Gegenüber, auch wenn er Ihnen unsympathisch ist. Sie müssen ihn ja nicht gleich heiraten.

---

[5] Latein für Kommunikationsprofis (in spe): Coram publico = in aller Öffentlichkeit, siehe auch `http://de.wiktionary.org/wiki/coram_publico`

Feedback zu geben, ist eine Kunst. Aber *Feedback anzunehmen* stellt bisweilen die noch viel größere Kunst dar, insbesondere dann, wenn der Gebende die Regeln des Gebens nicht so beherrscht wie nunmehr Sie, nachdem Sie obige Checkliste verinnerlicht haben. Für *Feedback-Nehmende* empfehle ich daher folgende Hinweise:

C Die T-Shaping-Checkliste: Feedback annehmen

- ☐ Sehen Sie Feedback als Geschenk an: Sie können es annehmen und „ins innere Regal" stellen, wenn es Ihnen gefällt, oder Sie können es „in den Papierkorb werfen", wenn es nichts für Sie ist.
- ☐ Hören Sie genau zu und
- ☐ lösen Sie gegebenenfalls Unklarheiten zu Ihrem eigenen Verständnis durch direktes Nachfragen auf.
- ☐ Lassen Sie das Gehörte erst auf sich wirken und reagieren Sie dann!
- ☐ Rechtfertigen Sie sich nicht, sondern reagieren Sie – wenn überhaupt – nur fachlich auf das Feedback.
- ☐ Bedanken Sie sich.

Jedes Feedback ist ein Geschenk, weil es eine Möglichkeit enthält, an sich zu arbeiten. Auch wenn das manchmal unangenehm sein kann. Denn über Feedback bekommen wir eine Menge Fremdbilder unserer eigenen Person, die wir mit unserem Selbstbild abgleichen können. Ob wir dann unser Verhalten oder unser Handeln ändern, ist allein unsere Entscheidung.

5.2.3 Viermal gesagt und viermal gehört

Stimme macht Stimmung, soweit waren wir schon. Bei dem nun folgenden, sehr bekannten und etablierten Kommunikationsmodell spielt dieses Faktum eine äußerst wichtige Rolle. Doch lassen Sie uns dazu zunächst einige Vorüberlegungen anstellen.

Unsere Sprache können wir modulieren, also in den Höhen und Tiefen variieren, wir können aber auch einzelne Worte betonen und dadurch der Bedeutung unserer Aussage in die eine oder die andere Richtung mehr Gewicht verleihen. Manchmal geschieht eine solche Akzentuierung völlig unbewusst, ein anderes Mal aber auch sehr bewusst. Dann sagen wir etwas, das als bloße Aussage eigentlich ganz harmlos wäre, verleihen unseren Worten aber eine Betonung, die außer Frage stellt, dass wir z.B. wütend sind oder von unserem Gegenüber eine bestimmte Antwort erwarten. Wenn Sie die folgenden Beispiele lesen, achten Sie einmal darauf, die *kursiv* geschriebenen Worte innerlich oder auch laut mit mehr Betonung zu lesen und Ihnen dadurch ein größeres Gewicht zu verleihen:

- „Unsere Software wird die Anwender bei deren Arbeit unterstützen."
  Hier wird kein einzelnes Wort besonders betont, die Aussage ist soweit sachlich und kann nicht unbedingt in die eine oder andere Richtung interpretiert werden.
- „*Unsere* Software wird die Anwender bei deren Arbeit unterstützen."
  Klare Sache. Nur *unsere* Software kann so viel Gutes tun. Die von der Konkurrenz sicher nicht.
- „Unsere Software *wird* die Anwender bei deren Arbeit unterstützen."
  Hat da tatsächlich jemand gezweifelt, dass dem so ist? Nun, jetzt haben wir es noch einmal betont, dass diese „Wohltat" für den Anwender eintreten *wird*.
- „Unsere Software wird die *Anwender* bei deren Arbeit unterstützen."
  Schließlich ist die Software ja auch nicht für den Vorstand oder den Lenkungsausschuss des Projekts gemacht, sondern tatsächlich für die *Anwender*.
- „Unsere Software wird die Anwender bei deren *Arbeit* unterstützen."
  Zuhause wird der Anwender das Programm wohl nicht verwenden, und offenbar kann es auch nicht das „In der Mittagspause Solitär spielen" ersetzen.
- „Unsere Software wird die Anwender bei deren Arbeit *unterstützen*."
  ... und nicht behindern. Da scheint doch schon wieder jemand gezweifelt zu haben. Aber jetzt ist klar, dass die Software *unterstützt* und nicht behindert.

Spannend, oder? Ich sage etwas und verleihe dem Gesagten – vielleicht auch unbewusst – durch meine innere Einstellung zum Sachverhalt und vielleicht auch zu der Person, der ich es sage, eine bestimmte Bedeutung. Mein Gegenüber versteht nun meine Aussage, filtert sie seinerseits auf seine ganz persönliche Weise und deutet sie entsprechend. Es fällt nicht schwer sich vorzustellen, dass auf diese Weise Konflikte entstehen können, nämlich genau dann, wenn Gesagtes und Gehörtes nicht deckungsgleich sind. Gemäß dem klassischen Kommunikationsmodell (siehe Abbildung 5.2) verschlüsselt der Sender seine Nachricht und übermittelt sie an den Empfänger, der diese nun wiederum entschlüsselt und hoffentlich richtig, d.h. so, wie sie vom Sender gemeint war, versteht oder gar interpretiert. Im Idealfall. Wenn es nicht gut läuft, wird die Nachricht „unterwegs" durch diverse Störungen „verfälscht". Solche Verfälschungen können aber auch schon direkt beim Senden geschehen. Dafür verantwortlich sind beispielsweise

- verschiedene verwendete (Fach-)Sprachen,
- eine anderer Blickwinkel auf die Sachlage,
- ein unterschiedlicher Kenntnisstand oder eben
- schlicht eine andere Brille auf der Nase.

Sie sollten nie davon ausgehen, dass Sie sofort verstanden werden, wenn Sie als IT-Fachmann mit einem Nicht-IT-Fachmann kommunizieren. Und noch weniger sollten Sie darauf bauen, dass Ihnen der Betreffende von sich aus eingesteht, dass er Sie nicht verstanden hat.

Hier ist Fingerspitzengefühl Ihrerseits gefragt und eventuell auch konkretes Nachfragen, ob Sie sich verständlich ausgedrückt haben[6].

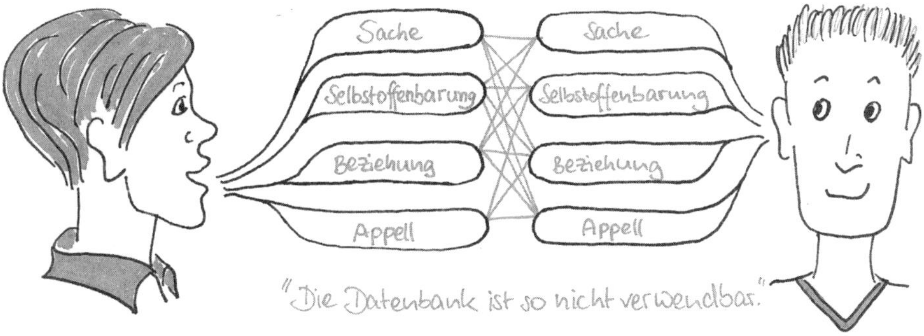

Abbildung 5.3: Die vier Seiten einer Nachricht nach Schulz von Thun

Der Kommunikationspsychologe Friedrich Schulz von Thun hat in diesem Kontext ein wunderbares Kommunikationsmodell erschaffen, nämlich die *vier Seiten einer Nachricht*, das uns klar vor Augen führt, wie komplex der Vorgang des sich Mitteilens und gehört Werdens ist bzw. wie kompliziert er manchmal sein kann [Schu09]. Denn wir geben unseren Worten – zumeist unbewusst – vier verschiedene „Botschaften" mit, ebenso wie unser Gegenüber das Gesagte auf vier unterschiedliche Weisen auffassen und interpretieren kann (siehe Abbildung 5.3).

A **Der T-Shaping-Aha-Effekt:**

Wir „sagen" nicht immer, was wir sagen wollen.

Werfen wir nun also mal einen Blick darauf, was es mit diesen vier Seiten bzw. Aspekten auf sich hat.

- Die *Sachebene* oder „Fakten bitte!"
  Es geht um die bloßen Fakten, den Informationsgehalt, der mit der gesprochenen Aussage vermittelt wird. Keiner deutelt daran herum, keiner interpretiert ihn fehl. Wird auf dieser Ebene sowohl gesendet als auch empfangen, kann theoretisch nichts schiefgehen.

---

[6] Bemerken Sie den kleinen, aber feinen Unterschied? Sie sollen ihn dann nicht fragen, ob *er* es verstanden hat, denn das bringt ihn eventuell in Verlegenheit oder gar Rechtfertigungszwang. Indem aber *Sie* fragen, ob *Sie* sich klar ausgedrückt haben, liegt der Ball und somit die Verantwortung bei Ihnen. Das entspannt eine Gesprächssituation in der Regel enorm.

- Die *Selbstoffenbarungs-* bzw. *Selbstkundgabeebene* oder „Ich bin ... !“
  Auf dieser Ebene offenbart der Sender Persönliches. Möglicherweise lässt er durchblicken, dass er verärgert ist oder unter Druck steht. Der Empfänger kann hier also über die Sachaussage hinaus Informationen über den Sender selbst erhalten. Berater und Therapeuten haben klassischerweise gut ausgeprägte „Selbstoffenbarungs-Ohren“. Auf dieser Ebene kann es in Bezug auf die zwischenmenschliche Kommunikation manchmal ganz schön knifflig werden, denn meistens versuchen wir uns natürlich in einem guten Licht darzustellen. Und das gelingt durchaus nicht immer.
- Die *Beziehungsebene* oder „Du bist, wir sind ... !“
  Hier sendet der Sprecher Informationen darüber, wie er zum Empfänger steht, möglicherweise auch, was er von ihm hält. Hier spielen Tonfall und Körpersprache eine besonders große Rolle, denn das gesprochene, *explizite* Wort muss in seiner Aussage nicht immer dem entsprechen, was der Körper nonverbal und *implizit* signalisiert. Der stark auf dem Beziehungsohr Hörende nimmt eine solche Aussage gerne persönlich und wertet sie oftmals als versteckten Vorwurf. Kurz und gut: Die Beziehungsebene ist ein fruchtbarer Acker für Missverständnisse, Konflikte & Co.
- Die *Appellebene* oder „Jetzt mach’ aber mal!“
  Hier geht es dem Sender darum, den Empfänger zu etwas zu veranlassen, ihn z.B. zu einem aktiven Handeln zu bewegen oder Dinge zu hinterfragen. Das Appell-Ohr bzw. der damit stark Ausgestattete kann kaum eine Aussage einfach so zur Kenntnis nehmen, sondern versteht dahinter in der Regel immer eine Aufforderung. Insbesondere Menschen mit dem sogenannten Helfersyndrom hören auf diesem Ohr besonders gut.

Diese vier Ebenen wirken – wie schon gesagt – sowohl beim Senden als auch beim Empfangen. Und die Crux an der Sache ist: Wir senden nahezu immer auf allen vier Ebenen, ob wir wollen oder nicht. Neben dem bewussten Entscheiden für die Verwendung einer Ebene kann uns die Sache nämlich beispielsweise durchaus auch ein wenig „entgleiten“. Wenn Sie beispielsweise eine Aussage auf sachliche Weise tätigen, sie aber eigentlich als Selbstkundgabe verstanden wissen möchten und der Adressat diese „zur Krönung“ als Appell missversteht. Oder Sie glauben fest, soeben eine sehr nette Beziehungsaussage getätigt zu haben („Ich fahre sehr gerne mit dir nach Spanien“), dabei kam selbige als Ich-bezogene Selbstkundgabe bei Ihrem Gesprächspartner an („Schon wieder Spanien? Du willst immer bestimmen, wohin es in Urlaub geht.“). Wie Sie vielleicht bemerken, treten solche sprachlichen Irrungen und Wirrungen besonders gerne auch im privaten Kontext auf. Vorteile haben hier übrigens ganz klar empathische Menschen, denn die können sich gut in ihr Gegenüber hineinversetzen und das Kommunikationsverhalten entsprechend anpassen. Auf welchem Ohr unser Empfänger hört, hängt u.a. davon ab, welches der vier Ohren bei ihm am stärksten ausgebildet ist, in welcher seelischen Verfassung er sich gerade befindet und auch welchem Typus er angehört, denn das Alphatier senden und empfängt sicherlich anders als der Teamplayer.

Generell ist es, egal in welchem Umfeld, wichtig, wieder zurück auf die Sachebene zu finden, wenn man merkt, dass da seitens des Empfängers offenbar etwas auf eine Ebene gerutscht ist, auf die es nicht gehört. Ob wir statt auf der Sachebene auf einer der anderen

Ebenen kommunizieren, hat – wie wir bereits festgestellt haben – auch sehr viel mit dem Klang unserer Stimme und mit unserer Körpersprache zu tun. Über Erstere haben wir gesprochen, mit der Sprache des Körpers hingegen werden wir uns in Abschnitt 5.4 beschäftigen. Schauen wir doch mal ein typisches Beispiel aus dem Projektalltag an, in dem die vier Seiten einer Nachricht so richtig zum Tragen kommen.

Ein Blick in die Praxis:
„Die Datenbank ist so nicht verwendbar."

Der Kunde sagt: „Die Datenbank ist so nicht verwendbar." In dieser Aussage sind nun folgende (potenziellen) Bedeutungen enthalten:

1. Fall (Sachebene):	*Die Datenbank erfüllt ihren Zweck nicht.*
2. Fall (Selbstoffenbarungsebene):	*Ich weiß nicht, wie ich sie richtig benutzen soll.*
3. Fall (Beziehungsebene):	*Sie wissen doch bestimmt, wie es geht.*
4. Fall (Appellebene):	*Zeigen Sie es mir doch bitte.*

Natürlich hat der Programmierer, der für die Datenbankanwendung verantwortlich zeichnet, auch „vier Ohren", und die filtern die Aussage „Die Datenbank ist so nicht verwendbar" möglicherweise wie folgt:

1. Fall (Sachebene):	*Die Datenbank erfüllt ihren Zweck nicht.*
2. Fall (Selbstoffenbarungsebene):	*Er hält sich wohl für den Datenbank-Crack.*
3. Fall (Beziehungsebene):	*Offenbar denkt er, dass ich unfähig bin.*
4. Fall (Appellebene):	*Ich soll das Ding wohl noch mal programmieren.*

Und ehe es noch einer verhindern kann, reagiert unser Programmierer mit pampigen Worten auf das Gesagte:

„Ja, wenn Sie mir im Vorfeld keine ausreichenden Angaben machen, dann ist das nicht mein Problem. Ich habe programmiert, was im Pflichtenheft steht."

Und schon sind wir im schönsten kommunikativen Dilemma, denn die Programmierer-Ohren waren offenkundig auf Empfang für Fall 3 und 4 gestellt.

Bleiben Sie nach Möglichkeit von vorneherein immer auf der sachlichen Ebene und kennzeichnen Sie jede andere Art der Aussage auch ganz bewusst als solche (z.B. als Selbstkundgabe: „Ich habe da gerade kein gutes Gefühl dabei."). Wenn es nicht glasklare Anzeichen dafür gibt, dass Ihr Gesprächspartner beispielsweise nichts von Ihnen oder Ihrer Arbeit hält, so sollten Sie diese Vermutung auch nicht ohne plausiblen Grund in das Gesagte hinein interpretieren und Gefahr laufen, sich Ihre Reaktion „vergiften" zu lassen. Erinnern Sie sich dann einfach an die Geschichte mit dem UML-Diagramm von Seite 120. Andererseits kann es ja tatsächlich sein, dass Sie sich „im Ton vergriffen" und es eigentlich gar nicht so gemeint haben. Dann ist eine Entschuldigung zum einen angebracht und zum anderen nichts Ehrenrühriges. Im Gegenteil: Sie beweisen damit Größe, Stil und retten höchstwahrscheinlich die Situation.

Um Missverständnisse generell zu vermeiden bzw. ein schon „in den Brunnen gefallenes Kind“ wieder herauszuholen, ist es sinnvoll, einfach einmal die Perspektive zu wechseln. Erweitern Sie Ihre *Ich-Perspektive* um eine *Du-* und *Wir-Perspektive* und stellen Sie sich – so objektiv wie möglich – folgende Fragen:

C Die T-Shaping-Checkliste: Der Perspektivenwechsel

- ☐ *Ich*-Perspektive:

  Wie geht es mir mit dem Gesagten/Gehörten?

  Auf welcher Ebene glaube ich, meine Aussage als Sender gesagt zu haben bzw. auf welcher habe ich als Empfänger die Aussage meines Gesprächspartners verstanden?

  Woran mache ich diese Einschätzungen fest?

- ☐ *Du*-Perspektive:

  Wie könnte er das eigene Gesagte tatsächlich gemeint haben?

  Und wie könnte er als Empfänger meine Worte (noch) verstanden haben?

  Wodurch begründet sich meine Vermutung?

- ☐ *Wir*-Perspektive:

  Was passiert da gerade mit uns als Gesprächspartnern?

  Sind wir dabei, in einen Konflikt zu rutschen, besteht ggf. Klärungsbedarf durch den Sender und/oder Anlass für ein klares Nachfragen seitens des Empfängers?

  Welche Anzeichen sprechen für meine Einschätzung der Lage?

Generell können wir jede Art von Missverständnis aber nur dann ausräumen, wenn wir nachhaken und konkrete Fragen stellen. Folgerichtig wird es in Abschnitt 5.3 genau darum gehen. Aber vorher wenden wir uns noch etwas anderem Wichtigem zu: Beziehungen.

5.2.4 Wie reden Sie denn mit mir!

Wir sind bei unseren kommunikativen Betrachtungen die ganze Zeit stillschweigend davon ausgegangen, dass die beiden Gesprächspartner einander gleichgestellt sind. Böser Fehler. Noch dazu einer, den gerade die unbekümmerte Jugend zu machen gerne Gefahr läuft. Zum einen ist sie – frisch aus dem Studium oder der Ausbildung „entlassen“ – noch immer irgendwie menschlich in dieser, bezüglich des lockeren Umgangstons eher nicht sehr von Hierarchien geprägten Zeit verhaftet. Und zum andern ist es ganz klar, dass man am Anfang seines Berufslebens noch nicht jeden kennt und somit auch nicht ahnt, wer da auf einmal vor einem stehen könnte, so wie unser junger Freund im folgenden Beispiel.

Ein Blick in die Praxis:
"Hi und Tach auch."

Rainer S. war gerade seit zwei Wochen im Unternehmen als Junior Business Analyst eingestellt. Nach so kurzer Zeit hatte er den Übergang vom „coolen Studi" zum ernsthaften Berater noch nicht so ganz vollzogen. Und ehrlich gesagt sah er dazu auch nicht wirklich einen triftigen Grund. Bis zu jenem Tag, als er auf dem Flur einem älteren Herren begegnete und diesen, wie das so seine Art war, mit einem lächelnden „Hi und Tach auch" begrüßte. Der so Angesprochene schaute nur äußerst irritiert und ging weiter seines Weges. Einen Tag später wurde Rainer S. von seinem Vorgesetzten zum Gespräch bestellt:

Vorgesetzter: „Sagen Sie mal, Sie sind erst so kurz hier und schaffen es gleich, dass ich mir wegen Ihnen eine Rüge einfangen muss?

Rainer S.: [*verwundert*] „Wieso das denn?"

Vorgesetzter: „Gestern Mittag erhielt ich einen Anruf von unserem Vorstandsvorsitzenden, Herrn Dr. Dr. W., der sich bitterlich darüber beschwerte, dass sich meine Leute wohl Höhergestellten gegenüber nicht auszudrücken wüssten. Sie können doch nicht jemanden, der in der Hierarchie so deutlich über Ihnen steht, mit „Hi und Tach auch" begrüßen. Gerade unser Herr Dr. Dr. W. nimmt so etwas sehr persönlich und empfindet das als Respektlosigkeit. Sie können nie wissen, wer vor Ihnen steht. Und so lange Sie das nicht tun, sollten Sie sehr, sehr vorsichtig mit dem sein, was Sie sagen."

Was war passiert? Der „Doppel-Dr." hatte sich in seinem Status angegriffen gefühlt, denn natürlich ist er als Vorstandsvorsitzender jedem Mitarbeiter im Hause in der Hierarchie deutlich überstellt. Und da er offensichtlich ein Alphatier ist, das auf solche Dinge sehr viel Wert legt, fühlt er sich durch eine solche Behandlung persönlich angegriffen. Rainer S. hat mit seiner „Ansprache" quasi eine *Beziehungsdefinition* gemacht, die da „Wir sind gleich" lautet und von Herrn Dr. Dr. W. so nicht akzeptiert werden konnte. Prinzipiell hätte er auf das implizite Beziehungsangebot unseres jungen Business Analysts folgendermaßen reagieren können [Schu09]:

- *Akzeptieren*:
  Der Empfänger erlebt die Verhaltensweise und Ansprache seitens des Senders als stimmig in Bezug auf beider Beziehung zueinander. Das ist unter gleichberechtigten Partnern z.B. ein Gruß, die Antwort auf eine Frage oder auch durchaus die Weigerung, etwas zu tun, um das man gebeten wurde, solange man die Aufforderung an sich als angemessen empfindet.
- *Durchgehen lassen*:
  So wirklich den richtigen Ton getroffen hat der Sender zwar nicht, und der Empfänger stimmt der damit verbundenen Beziehungsdefinition auch nicht wirklich zu, lässt aber

Fünfe gerade sein. Allerdings verweigert er die Zustimmung, indem er sich seinerseits nicht auf eine die vorgeschlagene Beziehung bestätigende Kommunikation einlässt. Zum Beispiel wird mancher Lehrende den lockeren Umgangston seiner Schüler oder Studierenden zulassen, aber sich selbst so verhalten, wie das die gegebene Hierarchie eben vorsieht.

- *Zurückweisen*:
  „Wie reden Sie denn mit mir!" ist ein typisches Indiz dafür, dass der Angesprochene dem in den Worten des Senders mitschwingenden Beziehungsvorschlag überhaupt nicht zustimmt. Hier ist Gefahr im Verzug, denn ein Nichtbeachten dieser Ablehnung kann ganz schnell zu einem dauerhaften Schaden in der Beziehung der beiden führen.
- *Ignorieren*:
  Wenn Sie jemand auf eine Äußerung Ihrerseits wie Luft behandelt, dann haben Sie offenkundig eine andere Einschätzung als Ihr Gegenüber, was die Beziehung zueinander angeht. Doch nun ist ihm das noch nicht einmal mehr eine Ablehnung wert, sondern er signalisiert Ihnen durch Nichtbeachtung, was Sache ist.

Herr Dr. Dr. W. wählte übrigens ein Mischform aus Zurückweisen (indirekt über den Vorgesetzten) und Ignorieren (gar nicht erst darauf einlassen). Grundlage für ein solches Verhalten bieten die *Beziehungstypen*, die unser Verhältnis zu anderen Menschen definieren und die wir auf folgende Weise unterscheiden können:

- *Symmetrische* Beziehungen
  Beide Partner können dem anderen Gegenüber das jeweils gleiche Verhalten an den Tag legen und begegnen einander auf Augenhöhe (wie z.B. hoffentlich Kollegen untereinander oder Menschen in einer Lebenspartnerschaft).
- *Komplementäre* Beziehungen
  A und B legen hier verschiedene Verhaltensweisen an den Tag, die sich aber in der Regel ergänzen wie z.B. Chef (*weist an*) zu Mitarbeiter (*befolgt*) oder Lehrer (*fragt*) zu Schüler (*antwortet*). In den allermeisten Fällen ist einer dem anderen als in der Hierarchie des gemeinsamen Systems Höhergestellter übergeordnet.

5.3 Wer fragt, der weiß Bescheid

Die Kunst der Fragestellung entscheidet über die Qualität der Informationen.

Friedrich Nietzsche (1844-1900)
deutscher Philosoph

Kommen wir nun zu einem sehr wichtigen Teilbereich der Kommunikation, der insbesondere von Informatikern immer wieder gerne unterschätzt wird: das Fragen. Der Satz „Wer fragt, der führt" ist Ihnen sicherlich schon einmal untergekommen. „Führen" ist hier im übertragenen Sinne gemeint und beschreibt die Fähigkeit eines Menschen, durch Fragen seinen Gesprächspartner in eine bestimmte Richtung zu führen. Das hört sich zunächst ein bisschen manipulierend an, was es im schlimmsten Fall auch sein kann, ist aber vornehmlich eine wunderbare Technik, um an Informationen heranzukommen, die uns der Kunde entweder bewusst oder auch unbewusst nicht gibt. Die richtigen Fragen stellen zu können, spielt vor allem bei der Analyse von Anforderungen in der Anwendungsentwicklung eine wichtige Rolle, denn Informationen sind das „A und O", um kundenorientiert und somit auch erfolgreich arbeiten zu können. Gerade in der Dienstleistung – egal, ob internen oder externen Kunden gegenüber – ist es nötig, die hohe Kunst des Fragens zu beherrschen.

5.3.1 Eine Frage der richtigen Frage

Wir unterscheiden in der Regel zwischen geschlossenen, offenen und taktischen Fragen. Während die *geschlossenen Fragen* allenfalls Bestätigung oder Ablehnung in Erfahrung bringen können, sind die *taktischen Fragen* auf bestimmte Ziele ausgerichtet oder dienen durchaus auch einmal rein rhetorischen Zwecken. Sehr wichtig für den beruflichen Kontext des Homo Informaticus sind die *offenen Fragen*. Sie erlauben uns, den Dingen tatsächlich auf den Grund zu gehen. Durch Fragen lassen sich u.a.

- die weitere *Vorgehensweise* abgleichen,
- alle Teilnehmer in den *Prozess* einbeziehen,
- *Wissen* der Beteiligten offenlegen,
- *Stimmungen* transparent machen und
- vor allem *Konsens* herbeiführen.

A Der T-Shaping-Aha-Effekt:

Gute Frager wechseln zwischen offenen, geschlossenen und taktischen Fragen.

Neben dem Herausfinden von Informationen hat das Stellen von Fragen auch noch einen Aspekt, den Sie bereits unter dem Stichwort „Aktives Zuhören" kennengelernt haben.

Denn wir zeigen durch konkretes Nachfragen auch, dass wir uns für unseren Gesprächspartner interessieren und auch dafür, was er zu sagen hat. Wir bringen ihm also wiederum Wertschätzung entgegen. Und das ist für die Gesprächsführung immer von Vorteil. Lassen Sie uns nun gemeinsam einen Blick auf die verschiedenen Fragetypen werfen.

Die offene Frage

Die offenen Fragen beginnen ganz klassisch mit einem W-Wort, also den fünf Klassikern, die wir spätestens im Erste-Hilfe-Kurs kennengelernt haben dürften:

- *wer*, *wie*, *was*, *wo* und *wann*,

und den etwas diffizileren

- *wozu*, *wodurch*, *womit*, *wohin*, *woher*, *wofür*, *wobei*, *welche/r/s* und *wie viel*.

Dreimal dürfen Sie raten, warum die offenen Fragen auch „W-Fragen" genannt werden.

Offene Fragen geben Raum für Antworten. Sie helfen uns, Sachverhalte aufzuhellen und eindeutig zu identifizieren. Oftmals (er)öffnen sie ein Gespräch. Als sogenannte *Informations-* oder *Faktenfragen* bewirken sie, an diejenigen Informationen zu gelangen, die mir mein Gesprächspartner nicht geben kann oder gar möchte. Aber Achtung:

T Der T-Shaping-Tipp:

Vermeiden Sie Fragen mit „warum" und ggf. auch mit „wieso". Diese Art der offenen Frage bewirkt möglicherweise, dass sich der Befragte zur Rechtfertigung aufgefordert und somit unwohl fühlt. Den Grund eines Handelns und Ereignisses können Sie ebenso gut mit sämtlichen anderen W-Fragen (z.B. „aus welchem Grund") erfragen.

Erinnern Sie sich doch bitte einmal mal an eine Situation, in der Sie selbst mit „Warum" befragt wurden. „Warum isst Du Deinen Teller nicht leer?", „Warum ist der Quellcode nicht kommentiert?", „Warum liebst Du mich nicht mehr?". Die Fragen, die mit „Warum" starten, erzeugen sehr oft ein blödes Gefühl in der Magengegend bzw. dort, wo Gewissen & Co. in der Regel so ihr Unwesen treiben. Aber wie gesagt, Sie können jede Warum-Frage ersetzen und damit dem schlechten Gefühl bei Ihrem Gesprächspartner den Riegel vorschieben, noch bevor es am Entstehen ist, wie das folgende Beispiel verdeutlicht:

- „Warum können Sie mir das jetzt nicht sagen?"
  Klingt hart, fordert quasi zur sofortigen Rechtfertigung auf, ist fast schon ein persönlicher Angriff und lässt Zweifel an der Fachkompetenz des Gefragten anklingen. Besser wäre folgende Formulierung:
- „Aus welchem Grund können Sie mir diese Information im Augenblick nicht geben?"
  Jetzt signalisiert der Fragende, dass er verstehen möchte. Auf diese Weise lässt er dem Befragten Raum für eine ehrliche Antwort und eine anschließende, möglicherweise aufkommende Diskussion.

Die geschlossene Frage

Geschlossene Fragen sind solche, auf die der Befragte nur mit „Ja“ oder „Nein“ antworten kann. Um Informationen zu erhalten, sind sie also eher nicht geeignet. Sie dienen in erster Linie dazu, eine klare Bestätigung oder eben auch Ablehnung zu erhalten. Geschlossene Fragen beginnen in der Regel mit einem Verb und sichern das gemeinsame Verständnis von Sachverhalten ab.

- „Hast Du ... ?“
- „Wollen wir ... ?“
- „Besitzen Sie ... ?“

Die taktische Frage

Taktische Fragen dienen der *Gesprächsleitung*. Mit ihnen versuchen wir, ganz gezielt bestimmte Ziele zu erreichen – also taktisch klug zu agieren –, die über die reine Informationsgewinnung hinausgehen. Schauen Sie sich doch einmal folgende Beispiele an:

- *Alternativfrage*
  - Anwendung: Dieser Fragetyp bietet Wahlmöglichkeiten an und verhindert so, dass Ihr Gegenüber sich „geführt“ fühlt. Er darf ja entscheiden. Die Alternativen können dabei auch durchaus rhetorischer Art sein. Das ist vor allem dann sinnvoll, wenn Sie einen etwas zu ausschweifenden Gesprächpartner freundlich ausbremsen möchten.
  - Beispiel: „Möchten Sie, dass wir das Gespräch jetzt oder lieber morgen fortsetzen?“
- *Suggestivfragen*
  - Anwendung: Sie unterstellen eine bestimmte Ansicht oder Absicht; die Frage legt die gewünschte Antwort nahe und möchte ähnlich wie die Alternativfrage das Herbeiführen einer Entscheidung beschleunigen oder das Ausschweifen des Gesprächspartners verhindern.
  - Beispiel: „Sie möchten doch sicherlich auch, dass die Software vereinbarungsgemäß nächste Woche produktiv geht?“
- *Hypothesenfragen*
  - Anwendung: Sie bewirken ein Nachdenken über (noch) nicht gegebene Situationen oder Fakten und können somit wie ein „Türöffner“ fungieren oder auch etwas „seelisch-moralisch vorbereiten“, das eventuell eintreffen könnte. Überdies sind sie auch gut anwendbar, wenn der Gesprächspartner viele Einwände und Bedenken hat, und sie zeichnen sich durchaus auch durch einen taktischen Charakter aus.
  - Beispiel: „Angenommen, ich bekäme erst nächste Woche die entsprechenden Informationen über die Release Candidates, wäre es dann o.k. für Sie, noch solange zu warten?“
- *Stimulationsfragen*
  - Anwendung: Mit solchen Fragen loben und animieren Sie den Gesprächspartner, insbesondere dann, wenn er unmotiviert ist. Denn auch mit gelegentlichen verbalen „Streicheleinheiten“ lässt sich das eine oder andere Ziel erreichen.

  - Beispiel: „Wie ich Sie und Ihren Weitblick kenne, sind Sie doch sicherlich über die neue webbasierte Variante Ihres Dokumentenmanagements bereits bestens informiert und können mir einen Hinweis geben?"

- *Ja-Fragen*
  - Anwendung: Ja-Fragen holen die Zustimmung des Gesprächspartners ein. Mit ihnen bringe ich meinen Gesprächspartner auf die sogenannte „Ja-Straße". Wenn er bereits mehrfach mit „ja" geantwortet hat, steigt die Wahrscheinlichkeit, dass er das auch ein weiteres Mal tut. Derart „vorbereitet" können Sie zum Abschluss des Gesprächs wichtige Fragen stellen.
  - Beispiel: „Sie haben sich also bereits auf unserer Homepage informiert?" oder „Sie wissen doch sicherlich auch, wie viel Geld so ein Projekt verschlingt, wenn es nicht im Zeitplan bleibt?" als Vorbereitung für folgende Abschlussfrage: „Es ist also demzufolge o.k. für Sie, wenn wir diese „Nice-to-Have-Funktionalität" im nächsten Release realisieren?"

- *Umwegfragen* oder *indirekte Fragen*
  - Anwendung: Diese Art der Frage beinhaltet ein Scheinziel, das angesprochen wird, um das eigentliche Thema nicht ansprechen zu müssen. Sie sind schlicht ein Mittel zur Ablenkung und ermöglichen es, mir und/oder dem Gesprächspartner eine peinliche Situation zu ersparen
  - Beispiel: „Damit wir den Workshop bestmöglich vorbereiten können, möchte ich doch gerne noch einmal nachfragen, ob es bei den eingeladenen 20 Personen bleibt oder ob Sie doch noch jemanden mit hinzunehmen möchten?"

Achtung: Eine Umwegfrage ist keine Scheinfrage, sie hat nur ein Scheinziel! Scheinfragen hingegen sind Fragen, die äußerlich als Fragen auftreten, aber nicht die Funktion echter Fragen erfüllen. Dazu gehören die folgenden Fragetypen:

- *Rhetorische Fragen*
  - Anwendung: Diese Art von Frage nimmt die Antwort vorweg, indem sie von Ihnen selbst als dem Fragesteller beantwortet wird. Das ist ein gutes Stilmittel, um beispielsweise die Aufmerksamkeit eines abgelenkten Gesprächspartners wieder auf Sie selbst und das Thema, um das es geht, zu lenken.
  - Beispiel: „Wer möchte nicht gerne eine Software ohne schwerwiegende Bugs?"

- *Lehrerfragen*
  - Anwendung: Lehrerfragen setzen voraus, dass Sie als Fragender eine Antwort bereits kennen bzw. wenigstens selbst herausfinden könnten. Das ist natürlich in einem Kontext sinnvoll, in dem der Befragte tatsächlich etwas von mir lernen soll, aber auch dann, wenn Sie vorhandenes (Vor-)Wissen überprüfen möchten.
  - Beispiel: „Wenn Sie im Bereich Content Management IT-seitige Unterstützung einsetzen wollten, welche Software wäre da Ihr Favorit?"

- *Gegenfragen*
  - Anwendung: Hier wird eindeutig ein Ball zurückgespielt, denn Gegenfragen geben den Inhalt und bzw. oder die Absicht der Frage an den ersten Fragesteller zurück. Es ist vor der Gegenfrage also schon einmal eine Frage gestellt worden. Das ist beispielsweise ein wirksames Mittel für dominante Gesprächspartner und für Situationen, in denen Sie nicht wirklich gerne auf die tatsächliche Frage antworten möchten. Aber Vorsicht: Dieser Fragetyp sollte taktisch eingesetzt werden, und dabei ist unbedingt darauf zu achten, dass er weder in einer frechen noch aggressiven Weise beim Gesprächspartner ankommt.
  - Beispiel für die erste Frage: „Können Sie die Funktionalität nicht mal eben reinprogrammieren? Das kostet Sie doch höchstens 10 Minuten."
  - Beispiel für die Gegenfrage: „Kennen Sie das nicht, da meint man, es dauert nur 10 Minuten und dann wird doch eine Stunde daraus?"

Die Kunst des Fragens zu beherrschen, hat übrigens gleich mehrere Vorteile. Wie Sie vom aktiven Zuhören sicherlich noch wissen, zeigen wir durch konkretes Nachfragen Interesse an unserem Gesprächspartner und an dem, was er denkt und sagt. Des Weiteren können Sie schlicht und ergreifend Ihre Arbeit besser machen, denn wenn Sie genau wissen, was zu tun ist bzw. was „hinten herauskommen soll", dann ist es auch deutlich einfacher, die eigene Arbeitskraft darauf auszurichten. Und gerade wenn Sie noch am Anfang Ihrer Karriere sind und naturgemäß über keinen sehr großen Erfahrungsschatz auf Ihrem Arbeitsgebiet verfügen, sollten Sie sich das Fragen als liebgewordene Gewohnheit zu eigen machen.

5.3.2 Kundenanforderungen: Getilgt, verzerrt, und generalisiert

Genau genommen setzen wir in diesem Kapitel das Thema „Fragen" fort. Aber Sie werden nun über das bereits Gelernte hinaus erfahren, wie Sie *sprachliche Nebel* durch Fragen gezielt auflösen und im wahrsten Sinne des Wortes für Klarheit sorgen können.

Kennen Sie Sätze wie „Das funktioniert nicht" oder „Das ist immer dasselbe mit den Servicetechnikern" oder auch „Du machst mich nervös"? Solche Aussagen sollen uns zwar eigentlich etwas mitteilen, sind aber derart unpräzise, fast schwammig formuliert, dass wir als Empfänger dieser Botschaft entweder ein großes Fragezeichen im Gesicht haben oder sie im Sinne der vier Seiten einer Nachricht anders auffassen, als sie tatsächlich gemeint war. Wie es auch sei, es besteht offensichtlich dringender Klärungsbedarf. Wie bei allen sprachlichen Defekten [Ortn05], die uns – insbesondere im Rahmen des Anforderungsmanagements – begegnen können und die wir durch Nachfragen konkretisieren müssen.

Ein Blick in die Praxis:
Kunde ist nicht gleich Kunde

Karin L. sollte bei einem Unternehmen Anforderungen an ein zu entwickelndes Software-Produkt aufnehmen. Sie traf in der Analysephase auf das Begriffswort „Kunde", das sich als ein Homonym herausstellte, also ein und dasselbe Wort, das aber auf zweierlei, völlig unterschiedliche Arten ausgelegt werden konnte. Karin L. merkte dies allerdings erst sehr spät. Für sie galt die von der Geschäftsleitung propagierte Deutung, nämlich dass als Kunde derjenige bezeichnet wird, der *gegen Geld Produkte* (z.B. Türarmaturen) dieser Firma *kauft*. Also legte sie einen entsprechenden Objekttypen an sowie bestimmte Relationen und definierte Attribute mit zulässigen Wertebereichen. Als das Programm von den Beta-Testern auf Herz und Nieren geprüft wurde, stellte sich heraus, dass die Produktion so gut wie gar nicht damit arbeiten konnte. Kein Wunder, denn die betreffenden Bereiche verwendeten das Begriffswort „Kunde" zwar auch, meinten damit aber die *nachgelagerte Abteilung* (z.B. Oberflächenveredelung), die auf eine fehlerfreie „Produktlieferung" der vorgelagerten Abteilung (z.B. Schleiferei) angewiesen ist, um ihrerseits das Werkstück weiterverarbeiten zu können. Dieser unternehmensspezifische *sprachliche Defekt* hätte im Vorfeld geklärt und z.B. durch Umbenennung („Kunde_extern" und „Kunde_intern") ausgebügelt werden müssen.

Als drei relevante Ausprägungen einer solchen sprachlichen „Nebelwerferei" nennen die beiden Begründer des NLP, Bandler und Grinder[7] folgende [BaGr10]:

- Tilgungen,
- Verzerrungen und
- Generalisierungen.

Der T-Shaping-Tipp:

Egal mit welcher der drei sprachlichen Nebelwerfereien Sie es zu tun haben: Sie müssen nachhaken, sonst besteht möglicherweise die Gefahr, in die falsche Richtung zu laufen oder überhaupt keine zu haben.

Schauen wir uns nun die oben genannten „Nebel" einmal genauer an[8].

Tilgungen

Die *Tilgung* löscht, und zwar Aussagen bzw. in Worte gefasste Erfahrungen, weil sich der Sender damit entweder nicht beschäftigen will oder der Sache keine Wichtigkeit beimisst. Sie werden mit den klassischen W-Fragen (siehe Abschnitt 5.3) konkretisiert und aufgelöst. Schauen wir uns doch folgenden Satz eines mit seinem Betriebssystem nicht klarkommenden Kunden an:

---

[7] Der Psychologe Richard Bandler (*1950) und der Anglist und Linguist John Grinder (*1939) sind die Begründer der Neurolinguistischen Programmierung (NLP). Bei dieser Methode geht es nicht um das Erzeugen von Quellcode, zumindest nicht im informatischen Sinne. Aber dennoch können Sie das Wort „Programmieren" hier recht wörtlich nehmen, denn NLP ist eine kommunikationspsychologische Methode, die dazu dienen kann, festgefahrene, blockierende Muster in unserem Denken und Handeln aufzulösen und durch für uns und unsere Umgebung positivere zu ersetzen. Wir programmieren uns quasi um.

[8] Zur Vertiefung dieses ausgesprochen spannenden Themas sprachlicher Finessen im Kontext des Anforderungsmanagements sei hier übrigens aus voller Überzeugung auf Chris Rupp verwiesen [Rupp09].

„Das nervt mich."

Hier liegt eine Tilgung vor, nämlich die des Grundes für die Genervtheit. Ohne zu wissen, was ihn konkret in diese Gefühlslage bringt, können wir dem Betreffenden aber nicht helfen. Also lautet eine notwendigerweise zu stellende Frage auf diese Aussage:

„Was genau nervt Sie denn?"

Es gibt aber durchaus auch Aussagen, in der sich gleich mehrere Tilgungen verstecken. Wie die folgende einer Sachbearbeiterin, die in einem Entwicklungsprojekt seitens des Kunden mitarbeitet:

„Mein Chef hat gesagt, dass das so nicht geht."

Dieses Beispiel ist für jeden sprachlogischen Sherlock Holmes ein Sahnestück. Raten Sie doch mal. Wie viele Tilgungen haben Sie entdeckt? Na? Hier sind locker drei Tilgungen enthalten, die Sie nun durch entsprechende Fragen auflösen können:

„Zu wem hat Ihr Chef das gesagt?"

Hier klären Sie, ob der Chef es ihr direkt gesagt oder ob sie ihre Information über Dritte bezogen hat.

„Was genau geht so nicht?"

Die Software? Die Projektorganisation? Die Art und Weise, wie der Kaffee gekocht wird? Sorgen Sie dafür, dass die Informationen konkret werden.

„Wie sollte es denn aus der Sicht Ihres Chefs stattdessen gehen?"

Jetzt erzwingen Sie Klarheit und hinterfragen das „so" der Ursprungsaussage.

Verzerrungen

Die *Verzerrung* ist ein beliebtes Mittel, keine Verantwortung tragen zu müssen. Ursache und Wirkung werden hier regelrecht vertauscht. Die sprechende Person hat dabei das Gefühl, dass sie gar nicht anders kann, als auf eine bestimmte Weise zu reagieren, weil jemand etwas Bestimmtes gesagt oder getan hat. Trick 17 dabei: Wenn ich für eine Sache keine Verantwortung trage, dann kann (= muss) ich ja auch nichts daran ändern. Sie müssen also mittels der Fragen, die eine solche Verzerrung aufdecken, „hinter den Vorhang schauen" und damit dem Sender der Botschaft wieder ein Gefühl dafür geben, dass er ein *Mitspieler* ist und in das Geschehen durchaus mit Wirkung eingreifen kann. Unser erstes Beispiel spiegelt das Gespräch zwischen einem Analysten und dem Kunden, dessen Anforderungen an eine Software er herausfinden und aufnehmen soll:

„Ihre Art, meine Anforderungen niederzuschreiben, blockiert mich total darin zu sagen, was ich für meine Arbeit benötige."

Der Betreffende kann im Augenblick offenbar nicht in Worte fassen, was er will, und schiebt die Verantwortung dafür dem IT'ler zu, der die Anforderungen aufnehmen soll. Der wiederum spielt den Ball nun klug zurück:

„Ich verstehe Sie also richtig, dass Sie Ihre Anforderungen klarer benennen könnten, wenn ich meine Art, diese niederzuschreiben, modifiziere?"

Klug gekontert, denn wenn der Kunde nun „ja“ sagt und der IT’ler seine Art des Niederschreibens ändert, dann müssten die Anforderungen ja anschließend nur so sprudeln. Wenn er nein sagt, dann widerspricht er sich selbst. Aber Vorsicht: Hier muss der Ton ganz klar die Musik machen, denn bei einer solchen Antwort besteht leicht die Gefahr, dass sie überheblich klingt, oder gar so wirkt, als solle die erste Bemerkung ins Lächerliche gezogen werden.

Generalisierungen

Sie brauchen nur einmal den Fernseher anzuschalten und werden in den Nachrichten oder – noch besser – bei Fußballer-Interviews mit *Generalisierungen* konfrontiert. Sie prasseln geradezu so auf uns nieder. Die magischen Worte heißen hierbei z.B. „man“, „Missgeschick“, „Umstände“ etc. oder auch Worte wie „immer“, „jeder“, „niemals“, „nichts“ etc. Als Informatiker kennen Sie das System, das dahinter steht, übrigens sehr gut. Es handelt sich bei Generalisierungen nämlich um Klassifikationen auf einer oberen Stufe. Im Grunde ist die Aufdeckung und Entschlüsselung dieser „sprachlichen Nebel“ sehr ähnlich der Vorgehensweise, die wir bei den Tilgungen bereits kennengelernt haben. Eine andere Variante der Generalisierung beruht ebenso auf der Klassifikation, aber nicht so sehr auf Objekt-, also Wortebene, sondern mehr auf Aussagenebene, wie das folgende Beispiel zeigt:

> „Kein Berater interessiert sich wirklich für meine Anforderungen.“

Eigentlich stünde dahinter die Aussage – wenn der betreffende Kunde Sie denn formulieren würde –, dass der letzte Berater, der im Hause war, sich überhaupt nicht für seine Belange interessierte. Sie müssen ihn nun also durch eine entsprechende Frage *vom Generellen ins Spezielle* (zurück)holen. Hier können und müssen Sie teilweise von den üblichen W-Fragen ein bisschen abgehen und prosaischer fragen (die Antworten des Kunden sind in Klammern gesetzt).

> „Sind Verkäufer für Sie nicht auch Berater, eben Verkaufsberater?“
>
> („Schon.“)
>
> „Sind Sie von einem solchen schon einmal gut, d.h. auf Ihre Bedürfnisse eingehend, beraten worden?“
>
> („Ja, sicher.“)
>
> „Sie stimmen mir also zu, dass es Berater gibt, die sich wirklich für Ihre Anforderungen interessieren?“
>
> („Ja, in der Tat.“)
>
> „Dann freut es mich, dass ich Ihnen sagen darf: Ich tu es auch.“

Sie entschuldigen, aber der Reiz, dieses Gespräch nun tatsächlich – über die Fragen hinaus – zu einem schönen Ende zu bringen, war gerade zu groß. Ich mache es mit einem zweiten Beispiel wieder gut:

> „Man sollte die Bedürfnisse der anderen auch berücksichtigen.“

Gerne, aber bei soviel Nebel kann der arme Berater ja nun wirklich nicht wissen, was gemeint ist. Deswegen hier gleich ein ganzer Fragenkatalog, mit dem der obige Nebel aufgelöst werden kann:

„Wer genau sollte die Bedürfnisse berücksichtigen? Wir als Berater oder Ihre Vorgesetzten?“

„Wessen Bedürfnisse sollten berücksichtig werden, wen meinen Sie mit *die anderen*?“

„Welche Bedürfnisse sollten berücksichtigt werden?“

Was passieren kann, wenn Sie verzerrte, getilgte oder generalisierte Aussagen Ihrer Gesprächspartner nicht hinterfragen, sondern wörtlich nehmen, zeigt Ihnen das nächste, mit einem Augenzwinkern zu lesende Beispiel, dessen Wahrheitsgehalt nicht eindeutig belegt, aber ebenso wenig *wider*legt werden kann.

Die Piloten der kanadischen Fluglinie Quantas müssen nach jedem Flug eine Mängelliste erstellen, auf der sie eventuelle Probleme notieren (→ Testergebnisse Ihres Kunden) und das anschließend den Mechanikern (→ Sie, der Software-Profi) zur Bearbeitung weitergereicht wird. Die Mechaniker (M) müssen nun ihrerseits die Kommentare der Piloten (P) mit der durchgeführten Problemlösungsaktion kommentieren. Sie werden sehen, dass das Bodenpersonal durchaus über Humor verfügt und in den genannten Beispielen auch erzieherisch tätig war. Hier nun einige von den Piloten benannte Probleme samt Kommentare der Mechaniker.

Ein Blick in die Praxis:
Wie man mit Verzerrungen, Tilgungen und Generalisierungen noch umgehen kann ...

P: Bereifung innen links muss fast erneuert werden.
M: Bereifung innen links fast erneuert.

P: Im Cockpit ist irgendetwas locker.
M: Wir haben im Cockpit irgendetwas wieder fest gemacht.

P: Hinweis auf undichte Stelle an der rechten Seite.
M: Hinweis entfernt.

P: DME ist unglaublich laut.
M: DME auf glaubwürdigere Lautstarke eingestellt.

P: Vermute Sprung in der Scheibe.
M: Vermute, Sie haben Recht.

P: Flugzeug fliegt komisch.
M: Flugzeug ermahnt, ernst zu sein und anständig zu fliegen.

P: Zielradar summt.
M: Zielradar neu programmiert, sodass es jetzt in klaren Worten spricht.

P: Maus im Cockpit.
M: Katze installiert.

Damit Sie keine Katze installieren müssen, sollten Sie nun ein wenig üben. Erfragen Sie sich doch einmal durch den folgenden Nebel an Tilgungen, Verzerrungen und Generalisierungen und zwingen Sie Ihren imaginären Gesprächspartner dazu, konkret zu werden.

Ü Die T-Shaping-Übung: Die Kunst des „Nebel-Lichtens“

☐ „Das hilft mir doch nicht bei meiner Arbeit."

____

____

☐ „Wenn die Dokumentation verständlich gewesen wäre, dann hätte ich meinen Teil beitragen können."

____

____

☐ „Das ist alles so müßig."

____

____

☐ „Wir machen unsere Arbeit so, wie wir unsere Arbeit eben machen."

____

____

☐ „Ich kann dazu nichts beitragen."

____

____

5.4 Der Körper lügt (fast) nie

Unsere gesprochenen Worte können manchmal lügen, unser *Körper* hingegen so gut wie nie. Diese Tatsache hat wohl schon so manchen Eltern dabei geholfen, den wahren „Zerstörer“ von Omas teurer Jugendstilvase zu identifizieren, und das trotz heftigen Leugnens seitens des Übeltäters. Ebenso mögen in dem einen oder anderen Projektleiter berechtigte Zweifel bezüglich der angekündigten Termintreue aufgekommen sein, wenn einer seiner Teamleiter zwar Pünktlichkeit beteuerte, aber dass er den Blickkontakt nicht halten konnte, eine ganz andere Sprache sprach. Es ist tatsächlich so: Wenn Sie nicht gerade ein ausgebuffter, mit allen Wassern gewaschener Rhetoriker allererster Güte sind, dann wird es Ihnen schwerlich gelingen, mit beidem zu lügen: mit dem gesprochenen Wort ebenso wie mit dem Körper. Der Körper gewinnt fast immer. Und unser Unterbewusstsein verhält sich leider nicht in jeder Situation vollständig loyal uns selbst gegenüber. Das birgt potenziell die Gefahr, dass es unseren Körper zu einer ungewollten Mimik oder nicht beabsichtigten Geste veranlasst, die dann das „Vorbeischrammen“ an der Wahrheit öffentlich macht.

Wenn *Körpersprache* und gesprochenes Wort bezüglich der getätigten Aussage übereinstimmen, so sprechen wir von *Kongruenz*. Behaupten Sie aber, dass Sie „total gerne bei Ihrem Kunden sind“, und haben eine Körpersprache, die matt, verklemmt und so rüber kommt, als ob Sie am liebsten sofort den Raum verlassen würden, dann sind Sie inkongruent. Diese durch die Körpersprache entlarvte „Unwahrheit“ kann in der Regel nicht durch das gesprochene Wort kaschiert werden. Der Körper gewinnt (leider) immer.

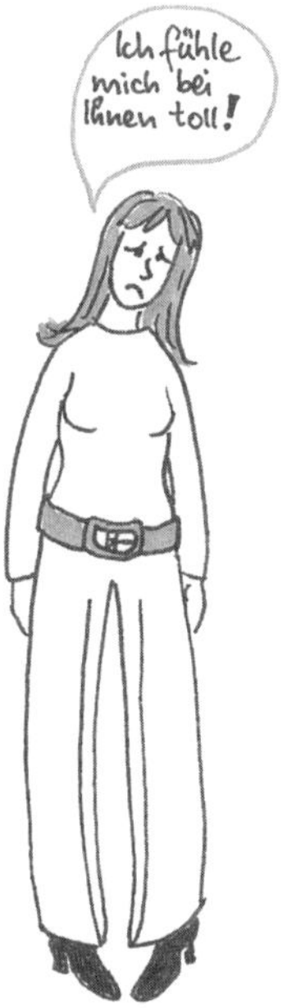

Es gibt übrigens Menschen, die einfach nicht lügen können. Insbesondere in ihrem Gesicht kann man dann lesen wie in einem offenen Buch. Doch Vorsicht: Körpersprache ist enorm wichtig für die Kommunikation – sowohl hinsichtlich des Sendens als auch in puncto Empfangen, aber sie ist nicht das Einzige, worauf wir achten sollten. Kommunikation ist immer ein bunter Strauß aus vielerlei Aspekten und Eindrücken. Und dass Kollege Meier sich während Ihres Vortrags in seinem Stuhl permanent ablehnend nach hinten gelehnt hat, muss überhaupt nichts mit Ihnen und Ihrer Präsentation zu tun haben.

A Der T-Shaping-Aha-Effekt:

Lesen Sie in der Körpersprache Ihres Gegenübers, aber überbewerten Sie diese nicht. Manchmal ist das Zurückneigen in der Sitzhaltung Ihres Gesprächspartners keineswegs Zeichen seiner Ablehnung, sondern beispielsweise einfach ein Resultat seines schmerzenden Rückens.

Das „Lesen“ und überlegte Interpretieren der Körpersprache meines Gegenübers ist eine wichtige und anspruchsvolle Aufgabe, die aber jeder mit ein bisschen Übung und Interesse gut bewältigen kann.

5.4.1 Körpersprache mit allen Sinnen

Körpersprache hat viel mit den Wahrnehmungskanälen aus Abschnitt 4.1.4 zu tun. Ein stark auditiver Mensch braucht z.B. nicht so viel Blickkontakt wie beispielsweise ein visueller. Es kann Ihnen passieren, dass er körpersprachlich den Eindruck erweckt, überhaupt nicht zuzuhören, und stattdessen seinen Blick während Ihrer Präsentation permanent abwendet. Und doch weiß er zum Schluss haargenau, was Sie gesagt haben. Er hat es ja schließlich *gehört*!

Hier eine kleine Übersicht, wie sich die drei dominantesten Sinneswahrnehmungen (visuell, auditiv und kinästhetisch) auf die Körpersprache auswirken [McOC99]. Das hilft Ihnen, die Körpersprache noch präziser einordnen zu können und entsprechend zu kommunizieren, denn ein visueller Mensch braucht Bilder (tatsächliche oder metaphorische), ein auditiver Töne und ein kinästhetischer möchte über die Gefühle und das Fühlen angesprochen werden:

- Der *visuell orientierte*, in Bildern denkende Mensch:
  - Er blickt öfter nach oben oder ohne konkreten Fokus in die Ferne,
  - atmet vor allem im oberen Brustbereich,
  - sitzt, steht und geht vorwiegend aufrecht und
  - neigt dazu, schnell zu sprechen.
- Der *auditiv orientierte*, in Tönen und Geräuschen denkende Mensch:
  - Er neigt den Kopf gerne zur Seite (ein Zeichen konzentrierten Zuhörens),
  - atmet vor allem im mittleren Brustbereich,
  - bewegt sich gerne rhythmisch und
  - setzt seine Stimme expressiv ein.
- Der *kinästhetisch orientierte*, in Gefühlen denkende Mensch:
  - Er blickt sehr oft nach unten und „in sich hinein",
  - atmet vor allem im unteren Brustbereich,
  - neigt dazu, eine entspannte Körperhaltung mit runden Schultern einzunehmen,
  - spricht eher langsam und mit tiefer Stimme.

Wir werden auf die Wahrnehmungstypen noch einmal in Abschnitt 5.4.3 zurückkommen, wenn es darum geht, die Mimik unseres Gegenübers zu deuten.

5.4.2 Fest gemauert in der Erden: Die Haltung

Der neu-deutsche Ausdruck „jemand hat Standing" beschreibt sehr gut, um was es in diesem Abschnitt geht, nämlich um den Stand. Unsere *nach außen* gezeigte Haltung spiegelt – sofern wir nicht bewusst darauf achten – sehr deutlich unsere *innere* Haltung der Situation gegenüber, in der wir uns befinden, oder dem Menschen, den wir gerade vor uns haben, wider. Wie wir stehen, gehen und sitzen, signalisiert „ich fühle mich wohl" ebenso wie „ich möchte am liebsten weglaufen". Läuft da ein souveräner, um seine Stärken wissender Mensch aufrechten Ganges oder sitzt dort ein armes Würstchen, verschüchtert und unsicher eingesackt in seinem Stuhl? Mit den Signalen, die wir über unsere Haltung senden, geben wir unserem Gesprächspartner bereits alle Möglichkeiten in die Hand, uns möglicherweise „in die Tasche zu stecken". Souveränität geht anders.

Erinnern Sie sich an die (Ohn)Macht des ersten Eindrucks? Ganz klar, gerade bei diesem ist die Haltung elementar. Aber auch sonst kann eine instabile, nicht wirklich selbstbewusste Haltung – vielleicht noch in Kombination mit einer eher kraftlosen Stimme – verstecken, wie fachkompetent Sie tatsächlich sind. Denn die meisten Menschen lassen sich nun einmal in einem ersten Schritt durch das Äußere Ihres Gegenübers beeindrucken. Und da kommt es nicht gut an, wenn Sie beide Hände in den Hosentaschen haben, die Schultern hängen lassen und Ihr Blick ins Nirwana zu gehen scheint.

C Die T-Shaping-Checkliste: Die Haltung

- ☐ Männlich auf einem Stuhl zu sitzen, bedeutet keinesfalls, die Beine mindestens 65 Grad auseinander zu spreizen. Das ist eher eine Demonstration männlicher Potenz denn ein Zeichen stilvoller Selbstpräsentation. Lassen Sie die Füße einfach beide auf dem Boden oder schlagen Sie die Beine übereinander. Aber Vorsicht: nicht so „sportlich", dass bei zu kurzen Socken das behaarte Bein herausschaut.
- ☐ Für die Damenwelt gilt Gleiches. Und ich meine Gleiches! Nur den Satz mit der Potenz dürfen Sie ignorieren. Und was dem Herren seine zu kurze Socke, das ist der Dame ein zu kurzer Rock, der insbesondere im Sitzen problematisch werden kann.
- ☐ Seien Sie Ihrem Gesprächspartner immer zugeneigt, im Stehen ebenso wie im Sitzen. Wenn zwar der Blick geradeaus geht, Sie aber mit dem Oberkörper quasi schon in die andere Richtung „unterwegs" sind, dann signalisiert das mangelnde Fokussierung auf Ihr Gegenüber und damit eine ebenso mangelnde Wertschätzung.
- ☐ Halten Sie sich stolz und aufrecht. Ungeachtet der Tatsache, dass Ihnen eine krumme Haltung früher oder später das Volksleiden „Ich hab' Rücken" bescheren wird, steht eine aufrechte Erscheinung eben im wahrsten Sinne des Wortes für Selbstbewusstsein und Überzeugungskraft. Stellen Sie sich einfach vor, Sie hängen in der Mitte Ihres Kopfes an einem einzelnen Marionettenfaden, der Sie immer wieder hochzieht, wenn Sie in sich zusammenzusinken drohen.
- ☐ Vermeiden Sie geballte Fäuste und stecken Sie nicht beide Hände in die Hosentaschen. Auch sollten Sie die Hände nicht in die Hüfte stützen. Eine Hand darf in die Hosentasche, aber bitte nicht während des Handgebens bei der Begrüßung.
- ☐ Setzen Sie sich nicht auf die Stuhlkante, sondern immer mit Ihrem ganzen Hinterteil auf die komplette Sitzfläche. Sonst erwecken Sie den Eindruck, als ob Sie auf der Flucht wären.
- ☐ Wenn Sie signalisieren wollen, dass Sie besonders aufmerksam zu hören, dann neigen Sie leicht den Kopf zu Seite. Diese Urhaltung machen Tiere heute noch, wenn sie sich dem Gegner ergeben und ihm ihre verletzlichste Stelle (den Hals) „zum Biss" präsentieren. Im Gespräch heißt das: Ich vertraue dir, ich höre dir zu.

Die Haltung signalisiert nicht nur, wie wir uns fühlen, sondern sie kann auch unser Befinden beeinflussen, wenn wir sie ändern. Wechseln Sie doch körpersprachlich einfach einmal bewusst zwischen „stolzem Prinz" und „armem Würstchen", dann wissen Sie, was ich meine.

5.4.3 Schau' mir in die Augen, Kleines: Die Mimik

Aus einem Gesicht kann man alles lesen. Oder nichts. Der zärtliche Blick eines geliebten Menschen wärmt uns ebenso, wie uns die hochgezogene Braue des gefürchteten Chefs binnen Sekunden „schockfrostet“. Haben Sie schon einmal Poker gespielt? Und ich meine nicht die Online-Variante gegen virtuelle Mitspieler, sondern das echte, reale Kartenspiel, in dem das kleinste unbewusste Zucken des Mundwinkels verraten kann, ob Sie ein Full House auf der Hand haben oder bluffen.

Die Analyse von Augen, Mund und Kopfhaltung ist eine Wissenschaft für sich und birgt unzählige interessante und wichtige Aspekte. Wenden wir uns also einer für die Kommunikation, genauer gesagt, für das bessere Verstehen des Gesprächspartners relevanten Fähigkeit zu, nämlich der des Augenlesens. Die Augen eines Menschen verraten viel über seine präferierte Art und Weise, Informationen zu geben, aber auch vor allem zu erhalten. Sagen Sie doch einmal einem Menschen in Ihrer Umgebung, er möge jetzt bitte an einen grünen Elefanten denken. Wenn der Gefragte eher ein visueller Typ ist, so wird sein Blick nach oben gehen, höchstwahrscheinlich nach links oben, denn es ist zu bezweifeln, dass er erst kürzlich einem grünen Elefanten begegnet ist. Hat Ihr Gesprächspartner den auditiven Sinn als primären Wahrnehmungskanal, so bleibt sein Blick in der Mitte, wiederum wahrscheinlich links. Und wenn er ein totaler Gefühlsmensch ist, also ein kinästhetisch veranlagter, dann wird er über dieses ungewöhnliche Tier wohl nachdenken, denn er kann sich mit Sicherheit nicht daran erinnern, dieses Wesen jemals angefasst zu haben. Ungeachtet dieser möglichen Zuordnung kann natürlich auch ein vorwiegend auditiv veranlagter Mensch auf eine Frage mit „visuellen Augenbewegungen“ reagieren oder ein visueller mit kinästhetischen. Das ist insbesondere dann der Fall, wenn die Fragen per se schon stark in eine bestimmte Richtung tendieren („Welche Musikrichtung bevorzugen Sie?“).

Wir unterscheiden bei den Augenmustern zwischen den Wahrnehmungskanälen und der Frage, ob ich ein Referenzmodell für das Erfragte habe, mich also erinnere oder es konstruieren muss, weil keine entsprechende Erinnerung vorhanden ist. Hier folgt nun der Überblick. Bitte beachten Sie, dass die nachfolgenden Augen so dargestellt sind, als ob Ihr Gesprächspartner Ihnen gegenüber stehen würde. Daher ist sein „links“ für Sie auf der rechten Seite.

Der Blick geht...

- Nach links oben: Ihr Gegenüber denkt gerade an Dinge, die er schon einmal gesehen hat, an die er sich visuell erinnern kann.

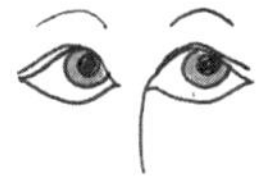

- Nach rechts oben: Ihr Gegenüber denkt gerade an Dinge, die er offenbar noch nicht gesehen hat und die er sich gerade visuell konstruiert.

- Nach links zur Seite: Ihr Gegenüber denkt gerade an Dinge, die er schon einmal gehört hat, an die er sich auditiv erinnern kann.

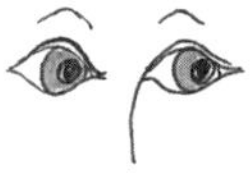

- Nach rechts zur Seite: Ihr Gegenüber denkt gerade an Dinge, die er offenbar noch nicht gehört hat und die er sich gerade auditiv konstruiert.

- Nach rechts unten: Ihr Gegenüber denkt gerade an Gefühle, an die er sich kinästhetisch erinnern kann, fühlt diese möglicherweise sogar einen Moment lang nach. Auch Gerüche oder ein bestimmter Geschmack werden hier erinnert.

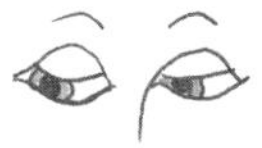

- Nach links unten: Ihr Gegenüber führt gerade einen inneren Dialog, ein stummes Selbstgespräch.

Soweit nun die Mimik als Indikator dafür, dass Menschen, die Sie nicht die ganze Zeit anschauen, durchaus weder unhöflich noch schüchtern sein müssen. Ein nicht gehaltener Augenkontakt kann auch Ausdruck dafür sein, dass der Betreffende beispielsweise sehr auditiv veranlagt ist oder etwa einer visuellen Erinnerung nachgeht, die möglicherweise durch Ihre Worte ausgelöst wurde.

Für die Kommunikation als solches bedeutet die Unterscheidung der Wahrnehmungssinne nun Folgendes:

- *Visuell*: Sprechen Sie in Bildern und visualisieren Sie an Flipchart, Whiteboard oder auf einem Blatt Papier, was Sie an Informationen vermitteln möchten.
- *Auditiv*: Variieren Sie Ihre Stimme, betonen Sie diese bewusst und artikulieren Sie klar.
- *Kinästhetisch*: Holen Sie Ihren Gesprächspartner über die Sprache bei seinen Gefühlen ab, z.B. durch Bemerkungen wie diese: „Das kennen Sie doch sicherlich auch [...]" oder reichen Sie ihm Greifbares wie z.B. Produktproben.

Was nun die Mimik an sich angeht, also die Sprache des ganzen Gesichts, so passiert es recht schnell, beispielsweise durch eine unbewusst hochgezogene und somit Skepsis signalisierende Augenbraue bei Ihrem Gegenüber Verunsicherung zu erzeugen. Was Sie in Sachen Mimik beachten sollten, finden Sie in folgender Checkliste vermerkt [Molc96]:

Die T-Shaping-Checkliste: Die Mimik

- ☐ Lächeln Sie – homöopathisch dosiert und der Situation sowie Ihrem eigenen Wesen angepasst. Denn ein Lächeln öffnet Türen und kann Souveränität demonstrieren.
- ☐ Halten Sie den Blickkontakt mit Ihrem Gegenüber, aber nicht „auf Teufel komm 'raus". Pausen sind erlaubt und tun allen Beteiligten gut.
- ☐ Vermeiden Sie Lippenakrobatik und Zungenspiele. Beide sind verschiedentlich interpretierbar und gehören daher nicht ins Berufsleben.
- ☐ Unterlassen Sie Kommentierungen mit hochgezogenen Augenbrauen – das wirkt überheblich und verunsichert Ihr Gegenüber.

- ☐ Seien Sie achtsam mit Blicken „von oben herab", also mit leicht im Nacken liegendem Kopf. Das wirkt lehrmeisternd. Ebenso vorsichtig sollten Sie mit dem Blick „von unten herauf", also mit leicht nach vorne geneigtem Kopf sein. Letzteres wirkt besonders, wenn Sie eine Brille tragen und dann noch über den Rand derselben schauen. Da schwingt zumeist ein Hauch von Skepsis mit.
- ☐ Versuchen Sie, Ihren Mund bzw. Ihre Lippen lockerzulassen, denn zusammengekniffene Lippen signalisieren Ihre Anspannung, und eine hochgezogene Unterlippe kann Arroganz und Überheblichkeit ausdrücken.

5.4.4 Ganz schön beweglich: Die Gestik

Kommen wir nun zur „italienischen Domäne" der Körpersprache: der Gestik. Menschen mit reduzierten *Gesten* wirken zumeinst ein wenig steif oder sogar langweilig, Insbesondere dann, wenn sie beim Stehen oder Gehen auch noch Schultern und Arme hängen lassen. Oftmals wissen Präsentierende, vor allem auch aus den eher technisch orientierten Bereichen, definitiv nicht, wo sie mit ihren Händen hinsollen, und lassen sie demzufolge einfach hängen. Das ist vor allem deswegen sehr schade, weil sie sich damit oftmals einen möglichen guten Gesamteindruck ihres Auftritts selbst schmälern. Wenn Sie gestikulieren, so müssen (und sollen) Sie das natürlich nicht wie eine schimpfende italienische Mamma tun, sondern Ihr gesprochenes Wort mittels einer zu Ihrer Persönlichkeit passenden, dezent eingesetzten Gestik unterstützen und damit signalisieren, dass Sie voll und ganz hinter dem stehen, was Sie da gerade gesagt haben.

C Die T-Shaping-Checkliste: Die Gestik

- ☐ Vermeiden Sie, mit den Händen zu viel im Gesicht herumzufuchteln. Auch sollte Ihr Kopf beim Sitzen am Tisch nicht unbedingt eine Stütze durch die Hände und Arme benötigen, um weiterhin stabil auf Ihrem Hals zu sitzen. Die Hand am Kinn ist in Ordnung, sie signalisiert nachdenkliches, aufmerksames Zuhören.
- ☐ Keine Fäuste, weder in den Hosentaschen noch „draußen" – sie wirken aggressiv.
- ☐ Versuchen Sie, Ihre Arme bzw. Hände immer im Bereich des Oberkörpers zu positionieren, also maximal von Brusthöhe bis Bauchnabel; sie hängen zu lassen, ist ebenso ungünstig, wie auf Gesichtshöhe zu gestikulieren.
- ☐ Bei Präsentationen dürfen Sie maximal eine Hand in der Hosentasche belassen, besser ist es allerdings, beide zum dosierten Gestikulieren einzusetzen.
- ☐ Achten Sie auf einen souverän kräftigen Händedruck (Sie wissen schon ... der Fisch!).

5.4.5 Eine Frage der Distanz

Kennen Sie Kuschelmonster? Das sind Menschen, die Ihnen entweder schon beim Begrüßen oder später dann im Gespräch so dicht auf die Pelle rücken, dass Sie unwillkürlich zurückweichen. Es sein denn, Sie sind auch ein Kuschelmonster. Falls aber nicht und Sie wieder *Distanz* zwischen sich und den Nähe suchenden Gesprächspartner schaffen, dann kann es Ihnen durchaus passieren, dass dieser in seinem Überschwang doch wieder nachrückt. Solche „Traktoren“ überrollen einfach die Bedürfnisse anderer Menschen, indem sie diese erst gar nicht wahrnehmen. Da Sie selbst aber ein empathischer Mensch sind, merken Sie natürlich, wenn Sie einem anderen im wahrsten Sinne des Wortes zu nah kommen. Jeder Mensch hat seine persönliche Distanzzone, die für ihn den Unterschied zwischen „du stehst mir zu nah“ und „so stehst du genau richtig“ markiert. Das hängt natürlich auch vom Gegenüber und von der Situation ab, lässt sich aber für jeden Menschen über den Daumen gepeilt grob festlegen. Für die folgende Übung brauchen Sie einen Sparringspartner. Am besten jemand, mit dem Sie den körperlichen „Nahkampf“ nicht gewohnt sind, also idealerweise einen Freund oder Kollegen.

Ü Die T-Shaping-Übung: Die persönliche Distanzzone

- ☐ Stellen Sie sich Ihrem Sparringspartner gegenüber hin und lassen Sie ungefähr drei Meter Abstand zwischen sich.
- ☐ Bitten Sie nun Ihr Gegenüber, ganz langsam auf Sie zuzugehen.
- ☐ Sagen Sie „Stopp“, wenn er Ihnen so nah kommt, dass Sie es als unangenehm empfinden.
- ☐ Schätzen (oder messen) Sie nun den Abstand zwischen Ihnen beiden.
- ☐ Wiederholen Sie das Ganze mit umgekehrten Rollen.
- ☐ Tauschen Sie sich über Ihrer beider Empfindungen aus.

Wird die Intimdistanz verletzt, fühlen wir uns in der Regel durch den „Eindringling“ im wahrsten Sinne des Wortes unangenehm berührt und reagieren mit Zurückweichen. Das sind keine günstigen Voraussetzungen für ein gelingendes Gespräch.

Wir unterscheiden folgende Distanzen, mit deren Einhaltung Sie immer goldrichtig liegen:

- Ansprachedistanz (ab 3 m)
- gesellschaftlich-wirtschaftliche Distanz (1,00 bis 3,00 m)
- Persönliche Distanz (0,50 bis 1,00 m, also eine gute Armlänge)
- Intimdistanz (unter 0,50 m)

5.5 Typgerechte Kommunikation

Zu erkennen, welcher Typ vor Ihnen steht, ist wie eine Art *Mustererkennung*. Auch Ihr Hund weiß: Wenn Sie den Keramiknapf mit dem dämlich bremsenden Artgenossen auf der Vorderseite aus dem Schrank holen, dann gibt es lecker Fresschen. Und so wird er, freudig mit dem Schwanz wedelnd, an Ihren Fersen kleben bleiben. Muster erkannt, Verhalten darauf ausgerichtet.

Ebenso sollte es bei der Begegnung mit Ihrer eigenen Spezies sein, denn die anderen können Sie nicht ändern. Das einzig wirkungsvolle Werkzeug, das Ihnen zur Verfügung steht, ist die Anpassung Ihres eigenen Verhaltens – natürlich ohne sich selbst untreu zu werden.

Viele von uns haben im Laufe ihres Lebens beigebracht bekommen, dass es als besonders wertschätzende Kommunikation gilt, wenn man den anderen genauso behandelt, wie man selbst behandelt werden will. Dies klingt zunächst sehr einleuchtend, hält aber einer intensiveren Betrachtung nicht stand. Denn überlegen Sie mal: Wissen Sie, ob Ihr Gegenüber tatsächlich genauso behandelt werden möchte wie Sie selbst? Vielleicht lieben *Sie* es, wenn die Menschen ganz direkt und ohne viel Umschweife auf Sie zukommen und mit Ihnen über dies und das reden. Nun stellen Sie sich aber einmal vor, dass Ihr Gegenüber eher zu der ruhigen Kategorie gehört und sich in sein Schneckenhaus zurückzieht, sobald ein unbekümmert schwatzender und freundlich auf ihn zu stürmender Mensch daher kommt, aus dessen Fängen er sich nur schwerlich wieder befreien kann. Merken Sie etwas? Die oben erwähnte Strategie greift hier schon einmal nicht. Es muss also einen anderen Weg geben.

T **Der T-Shaping-Tipp:**

Behandele den anderen so, wie der andere behandelt werden will, und rede mit ihm so, wie er möchte, dass man mit ihm redet.

So lautet die wertschätzende Strategie, mit anderen Menschen zu kommunizieren. Doch wie so oft im Leben ist die Theorie recht einfach, aber die praktische Umsetzung dafür umso schwerer. Denn woher sollen Sie innerhalb weniger Augenblicke wissen, welcher Typus da tatsächlich vor Ihnen sitzt? Wir können ja schließlich schlecht vor der ersten Begegnung einen Testbogen versenden mit der dringenden Bitte, diesen doch auszufüllen und recht bald an uns zurückzuschicken, damit wir bei der ersten persönlichen Begegnung bestens vorbereitet sind. Das ist zwar ein schöner Gedanke, aber doch sehr unrealistisch. Uns bleibt also einzig und allein übrig, Werkzeuge und Methoden einzusetzen, mit denen wir in möglichst kurzer Zeit erfassen können, ob vor uns ein eher introvertierter oder eher extravertierter Mensch steht, der mehr Wert auf Informationen oder doch auf das Zwischenmenschliche legt.

5.5.1 Souverän und punktgenau: Kommunizieren mit Typ 1

Wir beginnen mit dem konsequenten Alphatier, dem extravertierten und auf die Sache fokussiert Typus.

Seine Körpersprache und Stimme

Das Alphatier hat zumeist eine stolze, gerade Körperhaltung. Es kommt forsch und direkt auf seinen Gesprächspartner zu und gibt die Hand mit kräftigem Druck und offenem Blickkontakt. Seine Körpersprache ist insgesamt sehr kontrolliert, sowohl was Gestik als auch Mimik angeht. Seine Stimme setzt der Vertreter dieses Typus in der Regel laut und deutlich ein, damit die Klarheit seines Standpunkts auch ankommt. Er klingt selbstbewusst und wird niemand sein, bei dem Sie dreimal mit „Wie bitte?" nachhaken müssen, weil Sie sein leises Stimmchen nicht verstanden haben.

Wie Sie am besten mit diesem Typen kommunizieren

Der Alphatier-Vertreter will, dass Sie auf den Punkt kommen – ebenso, wie er das auch macht. Kreisen Sie also nach Möglichkeit nicht großräumig um das Thema herum, sondern formulieren Sie Ihr Anliegen klar und konkret. Am besten, Sie bereiten sich so gut wie möglich auf ein Gespräch mit dem Alphatier vor. Wenn er Sie nämlich etwas fragt und Sie wissen keine oder eine für ihn nur unbefriedigende Antwort darauf, dann werden Sie keinen Freund fürs Leben finden bzw. er wird Sie dann kaum als gleichwertigen Gesprächspartner ansehen. Haben Sie am besten alle Zahlen, Daten und Fakten parat und seien Sie darauf vorbereitet, dass Sie ihm jederzeit die Vorteile klarmachen können, die mit Ihrem Produkt oder Ihrer Dienstleistung verbunden sind.

Sollten Sie einmal anderer Meinung sein als er, dann bleiben Sie unbedingt bei den Fakten. Sie erinnern sich ja sicherlich an das Geben konstruktiven Feedbacks (siehe Abschnitt 5.2.2). Behalten Sie beim Kommunizieren jederzeit das Ziel im Visier und versuchen Sie immer, ihm Alternativen anzubieten. Das Alphatier möchte am liebsten selbst Entscheidungen treffen. Übrigens, auf eine persönliche Beziehung zu Ihnen legt er nicht unbedingt Wert. Auch mag er es nicht, wenn Sie spekulieren, annehmen oder erlauben. Wie schon gesagt, er will Zahlen Daten und Fakten, und vermeiden Sie tunlichst, ihm in einem Befehlston sagen zu wollen, was Ihrer Meinung nach Sache ist. Er ist der Chef im Ring. Zumindest sollte er das Gefühl haben, dass er es ist. Das heißt allerdings nicht, dass Sie sich ihm auf Gedeih und Verderb unterordnen, sonst verliert er nämlich den Respekt vor Ihnen und betrachtet Sie nicht mehr als Gesprächspartner, der mit ihm auf gleicher Augenhöhe kommuniziert.

Typische Aussagen des Alphatiers:

- „Wann werden Sie das System ausliefern?"
- „Ich hab grade gar keine Zeit, schicken Sie mir den Bericht per E-Mail."
- „Das ist doch alles Spielerei, das brauchen wir nicht."
- „Was bringt mir das?"

5.5.2 Persönlich und unkompliziert: Kommunizieren mit Typ 2

Kommen wir nun zum kreativen Alleskönner, dem extravertierten und menschorientierten Vertreter, der es Ihnen in Sachen Kommunikation eigentlich sehr einfach macht, es sei denn, Sie mögen keinen Smalltalk.

Seine Körpersprache und Stimme

Der kreative Alleskönner ist derjenige unserer Typen, der mit körperlicher Nähe die wenigsten Schwierigkeiten hat. Ganz ausgeprägte Vertreter dieser Spezies kommen Ihnen schon bei der Begrüßung sehr nah und legen Ihnen – nebst Drücken der Hand – vermutlich zusätzlich noch die Hand auf die Schulter. Er ist entspannt und locker, hält ermunternd den Augenkontakt und zeigt seine Gefühle durchaus auch durch seine Mimik. Er unterstreicht seine Aussagen mit lebendigen Gesten, bei denen man bisweilen das Gefühl bekommt, dass er nicht mehr reden könnte, wenn ihm jemand die Hände auf den Rücken binden würde. Seine facettenreich modulierte Stimme ist in der Regel ebenso lebhaft und Raum füllend wie seine Gesten.

Wie Sie am besten mit diesem Typen kommunizieren

Der kreative Alleskönner möchte sich mit Ihnen unterhalten: über die neue Software, über den Projektverlauf, aber genau so gerne über Ihren letzten Urlaub und seinen nächsten. Idealerweise sollten Sie mit ihm zunächst einmal kommunikativ auf Betriebstemperatur kommen, das heißt über Themen sprechen, die ihn begeistern. Das kann natürlich ein Thema aus seinem Arbeitsumfeld sein, muss es aber nicht. In jedem Fall nehmen Sie sich am besten Zeit, wenn ein Gespräch mit einem Alleskönner ansteht. So zwischen Tür und Angel mal eben das Notwendigste auszutauschen, das mag er nicht wirklich. Langweilen Sie ihn nicht mit detaillierten Ausführungen, auch wenn Sie es selbst ganz toll finden, die technischen Finessen des von Ihnen ausgelieferten Webshops bis ins Kleinste vorzustellen. Das interessiert ihn nicht. Er wird es eher spannend finden zu erfahren, dass Sie einen ähnlichen Webshop schon für den Promi XYZ programmiert haben. Überhaupt sind gute Referenzen für ihn sehr „sexy“.

Vermeiden Sie es, einsilbige Antworten zu geben oder sich nur auf Zahlen, Daten und Fakten zu beschränken. Andererseits sollten Sie sich auch nicht darauf einlassen, mit ihm auf Wolke 17 davon zu schweben, wenn er enthusiastisch und leidenschaftlich in Visionen schwelgt. Das macht Ihnen beiden zwar gegebenenfalls Spaß, wird Sie in Bezug auf Ihr Projekt aber möglicherweise keinen Schritt weiter bringen. Behandeln Sie ihn nicht von oben herab und schreiben Sie ihm nicht vor, was er zu tun hat. Auf den Punkt gebracht, sollten Sie in Sachen Smalltalk beim kreativen Alleskönner einigermaßen begabt sein. A-propos „auf den Punkt bringen“: Manchmal kann es notwendig sein, dass Sie den kreativen Alleskönner wieder zurück auf den Punkt bringen, denn die Gefahr ist recht groß, dass er abschweift – besonders dann, wenn er von etwas begeistert ist.

Typische Aussagen des Alleskönners:

- „Das ist aber schön, dass Sie Zeit für mich gefunden haben.“
- „Habe ich Ihnen schon erzählt, wie gut die Software von meinen Mitarbeitern angenommen wurde?“
- „Also beim nächsten Mal, stelle ich Ihnen unbedingt meinen Kollegen Müller vor. Den müssen Sie kennenlernen.“
- „Könnten wir dann nicht noch diese eine Funktion einbauen? Und dann hätte ich auch noch eine Idee wegen des User Interfaces.“
- „Das muss ich doch nicht auskommentieren, das ist doch selbsterklärend.“

5.5.3 Empathisch und verlässlich: Kommunizieren mit Typ 3

Weiter geht es mit einem Blick auf den bodenständigen Teamplayer: So introvertiert und menschorientiert wie er ist, sollte er auch (kommunikativ) behandelt werden.

Seine Körpersprache und Stimme

Die Körpersprache des bodenständigen Teamplayers ist weich, entspannt und besticht durch kleine, feine Gesten. Er schaut Ihnen freundlich in die Augen, blickt aber durchaus auch einmal zur Seite, wenn es ihm zu direkt wird. Er wirkt insgesamt sehr freundlich und verbindlich, und dieser Eindruck wird auch durch den sanften Klang seiner Stimme verstärkt. Ein Teamplayer-Vertreter wird Sie niemals mit „der Kraft seiner Worte“ überrollen.

Wie Sie am besten mit diesem Typen kommunizieren

Aufgewärmt durch den Alleskönner, können Sie beim harmoniebedürftigen Teamplayer in Sachen Smalltalk gleich weitermachen. Aber lassen Sie es hier ruhiger angehen, denn er braucht ein bisschen, um auf Betriebstemperatur zu kommen. Am besten starten Sie ein Gespräch mit diesem Typen mit einem kleinen Eisbrecher. Dafür ist es sinnvoll, das eine oder andere persönliche Detail des betreffenden Menschen zu kennen. Vielleicht hat er sich ja gerade einen neuen Kater aus dem Tierheim geholt. Dann sollten Sie ihn danach fragen, wie es denn mit dem neuen Mitbewohner klappt. Nehmen Sie sich Zeit für ihn, und lassen Sie ihm selbige, um seine Gedanken auszudrücken. Stellen Sie Ihre Antennen auf höchste Empfangsbereitschaft, damit Ihnen keine seiner versteckten Bemerkungen und eventuelle Gefühlsregungen entgehen. Denn das kann im Zweifel eine hilfreiche Information sein, um noch einmal nachzufragen, ob Sie auch alles richtig verstanden haben oder ob es noch offene Punkte für ihn gibt. Je aufmerksamer Sie sind bzw. je aktiver Sie zuhören, desto mehr wird er sie als Gesprächspartner wertschätzen und als Dienstleister immer wieder gerne ins Haus holen.

Vermeiden Sie es, zu forsch und zu direkt zu sein, denn das irritiert den Teamplayer. Deswegen hat er es auch nicht so sehr mit den manchmal etwas polternden Alphatieren. Diese Art Mensch ist ihm suspekt und stellenweise einfach zu dominant. Vergessen Sie nicht, auf wichtige Details einzugehen, denn der Teamplayer bleibt nicht gerne an der Oberfläche eines Themas, sondern vertieft es lieber. So kann er sich ein umfassendes Bild der Gegebenheiten machen. Das gibt Sicherheit, und die ist ihm sehr wichtig. Deswegen sollten Sie Ihre angebotenen Lösungen immer absichern und dem Teamplayer entsprechende Garantien bieten, die sein Risiko minimieren. Reden Sie nicht nur über Zahlen, Daten und Fakten, sondern lassen Sie gelegentlich Ihre oder seine Befindlichkeiten einfließen. Eine gute Atmosphäre und eine persönliche Beziehung sind dem harmoniebedürftigen Teamplayer wichtige Voraussetzungen für gute Kommunikation.

Typische Aussagen sind:

- „Können Sie mir diese Zusammenhänge noch einmal erläutern?“
- „Ich fürchte, dazu kann ich mich heute noch nicht abschließend äußern. Ich möchte darüber noch einmal nachdenken.“
- „Glauben Sie wirklich, dass das den Aufwand lohnt?“
- „Das haben wir aber immer so gemacht.“
- „Ich möchte das erst einmal mit meinen Kollegen besprechen.“
- „Ich habe bei dieser Entscheidung kein so gutes Gefühl.“

5.5.4 Beherrscht und detailliert: Kommunizieren mit Typ 4

Den Abschluss bildet der analytische Qualitätssicherer, dessen introvertiertes und sachbezogenes Wesen von Ihnen auch ein entsprechendes, d.h. eher zurückgenommenes Kommunikationsverhalten erfordert.

Seine Körpersprache und Stimme

Er hält Abstand – im wahrsten Sinne des Wortes, nämlich nicht nur emotional, sondern auch, wenn er Ihnen gegenübersteht. Körperkontakt ist nicht so sehr seins, und deswegen ist das Händeschütteln für ihn in der Regel das Äußerste der Gefühle. Seine Haltung ist fest und seine Gestik reduziert. In seinem Gesicht werden Sie – im Gegensatz zum Alleskönner, der ihm so gar nicht liegt – nicht lesen können. Gefühle hält er unter Verschluss. Seine Stimme ist beherrscht, seine Wortwahl überlegt und abwägend. Er wird niemals heraussprudeln, sondern gut überlegen, was er als Nächstes sagt.

Wie Sie am besten mit diesem Typen kommunizieren

Wenn Sie sich mit unserem „Formatvorlagenbastler“, wie man den analytischen Qualitätssicherer auch liebevoll nennen könnte, unterhalten, dann sollten Sie logisch argumentieren und strukturiert vorgehen. Zahlen, Daten und Fakten müssen Sie von vorneherein auf den Tisch des Hauses legen. Einfach „nur so“ mit Informationen zu jonglieren, wird Sie in der Kommunikation mit dem Qualitätssicherer nicht ans Ziel bringen. Sie müssen ihm das Gesagte schon mit Statistiken, Tabellen und Referenzen belegen, sonst zweifelt er an der Relevanz oder gar der Richtigkeit der Aussagen.

Bleiben Sie in jedem Fall sachlich, geschäftsmäßig und vermeiden Sie Persönliches. Über sein Privatleben will er einfach nicht reden. Details hingegen mag er, auf die dürfen Sie gerne näher eingehen. Kurzum: Beim Qualitätssicherer sollten Sie bestmöglich vorbereitet sein. Wenn Sie seine Auffassungen teilen, dann können bzw. müssen Sie zum nächsten Punkt übergehen, denn überflüssiges Gerede mag er gar nicht.

Typische Aussagen sind:

- „Können wir jetzt mal zur Sache kommen?"
- „Das kann ich heute nicht entscheiden."
- „Die zweite Quellcode-Zeile im vorletzten Modul ist noch nicht kommentiert."
- „Ich nehme die Unterlagen dann mal mit und schaue mir das zuhause in Ruhe an."
- „Ich habe mir die Sache überlegt, die Vor- und Nachteile abgewogen und beschlossen dass wir das jetzt wie folgt machen ... "

5.6 Aktiv auf den Punkt gebracht

Sie können nicht *nicht* kommunizieren. Egal, ob Sie vermittels Ihrer Sprache etwas ausdrücken oder unter Einsatz Ihres Körpers. Und das ist auch gut so, denn als IT'ler sind Sie mit vielen Situationen konfrontiert, in denen Sie kommunizieren müssen. Sie vertreten entweder Ihre Meinung, geben Informationen weiter oder holen diese explizit ein, überzeugen jemanden von etwas oder geben ihm Feedback auf das, was er gesagt hat. Kommunikative Momente sind – in Anlehnung an ein berühmtes Filmzitat – wie eine Pralinenschachtel: Man weiß nie, in welcher Situation man sich als Nächstes befindet.

Wichtig ist hierbei vor allem die richtige Einstellung, nämlich die, überhaupt mit anderen Menschen kommunizieren zu *wollen*. Das *Können* kann man, wie meistens im Leben, lernen. Dafür gibt es für die Kommunikation grundlegendes Handwerkszeug wie unter anderem das aktive Zuhören, das Geben und Nehmen von Feedback oder auch die vier Seiten einer Nachricht. Letztere verdeutlichen uns besonders schön, wie vielschichtig menschliches Kommunikationsverhalten sein kann. Denn auch wenn wir uns meistens sehr darum bemühen, uns sprachlich auf der neutralen Sachebene zu bewegen, so landen wir doch bisweilen unbewusst auf einer der anderen drei: vielleicht der Beziehungsebene, auf der ich kundgebe, was ich von meinem Gesprächspartner halte, möglicherweise auch der Selbstoffenbarungsebene, die das macht, was der Name vermuten lässt, oder auch der Appellebene, mittels derer ich den anderen zu etwas veranlassen möchte.

Solche potenziellen „Irrungen und Wirrungen" der Sprache können wir jedoch vermeiden, wenn wir den Nebel der Sprache durch Konkretisierung lichten. Und das gelingt am besten mit Fragen. Wer fragt, der führt. Wer fragt, behält den roten Faden des Gesprächs in seiner Hand. Wer fragt, kann Missverständnisse verhindern oder gar auflösen. Aber das bedingt zu erkennen, welche Frage in welcher Situation Sinn macht. Doch Vorsicht: Auch beim Fragen gilt wiederum, dass der Ton die Musik macht. Die Frage an sich kann exzellent sein, aber wenn der Ton, in dem sie vorgebracht wird, Ironie und Überheblichkeit signalisiert, wird die Antwort ebenso ablehnend sein. Und plötzlich sind wir auf der Beziehungsebene gelandet, von der ein Entrinnen nur schwer wieder möglich scheint.

Ebenso wie der oben erwähnte Ton spielt auch die Körpersprache eine entscheidende Rolle beim Kommunizieren. Sie ist der ewige Gewinner im Wettstreit mit dem gesprochenen Wort. Sind Sie nicht kongruent, d.h. stimmt Ihre körpersprachliche Aussage nicht mit derjenigen überein, die Sie durch Ihr Wort getätigt haben, so glaubt man Ihren Gesten und Ihrer Mimik, aber nicht Ihrem Wort.

Kommunizieren Sie mit Ihren Gesprächspartnern so, wie diese es wollen, dass man mit ihnen kommuniziert, und nicht, wie *Sie* gerne möchten, dass man mit *Ihnen* spricht. Menschen sind verschieden und wollen in der Regel auch entsprechend behandelt werden:

- das konsequente Alphatier mit auf den Punkt kommender Souveränität,
- der kreative Alleskönner mit wortreicher Unterhaltung,
- der bodenständige Teamplayer mit vertrauensvollem Interesse und
- der analytische Qualitätssicherer mit distanzierter Sachlichkeit.

Ü Die T-Shaping-Übung: Nächste Schritte

1. Welche neuen Erkenntnisse nehmen Sie aus diesem Kapitel mit, wo hatten Sie den größten „Aha-Effekt"?

___

___

___

2. Was davon möchten Sie für sich umsetzen, vertiefen, etc.?

___

___

___

3. In welchem Bereich möchten Sie diese Kompetenzen auf welche Weise nutzen bzw. einsetzen?

___

___

___

4. Wie wollen Sie 2. ganz konkret in die Tat umsetzen? (Bücher oder Audio-Books, Seminar oder Webinar, Austausch mit Profis auf diesem Gebiet etc.)

____

____

____

5. Wie schaut Ihr Zeitplan für Punkt 3 aus, d.h. *wann* fangen Sie damit an und *bis wann* wollen Sie *was* vertieft, geübt etc. haben?

____

____

____

6 In die Breite (Teil 4): Spiele im Team!

Das Ganze ist mehr als die Summe seiner Teile.

Aristoteles (384 v. Chr. – 322 v. Chr.)
griechischer Philosoph und Naturforscher

In diesem Kapitel erfahren Sie,

- warum im Berufsleben ohne gute Teamarbeit heutzutage gar nichts mehr geht,
- was Sie selbst dazu beitragen können, um ein guter Mitspieler in einem Team unterschiedlicher Charaktere zu sein, und
- wie Sie konstruktiv mit Konflikten (nicht nur) im Team umgehen.

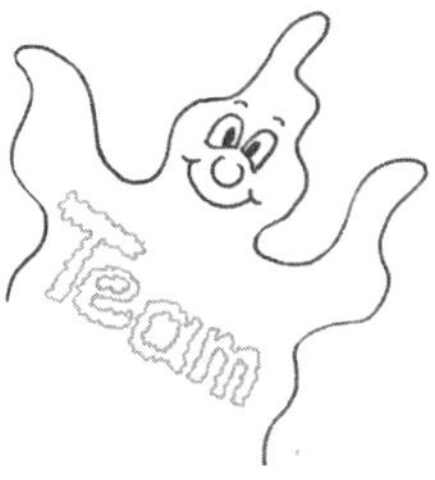

Technologieberatung, Anwendungsentwicklung oder Software-Engineering – egal in welchem dieser oder auch anderen Bereichen Sie tätig sind: Es gibt eine von allen, die mit Personalentscheidungen zu tun haben, als unverzichtbar erachtete Schlüsselqualifikation, und das ist die *Teamfähigkeit.* Das Beratungsunternehmen PPI führt jedes Jahr eine Studie durch, in der es Stellenanzeigen im IT-Umfeld hinsichtlich der dort geforderten Soft Skills untersucht [PPI09][1]. Wie auch in den beiden Jahren zuvor identifizierte die Studie für das Jahr 2009 einen ganz klaren „Gewinner“: den *Teamgeist.* Er führt die TOP 3 der von den Arbeitgebern in spe gewünschten Soft Skills mit deutlichem Vorsprung an (s. Abbildung 6.1)[2].

---

[1] „IT-Jobscout 2009 – Stellen für Absolventen“ basiert auf 202 Online-Stellenangeboten (April bis Mai 2009) der 100 größten IT-Unternehmen Deutschlands. Gesucht wurden Hochschulabsolventen bzw. Berufseinsteiger mit höchstens zwei Jahren Erfahrung.

[2] Eine von mir durchgeführte zweiwöchige Stichprobe von 80 Stellenanzeigen aus dem IT-Bereich mit derselben Zielgruppe in F.A.Z. und SZ im Frühjahr 2010 kam genau zum gleichen Ergebnis: Teamarbeit ist als geforderte „soziale Kompetenz“ klar führend.

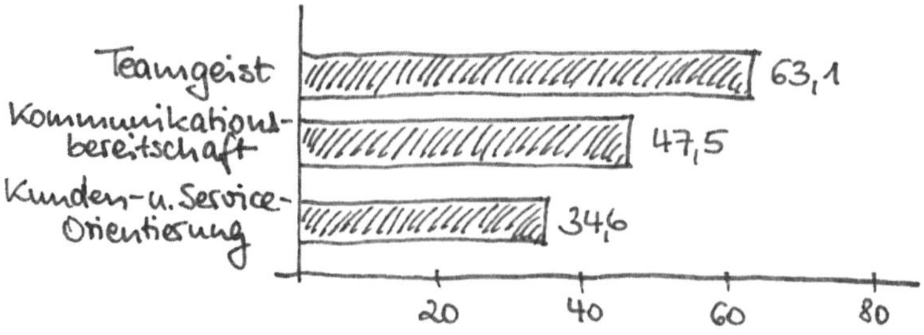

Abbildung 6.1: Die wichtigsten Soft Skills für IT'ler in Prozent (N=170, Mehrfachnennungen erlaubt)

In der PPI-Studie wurden vier Tätigkeitsbereiche unterschieden:

- Anwendungsentwicklung
- Beratung
- Projektmanagement und
- Forschung.

Einzig bei der Tätigkeit als Projektmanager wurde der Teamgeist knapp von der Kommunikationsbereitschaft geschlagen. Einen deutlicheren Fürsprecher als diese Ergebnisse kann man für die nun im Folgenden behandelte Thematik *Teamarbeit* wohl kaum finden. Egal wie Sie Ihr persönliches *T* ansonsten gestalten: An Teamfähigkeit sollte es Ihnen in keinem Fall mangeln.

6.1 Wenn Mensch auf Mensch trifft

Als ich Studierenden verschiedener Informatik-Studiengänge zum ersten Mal Teamarbeit als Wahlpflichtfach anbot, fragte mich ein Student, warum das denn in einer Vorlesung behandelt werden müsse, wo man Teamarbeit doch quasi „nebenbei" durch permanentes Miteinander ohnehin lernen würde. Kein schlechter Einwand[3]. Aber auch einer, der einer genaueren Betrachtung nicht standhält. Teamarbeit ist natürlich etwas, das sich am besten in der Praxis lernen lässt. Doch zweifelsfrei ist es äußerst hilfreich, einige Zusammenhänge zu kennen. Und zwar am besten *bevor* man im Team nicht weiterkommt und auf die ersten Schwierigkeiten methodischer sowie zwischenmenschlicher Art stößt. Denn zu wissen, dass beispielsweise ein neues Team bzw. seine Mitglieder am Anfang durchaus erst einmal ihre Grenzen ausloten müssen, löst zwar den Tatbestand als solchen noch nicht, ermöglicht es aber den Beteiligten, die ganze Sache eventuell mit ein wenig mehr Rationalität zu betrachten.

[3] Dieser Einwand ist im Übrigen einer, der von nicht wenigen, auf technische Themenstellungen fokussierten Professoren nach wie vor geteilt wird, die Soft Skills für eine Art „Arbeitsbeschaffungsmaßnahme" halten. Schließlich kann ein Hochschullehrer „das mit den Soft Skills" doch eh und bringt es daher den Studierenden in jeder Vorlesung automatisch im Rahmen der Vermittlung des Fachthemas bei.

6.1.1 Dream Teams im Werden

Generell bezeichnet *Teamfähigkeit* die Bereitschaft und Fähigkeit, mit anderen Menschen zum Zwecke der Erreichung eines gemeinsamen Ziels zusammenzuarbeiten. Der Begriff *Team* selbst leitet sich aus dem Angelsächsischen ab und bezeichnete ein geschlossenes System von Tieren, Kutscher und dessen Gefährt. Erst ab dem 19. Jahrhundert erhielt er diejenige Bedeutung, die er heute noch für uns hat [Petz98][4]:

> „Ein Team ist eine in einem definierten institutionellen *Rahmen* [z.B. ein Unternehmen] eingebundene *Gruppe von Mitarbeitern* [z.B. zwei aus der IT-Abteilung und sechs aus verschiedenen anderen Abteilungen], die eine fest umrissene, oft komplexe *Aufgabenstellung* [z.B. die Entwicklung eines Anwendungssystems] im Hinblick auf ein bestimmtes *Feld* [z.B. für den Vertriebsbereich] und eine spezifische *Population* [z.B. die Vertriebsmitarbeiter] hat. Diese Aufgaben sind *kooperativ* [durch Zusammenarbeit geprägt] und unter Nutzung und Koordinierung *personaler* [z.B. die an der Anwendungsentwicklung arbeitenden Menschen] und *institutioneller Ressourcen* [z.B. genutzte Arbeitsplätze im Unternehmen] im Sinne der *Zielsetzung* der *Institution* [z.B. Erstellen eines vermarktbaren SW-Produkts] und ihrer *Auftraggeber* [z.B. Befriedigen der Anforderungen des Kunden an die zu erstellende Anwendung] zu bewältigen."

Ob die anvisierte Teamarbeit auch tatsächlich von Erfolg gekrönt ist, hängt maßgeblich von drei Faktoren ab:

- von der (Art und Komplexität der) *Aufgabe*, die das Team zu bewältigen hat,
- von der *Persönlichkeit* jedes Einzelnen, der im Team mitarbeitet, und
- von der *Teamstruktur* nach innen (Rollen, Regeln und Miteinander) sowie nach außen (Größe, Eingliederung in die Organisation etc.)

Aber Teamarbeit ist durchaus kein Allheilmittel für sämtliche, im Unternehmen zu bewältigenden Aufgaben. Beispielsweise bedeutet es „Perlen vor die Säue" zu werfen, wenn Routineaufgaben im Team erledigt werden, denn hier ist in den seltensten Fällen die innovative und interdisziplinäre Kraft einer Gruppe gefordert. Überdies hat die Erfahrung gezeigt, dass große Leistungen im Beruflichen, aber auch im Privaten oftmals auf das Handeln eines *Einzelnen* zurückzuführen waren. Jetzt könnten Sie einwenden, dass Christoph Columbus (1451-1506) sein Flaggschiff Santa Maria nebst der Pinta und der Niña auch nicht alleine in Richtung eines neuen Kontinents steuerte und Amerika somit quasi im Alleingang entdeckte. Richtig. Aber wir sollten an dieser Stelle auch nicht *Helfer* und *Zuarbeiter* – wie sie Columbus zur Seite hatte – mit vorwiegend gleichberechtigten Teammitgliedern verwechseln.

Wenn ein Team nun im wahrsten Sinne des Wortes „Spitze" ist, dann lebt es einen gelungenen Mix aus verschiedenen Eigenschaften und Stärken, die alle erfolgskritisch sind:

---

[4] Die [Ergänzungen] wurden zur Erleichterung der „schweren Kost" hinzugefügt.

- Das benötigte *Wissen* und *Können*
  Ein Spitzenteam vereint diejenigen Menschen, die das Wissen und Können, also die Fähigkeiten besitzen, die zur Bewältigung der gestellten Aufgabe notwendig sind. Dazu gehört natürlich *fachliches Know-how*, aber ebenso sehr auch *Methodenkompetenz* (z.B. das systematische Dokumentieren von Kundenanforderungen) oder *Prozesswissen* und natürlich die *Soft Skills*. Ein Teammitglied, das nicht sehr viel fachlichen Input bringen kann, dafür aber das Team zusammenhält, motivieren und auf Spur bringen kann, ist möglicherweise noch wichtiger für den Erfolg der Gruppe als der Fachmann für Web Services.
- Das *Miteinander* als elementare Grundlage
  Das *Interagieren* der Teammitglieder untereinander ist essenziell. Müßig zu betonen, wie wichtig *Kommunikation*, eine offene *Atmosphäre* sowie ein wertschätzender Umgang sind. Spitzenteams sorgen für all das und lassen Konflikte erst gar nicht eskalieren. Treten sie auf, so werden sie rechtzeitig aufgedeckt und gelöst.
- Klare *Führung* und *Verantwortung* von jedem
  Die Führung greift im Grunde in das Miteinander. Hinzu kommt hier noch ein klares *Rollenverständnis*. Die Mitglieder von Spitzenteams wissen um *ihre* Rolle in der Gruppe, und sie akzeptieren und wertschätzen den jeweils anderen in *seiner* Rolle. So also auch den Team- oder Projektleiter. Andererseits ist dieser in der Lage, Teilverantwortung abzugeben und somit den jeweiligen Teammitgliedern *Entscheidungsbefugnis* innerhalb ihres Bereiches einzuräumen.
- Viel *Engagement* und *Motivation*
  Ohne das Wollen geht gar nichts. Ein Spitzenteam wird immer von Menschen gebildet, die gemeinsam *für* eine Sache einstehen und etwas erreichen wollen. Auch hier ist es natürlich wichtig, *Rollenklarheit* innerhalb des Teams zu haben und eine große Identifikation eines jeden mit dem, was seine Aufgabe in der Gruppe ist. Und noch etwas anderes kommt bei Spitzenteams in der Regel nicht zu kurz: der gemeinsame Spaß.
- *Ergebnisse* mit hoher *Qualität*
  Spitzenteams arbeiten nicht einfach „nur" ihre Aufgaben ab, sondern erzielen qualitativ hochwertige Ergebnisse, weil es ihnen einfach wichtig ist, ihr Bestes zu geben.

Nehmen Sie zum Beispiel die deutsche Nationalelf, die uns im Sommer 2010 anlässlich der Fußballweltmeisterschaft in Südafrika so viel Freude gemacht hat. Alle oben aufgeführten Punkte waren bei diesem jungen Team gegeben:

- Können,
- ein begeisterndes Wir-Gefühl,
- klare Führung durch den Trainer,
- aber auch im Spiel durch Interims-Kapitän Philip Lahm und vor allem strategisch durch Bastian Schweinsteiger,
- viel Engagement und
- eine enorme Motivation, als Ergebnis all der Arbeit den Pokal holen zu wollen.

Auch wenn „Jogis Jungs“ knapp am Ziel vorbeigeschrammt sind: Das war ein Lehrstück für Spitzenteams und solche, die es werden wollen. Und genau bei diesem „Werden“, also dem Teamentwicklungsprozess, durchlaufen die meisten Teams bestimmte Phasen. Die sicherlich bekannteste Einteilung stammt hierbei von dem Erziehungswissenschaftler Bruce W. Tuckman und unterscheidet in *Forming*, *Storming*, *Norming*, *Performing* und *Adjourning*.

Orientierung und Formierung (Forming):

Jedes Mitglied muss sich erst in die neue Gruppe einfinden. Das gilt in gewissem Maße auch für Teams, die „im Großen und Ganzen“ personell so belassen werden, wie sie waren, in denen aber eine oder zwei Personen neu hinzukommen. Man lernt sich gegenseitig kennen, tastet sich schon einmal ein wenig ab und macht sich einen ersten Eindruck.

Wenn diese Phase erfolgreich beendet wird, dann zeichnet sich das Team durch folgende Charakteristika aus:

- Jeder *kennt* jetzt jeden, weiß, wer zum Team gehört und hat eine ungefähre Ahnung davon, was der andere an persönlicher und fachlicher Kompetenz in die Gruppe einbringen wird.
- Die *Ziele* der Teamarbeit sind klar kommuniziert und von allen abgenickt.
- Ebenso ist bekannt, was sich jeder Einzelne von der Zusammenarbeit erhofft und welche *Ansprüche* er an sie stellt.

Frustration, Konflikt- oder auch „Pubertätsphase“ (Storming):

Jetzt geht es um Richtungssuche und Auseinandersetzung über Verfahrensfragen. Und da kann es durchaus zu Reibereien kommen. Denn nach dem ersten „Beschnuppern“ werden jetzt gegebenenfalls Grenzen ausgelotet. Hat der Projektleiter hier nicht die Fäden in der Hand, so versucht möglicherweise ein Alphatier, in der Gruppe die informelle Führung zu übernehmen. Kompetenzgerangel und Frontenbildung drohen, Machtspielchen und Statusfragen prägen das Miteinander.

Nach Abschluss dieser Phase sind im Idealfall folgende Themenstellungen geklärt:

- *Konflikte* untereinander sind gelöst und nicht mehr schwelend, mögliche Vorbehalte werden offengelegt und besprochen.
- *Kompetenzen* sind klar definiert und den Teammitgliedern zugeordnet.
- Jeder weiß in etwa, wie er den anderen *einzuschätzen* hat, menschlich wie fachlich, und akzeptiert ihn als Persönlichkeit, so wie er ist.
- Es hat sich im Team eine *Kommunikations-* und *Konfliktkultur* etabliert, die es erlaubt, auch heikle Themen auf eine wertschätzende Art anzusprechen und gemeinsam aus der Welt zu schaffen.

Beschluss- und Regelphase (Norming):

Das Schlimmste hat die Gruppe hinter sich. Der Sturm hat sich gelegt, und nun wird das Miteinander zu überwiegenden Teilen von einem Wir-Gefühl geprägt. Es gibt Regeln und Standards, an die sich die Gruppenmitglieder halten, und die Rollen im Team sind sowohl klar definiert als auch von allen akzeptiert. Die Kommunikation beginnt, effektiv und effizient zu werden, und ist durch ein offenes, konstruktives Miteinander geprägt. Jetzt sind alle zu einer tatsächlichen Kooperation bereit und wollen gemeinsam an einem Strick ziehen.

Diese Phase führt zu Folgendem:

- Jeder weiß, was er und alle anderen zu tun haben.
- Die formellen (z.B. Statusberichte und Meetings) und auch informellen *Regeln* (z.B. Umgang mit Konflikten) des Miteinanders sind bekannt.
- Teambezogene *Prozesse* sind dokumentiert und von allen als verbindliche Vorgabe akzeptiert.

Produktions- bzw. Arbeitsphase (Performing):

Jetzt wird endlich in der Hauptsache gehandelt und die eigentlich zu realisierenden Leistung in den Fokus gestellt. Die Teamstruktur ist jetzt so, wie sie sein soll. Jeder ist auf „seinem Platz" gelandet, weiß, was er zu tun hat, und kommuniziert mit den anderen im Team. Auftretende Probleme untereinander werden nicht unter den Teppich gekehrt, sondern mittels eines konstruktiven und wertschätzenden Miteinanders gelöst.

Die gemeinschaftlich zu bewältigende Aufgabe hat höchste Priorität. Keiner behält notwendige Informationen für sich, sondern gibt der Gruppe den fachlichen Input, den sie von seiner Seite aus braucht, um arbeiten zu können. Der erfolgreiche Verlauf dieser Phase bringt folgende Aspekte mit sich:

- Der Teamleiter kann sich nun weitestgehend auf seine Rolle als Leiter und Moderator konzentrieren und so bestmögliche Voraussetzungen für die Teamarbeit schaffen.
- Es werden keine Energien durch Aktivitäten und Geschehnisse vergeudet, die nicht direkt der Aufgabe des Teams dienen.
- Jeder im Team erlebt Befriedigung durch das Miteinander ebenso wie durch die fachlichen Erfolge.

Auflösungsphase (Adjourning)[5]:

Gerade bei Projektarbeit bleiben Teams nicht auf Dauer zusammen, sondern bilden sich immer wieder neu. Das Bilden eines Teams ist *eine* Sache, das Auflösen eine *andere*. Hier ist vor allem auch die Teamleitung gefragt, ein tatsächliches Ende der gemeinsamen Arbeit

---

[5] Die fünfte Phase (Adjourning) wurde dem aus dem Jahre 1965 stammenden Vierphasen-Modell erst 1970 von Tuckman selbst beigefügt.

zu „zelebrieren" und nicht einfach im Sande verlaufen zu lassen. Auf diese Weise kann dem Team für seine gute Arbeit auch noch einmal auf besondere Weise Wertschätzung entgegen gebracht werden, bevor jeder einzelne wieder in seine Stammabteilung oder -firma zurückkehrt bzw. in einem neuen Team die Phasen möglicherweise erneut durchlebt.

Der Ehrlichkeit halber muss man zugeben, dass so manches Team die Produktionsphase nie „erlebt", weil es schon vorher im Storming auseinanderbricht. Andererseits gibt es auch Teams, die niemals Konflikte zu haben scheinen. Bei ihnen stimmen die Chemie und das Fachliche vom ersten Augenblick an. Seit Abschnitt 3.1 sind Sie ja Profi in Sachen Modelle und wissen daher, dass diese zumeist entweder eine stark vereinfachte oder auch sehr idealistische Sicht auf das „Objekt der Begierde" werfen. Auch mit Tuckmans Phasenmodell verhält es sich nicht anders. Zwar werden die ersten vier Phasen oftmals als Teamuhr dargestellt, in der jeder Phase die gleiche zeitliche wie „energetische" Bedeutung zugesprochen wird, doch hat die Praxis gezeigt, dass quasi jedes Team seine eigene Variante von Forming, Storming, Norming und Performing durchlebt. Und es hängt ganz entscheidend vom Teamleiter ab, wie viel Zeit und Energie in der jeweiligen Phase eingesetzt werden. Dennoch stellt das Vierphasenmodell natürlich einen guten Ansatz dar, um zu verstehen, an welcher Stelle ein Team vielleicht gerade „hängt", und warum die Dinge so sind, wie sie eben sind. Überdies können wir daraus ableiten, welches Verhalten in welcher Phase sinnvoll und angebracht ist.

C Die T-Shaping-Checkliste: Achtung – Teamphasen!

- ☐ *Forming*
  Gehen Sie objektiv auf Ihre neuen Teamkollegen zu und seien Sie achtsam mit dem ersten Eindruck, den Sie selbst hinterlassen, ebenso wie mit den Schubladen, in die Sie die anderen möglicherweise zu stecken geneigt sind.
- ☐ *Storming*
  Egal wie stürmisch es nun wird, bleiben Sie auf der Sachebene, „treten" Sie also immer nur den Ball und nie den Spieler. Seien Sie im kritischen Moment nicht einfach „dagegen" oder verfallen Sie in Schweigen, sondern legen Sie der Gruppe und dem Teamleiter Ihre Sicht der Dinge und Argumente konstruktiv dar.
- ☐ *Norming*
  Klinken Sie sich in den Findungsprozess in Sachen „Regeln für die Zusammenarbeit im Team" (Kommunikation, Konflikte, Arbeitsprozesse, etc.) ein, stehen Sie zu diesen und achten Sie gemeinsam mit den anderen darauf, dass sich auch alle verbindlich daran halten.
- ☐ *Performing*
  Bringen Sie Ihr Wissen in die Gruppe ein, seien Sie kooperativ und lernen Sie von den Stärken der anderen. Kommunizieren Sie und sorgen Sie dafür, dass Sie jederzeit alle Informationen haben, die Sie zum Arbeiten brauchen (auch wenn Sie sich diese proaktiv selbst besorgen müssen), und dass die anderen Teammitglieder den Input von Ihnen bekommen, den diese wiederum für ihre Arbeit benötigen.

6.1.2 Der Traum vom Dream Team

Es klingt ja wirklich gar zu schön: Alle arbeiten mit nahezu konstanter Begeisterung auf ein gemeinsames Ziel hin, verstehen sich untereinander prächtig und kommunizieren entsprechend, können ihre Stärken gegenseitig wertschätzen und gleichen durch ihr Miteinander vorhandene fachliche Defizite beim anderen wunderbar aus. Jeder, der schon einmal in einem Team gearbeitet hat – sei es der Handballverein oder im Rahmen eines internationalen IT-Projekts –, der weiß, dass das soeben Beschriebene zwar höchst erstrebenswert ist, letzten Endes aber doch eher in die Kategorie „I have a dream[6]“ gehört. Das ideale Team gibt es nicht. Leider. Aber manchmal werden Träume war, und so gibt es natürlich „Gewinnerteams“, die tatsächlich die Aristoteles'sche Feststellung auszuspielen wissen, dass ein Team mehr ist als „nur“ die Summe seiner Mitspieler. Ein Grafikdesigner allein macht wenig Sinn, wenn man einen schicken Webshop sein eigen nennen möchte. Er macht tolle Sachen, weiß aber in den seltensten Fällen, wie man diese online stellt. Ebenso wenig kann es ein PHP-Programmierer alleine. Er hat technischen Sachverstand, aber eher kein Gefühl dafür, welche Farben und Formen beim Shop-Besucher welche Wirkung erzielen können. Und auch der Kunde, also der Shop-Anbieter selbst, kann allein in der Regel wenig zum Gelingen dieses Projekts beitragen. Wenn wir aber die „Summe“ aus folgenden Komponenten bilden

Shopanbieter + Grafik-Designer + PHP-Programmierer = 1A-Web-Shop

dann wird ein erfolgreiches Ganzes daraus, weil erst im Zusammenspiel der Fähigkeiten die einzelnen Möglichkeiten richtig zum Tragen kommen können. Und wenn dann noch der eine oder andere T-Shaped Professional dabei ist, steht einer erfolgreichen Zusammenarbeit nichts mehr im Wege. Es gibt übrigens sehr oft Mitarbeiter, die alleine nichts wirklich auf die Reihe bekommen, im Miteinander mit anderen aber zu Höchstleistungen auflaufen. Das sollte Ihnen von Typ 3 her bekannt vorkommen, denn der heißt nicht umsonst „Der bodenständige Teamplayer“ (siehe Abschnitte 4.4.4 und 6.2.1).

Die wahren Spitzenteams sind diejenigen, die ganz hervorragend miteinander arbeiten und trotz – oder gerade wegen – gelegentlicher Meinungsverschiedenheiten exzellente Arbeitsergebnisse hervorbringen. Das liegt zum einen natürlich an der Führung (siehe Abschnitt 6.2.3), zum anderen aber ganz entschieden auch an dem, was der Einzelne – nicht nur fachlich – in die Gruppe einzubringen bereit ist. Und das heißt durchaus auch, sich gelegentlich von lieb gewonnenen Verhaltensmustern und Denkgewohnheiten zu verabschieden, neue Wege zu gehen und Ungewohntem eine Chance zu geben.

---

[6] „I have a dream.“ („Ich habe einen Traum.“): So lautet der berühmt gewordene Titel einer Rede des US-amerikanischen Bürgerrechtlers Martin Luther King (1929-1968), in der er seiner Vision und Hoffnung Ausdruck verlieh, dass eines Tages genügend Arbeitsplätze für jedermann – vor allem auch für die bis dato stark unterdrückten afro-amerikanischen Mitbürger – existieren und die Gesellschaft durch Freiheit und Gleichheit im Miteinander von „Schwarz und Weiß“ geprägt sein würde.

Ü Die T-Shaping-Übung: Die Ich-im-Team-Analyse

- ☐ Kennen Sie das vom Team zu erreichende Ziel bzw. die relevanten Teilziele (Meilensteine) und können Sie diese(s) klar in Worte fassen?
- ☐ Wissen Sie, welche Rolle Ihnen im Team offiziell (z.B. Webdesigner) und welche inoffiziell (z.B. kreativer Antreiber für die ansonsten etwas müde Truppe) zugedacht ist?
- ☐ Haben Sie das Gefühl, dass diese Rolle auch Ihren tatsächlichen Stärken entspricht?
- ☐ Füllen Sie die Ihnen zugedachte Rolle gerne aus?
- ☐ Ist Ihnen bewusst, welche Aufgaben Sie bis wann zu erledigen und die Arbeitsergebnisse an wen bzw. auf welchem Wege zu kommunizieren haben?
- ☐ Haben Sie von sich selbst – bei ehrlicher Außenschau – den Eindruck, dass Sie jedem im Team mit dem gleichen Respekt, der gleichen Offenheit und Ehrlichkeit begegnen?
- ☐ Empfinden Sie die Atmosphäre im Team als angenehm?
- ☐ Sind Sie die meiste Zeit motiviert und haben Lust darauf, mit den anderen zusammen das gemeinsame Ziel zu erreichen?
- ☐ Erleben Sie den Teamleiter als den von allen respektierten „Rudelführer"?

Jedes „Nein“ sollte Ihnen einen intensiveren Blick „hinter die Kulisse“ wert sein. Überlegen Sie, warum Sie nicht mit „Ja“ geantwortet haben. Welche Veränderungen sind Sie selbst in der Lage vorzunehmen bzw. welche Aktivitäten seitens anderer sollten Sie vielleicht anstoßen? Beispielsweise könnten Sie einen schwelenden Konflikt (siehe Abschnitt 6.3) mit einem Kollegen durch „Endlich drüber reden“ entmachten und wieder für ein respektvolles Miteinander sorgen (immer daran denken: Sie müssen ihn nicht „lieben“, Sie sollten ihn nur respektieren, so wie er ist). Oder Sie könnten Ihren Teamleiter darum bitten, kurz- oder mittelfristig in eine andere Rolle innerhalb des Teams hineinwachsen zu dürfen, weil Sie sich auf der augenblicklichen Position beispielsweise über- oder unterfordert fühlen. Es ist übrigens überhaupt nichts Ehrenrühriges daran, es zuzugeben, wenn man mit einer Sache überfordert ist. Denn es gibt sicherlich ein anderes Thema, worin Sie so gut sind, dass Sie unbedingt mit den entsprechenden Aufgaben betraut werden sollten. Diese Ihre Stärke(n) zu kennen, ist allerdings unbedingt notwendig, denn es ist eher ungünstig, darum zu bitten, etwas nicht mehr machen zu müssen, ohne gleichzeitig ein konkretes Angebot zu machen, was Sie stattdessen gerne und gut machen wollen.

A Der T-Shaping-Aha-Effekt:
Gute Arbeit leisten nur diejenigen, die innerhalb eines Teams an der für sie richtigen Stelle eingesetzt werden.

6.1.3 Teams 1.0 und 2.0

„The times they are a-changin'"[7] sang bereits Bob Dylan. Wie Recht er doch hatte. Und in den letzten 20 Jahren haben sich die Zeiten ganz besonders schnell geändert. Neben dem Klassiker „Team vor Ort", der an sich ja schon viel Stoff für allerlei zu berücksichtigende Menscheleien bietet, arbeiten und kollaborieren wir – angekommen im Zeitalter der sozialen Online-Netzwerke – längst auch in *virtuellen Teams*. Und die erfordern noch einmal einen anderen Teamgeist und ein anderes Miteinander als ein „herkömmliches" Team.

Ein Blick in die Praxis:
Ein Team „ohne festen Wohnsitz"

Sarah F. ist Webdesignerin und sitzt in Washington D.C., Charly B. ist Maschinenbauer und arbeitet von Köln aus, Regine S. sitzt im selben Zimmer wie Charly und kümmert sich um die Projektorganisation, Ralph S. ist ... usw. Machen wir es kurz: In dem von einem großen Maschinenbauunternehmen zusammengetrommelten Team, das sich um die Realisierung einer Großhandelsplattform für Baumaschinen kümmern soll, sind nur Regine und Charly in greifbarer Nähe zueinander untergebracht. Der Rest der Mannschaft befindet sich in den USA und in den verschiedenen anderen Niederlassungen des Unternehmens – weltweit. Aber das stellt kein Problem für die Teammitglieder dar, denn sie nutzen die Werkzeuge des Social Media ebenso selbstverständlich wie Skype, E-Mails und Videokonferenzen:

- Alle Projektdokumente und Kundenanforderungen werden in einem Unternehmens-Wiki verwaltet.
- Die Kommunikation innerhalb des Teams läuft über Microblogs, dank derer jeder Hinweis, jede Idee und jeder Kommentar für alle Beteiligten sichtbar sind und
- schnelle Statusmeldungen werden via Twitter kommuniziert.

Wissen wird auf diese Weise sehr schnell an die richtigen Empfänger transportiert.

Völlig selbstverständlich benutzen wir heute E-Mails, schlagen bei Wikipedia nach und legen Projektdokumentationen auf zentralen Servern ab, von wo aus sie das ganze Team an jedem Platz der Welt zentral verwenden und modifizieren kann. Die „Tekkies" unter uns

[7] Zu Deutsch: „Die Zeiten ändern sich."

gehen dann noch einen Schritt weiter, twittern, was sie gerade tun, und offenbaren auch Privates auf Facebook & Co.

Kollaboration findet vor allen Dingen und in immer stärkerem Maße *online* statt, denn die IT hat das Arbeiten in Teams revolutioniert. Die sogenannten virtuellen Teams sind auf dem Vormarsch. Und besonders in internationalen Projekten existiert oftmals eine kompetente Mischung aus realem Vor-Ort-Team und Kollegen, die irgendwo in der Welt stationiert sind und ihren Input über Online-Collaboration-Tools sowie Telefon- und Videokonferenzen beisteuern. So etwas spart natürlich enorme Kosten, denn mal eben die Kollegen nach China zu fliegen oder einen Trupp südafrikanischer Kollegen nach Frankfurt zu bringen und dort mit Kost und Logis zu versorgen, geht schnell ins Geld. Und genau das sitzt in Krisenzeiten wie den heutigen längst nicht mehr so locker wie beispielsweise in den 1990ern. Aber Vorsicht: Ungeachtet aller Vorzüge, die durch das „Netz der Netze" dargeboten werden, sind gerade virtuelle Teams unter dem Aspekt der Steuerung natürlich eine echte Herausforderung. Denn Zeit, Ort und kulturelle Unterschiede können immer nur vorübergehend und nicht auf Dauer ausgeblendet werden. So sollten auch virtuelle Teams von Zeit zu Zeit real zusammentreffen. Das vereinfacht das Miteinander erheblich, denn es schafft Verständnis für andere Kulturen, neue Fachdisziplinen und individuelle Arbeitsweisen. Und eines ist sicher: Teams, in denen – auch online – eine gute Atmosphäre herrscht, arbeiten erfolgreicher zusammen.

Ob virtuell oder real: Gerade bei der Teamarbeit kann der T-Shaped Professional seine Kompetenz hervorragend in die Waagschale werfen. Denn gerade in interdisziplinären Teams, in denen verschiedene Fachbereiche, Arbeitsweisen und womöglich noch Kulturen unter einen Hut gebracht werden müssen, ist es elementar, den anderen schnell zu verstehen und sein Wissen mit dem eigenen zur Grundlage des gemeinsamen Teamerfolgs werden zu lassen.

6.2 Die anderen, der Chef und ich

Man muss sicherlich kein Psychologiestudium absolviert haben, um zu erkennen, dass es in einem Team gewaltig menschelt. Das ist auch nachvollziehbar, denn die Wahrscheinlichkeit, dass bei der Zusammenarbeit verschiedener Menschen *immer* die passenden Charaktere aufeinandertreffen, ist doch recht gering. Wobei man zugeben muss, dass, je mehr „echte Tekkies" versammelt sind, die Chance steigt, auf einen bestimmten Typus eher zu stoßen als auf einen anderen. Wir sprachen ja bereits davon, dass die Zunft der Programmierer doch eher den beiden introvertierten Typen (Teamplayer und Qualitätssicherer) zuzuordnen ist. Aber ungeachtet Ihres eigenen Typs sollten Sie bei der Teamarbeit – abgesehen natürlich von den fachlichen Voraussetzungen – darauf achten, dass Sie sich bestmöglich integrieren. Auch hier gilt uneingeschränkt folgende Devise:

A Der T-Shaping-Aha-Effekt:

Ich kann die anderen nicht ändern, aber ich kann meine Einstellung und mein Verhalten ihnen gegenüber variieren.

Und *jeder* Mensch hat seine Vorzüge, die ein Team voranbringen und im Idealfall die Arbeit eines jeden Einzelnen noch wertvoller werden lassen.

6.2.1 Von Teamrollen und -typen

Wir haben in Abschnitt 4.4 ja bereits festgestellt, dass die dort vorgestellten Charaktere durch zwei Hauptachsen auf- und einteilbar sind, nämlich in *sach-* und in *menschorientiert*. Mit dem Augenmerk „Team“ sollten wir uns diese Aufteilung aus einem anderen Blickwinkel heraus noch einmal genauer anschauen.

- Sachorientiert → Fokus *Aufgabenorientierung*:
  Die Aufgabenorientierung liegt insbesondere den beiden oberhalb der X-Achse vertretenen Typen, also dem konsequenten Alphatier und dem analytischen Qualitätssicherer. Alles dreht sich um das Ziel, die Aufgabe, also das *Was*. Beide fühlen sich in der Kategorie *Verstand* am wohlsten, wobei der eine das eher extravertiert und der andere eher introvertiert auslebt. Beide sind hervorragend darin, relevante Informationen zusammenzutragen, diese zuzuordnen, zu klassifizieren und daraus entsprechende Entscheidungen abzuleiten. Richtlinien und Regeln sind ihr Metier, ebenso wie das Setzen von Standards.
- Menschorientiert → Fokus *Prozessorientierung*:
  Bei der Prozessorientierung geht es nun um die Fragestellung, *wie* wir Sachen angehen und gemeinsam zum Erfolg bringen. Das heißt, es geht um das Verhandeln und Vermitteln, das Loben und Ermutigen, das Zuhören und Wahrnehmen, das Erfragen und Berücksichtigen von Meinungen sowie um das Vermitteln. Der Mensch und die Abläufe, in die er eingebunden ist, stehen im Mittelpunkt. Die Kategorie *Gefühl* ist natürlich den beiden unter der X-Achse liegenden Typen zugeordnet, nämlich dem harmoniebedürftigen Teamplayer und dem kreativen Alleskönner. Auch hier gilt wieder: Letztgenannter lebt das Extravertierte, wohingegen der Teamplayer seine Fähigkeiten eher im Hintergrund ausspielt.

Beide Kategorien, also Aufgaben- und Prozessorientierung, benötigen wir, um in einem Team erfolgreich zu arbeiten. Stellen Sie sich einmal vor, wie es wäre, wenn alle nur auf die bloße Erbringung von Zahlen, Daten und Fakten Wert legten und dabei wahlweise „über Leichen gingen“ oder wesentliche Aspekte der Aufgabenstellung einfach unter den Tisch fallen ließen!

Wir sprachen bereits von Rollenklarheit. Aber was heißt das denn überhaupt? Nun, jedes erfolgreiche Team braucht eine gesunde Mischung an verschiedenen Verhaltenspräferenzen seitens seiner Teammitglieder. Achtung: Wir sprechen von *Verhalten*[8], nicht von *fachlicher Kompetenz*! Die setzen wir jetzt einmal stillschweigend voraus. Was in einem Team recht ausgeglichen vertreten sein muss, sind die verschiedenen Persönlichkeiten, die aufgrund ihrer Verhaltenspräferenzen beispielsweise

- die *Verantwortung* tragen und die *Leitung* übernehmen,
- für *Motivation* im Team sorgen,
- *Konflikte* schlichten oder
- sich um die *Detailarbeiten* kümmern.

Das ist sinnvoll, denn stellen Sie sich einmal vor, ein Team bestünde vorwiegend aus Vertretern jeweils nur eines Typus[9]. Nehmen wir z.B. das konsequente Alphatier. Das wäre ein Spaß, denn die würden – überspitzt formuliert – vor lauter Gerangel um den Posten des Meta-Alphatiers nicht zum Arbeiten kommen. Oder der kreative Alleskönner: Mit Sicherheit wäre die Stimmung im Team toll, man würde sich gesten- und wortreich über alles Mögliche vom Golf-Handicap bis hin zum übernächsten Urlaubsziel austauschen, aber die Teamaufgabe bliebe liegen. Beim bodenständigen Teamplayer wären alle im Team durch den jeweils anderen bestens umsorgt, doch die Bewältigung der Aufgabe würde jeder noch so kleinen menschlichen Regung „zum Opfer" fallen. Und beim analytischen Qualitätssicherer hätten wir möglicherweise das Problem, dass ein vornehmlich durch diesen Persönlichkeitstypen geprägtes Team zwar fachlich vorankäme, aber doch auch wieder nicht. Denn jedes der Teammitglieder hätte zwar eine Aufgabenlösung parat, diese aber leider nicht im Sinne eines von allen getragenen Gesamtergebnisses mit den anderen abgesprochen.

Sie merken zum einen, dass ich natürlich leicht karikiere, zum anderen aber, dass es in einem Team offenkundig „von allem etwas geben muss". Ein Team braucht sämtliche der nun im Folgenden aufgelisteten Verhaltenspräferenzen à la *Alphatier*, *Alleskönner*, *Teamplayer* und *Qualitätssicherer*, um erfolgreich, d.h. *effektiv und effizient*[10] arbeiten zu können:

- Klare Ziele definieren und vorgeben, Entscheidungen treffen und Ergebnisse kontrollieren, an Probleme dynamisch herangehen, Herausforderungen lieben und bewältigen sowie den Überblick behalten → *Das konsequente Alphatier.*

---

[8] Das uns eigene Verhalten ist hier klar abzugrenzen vom Handeln. Ersteres ist ein instinktiver und intuitiver Vorgang, Letzteres ein überlegtes Tun.

[9] An dieser Stelle sei noch einmal daran erinnert, dass die Einteilung der Menschen in „nur" vier Typen sehr grob ist und lediglich eine Tendenz für die eine oder andere Verhaltenstendenz gibt.

[10] Diese berühmte Unterscheidung stammt vom österreichisch-amerikanischen Management-Guru Peter F. Drucker (1909-2005) und meint „die richtigen, d.h. notwendigen Dinge (*effektiv*) auf die richtige Weise, also mit den richtigen Mitteln (*effizient*) zu tun".

- Kontakte knüpfen, kreativ Informationen beschaffen und weitergeben, Netzwerke aufbauen und pflegen, das Teamergebnis eloquent präsentieren und überhaupt das Sprachrohr der Gruppe sein sowie Innovationen fördern → *Der kreative Alleskönner.*
- Persönliche Beziehungen aufbauen und halten, Harmonie und Stabilität im Team gewährleisten, zuhören und beraten sowie (menschliche) Werte vorleben und für deren Einhaltung Sorge tragen → *Der harmoniebedürftige Teamplayer.*
- Organisieren und planen, detaillierte Informationen erarbeiten, sammeln und durch eine analytische Beobachtungsgabe bewerten sowie auf die Qualität der Arbeitsergebnisse achten → *Der analytische Qualitätssicherer.*

Soweit zu den Typen im Team. Dann gibt es natürlich auch noch die *Rollen*, die es zu besetzen gilt, und die sind keineswegs immer identisch oder vielmehr kompatibel mit dem Persönlichkeitstyp, der sie innehat. So können sie sich unschwer vorstellen, dass der harmoniebedürftige Teamplayer eher weniger dazu geeignet ist, als Teamleiter mal kräftig auf den Tisch des Hauses zu schlagen, wenn die Gruppe aus dem Ruder zu laufen droht. Oder der analytische Qualitätssicherer: Ihn als „Sprachbrückenbauer" zwischen einen schwierigen Kunden und ein eigenwilliges Programmiererteam zu setzen, ist sicherlich nicht sehr geschickt.

In der T-Shaping-Übung „Die Ich-im-Team-Analyse" haben Sie ja schon einmal kurz über Ihre Rolle im Team nachgedacht. Nun gilt es, diesen Gedanken noch einmal aufzugreifen und zu konkretisieren.

Ü Die T-Shaping-Übung: Ihre präferierte Teamrolle

- ☐ Welche Rolle(n) nehmen Sie in einem Team am liebsten ein? Ist es die des Antreibers, des Ideenreichen, des Bewahrers, des Akribischen, des Durchsetzers, des Netzwerkers, des Zusammenhalters, des Logikers, des Motivators etc.?

  ____

- ☐ Welche Wirkung hat Ihre Rolle i.d.R. auf das Team (Stress, Unterstützung, Reibungspunkte, Konkurrenz etc.)?

  ____

  ____

- ☐ Und was bedeutet das Ihrer Ansicht nach für den Teamleiter (Stress, Unterstützung, Reibungspunkte, Konkurrenz etc.)?

  ____

  ____

6.2.2 Vom Umgang mit den Mitspielern

Nachdem wir uns soeben bereits an unsere „vier Freunde“ erinnert haben, sollten wir sie noch einmal hinsichtlich ihres jeweiligen Wertes für das Team genauer unter die Lupe nehmen. Denn wie gesagt, alle haben ihre Daseinsberechtigung, und wenn sie für die richtigen, also für diejenigen Aufgaben eingeteilt werden, die ihrem Typus am besten entsprechen, dann steht einem *Hochleistungsteam de luxe* eigentlich nichts mehr im Wege.

Ich darf Sie aber an dieser Stelle noch einmal an einen ganz wichtigen Punkt erinnern, auch wenn ich mich wiederhole: Wir sind alle bunt, d.h. wir tragen Anteile aller vier Typen in uns, aber eben einen oder zwei und manchmal auch drei in prägenderer Form als die restlichen. Deswegen geben diese Einteilungen auch nur Tendenzen vor, Richtungen, deren Beachtung uns helfen kann, den richtigen Weg zu gehen. Aber wir sollten deswegen niemanden in eine Schublade stecken, die „nur“ Alphatier, „nur“ Alleskönner, „nur“ Teamplayer oder „nur“ Qualitätssicherer heißt.

Das konsequente Alphatier (Typ 1) im Team

Wenn unser konsequentes Alphatier nicht ohnehin der Teamleiter ist, dann wird er zumindest hin und wieder nicht aus seiner Haut können und versuchen, die Truppe wortwörtlich an die Hand zu nehmen. Der Führungsanspruch oder zumindest das Sehen der Notwendigkeit, dass Führung erforderlich ist, scheint dem Alphatier quasi in den Genen zu stecken. Seine Devise lautet ja ohnehin „Da, wo ich bin, ist vorn“. Und je nachdem, wie stark seine Ausprägung dieses Typus ist, kann es im Gegenteil auch zu Problemen führen, wenn er nicht zumindest eine *verantwortungsvolle Aufgabe* innerhalb des Teams übernehmen kann.

Er ist hervorragend darin, Probleme aktiv anzugehen, Ziele zu setzen und deren Erreichen zu steuern sowie notwendige Veränderungsprozesse anzustoßen. Seine Stärke im Team ist keinesfalls die Detailarbeit. Je mehr er davon aufgedrückt bekommt, desto unzufriedener wird er. Sein Hauptaugenmerk liegt darin, Herausforderungen so zu meistern, dass er Erfolge einfährt. Sie merken: Sein Erfolg wird also sehr wahrscheinlich auch der Erfolg des Teams sein und umgekehrt.

Ein konsequentes Alphatier im Team zu haben, ist wichtig, denn es bringt die Dinge nach vorn, treibt an und sorgt dafür dass der Rest der Mannschaft auf Linie bleibt und sich nicht in unwichtigen Dingen verliert.

Der kreative Alleskönner (Typ 2) im Team

Unser kreativer Alleskönner fühlt sich dann am wohlsten, wenn er kommunizieren und Kontakte knüpfen, mit seinen innovativen Ideen das Team bereichern und insgesamt auch für eine freundliche Atmosphäre sorgen kann. Er ist auch derjenige, der den größten interdisziplinären Effekt in das Team einbringt, denn weil er seine Finger fast in allen Projekten hat, weiß er auch meistens sehr gut Bescheid, welche Aspekte noch zu beachten sind, die über die eigentliche Aufgabenstellung des Teams hinausgehen.

Er tut sich ähnlich wie das Alphatier sehr schwer damit, Detailarbeit zu erledigen. Dabei langweilt er sich schnell und wird unzufrieden. Ein Programmierer, der einen deutlichen Anteil des Alleskönners in sich trägt, ist auch selten jemand, der seinen Quellcode vollständig kommentiert.

Er ist überdies das Sprachrohr des Teams. Wenn es in einem gemeinsamen Projekt darum geht, innerhalb der Firma oder gar darüber hinaus die „Werbetrommel" zu rühren und Ergebnisse eloquent und überzeugend zu präsentieren, dann sollte sich das Team für den kreativen Alleskönner entscheiden. Allerdings müssen Sie dann ein wenig aufpassen, dass er nicht „auf zu vielen Hochzeiten gleichzeitig tanzt". Das meint er keinesfalls böse und will damit auch nicht zeigen, dass ihn Ihr Team langweilt. Er ist halt einfach so.

Der bodenständige Teamplayer (Typ 3) im Team

Der Teamplayer wird höchstwahrscheinlich schon ganz automatisch in die Rolle des „Vertrauensteammitglieds" hinein rutschen. Er ist derjenige im Team, dem die Harmonie und das gute Klima am wichtigsten sind. Wenn einer die Chance hat, für ein Wir-Gefühl zu sorgen, dann er. Was der Alleskönner an kommunikativer Höchstleistung nach außen vollbringt, das schafft der Teamplayer nach innen. Da ist er der Interaktionsexperte und wirkt zur Not bei Konflikten auch mal als schlichtende Kraft.

Mit Routineaufgaben hat er keine Probleme. Im Gegenteil, die übernimmt er mit Vorliebe und prüft auch gerne den Ablauf des Teamprozesses als solche. Nur mit zu vielen Neuerungen auf einmal tut er sich schwer. Das ist auf der anderen Seite aber auch seine Stärke, denn wenn Alphatier und Alleskönner in der Teambesprechung mal wieder Zukunftsvisionen malen und Luftschlösser bauen, dann ist er derjenige, der die beiden mit seiner ausgleichenden Art wieder auf den Boden zurückholen kann. Leider neigt er in der Übertreibung dieser Fähigkeit auch zum Ausbremsen innovativer, aber möglicherweise mit Risiken verbundener Gruppenvorschläge.

Der analytische Qualitätssicherer (Typ 4) im Team

Mr. 1000 Prozent. Der Experte für Zahlen, Daten und Fakten. Wenn einer im Team für Organisations-, Planungs- und Analysefragen zuständig sein sollte, dann er. Der analytische Qualitätssicherer ist quasi der Compiler des Teams. An seinem „Bug-Fixing" kommt niemand vorbei. Das ist auch gut so, schadet allerdings bisweilen der Stimmung im Team, denn er kann – bei allem Respekt für seine Vorzüge – eine ziemliche Spaßbremse sein. Er hinterfragt eben alles akribisch und kritisch.

Ohne ihn würde sich ein Team thematisch gegebenenfalls in Oberflächlichkeiten verlieren, denn wenn wichtige Informationen fehlen, dann fällt ihm das als Erstem auf. Er ist eben der Experte für Qualitätsarbeit und nicht der Vergnügungsbeauftragte. Alles, was auch nur im Entferntesten mit vertraglichen Dingen zu tun hat, sollten Sie ihm übergeben. Dann sind Sie auf der sicheren Seite. Auch hat er keine Probleme mit Routinearbeiten, solange er sie nach seinem Gusto oder eben gesetzlichen Regelungen gemäß machen darf.

6.2.3 Die Mischung macht's oder: Ein Rudel braucht Führung

Angenommen, Sie werden mit der Bildung eines Teams beauftragt, das ein für das Unternehmen sehr wichtiges Entwicklungsprojekt zu realisieren hat. In der Wahl der Gruppenmitglieder haben Sie freie Wahl. Worauf achten Sie nun bei der Zusammensetzung Ihres Teams? Na, ganz schön viel Denkarbeit, oder? Aber trösten Sie sich. Die Realität ist meistens so, dass Projekt- bzw. Teamleiter gar nicht den Luxus haben, aus einer großen Menge hoch motivierter und kompetenter Menschen mal eben so eine Auswahl zu treffen. Denn sie haben mit Sicherheit nicht das einzige Projekt in der Firma am Laufen. In manchen Unternehmen entstehen aus solchen Situationen heraus regelrechte „Kämpfe" um die Besten. Die Übriggebliebenen, die in der Regel keiner in seinem Team haben will, werden erst ganz am Schluss ausgewählt, so wie beim Völkerball in der 3. Klasse, wenn beim wechselseitigen Auswählen der Spieler der Führer der zweiten Mannschaft unwillig feststellen muss, dass nur noch der Klassen-Verlierer zur Auswahl steht.

Das Thema Führung hatten wir für dieses Buch ja eigentlich explizit ausgeschlossen. Doch in Sachen Teams gönnen wir uns dann doch einen kleinen Abstecher in die Thematik. Es kann Ihnen nämlich durchaus passieren, dass Sie Verantwortung für ein kleines Teilteam innerhalb eines Projekts tragen oder sogar Führungskompetenz an den Tag legen müssen, weil der eigentliche Teamleiter nicht in der Lage dazu ist und die gesamte Teamarbeit deshalb zu scheitern droht. Was muss nun so ein Teamleiter alles können? Beneiden Sie ihn besser nicht, denn es fängt schon damit an, dass er drei völlig verschiedene Leistungen in Sachen Führung vollbringt. Denn er führt

- *sich* selbst,
- jeden *Einzelnen* im Team und
- schlussendlich das *Team* als Einheit.

Überdies ist er potenziell gefährdet, seine Autorität zu verlieren, nämlich dann, wenn er droht, sich an auftretenden Rollenkonflikten aufzureiben. Trägt er beispielsweise innerhalb des Teams auch die Verantwortung für eine fachliche Aufgabe (was sehr oft der Fall ist), dann besteht die Gefahr, dass er als „Fachmensch" unter anderen „Fachmenschen" seine Führungs- und Koordinierungsaufgaben vernachlässigt, weil er dazu kaum noch Zeit hat. Erstaunlicherweise wird gerade im Rahmen von Projektmanagement genau das vergessen, nämlich das „Managen" des Projekts selbst, wenn es darum geht, einen realistischen Zeitplan zu erstellen. Projektstrukturpläne erstellen, Risiken abschätzen und etliche andere Aufgaben erledigen sich aber in der Regel nicht von selbst.

Insgesamt hat ein Teamleiter als Führungskraft u.a. folgende Aufgaben *für* und *in* Zusammenarbeit mit seinem Team zu bewältigen:

- *Arbeitsplanung* und -priorisierung,
- *Delegieren* von Tätigkeiten (Arbeitspaketen),
- informelles Coaching (von Mitarbeitern bei Problemen oder auch Entwicklungszielen),
- formelles „*Disziplinieren*" (im Sinne von Gewährleisten, dass jeder die Arbeit macht, die ihm aufgetragen wurde),
- *Mitarbeitermotivation* (besonders, wenn die Stimmung im Keller ist und keiner mehr so wirklich Lust hat)
- Umsetzen von *Änderungen* (was besonders diffizil ist, denn nicht jeder im Team steht Neuem grundsätzlich positiv gegenüber – Sie erinnern sich ...),
- *Arbeitsergebnisse* bewerten und dokumentieren,
- generell *nach innen* (Team) und *nach außen* (Kunde bzw. Auftraggeber) *kommunizieren* können,
- für die Arbeit des Teams „*geradestehen*"
- usw.

Am einfachsten hat es der Teamleiter natürlich, wenn er durch ein sich gut ergänzendes Team unterstützt wird. Werfen wir also nun einen Blick auf die optimale *Teamzusammenstellung.*

Die Mischung macht's, das hatten wir schon festgestellt. Und deswegen ist es auch wichtig zu wissen, wann ein Team, bedingt durch die Zusammenstellung der verschiedenen Persönlichkeitstypen, gute Chance auf Erfolg hat oder eher eine „Zeitbombe mit Ansage" darstellt. Wir bedienen uns zu diesem Zwecke eines sogenannten *Teamrads*, das die Zusammensetzung einer Gruppe von Menschen hinsichtlich ihrer Persönlichkeitstypen visualisiert. Mit seiner Hilfe können sowohl der Teamleiter als auch das ganze Team gut erkennen,

- wo möglicherweise *Reibungsverluste* drohen (Alphatier und Teamplayer an einer Aufgabe?)
- auf welche *Besonderheiten* im Vorfeld bereits geachtet werden kann („Ist da nicht der falsche Mann am falschen Ort? Ob das gut geht?"),
- wo es möglicherweise Potenziale gibt, die von Anfang an bestmöglich genutzt werden sollten („Da fehlt ja der Qualitätssicherer! Da müssen wir mal den Mayer aus dem Controlling fragen, ob der noch Kapazitäten frei hat.").

Werfen wir zunächst einmal einen Blick auf unser erstes Team in Abbildung 6.2. Wir sehen ein offensichtlich gut und gleichmäßig besetztes Team. Wie gesagt, es geht nicht um die Kompetenz. Die zweifeln wir der Einfachheit halber an dieser Stelle nicht an. Es geht um die Typen. Der Teamleiter ist offensichtlich mit einem klaren Alphatier bestens besetzt. Allerdings gibt es noch ein zweites, ganz klares Alphatier und zwei weitere Menschen im Team, die offensichtlich auch eine gehörige Portion dieses Typus in sich tragen: einmal ein Mitarbeiter, der auf dem Übergang zum kreativen Alleskönner platziert ist, und zum anderen einer, der sich auf dem Übergang zum analytischen Qualitätssicherer befindet. Beide *können* indirekt einen Führungsanspruch ausleben wollen, müssen das aber nicht, wenn ihre Aufgaben ihnen entsprechende Erfüllung bieten.

Abbildung 6.2: Gut besetztes Team mit potenziellem „Führungskonflikt"

Für den Teamleiter bedeutet dies, dass er von Anfang an klar signalisieren sollte, *wer* im Team das Sagen hat. Schwächen kann er sich in dieser Hinsicht nicht erlauben, sonst steht möglicherweise einer der anderen „Machtmenschen" parat. Auf der anderen Seite ermöglicht ihm die vorliegende Konstellation, einen geeigneten Stellvertreter zu benennen, bei dem er sich keine Sorgen machen muss, dass dieser dem Team eine zu lange Leine lässt und „die Mäuse auf dem Tisch tanzen, wenn die Katze außer Haus ist".

In unserem nächsten Beispiel könnte dieses Problem zwar möglicherweise auch auftauchen, doch gibt es hier noch ein ganz anderes. Das Team in Abbildung 6.3 hat offenkundig eine Tendenz zur *Extraversion*. Die Übermacht der Alphatiere und Alleskönner ist doch erheblich und spricht nicht dafür, dass die Routineaufgaben im Team reibungslos erledigt werden. Denn wir erinnern uns: Beide haben es nicht so mit Details und Alltagsroutinen. Immerhin scheint die Qualität der zu leistenden Arbeit durch den entsprechenden Vertreter gesichert. Der Teamleiter sollte hier unbedingt darauf achten, dass das Team nicht vor lauter „hätte, würde, könnte" in den Ideen stecken bleibt, sondern Tatsachen schafft. Überdies gilt es, für eine ausgeglichene Berücksichtigung der Meinung und Bedürfnisse aller Teammitglieder zu sorgen, denn bei so viel „Rampensau-Potenzial" laufen die beiden anderen Typen links der Y-Achse Gefahr, überrannt zu werden. Zumindest kann man davon ausgehen, dass die Arbeit in diesem Team wohl durch eine gute und lebendige Atmosphäre geprägt sein wird.

Abbildung 6.3: Team mit Dominanz der Extravertierten

Unser letztes Beispiel zeigt genau das Gegenteil des soeben vorgestellten Teams. Hier herrscht eine etwas zu starke Tendenz zur introvertierten Seite hin (siehe Abbildung 6.4).

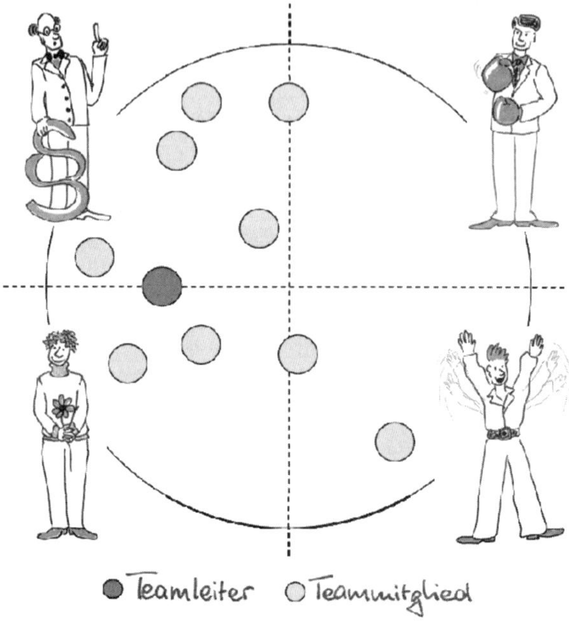

Abbildung 6.4: Team mit Dominanz der Introvertierten

Routineaufgaben scheinen auf qualitativ höchstem Niveau erledigt zu werden, und für die Harmonie im Team ist sicherlich auch gesorgt. Aber wenn wir genau hinschauen, dann fehlt etwas Wesentliches, nämlich der Alphatieranteil. Der Teamleiter ist eine Mischung aus Teamplayer und Qualitätssicherer und daher eher weniger dafür geeignet, ein Team ideenreich, kooperativ und trotzdem mit konsequenter Hand zu führen. Überdies ist die „Abteilung Kreativität und Innovation" mit maximal zwei Personen (1x Alleskönner, 0,5x Übergang Qualitätssicherer zu Alphatier und 0,5x Übergang Alleskönner zu Teamplayer) sehr übersichtlich besetzt. Hier besteht Optimierungsbedarf hinsichtlich der Teamzusammenstellung. Wenn möglich, sollte hier eine weitere Person mit zumindest Alphatieranteil zur Gruppe hinzustoßen.

Für die folgende Übung brauchen Sie Ihre mittlerweile nicht unerheblichen Kenntnisse über die vier wesentlichen Persönlichkeitstypen, die uns in einem Team als Kollegen, Chefs, Kunden oder Mitarbeiter so „über den Weg laufen" können. Nun versetzen Sie sich einmal in die Rolle des Teamleiters und überlegen Sie, was in den nun folgenden Beispielen zu tun bzw. zu sagen wäre.

Ü Die T-Shaping-Übung: „Drama, Baby, Drama!"

Ein Projektleiter:
„Mich nervt es ohne Ende, dass Themen, die längst abgehakt waren, von X spätestens einen Monat später wieder auf den Tisch kommen. Dann fängt fast die ganze Gruppe wieder von vorne an zu diskutieren"

☐ Was treibt Herrn X an und welche(n) Persönlichkeitstyp(en) erkennen Sie?

____

____

☐ Was sollte der Teamleiter Ihrer Ansicht nach tun?

____

____

Ein Teammitglied:
„Letzte Woche haben wir wieder stundenlang gemeetet und eigentlich nix besprochen. Fortschritte in der Sache haben wir nicht wirklich gemacht, aber die Stimmung war klasse."

☐ Was treibt die Gruppe mehrheitlich an und welche(n) Persönlichkeitstyp(en) erkennen Sie?

____

____

- ☐ Was sollte der Teamleiter Ihrer Ansicht nach tun, was er während des Meetings offensichtlich nicht getan hat?

  ____

  ____

Eine Teamleiterin:
„Dieses ganze Team ist ein einziger Haufen von Ewiggestrigen. Mit denen kann man überhaupt nichts bewegen. Wenn die so weiter blockieren, gibt's echt Ärger. Ich kann auch anders. Wahrscheinlich muss man denen mal so richtig Feuer unterm Hintern machen."

- ☐ Was treibt das Team und was die Teamleiterin an, welche Persönlichkeitstypen erkennen Sie?

  ____

  ____

- ☐ Was sollte die Teamleiterin Ihrer Ansicht nach tun?

  ____

  ____

Na? Kommt Ihnen die eine oder andere Situation bekannt vor? Ohne Führung würde wahrscheinlich keines der obigen Teams konfliktfrei zusammenarbeiten. Und auch in Teams, in denen keiner explizit die Rolle des Leiters hat, bildet sich in der Regel jemand heraus, der in eben diese Position hineinzuschlüpfen in der Lage ist und akzeptiert wird. Hoffentlich!

6.3 Die Lizenz zum Scheitern: Konflikte im Team

Was glauben Sie, woran scheitern Teams bzw. welche Stolpersteine legen sich ihnen in den Weg? Wenn Sie schon einmal in einem Team gearbeitet haben, sollte Ihnen die Beantwortung dieser Frage nicht schwer fallen. Falls noch nicht, dann lassen Sie sich durch die vorhergehenden Kapitel dieses Buches inspirieren und raten Sie. Ich bin sicher, dass Sie dahinterkommen, welcher Aspekt in der Prioritätenliste der größten Schwierigkeiten, die Teams zum Scheitern bringen können, auf „dem Siegerpodest" steht ... Richtig geraten: *Kommunikation* heißt das magische Wort auch in diesem Bereich. Laut einer Studie[11] aus dem Jahre 2002 sind die TOP 5 der „besten" Gründe, warum Teamarbeit problematisch verläuft oder gar scheitert, die folgenden:

[11] Befragung von 400 Führungskräften durch die Bad Harzburger Akademie für Führungskräfte [Harz02].

- Kommunikationsschwierigkeiten (97 Prozent)
- unklarer Auftrag (94,3 Prozent)
- keine Zusammenarbeitskultur (91 Prozent)
- unausgesprochene Konflikte (90,2 Prozent)
- fehlendes Vertrauen (90,2 Prozent)

6.3.1 Konflikte sind alltäglich

Genau wie Spaß, Glück, Trauer und Freude gehören auch Konflikte zum täglichen Leben. Wenn Menschen miteinander in Kontakt stehen, so geschieht dies selten ohne Reibungsverluste. Doch Konflikte sind immer auch eine Chance! Und wir können fast noch einen Schritt weiter gehen, indem wir sagen, dass „homöopathisch dosierte" und entsprechend aufgelöste Konflikte regelrecht ein Muss sind, um gegenseitig voneinander zu lernen und an den damit verbundenen, nicht nur menschlichen Herausforderungen zu wachsen.

A Der T-Shaping-Aha-Effekt:

Sie können nie von einem Konflikt weg, sondern nur zu einer Lösung hin gehen.

Der Begriff Konflikt selbst kann von verschiedenen Seiten her beleuchtet werden. In der Regel bezeichnen Konflikte die Unvereinbarkeit von unterschiedlichen Motiven, d.h. Bedürfnissen, Zielen, Interessen, Bewertungen usw. Wir können hierbei zwischen

- sachlichen und
- persönlichen bzw. emotionalen Konflikten

unterscheiden. Erinnert Sie das an etwas? Richtig: Das Modell der vier Nachrichten aus Abschnitt 5.2.3 lässt hier grüßen. Auf der Sachebene eine wie auch immer geartete „Störung" zwischen den Gesprächspartnern zu haben, ist zwar manchmal auch anstrengend, aber im Allgemeinen längst nicht so nervig und Kräfte zehrend wie Konflikte auf der persönlichen bzw. emotionalen Ebene. Zu diesen gehören auch Beziehungs-, Selbstoffenbarungs- und Appellebene.

Konflikte treten in folgenden Ausprägungen auf:

- Zwischen zwei Individuen (*interpersonell*) oder *in* einem Individuum (*intrapersonell*), z.B. durch eine Unvereinbarkeit von innerer Einstellung und aufgetragener Aufgabe,
- zwischen einem Individuum und einer Gruppe (jemand kommt mit dem Rest des Teams überhaupt nicht klar) oder
- zwischen zwei Gruppen, die beispielsweise miteinander im Wettbewerb stehen.

Der interpersonelle Konflikt dürfte Ihnen am geläufigsten sein, nicht wahr? Meinungsverschiedenheiten zwischen zumeist zwei Menschen sind normal, insbesondere auch in intensiv zusammenarbeitenden Teams. Dessen Reifegrad innerhalb des Teamentwicklungsprozesses lässt sich durchaus auch daran bemessen, wie in der Gruppe mit Konflikten umgegangen wird. Wenden wir uns nun also einer Definition für den *sozialen Konflikt* zu, der im beruflichen Leben eine ganz entscheidende Rolle spielt und uns so manches graue Haar wachsen lassen kann. Ein sozialer Konflikt ist [Glas10]:

1. eine *Interaktion* zwischen verschiedenen *Akteuren* (Individuen, Gruppen, Organisationen usw.),
2. wobei wenigstens ein Akteur eine Differenz bzw. *Unvereinbarkeit*
3. im *Wahrnehmen* und
4. im *Denken* bzw. *Vorstellen* und
5. im *Fühlen* und
6. im *Wollen*
7. mit *einem* oder *mehreren anderen* Akteuren in der Art erlebt,
8. dass beim Verwirklichen dessen, was der Akteur denkt, fühlt oder will, eine *Beeinträchtigung* erfolgt.

Ein sozialer Konflikt bezeichnet also die Unvereinbarkeit der Anschauungen zweier Akteure. Sehen wir uns doch einmal das folgende Praxisbeispiel an und setzen es in direktem Bezug zu obiger Definition (die Nummern verweisen auf die genannten Aspekte).

Ein Blick in die Praxis:
Der soziale Konflikt – Definition und Fallbeispiel

Maren, Christian und drei weitere SW-Entwickler arbeiten zusammen in einem Team an einer Anwendung für den wichtigsten Kunden der Firma [1]. Als Projektleiterin muss Maren (als Mischung aus Alphatier und Qualitätssicherin) natürlich die Projektkosten im Auge behalten.

Christian ist hingegen der Tüftler und Samariter im Entwicklerteam (= ziemlich viel Teamplayer mit einem „ordentlichen Schuss" Alleskönner) und kennt das Wort „Nein" nicht, wenn ihn der Kunde um etwas bittet, das nicht im Pflichtenheft steht und somit auch schwerlich fakturiert werden kann. Er ist viel zu technikverliebt, als dass es ihn nicht reizt, die Kundenwünsche dann auch umzusetzen.

Nachdem er zum wiederholten Male Überstunden gemacht hat, die aber keinem Projekt zugeordnet werden können, platzt Maren der Kragen [2]. Sie stellt Christian barsch zur Rede und erntet statt Einsicht die Reaktion [2]: „Alles cool, ich war doch eh da, also konnte ich das doch auch schnell machen." Ein Streit entspinnt sich, denn Christian fühlt sich kritisiert [3] und das auch noch zu Unrecht [4]. Das passt ihm ganz und gar nicht [5]. Außerdem entspricht Marens Anweisung [7] nicht dem, wie er gerne arbeiten möchte [6]. Aber sie ist die Chefin, und so muss er sich wohl oder übel ihren Anweisungen fügen [8].

Glasl bezeichnet u.a. diejenigen Konflikte nicht als soziale Konflikte, bei denen z.B. die Unvereinbarkeit nur auf der Ebene des *Wahrnehmens* abläuft. Ein schönes Beispiel liefern hierfür meine Kollegen an der Hochschule. Es gibt im Fachbereich Informatik die Fraktion der Windows- und die der Unix-Benutzer. Man weiß um die unterschiedlichen Auffassungen, „streitet" auch ab und zu darüber, aber es würde nie ein Konflikt daraus entstehen, weil weder das Denken oder Fühlen noch das Wollen einer der Akteure maßgeblich ungünstig beeinflusst würde.

Konfliktsituationen lassen sich bei uns Menschen vor allem an drei Reaktionen identifizieren:

- *Gereiztheit* („von allem und allen genervt sein", „Nichts klappt"-Einstellung, nicht näher erklärbare Unzufriedenheit etc.)
- *psychosomatische Symptome* (der Körper meldet sich durch Rücken-/Nacken-Probleme, Magenschmerzen, Abgeschlagenheit oder Ärgerem und sagt uns „Stopp – so nicht weiter")
- *innerer Rückzug* (generelles Desinteresse an allem und Weigerung, sich an irgendetwas zu beteiligen, geschweige denn proaktiv einzubringen)

Solche und ähnliche Symptome deuten möglicherweise darauf hin, dass Sie einen unbearbeiteten Konflikt mit sich selbst oder mit jemand anderem in sich tragen. Und weil Sie ihn nicht offen angehen, verschafft er sich über einen anderen Kanal „Luft", nämlich via die seelische und/oder körperliche Befindlichkeit. Umgedreht gelten die obigen Symptome natürlich auch für andere Menschen. D.h. wenn Sie bei einem Kollegen, Kunden oder Mitglied Ihres sozialen Systems etwas Derartiges feststellen, so ist es sicherlich sinnvoll, einmal vorsichtig nachzuhaken, ob da wohl ein Konflikt im wahrsten Sinne des Wortes „in der Luft liegt". Vielleicht können Sie als unbeteiligter Außenstehender helfen oder Sie sind – ohne es zu wissen – sogar selbst darin verwickelt. Dann ist eine aktive Konfliktlösung ohnehin angebracht.

T **Der T-Shaping -Tipp**

Lernen Sie die Reaktionen Ihrer Seele und Ihres Körpers kennen und achten Sie rechtzeitig auf entsprechende (Warn-)Signale. Nehmen Sie sich Zeit zum Reflektieren und stellen Sie sich dem Konflikt.

6.3.2 Welchen Konflikt hätten S' denn gern?

Die Möglichkeiten, in Konflikte hineinzugeraten, sind vielfältig. Sehr vielfältig. Und nicht selten wissen wir gar nicht, wie uns geschieht, wenn unser Gegenüber auf einmal „gegen den Strich gebürstet" zu sein scheint oder bereits „mit scharfer Munition schießt". Sie sind ja mittlerweile in Sachen Konflikte schon sehr weit, denn wir haben in den vergangenen

Kapiteln sehr viel Vorarbeit geleistet, um uns diesem Thema nun ziemlich kenntnisreich widmen zu können.

Wir starten mit einem kleinen Experiment: Betrachten Sie sich bitte das folgende Bild, halten Sie den darunter stehende Text erst einmal zu und beantworten Sie ganz spontan die Frage, was Sie darauf erkennen. Legen Sie sich fest und lesen Sie erst dann weiter.

Abbildung 6.5: Wie wirklich ist die Wirklichkeit?[12]

Und, was sehen Sie? Einen nach rechts schauenden Hasen? Oder doch eine nach links blickende Ente? Keine Bange, das eine ist nicht schlechter als das andere. Aber es zeigt, dass die von uns wahrgenommene Realität nicht immer die tatsächliche Realität abbildet (sofern es diese überhaupt gibt) und gegebenenfalls auch nicht die unseres Gesprächs- bzw. Interaktionspartners. Denn wir sehen die Welt immer durch unsere ganz persönliche Brille auf der Nase, neben den Erfahrungen, die wir im Leben gemacht haben, unter dem zumeist unbewussten Einfluss beispielsweise unserer Werte und Glaubenssätze. Und das, was wir nicht als direkte Informationen bekommen, konstruieren wir uns zur Not einfach dazu. Das nennt man dann Interpretation, etwas, das ein fruchtbares Feld für allerlei potenzielle Konflikte bietet.

A **Der T-Shaping-Aha-Effekt:**

Menschen verstehen sich immer ein bisschen und ein bisschen nicht.

[12] Diese treffende Bildunterschrift ist dem gleichnamigen Buch von Paul Watzlawick entliehen [Watz10].

Konflikte aufgrund unterschiedlicher „Brillen auf der Nase“

- Hierbei handelt es sich um die Verletzung der eigenen *Werte* oder von denen des anderen (*Wertekonflikt*).

  Beispiel:
  Der Wunsch eines Entwicklers nach Ruhe, Selbstbestimmung und eigenverantwortlichem Arbeiten wird durch das kumpelhafte und ablenkende Verhalten seines Kollegen, der auch bei der Arbeit Spaß und Leichtigkeit ausleben will, eingeschränkt bzw. fast unmöglich gemacht.

  Lösungsansatz:
  Überprüfen Sie zunächst einmal, ob es Ihre persönlichen Werte sind, die „verletzt“ werden, oder Ihr *Ziel*, etwas Bestimmtes auf eine bestimmte Weise zu erreichen. Sprechen Sie darüber, *was Ihnen wichtig ist*, und erörtern Sie gemeinsam mit Ihrem Gesprächspartner, wie man *Ihren*, aber auch *seinen* Bedürfnissen hierbei gerecht werden kann (z.B. durch eine gemeinsame Pause oder ein kollegiales Bier am Abend).

- *Glaubenssätze* versperren uns eine neutrale Sicht auf die Dinge.
  Sie erinnern sich sicherlich an die in Abschnitt 4.1.3 vorgestellten förderlichen, aber auch hinderlichen Glaubenssätze, die jeder von uns in sich trägt. Auch sie können kleine tickende Konflikt-Zeitbomben sein.

  Beispiel:
  Eine Software-Architektin kann trotz größter Bemühungen und konstruktiver Mitarbeit in der Hierarchie einfach nicht aufsteigen, weil ihr Vorgesetzter der Meinung ist, dass Frauen generell ein Risikofaktor sind, weil sie doch irgendwann Kinder kriegen und dann „mitten in der heißen Phase des Projekts“ ausfallen.

  Lösungsansatz:
  Legen Sie die *Befürchtungen* Ihres Gegenübers *offen,* nehmen Sie diese *ernst* und *entkräften* Sie diese, wie Sie es bei den Tilgungen, Verzerrungen und Generalisierungen aus Abschnitt 5.3.2 bereits geübt haben. Bei der Gelegenheit sollten Sie dann auch gleich einmal überprüfen, ob Sie nicht selbst von Glaubenssätzen geleitet werden, die Konfliktpotenzial in sich bergen (siehe Abschnitt 4.1.3).

Konflikte aufgrund „sprachlicher Nebel“

Auch Tilgung, Verzerrung und Generalisierung enthalten jede Menge Konfliktpotenzial. Was meinen Sie z.B. ganz konkret, wenn Sie auf eine entsprechende Aufforderung mit „Ich komme *gleich*“ antworten. Bedeutet „gleich“ für Sie in 10 Minuten oder in einer halben Stunde oder dass Sie, während Sie den Satz noch aussprechen, schon unterwegs sind? Sehen Sie, wenn ich drei Menschen frage, was für sie „gleich“ bedeutet, werde ich höchstwahrscheinlich drei verschiedene Antworten bekommen. Auch in Abhängigkeit von der Situation[13]. Und man kann sich sicherlich unschwer vorstellen, dass es zu Konflikten kommen kann, wenn die auf Sie wartende Person mit „gleich“ fünf Minuten verbindet, Sie aber „irgendwas zwischen 20 und 30 Minuten“. Hier lautet der Lösungsansatz ganz klar: Seien Sie konkret und so genau wie nötig, um Missverständnisse und Fehlinterpretationen von vornherein zu vermeiden. Etwas, das den beiden Konfliktpartnern im nun folgenden Beispiel zunächst leider nicht gelang.

Ein Blick in die Praxis:
Ungenau. Ungenauer. Konflikt! Oder: Welches Backup?

In einem Team schwelt schon seit geraumer Zeit ein Konflikt zwischen zwei Programmierern. Da der Zeitplan schon gewaltig hängt, bittet die Teamleiterin die beiden mit Nachdruck, sich noch einmal in aller Ruhe zusammenzusetzen und die Angelegenheit zu bereinigen. Die beiden „Kontrahenten" werfen sich also eine halbe Stunde gegenseitig vor, was der jeweils andere gar nicht oder falsch gemacht hat und dass der Zeitplan deswegen gewaltig hängt.

Alex: [...] Du kannst mir erzählen, was du willst. Fakt ist, dass das Backup nicht funktioniert.

Marius: (*wütend*) Das Backup? Quatsch. Natürlich funktioniert das Backup. Ich habe es doch heute Morgen noch getestet.

Alex: (*empört*) Das kann überhaupt nicht sein. Willst Du etwa behaupten, dass ich lüge? Ich kann dir beweisen, dass das Backup nicht einsetzbar ist. *Er fährt seinen Laptop hoch und öffnet die Anwendung.* Hier. Schau selbst, das Datenbank-Backup ist nicht einsetzbar, es ist nämlich leer.

Marius: (*irritiert*) Wieso das Datenbank-Backup? Klar ist das leer. Das habe ich doch in der letzten Besprechung gesagt, dass die Daten fehlerhaft waren und ich noch mal neue Datensätze aus den Altdaten migrieren will. Aber ich dachte, wir sprechen die ganze Zeit vom Backup der Anwendung. Das funktioniert nämlich einwandfrei.

Alex: Ach so. Nee. Ich spreche von dem Datenbank-Backup. Und woher soll ich das wissen, dass Du das noch mal neu einrichten willst. Bei der letzten Teambesprechung war ich doch noch in Urlaub.

Sie merken, hier liegt mit dem Wort „Backup“ eine Tilgung vor (siehe Abschnitt 5.3.2), die weder vom Sender noch vom Empfänger als solche erkannt wird und somit einem ohnehin schon schwelenden Konflikt zwischen zwei Streithähnen noch mehr Zunder gibt.

---

[13] Wenn z.B. eine Internetsüchtige wie ich während des Surfens auf wiederholte Aufforderung antwortet, „gleich“ zum Essen zu kommen, so kann Letzteres schon einmal ziemlich kalt werden.

Lösungsansatz:
Zum einen hätte Alex natürlich klarer, d.h. konkreter in Bezug auf das nicht funktionierende (Datenbank-)Backup formulieren müssen, zum anderen hätte Marius auffallen müssen, dass es offenkundig wohl mehrere Backup-Ausprägungen gibt. Demzufolge wäre ein konkretisierendes Nachfragen angebracht gewesen. Ungeachtet dessen wird die Projektleiterin Alex wohl dringend dazu „anregen", ab sofort die Besprechungsprotokolle der verpassten Teamsitzungen zu lesen.

T Der T-Shaping -Tipp

Was wir sagen, ist immer nur eine mehr oder minder gute Annäherung an das, was wir eigentlich meinen. Hören Sie deswegen immer gut (und aktiv) zu und kommunizieren Sie selbst so konkret wie für die Situation und den Gesprächspartner nötig.

Konflikte aufgrund sich selbst erfüllender Prophezeiungen

Erfahrungen und Einstellungen lassen uns bisweilen Vermutungen darüber anstellen, wie sich ein anderer Mensch wohl in einer bestimmten Situation verhalten wird. Wir sind dann so überzeugt davon, dass wir quasi keine andere Reaktion mehr „zulassen". Denken Sie einfach an unsere „UML-Diagramm-Geschichte" aus Abschnitt 5.1.4. Wir variieren dann unsere Einstellung und unbewusst auch unser Verhalten solange, bis wir endlich eine Reaktion des anderen erhalten, die der entspricht (oder die sich so interpretieren lässt), von der wir ohnehin immer gewusst haben, dass sie so ausfallen wird. Das ist im Übrigen das gleiche Prinzip wie die Sache mit den Schubladen, in die wir die Menschen Dank des ersten Eindrucks, den wir von Ihnen erhalten, hineinpacken. Schublade zu und fertig. Nun werden wir zwangsläufig viel von dem, was der Betreffende sagt oder tut, in der Weise interpretieren, wie uns das die Schublade „diktiert". Böse Falle!

Lösungsansatz:
Werden Sie sich Ihrer negativen, einschränkenden „sich selbst erfüllenden Prophezeiungen" bewusst und ersetzen Sie diese durch positive Vorannahmen oder durch Offenheit gegenüber dem, was tatsächlich passieren wird. Öffnen Sie die eine oder andere Schublade und „erlauben" Sie den dort untergebrachten Personen, Ihnen eine andere Seite ihrer Persönlichkeit zu zeigen. Wenn Sie allerdings doch richtig lagen mit Ihrem ersten Eindruck, dann dürfen Sie die Schublade auch gerne wieder zumachen.

Konflikte aufgrund divergierender Ziele und Interessen

Die *Interessenskonflikte* gehören sicherlich zu den am häufigsten auftretenden Konfliktarten. Jedes Gespräch, jedes Miteinander dient einer Zielsetzung der Beteiligten und sei es „nur" freudiges Smalltalken. Ist dieses Ziel nicht klar oder vertreten die Beteiligten verschiedene und sogar konkurrierende Ziele, so kann es natürlich zu Konflikten kommen. Dabei ist es für jede Art von Konfliktgespräch immer wichtig, die Interessen des anderen herauszubekommen, denn nur so ist es möglich, gemeinsam nach Lösungen zu suchen, die beiden Kontrahenten gerecht werden – vollständig oder zumindest in Teilaspekten.

Ein Blick in die Praxis: Ich will. Du willst. Wir wollen?

Zwischen dem Teamleiter und seinem Stellvertreter knistert schon seit Längerem die Luft, weil Ersterer das Entwicklungsprojekt „auf Gedeih und Verderb" innerhalb der vorgegebenen Zeit zum Abschluss bringen will. Sein Stellvertreter hält das für absurd, weil das Team eine solche Kraftanstrengung aufgrund zahlreicher krankheitsbedingter Ausfälle gar nicht zu leisten imstande ist. Und kurzfristig neue Leute dafür zu holen, wäre a) zu teuer und b) höchst zeitintensiv, denn diese müssten ja schließlich auch eingearbeitet werden.

Als die beiden sich noch einmal zusammensetzen, ihre jeweiligen Argumente austauschen und trotzdem auf keinen gemeinsamen Nenner kommen, entspinnt sich folgender Dialog zwischen dem Teamleiter (TL) und seinem Stellvertreter (SV):

SV: „Sagen Sie mal, was ist eigentlich der Grund dafür, dass Sie so vehement darauf pochen, den mittlerweile wirklich unrealistisch gewordenen Auslieferungszeitpunkt für die Software XY einzuhalten?"

TL: „Na, wir haben schließlich eine Vorgabe vom Lenkungsausschuss."

SV: „Das ist schon richtig, aber haben Sie denn mit dem Lenkungsausschuss überhaupt schon einmal gesprochen, ob eine Verschiebung unter den gegebenen, wirklich ungünstigen Umständen nicht doch denkbar wäre?"

TL: „Nein. Ich möchte einfach, dass wir zu dem Zeitpunkt fertig werden, der im Projektplan als Auslieferungsdatum eingetragen ist, und damit basta."

SV: „Also ist das etwas, das Ihnen persönlich wichtig ist?"

TL: „Na, schließlich habe ich mir die letzten Jahre auch keine Verzögerungen erlaubt, und das war ein hartes Stück Arbeit. Und ich will sicherlich nicht jetzt damit anfangen, wo ich kurz vor der Beförderung zum stellvertretenden CIO[14] stehe."

Gegen Ende des Dialogs lässt der Teamleiter also endlich die Katze aus dem Sack. Es ist *ihm* persönlich wichtig, dass das Projekt zum vorgegebenen Zeitpunkt fertig wird. Der Stellvertreter hingegen sieht die Sache eher pragmatisch und möchte zum einen das verbleibende Team nicht über Gebühr in Anspruch nehmen, und zum anderen die Projektkosten nicht höher treiben als unbedingt erforderlich. Hier haben wir es also ganz klar mit einem Ziel- und Interessenskonflikt zu tun. Der *Lösungsansatz* hier entspricht einer generellen Konfliktbewältigung, wie sie Abschnitt 6.3.4 beschrieben ist.

[14] Der Chief Information Officer (CIO) ist der Leiter für Informationstechnologien in einem Unternehmen.

Konflikte aufgrund der Verteilung von Ressourcen

Auch dieser Konflikt ist uns nicht neu. Wo nur begrenzt qualifiziertes Personal vorhanden ist, wird zwangsläufig um die „Besten der Besten“ gerungen. Dieser *Verteilungskonflikt* betrifft aber nicht nur Menschen, sondern ebenso andere Ressourcen wie Budget oder Ausstattung, eben alles, was als knappes Gut eingestuft werden kann, jedoch zur Erreichung der Ziele verschiedener Interessensgruppen benötigt wird.

Lösungsansatz:

Hier muss von Anfang an das Gespräch gesucht und klar kommuniziert werden, *wer was* in welchem *Zeitrahmen* mit welcher *Priorität* benötigt. Überdies sollten der- oder diejenigen, die hier moderierend zugange sind, dafür Sorge tragen, dass alle Beteiligten auch immer mal wieder in die Position der „Gegenseite“ gehen, um deren Bedürfnisse zu verstehen.

Konflikte aufgrund von Rollen

Die *Rollenkonflikte* ergeben sich zumeist aus Unklarheiten bzgl. der formalen Rollenverteilungen im Team und daraus resultierendem Kompetenzgerangel. Weiteres Konfliktpotenzial liegt in einem Wechsel von einer Rolle in eine andere, wie das folgende Beispiel zeigt.

Beispiel:

Ein Programmierer wird aufgrund seiner hohen fachlichen Expertise zum Teamleiter einer ständigen Entwicklergruppe berufen. Als „Gleicher unter Gleichen“ hatte er weder menschlich noch fachlich Probleme. Aber in seiner neuen Funktion stößt er an seine Grenzen – zum einen weil er selbst Hemmungen hat, seinen ehemaligen Kollegen nun Anweisungen zu geben, und zum anderen, weil einige von ihnen seinen plötzlichen Rollenwechsel „nach oben“ nur grummelnd und mit Argwohn akzeptieren können.

Lösungsansatz:

Hier müssen zwei Wege gegangen werden, um das durchaus öfter mal vorkommende Dilemma „vom Kollegen zum Chef“ erst gar nicht zu einem werden zu lassen bzw. das Kind wieder aus dem Brunnen zu holen, wenn es bereits drinnen liegt. Zum einen bedarf es eines Gesprächs mit dem ganzen Team, in dem die neue Situation angekündigt wird und eventuell vorhandene Vorbehalte frühzeitig aufgelöst werden können. Hier ist es wichtig, alte Beziehungen nicht von heute auf morgen um „180 Grad zu drehen“. Dennoch muss die veränderte Aufgabenverteilung geklärt sein und trotz eines „du“ akzeptiert werden. Zum anderen sollte unbedingt auf Anzeichen geachtet werden, die auf mögliche, durch die neue Rollenverteilung verursachte Probleme im Team hinweisen, und dann entsprechend mit klärenden Gesprächen reagiert werden.

Konflikte aufgrund von Methodeneinsatz

Beim *Methodenkonflikt* ist in der Regel das gemeinsame Ziel klar, aber es herrscht Uneinigkeit bezüglich der einzusetzenden Methoden wie z.B. einer bestimmten Programmiersprache oder eines geeigneten Vorgehensmodells.

Lösungsansatz:

Alle Lösungsalternativen müssen hier hinsichtlich der entscheidungsrelevanten Kriterien (wie Kosten, Arbeitsaufwand, Erfahrungswerte etc.) bewertet werden. Dann zieht man

Werkzeuge wie beispielsweise die Nutzwertanalyse heran, um zu einer objektiven und für alle Beteiligten tragbaren Entscheidung zu kommen[15].

Konflikte aufgrund von Kommunikations- bzw. Beziehungsproblemen

Bei den „sprachlichen Nebeln" lag bereits ein durch Kommunikation hervorgerufener Konflikt vor. Nun sei noch einmal an diejenigen Probleme erinnert, die durch das Senden und Empfangen von Botschaften auf Sach-, Selbstoffenbarungs-, Beziehungs- und Appellebene entstehen können und an den Einfluss der Beziehung der Konfliktpartner untereinander (symmetrisch oder komplementär), wie wir es in Abschnitt 5.2.4 behandelt haben. Als Beispiel dient diesmal ein alter Witz, der in diesem Zusammenhang gerne herangezogen wird [Schu09].

Beispiel:

Ein Lehrer fragt einen Schüler: „An welchem Fluss liegt Rom?" Der Schüler antwortet daraufhin: „Ja, wenn nicht einmal *Sie* das wissen, wie konnten Sie dann Lehrer werden?"

Lösungsansatz:

In der Regel sorgt dieser kleine Dialog für Amüsement. Was aber tatsächlich dahinter steckt, ist in der gelebten Praxis selten Grund zur Heiterkeit. Der Schüler hat das Verhältnis zwischen sich selbst und seinem Lehrer als gleichgestellt eingestuft und kommuniziert entsprechend. Natürlich ist die Beziehung zwischen den beiden aber die einer Über- bzw. Unterordnung, wie sie zwischen Lehrer und Schüler nun einmal naturgemäß gegeben ist. Der Lehrer wird also wenig begeistert reagieren. Hier müssen in einem wertschätzenden und offenen Gespräch Stellung und Kompetenzen klar offengelegt und von allen Beteiligten abgenickt werden. Des Weiteren ist es sinnvoll, „Regeln" für ein respektvolles Miteinander zu vereinbaren.

Haben Sie aktuell gerade einen Konflikt mit jemandem oder möchten Sie vielleicht einmal einen schon aus der Welt geräumten im Nachhinein analysieren, um zu sehen, was Sie vielleicht beim nächsten Mal besser machen können? Dann ist es sinnvoll, selbigen einer kleinen Analyse zu unterziehen und die folgenden Fragen zu beantworten.

Ü Die T-Shaping-Übung: Konfliktanalyse

☐ Mit welcher Person haben Sie diesen Konflikt? Ist er bereits offengelegt und seit wann besteht er?

____

____

[15] Da die Kriterien in den seltensten Fällen alle als gleich wichtig erachtet werden, sollte ein Verfahren zur Entscheidung herangezogen werden, das hier eine Priorisierung erlaubt, wie z.B. die *gewichtete Nutzwertanalyse*.

- ☐ Um welche Konfliktart (s.o.) handelt es sich dabei vermutlich und um was geht es konkret?

  ____

  ____

- ☐ Wie ist Ihre Position in diesem Konflikt bzw. welche Interessen verfolgen Sie?

  ____

  ____

- ☐ Was ist (wahrscheinlich) die Position der Gegenpartei bzw. welche Interessen verfolgt diese?

  ____

  ____

- ☐ Wie geht es Ihnen in und mit diesem Konflikt?

  ____

  ____

- ☐ Was denken Sie, wie es Ihrem Konfliktpartner in und mit dem Konflikt geht?

  ____

  ____

- ☐ Was haben Sie bereits dafür getan, um den Konflikt beizulegen?

  ____

  ____

- ☐ Was hat Ihr Konfliktpartner bereits dafür getan, um den Konflikt beizulegen?

  ____

  ____

- ☐ Was werden Sie als Nächstes tun, um den Konflikt für alle Beteiligten zufriedenstellend beizulegen?

  ____

  ____

6.3.3 Auch Konflikte entwickeln sich weiter

Nun wissen wir also schon, wie der eine oder andere Konflikt entstehen kann. Aber wir haben noch nicht darüber gesprochen, welche Entwicklungsstufen ein Konflikt so durchmacht, bis ... ja, bis es tatsächlich zu spät ist und das Ganze eskaliert.

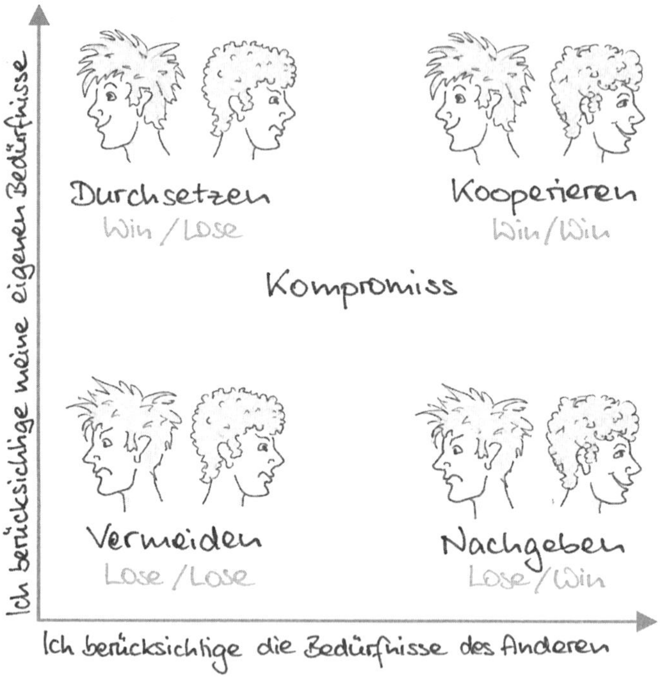

Abbildung 6.6: Die Konfliktlösungsstile des Thomas-Modells

Dazu schauen wir uns zunächst einmal ein von dem US-amerikanischen Psychologen Kenneth W. Thomas Mitte der 1970er Jahre entwickeltes, zweidimensionales Modell an, in dem er fünf *Konfliktlösungsstile* idealtypisch herleitet. Diese lassen sich wie folgt beschreiben (siehe Abbildung 6.6):

- *Vermeiden (Lose/Lose: „Wir verlieren beide.")*:
  Der Konflikt wird nicht aufgedeckt, sondern ignoriert. Da sich aber die wenigsten Konflikte von selbst lösen, verschlechtern sich mit diesem Verhalten die Chancen auf eine für alle Beteiligten zufriedenstellende Lösung. Im Gegenteil: Die Wahrscheinlichkeit ist groß, dass der Konflikt entweder körperliche oder seelische Auswirkungen auf den Einzelnen oder auch negative Effekte auf die Produktivität eines Teams hat.
- *Durchsetzen (Win/Lose: „Ich kriege alles, der andere nichts.")*:
  Gewinnen mit allen Mitteln, darum geht es bei dieser Strategie. Das sprichwörtliche „Über Leichen gehen" führt dazu, dass der Betreffende die Meinung und Bedürfnisse seines „Kontrahenten" völlig übergeht und sich ausschließlich nach seinen eigenen Interessen richtet.

- *Nachgeben (Lose/Win: „Der andere kriegt alles, ich dafür nichts.“)*:
  Das Pendant zum Durchsetzen ist das Nachgeben. Der Klügere gibt hier nach. Oder es handelt sich – recht oft sogar – um einen geschickten Schachzug, um beispielsweise doch noch, zumindest moralisch gesehen, als Sieger dazustehen, wenn einem schon längst die Argumente ausgegangen sind.
- *Kooperieren (Win/Win: „Wir gewinnen beide.“)*:
  Die Königsklasse der Konfliktlösungswege, denn hier werden die Interessen und Bedürfnisse beider Konfliktpartner bestmöglich, wenn nicht gar vollständig berücksichtigt. Es kann aber auch sein, dass zunächst beide Parteien von ihren ursprünglichen Zielen abgehen müssen, um ein neues gemeinsames Ziel zu definieren, dessen Erreichen für beide eine Gewinnsituation darstellt.
- *Kompromiss („Wir haben beide etwas davon, aber jeder muss Abstriche machen.“)*:
  Wenn ein Win/Win nicht erreicht werden kann, die Beteiligten im Sinne des Kooperierens nicht zu 100 Prozent zufriedengestellt werden können, dann müssen beide Zugeständnisse machen. Es kann also sein, dass nicht alle Bedürfnisse und Wünsche erfüllt werden, allerdings geht keiner leer aus.

Kommen wir nun zum *Entwicklungsprozess* von Konflikten. Das wohl bekannteste Modell beschreibt neun Konfliktstufen, die wiederum in drei Ebenen aufgeteilt sind [Glas10].

- Ebene 1: *Win/Win*
  Alle nun folgenden Stufen können, wenn man sich um den Konflikt im wahrsten Sinne des Wortes „kümmert“, in einem für beide Konfliktparteien günstigen *Win-Win* (siehe Abbildung 6.6) enden, insbesondere dann, wenn der Konflikt durch einen Dritten *moderiert* wird.
  - Stufe 1: *Verhärtung*: Der Konflikt schwelt, wird vielleicht schon als „normal“ empfunden und führt dazu, dass die Parteien gelegentlich mit ihren unterschiedlichen Meinungen aneinandergeraten. Es ist aber in der Regel noch nicht von einem tatsächlichen Konflikt die Rede.
  - Stufe 2: *Debatte*: Nun werden die unterschiedlichen Meinungen offenbarer, und es wird im Denken, Fühlen und Wollen polarisiert. Es kommt zum Streit und zum vehementen Austausch von Argumenten, wobei man den anderen durchaus auch schon unter Druck setzen möchte.
  - Stufe 3: *Aktionen*: Die kommunikativen Mittel scheinen erschöpft, und die Konfliktpartner ziehen sich mehr und mehr hinter *ihre* Sicht der Dinge zurück. Ein Hineinversetzen in den jeweils anderen findet nicht mehr statt. Der Konflikt verschärft sich.
- Ebene 2: *Win/Lose*
  Auf der zweiten Ebene können im Falle einer Konfliktlösung nicht mehr beide „Gegner“ hinsichtlich ihrer Interessen befriedigt werden. Einer wird verlieren. Die folgenden Stufen sind aus der Sicht Win/Lose beschrieben, für den Unterlegenen gilt natürlich zwangsläufig das in Abbildung 6.6 gezeigte Lose/Win. Glasl empfiehlt hier für die

Stufen 3 (aus der vorherigen Ebene) bis 5 eine Prozessbegleitung als konfliktlösende Maßnahme, für die Stufen 5 bis 7 (aus der nächsten Ebene) bereits ein *Mediationsverfahren* bzw. direkte *Vermittlung*.

  - Stufe 4: *Koalitionen*: Nun gilt es, den anderen in ein schlechtes Licht zu rücken und Verbündete zu finden. Um die Sache geht es auf dieser Stufe schon längst nicht mehr, sondern um das schlichte Gewinnen.
  - Stufe 5: *Gesichtsverlust*: Der Gegner wird jetzt offen denunziert. Der Konflikt bzw. das Verhalten der Konfliktgegner hat längst nichts mehr mit Anstand und Moral zu tun. Wichtig ist nur noch, dass der Gegner sein Gesicht verliert.
  - Stufe 6: *Drohstrategien*: Die Devise heißt hier „wenn ... , dann“, d.h. es wird mit Sanktionen und Forderungen gedroht, Ultimaten werden gestellt, die den Gegner zusätzlich unter Druck setzen sollen. Aufgrund der Verbissenheit der Konfliktbeteiligten kann es auf dieser Stufe durchaus zu Drohungen kommen, die jenseits jeglichen Augenmaßes liegen und somit per se nicht glaubwürdig sind, d.h. es werden „Spielchen gespielt“.

- Ebene 3: *Lose/Lose*
  Hier ist alles zu spät. Wenn nun an dem Konflikt gearbeitet wird, so ist für keinen der Kontrahenten mehr ein Sieg einzufahren. Im Grunde geht es dann nur noch darum, einigermaßen heil aus der Sache herauszukommen. Für die Stufen 6 (aus der Ebene zuvor) bis 8 sind nun Schieds- oder gerichtliche Verfahren angebracht oder sogar der von außen kommende Eingriff einer übergeordneten Institution mit entsprechender Machtbefugnis (Stufen 7 bis 9).
  - Stufe 7: *Begrenzte Vernichtungsschläge*. Den Gegner zu treffen und empfindlich zu schwächen, ist oberstes Ziel, sogar wenn entsprechende Aktionen dazu führen, selbst Schaden zu nehmen. Das wird akzeptiert, solange dieser geringer ausfällt als der, dem man dem anderen zugefügt.
  - Stufe 8: Zersplitterung: Die *totale Vernichtung* des Kontrahenten wird mit allen Mitteln verfolgt.
  - Stufe 9: *Gemeinsam in den Abgrund*: Nun gibt es kein Zurück mehr. Dafür, die Gegenseite in den Abgrund stoßen zu können, wird die eigene „Vernichtung“ (z.B. Kündigung oder gesundheitlicher Schaden) billigend in Kauf genommen.

Sie werden bemerkt haben, dass bereits in einem recht frühen Stadium eines Konflikts empfohlen wird, sich durch Moderation, Mediation oder weitergehende Maßnahmen Unterstützung von außen zu holen.

Konfliktmoderation ist eine wichtige Kompetenz gerade auch für Menschen mit Führungsfunktionen, denn leider sind „Kontrahenten“ viel zu oft nicht in der Lage, ihre Konflikte selbst zu lösen. Und unter diesen kann nicht selten das ganze Team leiden bzw. auch das Ergebnis der Teamarbeit Schaden nehmen. Der Gesprächsleitfaden im nächsten Kapitel kann Ihnen auch dabei helfen, selbst als Konfliktmoderator bei anderen tätig zu werden.

T **Der T-Shaping -Tipp**

Suchen Sie bei aufkommenden Konflikten so früh wie möglich das Gespräch. Sollte dies das Problem nicht aus der Welt schaffen, dann holen Sie sich Unterstützung durch neutrale Dritte (Konfliktmoderation oder -mediation).

Die *Konfliktmediation* hingegen wird, wie schon angesprochen, dann in Anspruch genommen, wenn die beiden anderen Mittel nicht mehr greifen und sich die Fronten schon zu sehr verhärtet haben. Der Begriff *Mediation* kommt hierbei ursprünglich aus dem Bereich der Jurisprudenz, also dem Rechtswesen, und bezeichnet eine moderierte, außergerichtliche Konfliktregelung zwischen den zwar zerstrittenen, aber grundsätzlich zu einer Einigung bereiten Parteien. Aus diesem Grund waren viele Jahre lang vorwiegend Juristen als Mediatoren tätig. Mittlerweile hat sich dieser Begriff aber auch für Menschen durchgesetzt, die in anderen Bereichen wie z.B. in der Wirtschaft dabei helfen, Konflikte zu lösen.

6.3.4 Blubb, blubb, weg war er: Das Konfliktgespräch

Konfliktlösung ist die kooperative Regelung aufgetretener Meinungsverschiedenheiten unter Einbeziehung aller Beteiligten. So weit zur Theorie. Die Praxis schaut leider oftmals ganz anders aus. Aber es kann in den meisten Fällen deutlich einfacher sein, als es zunächst den Anschein hat. Denn die meisten Konflikte eskalieren deswegen, weil sie viel zu lange totgeschwiegen und von den Beteiligten nicht angegangen werden. Das macht dann aus einem sogenannten heißen möglicherweise irgendwann einmal einen kalten Konflikt:

- *Heiße Konflikte*
  Damit bezeichnen wir Konflikte, die bereits offen ausgetragen oder zumindest offengelegt sind. Beide Konfliktpartner wollen den jeweils anderen aktiv von ihrem Standpunkt überzeugen.
- *Kalte Konflikte*
  Kalte Konflikte sind wesentlich schwieriger zu fassen und leider auch zu lösen, denn sie werden nicht auf offener Bühne ausgetragen, sondern zeigen sich bisweilen durch sehr subtile Mittel wie unbegründete Verweigerungen, bewusste Verzögerungen bis hin zu gezielter Sabotage, bei der das Interesse zumindest eines Konfliktpartners nur noch der Schädigung des anderen gilt.

Konflikte sollten also auf jeden Fall immer angegangen werden, denn sie bergen durchaus auch *Chancen*:

- Sie lernen den anderen und vor allem dessen Denken und Verhalten in Stresssituationen deutlich besser kennen.
- Sie erleben möglicherweise auch sich selbst einmal von einer unbekannten Seite, nämlich der, die Sie in mehr oder minder extremen Situationen zeigen.

- Sie haben die Möglichkeit, Ihr eigenes Verhalten zu überdenken und neue Verhaltensmuster zu entwickeln.
- Sie können eventuell noch einmal von vorne anfangen: mit einer Sache oder auch mit der Beziehung zu Ihrem „Ex-Konfliktpartner".

A

Der T-Shaping-Aha-Effekt

Konstruktives Konfliktverhalten bedeutet, dass Sie die Notwendigkeit von Konflikten erkennen, für deren Akzeptanz bei sich selbst und bei anderen sorgen, um dann gemeinsam nach Lösungswegen zu suchen, die für alle Beteiligten tragbar sind.

Aber die besten Strategien nützen Ihnen nichts, wenn Sie – und natürlich auch Ihr „Gegner" – nicht bereit sind, die Sache aus der Welt zu schaffen. Dabei sollten Sie unbedingt eine Grundhaltung haben, die prinzipiell heißt: „*Ich* will *dir* nix Böses. *Du mir* aber bitte auch nicht."

C

Die T-Shaping-Checkliste: Vorbereitungen

- ☐ Erkennen Sie den Konflikt als solchen, sagen Sie „Stopp!" und entscheiden Sie sich bewusst dazu, den Konflikt nun anzugehen.
- ☐ Denken Sie immer daran: Zum Konflikt selbst und zu dessen Lösung gehören immer zwei Parteien.
- ☐ Ihre Einstellung bestimmt Ihr Auftreten – auch im Konfliktfall!

Überlegen Sie vorher, wie viel Engagement und Energie Sie in eine gemeinsame Lösung des Konflikts investieren möchten. Übrigens hat eine konsequente Wertschätzung des Gesprächspartners schon „so manchen Berg versetzt".

Der erste Schritt in Richtung Konfliktlösung ist das Gespräch. Hierfür ist es notwendig, dass beide Konfliktpartner die Bereitschaft dazu zeigen. Versichern Sie sich in jedem Fall der Gesprächsbereitschaft Ihres Gegenübers.

C

Die T-Shaping-Checkliste: Das Konfliktgespräch

Benennen Sie den *Konflikt* sachlich und klar.

- ☐ Nehmen Sie sich bewusst Zeit für das Gespräch.
- ☐ Senden Sie Ich-Botschaften.
- ☐ Argumentieren Sie nutzen- und lösungsorientiert, dann fällt es Ihrem Gesprächspartner leichter, sich kooperativ zu zeigen.

☐ Bieten Sie Ihrerseits die Bereitschaft zur Kooperation.

☐ Wertschätzen Sie erst, was „da ist", also beispielsweise die Bereitschaft Ihres Konfliktpartners, sich überhaupt auf ein Gespräch einzulassen, bevor Sie auf das zu sprechen kommen, was schief läuft.

☐ Hören Sie aktiv zu, kommunizieren Sie respektvoll und geben Sie konstruktiv Feedback.

Analysieren Sie gemeinsam die *Ursachen* für den Konflikt und legen Sie vor allem die gegenseitigen *Interessen* offen.

☐ Vollziehen Sie die Entstehung und Entwicklung des Konflikts kurz und präzise nach.

☐ Lassen Sie alle Beteiligten mit deren Sichtweise zu Wort kommen und bleiben Sie immer sachlich.

☐ Bringen Sie weder Anschuldigungen noch Rechtfertigungen vor.

☐ Agieren und formulieren Sie stattdessen lösungsorientiert: statt weg vom Konflikt hin zu einer Lösung desselben.

Sammeln Sie Lösungsvorschläge.

☐ Erst einmal sammeln (z.B. durch Brainstorming), ohne die Vorschläge zu bewerten.

☐ Beziehen Sie nach Möglichkeit alle Beteiligten ein und achten Sie auf Vorbehalte bzw. Angst vor Versagen bei Ihrem Gegenüber.

Bewerten Sie die gesammelten *Alternativen*.

☐ Bewerten Sie die Lösungsalternativen nun kritisch und wägen Sie Vor- und Nachteile zusammen mit allen Beteiligten ab.

☐ Bestehen Sie darauf, dass die in Betracht kommenden Alternativen auf objektiven Entscheidungskriterien beruhen.

☐ Achten Sie darauf, dass jede Ablehnung von Vorschlägen sachbezogen begründet wird.

☐ Berücksichtigen Sie nach Möglichkeit die Gefühle und Interessen der Beteiligten (Empathie!)

Treffen Sie nun die notwendigen *Entscheidungen*.

☐ Treffen Sie Entscheidungen gemeinsam.

☐ Formulieren Sie die Lösung so genau wie möglich.

☐ Achten Sie darauf, dass alle Beteiligten einverstanden sind.

☐ Nehmen Sie eventuelle Ängste, Bedenken und sonstige Vorbehalte ernst und bringen Sie diese zur Sprache.

Setzen Sie die gefundene *Lösung* gemeinsam um.

- ☐ Klären Sie den Handlungsbedarf aller Beteiligten und stecken Sie gegebenenfalls Grenzen ab.
- ☐ Wenn nötig und sinnvoll, dann erstellen Sie einen Maßnahmenplan.

Evaluierung der Konfliktlösung.

- ☐ Treffen Sie sich erneut, um den „Stand der Dinge" zu besprechen: Ist der Konflikt tatsächlich gelöst oder gibt es noch zu klärende Aspekte?
- ☐ Ist der Konflikt gelöst, dann freuen Sie sich gemeinsam darüber und wertschätzen Sie Ihrer beider Engagement diesbezüglich.

Dieser Leitfaden für ein Konfliktgespräch ist im Übrigen auch anwendbar, wenn Sie als neutraler Dritter das Konfliktgespräch zweier „Streithähne" moderieren.

6.4 Aktiv auf den Punkt gebracht

Mit anderen zusammenzuarbeiten, kann ganz schön spannend sein: nicht nur fachlich, sondern vor allem auch menschlich. Und das gilt für reale Teams ebenso wie für virtuelle, die Dank modernster Technologien gemeinsam an einem Strang ziehen können, ohne jedoch „Zimmer an Zimmer" untergebracht zu sein.

Dabei durchleben Teams in der Regel mehrere Phasen, die sie von einem „einander unbekannten Haufen" (Forming) über das nicht ganz unproblematische Austesten des Machbaren (Storming) und das Etablieren von Regeln für das Miteinander (Norming) hin zu einer Truppe werden lassen, die Hand in Hand arbeitet (Performing). Natürlich spielen auch hier unsere „vier Helden" wieder eine entscheidende Rolle. Denn Alphatier, Alleskönner, Teamplayer und Qualitätssicherer sind nicht für jede Position in einem Team gleichermaßen geeignet. Sie sollten idealerweise mit der Rolle und den Aufgaben betraut werden, bei denen sie die Vorzüge ihrer jeweiligen Persönlichkeit zum Wohle der Aufgabenerfüllung im Team am besten einbringen können. Die beiden extravertierten Typen (Alphatier und Alleskönner) sind hierbei die Bestbesetzung, wenn es um Prozessorientierung geht, die beiden introvertierten (Teamplayer und Qualitätssicherer) leisten hingegen bei der Aufgabenorientierung innerhalb eines Teams hervorragende Arbeit.

Richtige Dream Teams sind natürlich nicht immer möglich, doch sollten die Verantwortlichen darauf achten, dass zwischen den verschiedenen Temperamenten zumindest ein ungefähres Gleichgewicht herrscht, denn wenn die Waagschale in die eine oder andere Richtung kippt, so ist dies einer erfolgreichen Teamarbeit selten förderlich.

„Wo gehobelt wird, da fallen Späne", besagt ein altes Sprichwort. Und so ist es auch nahezu unvermeidbar, dass es in einem Team zu Konflikten kommt. Diese können auf vielerlei Arten begründet sein, z.B. durch unterschiedliche Werte der Kontrahenten oder Divergenzen bezüglich der Zielsetzung. Möglicherweise schwingt auch einfach gegenseitige Antipathie mit oder die beiden haben sich schlicht und ergreifend missverstanden, dieses Missverständnis aber nicht aus der Welt geschafft. Stattdessen schwelt der Konflikt weiter und kann sich aus einem zarten Pflänzchen zu einem regelrechten Urwald entwickeln – wenn man nicht aufpasst. Denn auch ein Konflikt durchläuft eine Art von Evolution über Phasen hinweg, die zunächst noch ein für beide Seiten erfreuliches Win/Win gestatten. Je weiter die Entwicklung voranschreitet, desto weniger Chancen hat man, noch erhobenen Hauptes aus dem Konflikt herauszukommen. Entweder es bleibt einer als Verlierer auf dem Platz (Win/Lose) oder es gewinnt, wenn sich der Konflikt noch weiter verhärtet, schlussendlich keiner mehr (Lose/Lose).

Doch soweit muss es nicht kommen. Denn mit Konfliktgespräch (zwischen den „Kontrahenten“), Konfliktmoderation (durch einen neutralen Dritten wie z.B. einen Kollegen oder auch durch einen professionellen Berater) und Konfliktmediation (immer durch entsprechende Profis) stehen drei probate Mittel zur Verfügung, die je nach Phase des Konflikts für dessen konstruktive Auflösung sorgen oder zumindest Schlimmeres verhindern können. Dabei ist vor allem wichtig, dass man die beteiligten Personen und das Problem getrennt voneinander behandelt, die Interessen aller offenlegt, verschiedene Lösungswege aufzeigt und eine Entscheidung immer auf objektiven Entscheidungsprinzipien begründet, damit diese letztlich von allen Beteiligten abgenickt werden kann.

Denn eines sollte immer klar sein: Es gibt Konflikte, die einfach nicht beizulegen sind. Hier müssen die Beteiligten einen „gesunden“ Weg finden, mit dem existierenden Dissens zu leben und von der Idee eines Konsenses endgültig Abschied zu nehmen.

Ü Die T-Shaping-Übung: Nächste Schritte

1. Welche neuen Erkenntnisse nehmen Sie aus diesem Kapitel mit, wo hatten Sie den größten „Aha-Effekt"?

2. Was davon möchten Sie für sich umsetzen, vertiefen, etc.?

3. In welchem Bereich möchten Sie diese Kompetenzen auf welche Weise nutzen bzw. einsetzen?

___

___

___

4. Wie wollen Sie 2. ganz konkret in die Tat umsetzen? (Bücher oder Audio-Books, Seminar oder Webinar, Austausch mit Profis auf diesem Gebiet etc.)

___

___

___

5. Wie schaut Ihr Zeitplan für Punkt 3 aus, d.h. *wann* fangen Sie damit an und *bis wann* wollen Sie *was* vertieft, geübt etc. haben?

___

___

___

7

7 In die Breite (Teil 5): Sei kunden- und serviceorientiert!

Das Sammeln von Wissen um den Kunden muss höchste Priorität erhalten und zum obersten Ziel aller Unternehmensaktivitäten erklärt werden.

*Timothy (Tim) Cole (*1950)*
deutsch-amerikanischer Internet-Publizist, Kolumnist und Autor

In diesem Kapitel erfahren Sie,

- warum Kunden- und Serviceorientierung sowie das Bieten von Kundennutzen das berühmte „Zünglein an der Waage" sind, wenn es um die Sicherung unternehmerischen Erfolgs geht,
- was Sie durch Ihre Einstellung und Ihr Handeln selbst für zufriedenere Kunden tun können, auch wenn diese Themen vor allen Dingen „Chefsache" sind, und
- woran Sie erkennen, was Ihr Kunde wirklich braucht.

Wir beginnen dieses Kapitel mit einer kleinen Geschichte, nämlich der Fabel vom Hasen und dem Igel:

Hase und Igel wollten klären, wer von den beiden wohl der Schnellere sei. Also vereinbarten sie ein Wettrennen, bei dem sich der flinke Hase dem behäbigen Igel natürlich haushoch überlegen wähnte. Doch sooft sie die Rennstrecke auch hin und her liefen: Immer wenn der Hase völlig außer Puste am Ziel ankam, war der Igel erstaunlicherweise bereits da und winkte dem verdutzten Hasen mit einem selbstbewussten „Bin schon da" entgegen. Das geschah so lange, bis der Hase am Ende seiner Kräfte war und sich dem Igel mit hängenden Ohren geschlagen geben musste.

Wir lassen hier einmal außer Acht, dass der Igel Dank einer zwar sehr pfiffigen, aber moralisch nicht ganz einwandfreien Strategie gewann und keineswegs aufgrund seines durchtrainierten Körpers. Am Ziel stand nämlich seine Igelfrau, die „ihren", vielmehr ihres Mannes Sieg reklamierte. Und am Start jubelte er selbst dem Hasen entgegen. So musste Meister Lampe jedes Mal, wenn er am Ziel ankam, feststellen, dass der bzw. *ein* Igel bereits dort war. Und wenn er wieder zurück an den Start lief, war es genau dasselbe. Dass es sich im einen Fall um *Herrn* Igel und im anderen um *Frau* Igel handelte, wusste er ja nicht.

Diese kleine Fabel soll Ihnen keine Betrügereien schmackhaft machen, sondern vielmehr verdeutlichen, was *Dienstleistung* in ihrer besten Form bedeuten kann. Für Sie als *Dienstleister* sollte nämlich gelten, dass, was immer der Kunde auch will, Sie und Ihre Dienstleistung bereits da sind. Der Kunde muss also nicht verzweifelt darum „bitten und betteln", von Ihnen eine sehr gute Leistung zu erhalten. Erstens bekommt er die in bester Qualität, d.h. die beste Software, den besten Support, das beste Training usw., und zweitens wissen Sie manchmal sogar schon *bevor es Ihr Kunde selbst weiß*, was er als Nächstes braucht. Sie sind eben „schon da" wie der Igel aus unserer kleinen Fabel. Und dazu gehört auch zu verstehen, dass Sie – egal in welchem Bereich der IT Sie sich tummeln – ein Dienstleister sind.

7.1 Wir sind Dienstleistung

Die Servcieorientierung in Deutschland gleicht einer Wüste oder ist zumindest eine recht „trockene" Angelegenheit. Nach wie vor. Und das, obwohl rund 70 Prozent der in Deutschland Beschäftigten im Dienstleistungssektor tätig sind (siehe Abschnitt 2.1.1), wir also allen Grund hätten, die Wüste zu verlassen und stattdessen eine blühende, saftige Oase vorzufinden. Das folgende Zitat bringt diesen Missstand treffend auf den Punkt [Hübn09]:

> „Wenn der Kunde an der Hotline zappelt oder sich die Füße am Schalter platt steht, dann klebt er nach wie vor an der Rolle des untertänigen Bittstellers. Er wird gebeutelt von unmotiviertem Personal, geknebelt von kostenfixierten Managern und in die Ecke gedrängt von fantasielosen Standardprodukten. Ein König ist er jedenfalls nicht."

Im Gegenteil: Der „König der Bittsteller" ist manchmal total überrascht, wenn er in seiner neutralen oder gar negativen Erwartungshaltung in Sachen *Service* auf einmal ganz hervorragend bedient wird.

Services zeichnen sich in der Regel dadurch aus, dass sie – anders als in der Produktion – in einer Interaktion zwischen Dienstleister und Kunde erbracht werden. Dabei können von „Self-Service" (der Kunde macht alles selbst) bis „Super-Service" (der Kunde macht nichts, der Dienstleister alles) verschiedene *Interaktionstypen* unterschieden werden [Ortn10]. Diese Unterscheidung ist für die Modellierung, also die Vorausbestimmung von Dienstleistungen elementar, insbesondere dann, wenn zusätzlich eine physische (z.B. Leitungen verlegen) und eine geistige Ebene der Dienstleistungserbringung (z.B. die Benutzung der neuen Software erläutern) zu unterscheiden sind.

7.1.1 Von Kundenwünschen und traurigen Realitäten

Die *Kundenzufriedenheit* ergibt sich aus einem steten Vergleichsprozess zwischen Erwartungshaltung und Realität. Wenn ich nicht erwarte, gut – im Sinne von kunden- und serviceorientiert – bedient zu werden, weil ich beispielsweise nur rasch ein USB-Kabel in einem Elektrogroßmarkt kaufen möchte, dann kann ich auch schwerlich enttäuscht werden. Vor allem der Vergleich mit der Konkurrenz hat heutzutage längst schon neue Dimensionen erreicht, denn Kunden vergleichen nicht mehr nur *in einer* Branche, sondern *übergreifend*. Ein Notebook können Sie heute nicht nur beim Fachhändler oder Elektrogroßmarkt erwerben, sondern ebenso gut auch beim Discounter. Und der hat neben fast unschlagbaren Preisen auch oftmals noch gute Bewertungen durch Testberichte üblicher Fachzeitschriften oder Online-Portale.

Je nachdem, wie der Vergleich zwischen Erwartung des Kunden und seiner wahrgenommenen Realität ausfällt, erhalten wir drei *Kundenzufriedenheitstypen*:

- ☺ *Der überzeugte Kunde*: Der Kunde bekommt mehr, als er erwartet hat.
- 😐 *Der zufrieden gestellte Kunde*: Der Kunde bekommt das, was er erwartet hat.
- ☹ *Der enttäuschte Kunde*: Der Kunde bekommt weniger, als er erwartet hat.

Nun raten Sie mal, welcher Kundentyp uns wohl am teuersten kommt? Richtig, der enttäuschte Kunde, denn der kommt selten zurück und trägt – was noch viel schlimmer ist als die verlorenen Einnahmen durch ein nicht zustande kommendes Folgegeschäft – seine Unzufriedenheit „gerne" in die Welt hinaus. Leider sind missgestimmte Kunden in der Regel viel schneller dabei, ihrem Missfallen in entsprechenden Foren, Blogs oder auf Bewertungsportalen Ausdruck zu verleihen als zufriedene oder gar begeisterte Kunden ihre Zufriedenheit. Manchmal könnte man fast den Eindruck gewinnen, dass eine nicht konstruktiv formulierte Unzufriedenheit chic ist oder zumindest Methode hat. Denn nur dann kann man gegebenenfalls „noch etwas für sich herausholen" oder zumindest das betreffende Unternehmen bzw. den Anbieter in ein schlechtes Licht rücken. Ein glücklicher Kunde hingegen genießt und schweigt. Dennoch sind in unserer heutigen Zeit *Kundenbewertungen* für viele ein wichtiges Entscheidungskriterium, wenn es um den Kauf eines Produkts oder die Inanspruchnahme einer Dienstleistung geht. Oder haben Sie auf Amazon schon einmal ein Buch bestellt, das von 20 Bewertenden nur jeweils einen von fünf möglichen Sternen bekommen hat? Sehen Sie. Ich auch nicht. Die Wahrscheinlichkeit, dass diese negative Mund-zu-Mund-Propaganda schädliche Auswirkungen auf den Geschäftserfolg Ihres Unternehmens hat, ist sehr groß. Auch wenn Sie das so in aller Deutlichkeit wahrscheinlich selten mitbekommen. Denn wenn ein Kunde geht, dann tut er dies meist ohne große Vorankündigung.

A Der T-Shaping-Aha-Effekt

„Ich bin dann mal weg": Unzufriedene Kunden drohen selten laut mit ihrem Weggang, sondern bleiben einfach irgendwann weg.

Warum sollte ein Kunde auch die Leistungen eines Unternehmens in Anspruch nehmen, das einen schlechten Ruf genießt? Wo es doch in den meisten Fällen eine ausreichende Anzahl von Konkurrenten gibt, die nur darauf warten, dass unser Kunde mit Abwanderungsgedanken spielt. Aber können wir das verhindern? Ja, und am besten, *bevor* das Kind in den berühmten Brunnen gefallen ist, also präventiv. Das bedeutet zum einen, von vorneherein sehr gute, auf die Kundenanforderungen ausgerichtete Produkt- und Serviceleistungen anzubieten, und zum anderen immer wieder proaktiv und bewusst das Gespräch mit den Kunden zu suchen, um eventuelle Probleme und neu aufgekommene Bedürfnisse möglichst frühzeitig in Erfahrung zu bringen. Dass Kunden unzufrieden abwandern, hat vor allem *einen* Grund. Aber lassen wir doch einfach die Fakten in Abbildung 7.1 sprechen.

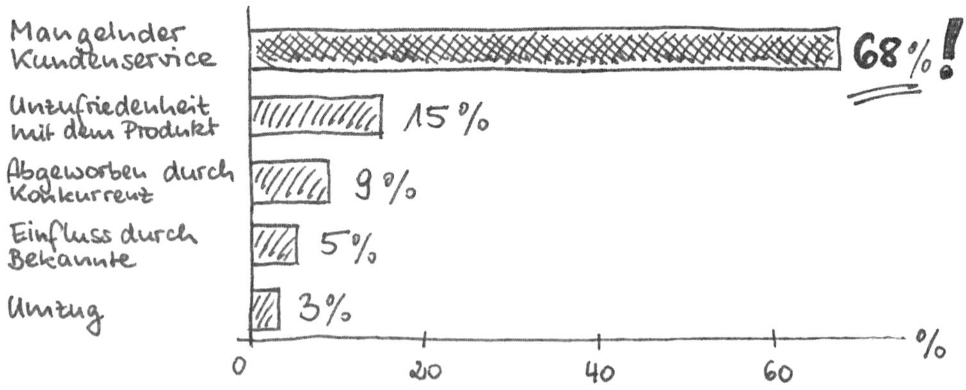

Abbildung 7.1: Gründe für die Abwanderung von Kunden zur Konkurrenz (US News & World Report)

Ist das nicht erschreckend? Ganze 68 Prozent der Befragten gehen zur Konkurrenz, weil der Kundenservice, sprich: die Kunden- und Dienstleistungsorientierung fehlen. Das ist an sich schon starker Tobak, aber in Zeiten, in denen krisengeschüttelte Unternehmen im wahrsten Sinne des Wortes ums nackte Überleben kämpfen, ein absolutes „No-Go".

7.1.2 Was dem Kunden nutzt

Was erwartet der Kunde eigentlich von uns? Nun, das hängt natürlich vom Kunden selbst ab, also davon, welche Brille er sprichwörtlich auf der Nase trägt, aber auch von ein paar als allgemein zutreffend anzusehenden Faktoren. Und weil wir ja (im Augenblick noch) glauben, kunden- und serviceorientiert zu sein, meinen wir auch zu wissen, was der Kunde will. Also kann er gar nicht anders als zufrieden zu sein. Eine einfache Formel, oder? Nun, so einfach ist es leider nicht. Zum einen müssen wir noch einen Blick auf die Begriffe Kunden- und Serviceorientierung werfen (siehe Abschnitt 7.1.3) und zum anderen den sogenannten *Kundennutzen* in den Vordergrund stellen. Bei diesem geht es um die Erbringung von Nutzen für den Kunden, und der ist, wie Sie wahrscheinlich schon vermuten werden, für Otto Normalverbraucher möglicherweise nicht derselbe wie für Lieschen Müller. Die beiden mögen verschiedene Bedürfnisse, die es zu erfüllen gilt, unterschiedliche Probleme, die zu lösen sind, oder schlicht divergierende Wünsche an Funktionalität und Leistungsumfang haben. Der wahrgenommene Kundennutzen ist also etwas Subjektives, das anhand der Zielgruppe, die man mit seinen Produkten bzw. Dienstleistungen erreichen will, so zutreffend wie möglich zu definieren ist. Wir unterscheiden hierbei *Primär-* und *Sekundärnutzen* [HaHo00]:

- *Primärnutzen*
  Er entscheidet in der Regel darüber, ob eine Dienstleistung oder ein Produkt überhaupt gekauft wird, weil es ein *Problem* des Kunden löst (z.B. Sicherheitslücken im E-Mail-Verkehr) oder einen *Mangel* beseitigt (z.B. das Nichtvorhandensein mobiler Endgeräte für die Außendienstmitarbeiter). Beim Primärnutzen handelt es sich um
  - die tatsächliche *Funktionalität* eines *Produkts*, also der Zweck, für den es geschaffen wurde und den der Kunde nutzen will (ein Laptop für Office-Programme und das Surfen im Internet, ein Server zum Verbinden der Intranet-Clients etc.) oder
  - den *Umfang* und die *Zielsetzung* der *Dienstleistung*, die der Kunde in Anspruch nehmen will (eine Word-Schulung, die dem Kunden Grundlagen der Textverarbeitung beibringt, oder auch das Rollout einer neuen Software, die dann tatsächlich auch auf allen Rechnern fehlerfrei läuft).

- *Sekundärnutzen*
  Das sind diejenigen Nutzenaspekte, die vom Kunden zwar gewünscht sind, jedoch *nicht vordergründig* zum nachgefragten Produkt oder der angeforderten Dienstleistung gehören. Aber sie sind *kaufentscheidend*, vor allem hinsichtlich der Wahl des Anbieters. Dazu gehören
  - des Kunden *Bedürfnis* dahingehend, was neben der eigentlichen Produktfunktionalität, dem eigentlichen Dienstleistungsumfang „noch dabei" sein soll (will er z.B. nur einen Laptop kaufen oder möchte er ihn auch auf seine Bedürfnisse ausgerichtet konfiguriert haben?),
  - eine *weitere Einsatzmöglichkeit* des Produkts (z.B. soll das Smartphone auch als Navigationsgerät für den PKW verwendet werden können?),
  - verstärktes *Umweltbewusstsein* (z.B. der gewünschte Einsatz von Green IT),
  - Demonstration einer bestimmten *sozialen* oder *wirtschaftlichen* Haltung (z.B. werden Dienstleister prinzipiell nur in der heimischen Region gesucht),
  - Demonstration einer bestimmten *Meinung* oder *Haltung* (z.B. Boykott eines bestimmten Hardware-Herstellers wegen des Verdachts von Kinderarbeit),

- Prestige, Image und Markenbewusstsein (z.B. soll das neue Notebook von der Firma mit dem Apfel sein oder nur eine Software von jemand, der Referenzen von Unternehmen aus dem DAX 100 hat),
- *emotionale Aspekte* (z.B. besondere Sympathie für den Dienstleister oder auch eine „sentimentale Verbundenheit" gegenüber einem Software-Hersteller),
- die Erfüllung der *Preisvorstellung* (z.B. „Geiz ist geil" oder im Gegenteil „Was nichts kostet, ist nichts wert"),
- etc.

Sein Kaufverhalten wird überdies natürlich auch noch durch Aspekte wie die beiden folgenden beeinflusst, ohne dadurch direkten Nutzen zu generieren:

- Durch des Kunden *Wissen um Alternativen* (ähnliche Produkte und Dienstleistungen von Wettbewerbern) und
- durch die *Leistungsversprechungen* des Anbieters (mit welcher Aussage ist dieser auf ihn zugekommen, welche Versprechungen hat er ihm direkt oder in der Werbung gemacht?).

Hat sich der Kunde entschieden, dann vergleicht er seine *Erwartungen* natürlich mit dem, was er als *Leistung* (Produkt und/oder Dienstleistung) tatsächlich erhält, und nimmt somit u.a. Folgendes – teils natürlich subjektiv – wahr:

- den persönlichen *Nutzen* des Produkts bzw. der Dienstleistung,
- die *Zuverlässigkeit* des Dienstleisters,
- das Abschneiden im *Vergleich* mit der Konkurrenz,
- die Fähigkeit des Dienstleisters, auf den Kunden und dessen *Anforderungen* in wertschätzender und möglichst allumfassender Weise einzugehen, und
- die Fähigkeit des Dienstleisters, *Probleme* des Kunden individuell und kompetent zu lösen.

Merken Sie etwas? Der Kunde kauft nicht einfach Nutzen, sondern gleich ein ganzes *Nutzenbündel*, und das ist für jeden Kunden anders geschnürt. Doch es gibt einen gemeinsamen Nenner.

Der T-Shaping-Tipp

Setzen Sie sich immer das Ziel, von Ihrem Kunden mit der Lösung seiner Probleme und einer gewissen Begeisterung in Zusammenhang gebracht zu werden und nicht mit seinen Problemen!

Wenn Sie das erreicht haben, dann sind Sie offenkundig kunden- und serviceorientiert. Denn den Kundennutzen erbringen Sie in dem Augenblick, in dem Sie bzw. Ihr Produkt den Primär- und natürlich den jeweiligen Sekundärnutzen erfüllen, der für jeden Kunden mehr oder minder individuell ist und wegen dem er Sie höchstwahrscheinlich ja auch ausgewählt hat. Gut wäre es natürlich, den jeweiligen Kundennutzen zu kennen, um ihn nicht nur einfach zu erbringen, sondern dies auch *hervorragend* zu tun, denn Sie

- *verbessern* den Kundennutzen, indem Sie exzellente Leistungen erbringen,
- *erweitern* den Kundennutzen, indem Sie Ihren Kunden mit Zusatzleistungen überraschen, und
- *steigern* den Kundennutzen, wenn Sie neue, unerwartete Kernleistungen anbieten.

Diese Aspekte funktionieren aber nur, wenn Sie auch tatsächlich wissen, welche Probleme der Kunde gelöst oder welchen Mangel er beseitigt haben möchte. Darum kümmern wir uns nun in den folgenden Abschnitten.

7.1.3 Kunden- vs. Serviceorientierung?

In Abschnitt 4.2.3 sprachen wir davon, dass aufgrund der Vergleichbarkeit von Produkten und Dienstleistungen die Persönlichkeit desjenigen ausschlaggebend für das Kundenverhalten ist, der sie anbietet. Nun ergänzen wir diese Aussage:

A Der T-Shaping-Aha-Effekt

In Zeiten großer Vergleichbarkeit von Produkten und Dienstleistungen ist die Qualität der Kundenbeziehungen das entscheidende Alleinstellungsmerkmal für Unternehmen geworden, sich vom Wettbewerb abzusetzen. Deswegen muss dieses Thema auch Chefsache sein!

Um *wertschätzende* und *wertschöpfende* Kundenbeziehungen aufzubauen und vor allem auch langfristig zu festigen, bedarf es einer hohen *Kunden-* und *Serviceorientierung*. Und diese in Form eines umfassenden *Kundenbeziehungsmanagements* (*Customer Relationship Management*) zu planen, umzusetzen, zu kontrollieren, zu steuern, zu unterstützen und vor allem auch vorzuleben, ist eindeutig „Chefsache“ , also eine wesentliche Aufgabe der Unternehmensführung. Aber: Diese Tatsache befreit Sie als Mitarbeiter keineswegs davon, selbst Ihr Verhalten gegenüber dem Kunden immer wieder aufs Neue zu hinterfragen und zu verbessern.

Was ist nun aber Kunden- und was Serviceorientierung? Bis dato haben wir diese beiden Begriffe munter durcheinander geworfen[1]. Ist das statthaft oder sollten wir da nicht besser eine scharfe Trennlinie ziehen? Um es vorweg zu nehmen: Wir sollten und wir werden eine Trennlinie ziehen, denn die Begriffe völlig synonym zu verwenden, ist weder korrekt noch zielführend.

---

[1] Etwas, das in gängiger Fachliteratur durchaus öfter festzustellen ist.

Kundenorientierung

Wir beginnen mit der *Kundenorientierung*[2]:

> „Die Kundenorientierung bezeichnet die Ausrichtung aller marktrelevanten Maßnahmen eines Unternehmens an den Bedürfnissen und Problemen der Kunden."

Mit ihr wird also zum Ausdruck gebracht, dass ein Unternehmen all seine Bemühungen, sein Wirken darauf ausrichtet, die Bedürfnisse des Kunden zu befriedigen. Denn er ist derjenige, der gegen Geld Produkte und Dienstleistungen kauft. Diese unternehmerische Ausrichtung betrifft natürlich Unternehmensstrategie und -ziele insgesamt und stellt sich am deutlichsten im sogenannten *Marketing-Mix* dar:

- *Produktpolitik*: Welche Produkte stelle ich in welchen Varianten und Versionen her bzw. welche Dienstleistungen offeriere ich dem Kunden? Verkaufe ich Note- und Netbooks z.B. nur exklusiv von zwei Herstellern und biete auch die entsprechende Konfigurationsleistung an oder habe ich zwar alle Marken im Angebot, liefere aber dafür keinen weitere Leistungen hinsichtlich Konfiguration, Support & Co.?
- *Preispolitik*: Wie gestalte ich die Preise meiner Produkte und Dienstleistungen? Biete ich beispielsweise etwas lediglich kostendeckend an, um den Markt „zu erobern" oder staffele ich die Preise („3 für den Preis von 2") etc.?
- *Kommunikationspolitik*: Wie lasse ich den potenziellen Kunden wissen, dass es mein Produkt bzw. meine Dienstleistung überhaupt gibt und dass er nirgends etwas Besseres bekommt (schalte ich z.B. Radiowerbung, nutze ich Social Media Marketing[3] oder beklebe ich unser halbes Dorf mit Werbeplakaten?).
- *Distributionspolitik*: Über welche Kanäle bringe ich mein Angebot an den Mann? Liefere ich beispielsweise direkt an den Endanwender bzw. -verbraucher oder schalte ich etwa einen Zwischenhändler ein?

Das sind natürlich alles Fragen, die insbesondere zu Beginn einer Firmengründung zu beantworten sind. Dennoch müssen diese Punkte immer mal wieder überdacht werden hinsichtlich ihrer Aktualität, Sinnhaftigkeit und auch bezüglich der Frage, ob sie zum gewünschten Ergebnis führen. Und das betrifft durchaus *jeden* Mitarbeiter und keinesfalls „nur" das Management, welches nur selten persönlich beim Kunden vor Ort ist. Wer jedoch in Kundenkontakt steht, der weiß auch, an welcher Schraube möglicherweise noch gedreht werden sollte (z.B. bei der zielgruppenorientierten Werbung oder auch bei der Frage, welche Dienstleistungen noch angeboten werden können). Apropos, das bringt uns doch direkt zu der Frage, wie gut Sie eigentlich Ihren Kunden und sein „Drumherum" kennen.

---

2 Gabler-Wirtschaftslexikon: `http://wirtschaftslexikon.gabler.de/Archiv/5599/kundenorientierung-v5.html`, Abruf am 22.06.2010

3 Unter Social Media Marketing versteht man Online-Marketingmaßnahmen via der „üblichen Verdächtigen" wie z.B. Twitter, Facebook, MySpace & Co.

Ü Die T-Shaping-Übung: Kennen Sie Ihren Kunden?

- ☐ Wer ist Ihr Kunde und was genau stellt er selbst an Produkten her oder bietet er an Dienstleistungen an?

  ____

  ____

  ____

- ☐ Wer sind die Kunden Ihres Kunden (B2C oder B2B[4]), und wenn Letzteres, aus welchen Branchen?)

  ____

  ____

- ☐ Was möchte er von Ihnen und was denken Sie, braucht er tatsächlich (will er z.B. eine einfache Kundendatenbank, bräuchte aber eher ein CRM[5]?)

  ____

  ____

  ____

- ☐ Welches sind seine Geschäftsprozesse und wichtigsten Betriebsprozesse, sofern diese die Produkte oder Dienstleistungen tangieren, die Sie ihm anbieten?

  ____

  ____

  ____

- ☐ Was können Sie ihm von dem, was er braucht und möchte, selbst anbieten oder sollten Sie besser auf einen Kooperationspartner verweisen?

  ____

  ____

---

4 *B2B* bedeutet *Business-to-Business*, also die Geschäftstätigkeit zwischen zwei Unternehmens, *B2C* (*Business-to-Consumer*) beschreibt hingegen die Leistungserbringung an den Endkunden (Konsumenten).

5 Eine CRM-Software (Customer Relationship Management) bezeichnet ein Werkzeug zur gezielten „Verwaltung“ bestehender und potenzieller Kundenbeziehungen (Kontaktdaten und -häufigkeit, Umsatzgenerierung etc.)

Der letzte Punkt aus obiger Liste beinhaltet übrigens etwas sehr Wichtiges. Viele IT'ler denken, dass Sie in Sachen IT quasi „alles können“. Das rührt bisweilen auch von dem ihnen oftmals eigenen Spieltrieb her, die gestellte Aufgabe einfach bewältigen zu *wollen*. Aber schauen Sie: Einen Brotbäcker lassen wir auch keine Hochzeitstorte backen. Dafür gibt es den Konditor, und der kann das in der Regel – auch wenn sie beide zur „backenden Zunft“ gehören – einfach deutlich besser als sein brotbackender Kollege. So ist das auch bei Ihnen und der Firma, für die Sie arbeiten.

Nun verhält es sich aber in der Tat so, dass zufriedene Kunden ihre Dienstleister am liebsten überall dort einsetzen, wo es vermeintlich um ähnliche Probleme geht. Also könnte sich der Betriebssystemexperte doch beispielsweise auch um die neue Telefonanlage kümmern. Ist doch schließlich alles Technik, oder? Nun, wenn er zufällig auch ein „Held“ in Sachen Telekommunikation ist, dann gerne. Aber im Normalfall sollte man hierfür jemanden engagieren, der darin nachweislich eine Expertise besitzt. Denn als T-Shaped Professional wissen Sie zwar, was fachlich zu tun ist, bis zu welchem Punkt Sie selbst einen Beitrag dazu leisten können, aber vor allem, an welcher Stelle ein anderer Fachmann ran muss. Es ist ja nett gemeint, wenn Sie sich neben Ihren Aufgaben als Systemadministrator auch noch *darum* kümmern möchten, aber betriebswirtschaftlich gesehen sollte Ihr Chef Ihnen dafür „die Ohren lang ziehen“. Sie brauchen nämlich in der Regel für eine Arbeit, die nicht zu Ihren Kernkompetenzen gehört, deutlich länger als ein entsprechender Experte. Und noch dazu können Sie dem Kunden Ihre Einarbeitungszeit nicht in Rechnung stellen. Da ist es schon deutlich sinnvoller, Sie präsentieren sich als mitdenkender, ehrlicher und vertrauenswürdiger Dienstleister und vermitteln diese Aufgabe an jemandem aus Ihrem Netzwerk (siehe auch Kapitel 8). Damit schlagen Sie gleich zwei Fliegen mit einer Klappe: Zum einen können Sie durch die Vermittlung eines Partners, dessen Arbeit Sie kennen und schätzen, Ihren Kunden zufriedenstellen und zum anderen erweisen Sie sich als guter Netzwerker, der einem Netzwerkpartner einen Auftrag vermittelt. Der wird in einem umgekehrten Fall dann ~~hoffentlich~~ sicherlich gerne an Sie denken und sich entsprechend revanchieren. Dieses enge Hand-in-Hand Arbeiten mit Netzwerkpartnern nennt man übrigens *Kollaboration*. Das ist eine sinnvolle Geschichte, denn manchmal sind die vom Kunden benötigten Lösungen einfach nicht alleine zu bewerkstelligen, mit einem Partner aber schon. Und letztlich gilt: nur der zufriedene Kunde bleibt und empfiehlt uns weiter.

A Der T-Shaping-Aha-Effekt

Kundenorientierung bedeutet auch, sich bei der Befriedigung von Kundenbedürfnissen und der Schaffung von Kundennutzen seiner Grenzen bewusst zu sein und gleichzeitig zu wissen, wie man seinen Kunden trotzdem glücklich macht (z.B. durch Vermittlung eines kompetenten Netzwerkpartners).

Serviceorientierung

Was ist überhaupt ein Service? Jetzt wird es ein wenig schwieriger, denn in der Regel treffen wir auf mindestens zwei verschiedene Sichten auf das Wort *Service*, und beide verwenden wir äußerst selbstverständlich. Beginnen wir mit der ersten Auslegung.

> Ein Service ist ein nicht-anfassbares Äquivalent (ein flüchtiges Geschehnis oder „Event") zu einem Produkt, also eine Dienstleistung, deren Erbringung gegenüber einem Abnehmer derselben nicht zur Übertragung von Besitzansprüchen führt.

Das leuchtet ein. Nachdem ein Service ja nichts ist, das Sie über die „Ladentheke" reichen können, wird es demzufolge auch schwer werden, irgendwelche Besitzansprüche zu stellen. Ihr Friseur schneidet Ihnen die Haare, investiert also Arbeit in Sie und gibt Ihnen nichts Physisches mit, es sei denn, Sie kaufen noch ein Haar-Gel. Dann handelt es sich aber um ein Produkt und nicht um eine Dienstleistung. Diese beiden gegeneinander abzugrenzen, fällt aber leicht. Für ITIL, den De-facto-Standard im Bereich Servicemanagement, wenn es darum geht, IT-Serviceleistungen umfassend zu planen, zu erbringen und zu unterstützen, gelten – neben der „Anfassbarkeit" – folgende Unterscheidungen[6]:

- Der Zeitpunkt der *Erbringung* und der *Inanspruchnahme* des Services sind identisch (z.B. erklärt ein Support-Mitarbeiter die Konfiguration der neuen Software, während der Kunde diese Erläuterungen gleichzeitig nachvollzieht). Ein Produkt kann auch erst lange nach seiner Herstellung genutzt werden.
- Services werden sowohl von Maschinen (Computern) als auch von Menschen erbracht. Da aber Menschen keine Maschinen sind und demzufolge ihre Arbeitsleistung momentanen Stimmungsschwankungen oder anderen „unberechenbaren" Faktoren unterliegt, können Qualität und Quantität der Leistungserbringung schwanken[7].
- Der Kunde ist als Anwender gerade im IT-Bereich zumeist *aktiver Bestandteil* des Systems „Leistungserbringung". Denn oftmals kann ein Service gar nicht in Anspruch genommen und demzufolge „produziert" werden, wenn der Anwender nicht aktiv ins Geschehen eingreift und durch eine spezifische Aktion die Leistungserbringung auslöst. Damit hat er auch einen wesentlichen Einfluss auf die Qualität des geforderten Services (z.B. ruft ein Anwender bei einem Support-Mitarbeiter an und bittet um Hilfe bei einem Software-Problem, kann aber nicht sehr gut beschreiben, was nicht funktioniert).
- Die Zufriedenheit mit der Qualität der Serviceerbringung hängt – neben dem Dienstleister selbst – natürlich auch vom Anspruch des Kunden ab und kann somit stellenweise recht subjektiv sein.

Ein Service ist demnach eine Dienstleistung. Das suggerieren uns ja durchaus auch gängige Bezeichnungen wie *Servicetechniker* oder *Servicekraft*. Im Falle von *IT-Services* können Dienst- und Arbeitsleistungen natürlich ebenso von Software und den Geräten, die sie steuern, erbracht werden. Bei dieser Wortdeutung wird also „einfach" vom Englischen (Service) ins Deutsche (Dienstleistung) *über*setzt und *gleich*gesetzt.

---

6 `http://www.itil.org`, Abruf am 31. Juli 2010.

7 Natürlich können auch Maschinen aus technischen Gründen und ohne menschliches Zutun versagen.

Dennoch ist diese Auslegung nicht ganz unproblematisch, denn das würde bedeuten, dass Sie bereits *serviceorientiert* sind, wenn Sie als Datenbankadministrator eine Datenbank administrieren. Selbst wenn Sie das höflich tun, sind Sie noch nicht unbedingt serviceorientiert, denn aus der Sicht Ihres Kunden ist es die *Mindestanforderung*, dass Sie a) Ihre Aufgabe qualitativ bestmöglich erledigen und b) das möglichst auch freundlich tun. Selbstverständlichkeiten sind keine Serviceleistungen. Das betrifft im Übrigen, wenn man es genau nimmt, die tatsächlich nachgefragte Leistung ebenso wie Nachbesserungen, Umtausch oder Reparaturen.

A Der T-Shaping-Aha-Effekt

Selbstverständlichkeiten zu bieten, heißt nicht notwendigerweise, dass Sie auch serviceorientiert sind.

Ein wenig anders ist die Auslegung, dass ein Service eine *Zusatzleistung* darstellt (z.B. eine kleine, aber feine Applikation, die vom Kunden kostenfrei von der Firmenhomepage heruntergeladen werden kann), die die eigentliche *Kernleistung* des Unternehmens (z.B. Webdesign) bereichert. Jetzt wird es allerdings „gefährlich", denn viele Unternehmen glauben auf Grundlage dieser Begriffsdeutung, dass folgende Gleichung gelten muss:

Serviceorientierung = viele (kostenfreie) Zusatzleistungen = Erfolg

Das kann aber zum einen recht teuer werden, wenn ich meinem Kunden permanent kostenlose Zusatzleistungen offeriere, denn er bezahlt ja „nur" die nachgefragte Kernleistung, und zum anderen gewöhnt er sich in der Regel auch recht schnell an das „Sahnehäubchen auf der Torte". Wenn ich immer noch eins „oben draufsetze", dann wird das für ihn zum neuen Standard, und er erwartet beim nächsten Mal mindestens diese für ihn kostenfreie Leistung wieder oder gar noch eine Steigerung, so nach dem Motto „Bei der letzten Word-Schulung Ihres Hauses hatten wir aber noch einen kostenfreien persönlichen Telefonsupport für einen Monat. Gibt es den diesmal etwa nicht?".

Serviceorientiert sind Sie dann, wenn Ihr Kunde in seiner Erwartungshaltung positiv überrascht wird. Das geschieht zwar *auch* durch Zusatzleistungen, aber vor allem durch das *Wie* der Leistungserbringung, deren einwandfreie Qualität hier einmal stillschweigend vorausgesetzt wird. Und dieses *Wie* ist ganz entscheidend davon abhängig,

- was der Kunde *erwartet*,
- wie gut Sie also erkannt haben, was er *braucht*, und
- was Sie ihm demzufolge in der Lage sind *anzubieten*, d.h. wie kundenorientiert Sie demzufolge *agieren*.

Die Erwartungen des Kunden müssen dann aber auch regelmäßig übertroffen werden. Und dabei sollte vor allem die Devise *„Erst die Kernleistung (Prozesse und Abläufe) optimieren, dann Zusatzleistungen offerieren"* gelten. Denn jeder Service, jeder zusätzliche „Schnickschnack" hat letztlich auch seinen Preis.

A Der T-Shaping-Aha-Effekt

Der angebotene Service ist ein Ergebnis gelebter Kundenorientierung! Denn dadurch, dass ich weiß, was mein Kunde als Kernleistung erwartet, kann ich definieren, was an Zusatzleistung tatsächlich sinnvoll ist.

Überdies ist der angebotene Service natürlich auch eine Frage des *Preissegments*, in dem Sie bzw. das Unternehmen, in dem Sie arbeiten, sich bewegen. Denn vom Discounter um die Ecke erwarte ich in der Regel einen anderen Service als von einem Feinkostladen auf der Düsseldorfer Kö. Aber auch da hat es schon Überraschungen in die eine wie in die andere Richtung gegeben.

Wir runden nun die Überlegungen zu Kunden- wie auch Serviceorientierung mit zwei interessanten Fragen und natürlich deren Beantwortung ab[8].

- *Gibt es Kundenorientierung ohne Serviceorientierung?*
  Ja. Ich habe prinzipiell meinen Kunden und seine (möglichen) Bedürfnisse im Sinn, entwerfe Dienstleistungen und Produkte, die er brauchen könnte, denke aber nicht darüber nach, ihm in einer konkreten Situation auch tatsächlich serviceorientiert helfen zu wollen. Der Mensch steht im Fokus, nicht der Service als aktive Handlung. Fazit: Das eine ist ohne das andere möglich, aber nicht sinnvoll.
- *Gibt es Serviceorientierung ohne Kundenorientierung?*
  Auch ja. Nämlich genau dann, wenn der Service(-Prozess) als solcher im Fokus liegt und der Kunde als „anonyme Masse" erachtet wird. Das wäre dann ungefähr so wie ein IT-Trainer, der höflich, mit Inbrunst und vielen Übungen seine Oracle-Schulung „von der Stange herunterspult", dabei aber völlig außer Acht lässt, welche Anforderungen der Kunde an die Datenbank hat und wie er sie in welchem Kontext einsetzen will. Dienstleistung am Kunden vorbei. Fazit: Das eine ist ohne das andere möglich, aber nicht sinnvoll.

A Der T-Shaping-Aha-Effekt

Kundennutzen erschaffen wir durch eine wohldosierte Mischung von Kunden- und Serviceorientierung.

Schauen wir uns im Folgenden ein Beispiel dafür an, wie Kunden- und Serviceorientierung auf der kommunikativen Ebene gelebt werden können, und zwar ohne großen Hokuspokus[9], dafür aber mit einer erfreulichen Wirkung.

---

[8] Ehre, wem Ehre gebührt: Diese beiden spannenden Fragen hat Herrn Cemal Osmanovic angeregt, ein echtes IT-Urgestein und heute Geschäftsführer von `http://www.smile2.de`.

[9] Abgesehen vielleicht von den Schulungen in Sachen Persönlichkeitstypen.

Der Blick in die Praxis:
Viele Köche verderben den Brei *nicht*!

Heutzutage ist das Prinzip „One Face to the Customer" ein wichtiger Grundsatz gelebter Kunden- und Serviceorientierung. Es bedeutet, dass der Kunde – unabhängig davon, in welchem Status sich seine Bestellung o.Ä. gerade befindet – durchgängig von *einem* Mitarbeiter betreut wird. Dadurch muss sich der Kunde nicht permanent auf einen neuen Bearbeiter einstellen und weiß genau, an wen er sich zu wenden hat, wenn Fragen aufkommen. Nun kann es aber durchaus sein, dass dieser Mitarbeiter durch Urlaub oder Krankheit ausfällt und entsprechend vertreten werden muss. Hier hat sich ein mittelständisches Unternehmen etwas sehr Cleveres einfallen lassen, um die entstehende personelle Lücke für den Kunden so wenig bemerkbar wie möglich zu machen. Das Unternehmen verfügt über eine CRM-Anwendung, in der neben den letzten Aktivitäten mit dem betreffenden Kunden auch Daten über Ansprechpartner in der dortigen Firma abgelegt sind.

Der Dienstleister ist vertraut mit den vier Typen aus Kapitel 4 und hat diese mittels einer kleinen Ampel in seinem CRM farblich hinterlegt: *Rot* für das konsequente Alphatier, *Gelb* für den kreativen Alleskönner, *Grün* für den bodenständigen Teamplayer und *Blau* für den analytischen Qualitätssicherer. Jeder Kunde hat nun maximal zwei Farben in seinem Profil, die aus der Einschätzung des- oder derjenigen Mitarbeiter heraus übernommen wurden, der bzw. die schon mit ihm zu tun hatten. So weiß jeder Kollege beim Öffnen des CRM sofort,

- *wie* er mit der betreffenden Person umzugehen hat,
- *was* der Kunde an Informationen benötigt und
- *auf welche Weise* er diese idealerweise vorgetragen bekommen sollte.

Der Geschäftsführer erhält mittlerweile immer mal wieder sehr positive Rückmeldungen zur Freundlichkeit und Kompetenz seines Personals und vor allem zur ungewöhnlich reibungslosen Bearbeitung von Aufträgen, auch wenn der eigentliche Sachbearbeiter einmal nicht da sein sollte. Die meisten Kunden fühlen sich mit ihren Bedürfnissen und Wünschen gut verstanden und auf eine Weise behandelt, wie sie es für sich als angenehm und angemessen empfinden.

Eine Schwalbe macht noch keinen Sommer, heißt ein altes Sprichwort. *Ein* kunden- und serviceorientierter Mitarbeiter macht auch noch kein kunden- und serviceorientiertes Unternehmen. Ein solches, in den Köpfen aller Mitarbeiter verankertes Denken muss *top down*, also von der Geschäftsführung hin zu den Mitarbeitern angestoßen und vorgelebt werden. Wenn nicht der Chef, wer dann? Andererseits – wir sprachen bereits darüber – sind alle Mitarbeiter und vor allem die mit Kundenkontakt dazu angehalten, *bottom up*, also „nach oben" zur Geschäftsführung rückzumelden, was in Sachen Kunden- und Serviceorientierung noch verbessert werden könnte. Wenn das gesamte Unternehmen zum Wohle des Kunden „an einem Strang zieht" und es überdies auch noch Leitlinien gibt, die zusammen mit den Mitarbeitern erstellt wurden und an die sich jeder voller Überzeugung hält, dann spricht man von einer *Servicekultur*, die im Unternehmen offensichtlich erfolgreich etabliert wurde [ZeAn02]. Und das ist mehr als empfehlenswert, denn nur zufriedene Kunden sind loyale Kunden, die nicht nur gerne wiederkommen, sondern möglicherweise sogar Empfehlungen abgeben und somit die beste Werbung für Ihr Unternehmen darstellen.

7.1.4 Sie sind ein Verkäufer

„Moment mal“, werden Sie nun vielleicht denken, „ich bin doch nicht als Vertriebsmitarbeiter eingestellt, sondern als Softwarearchitekt (oder Programmierer oder Netzwerkadministrator)!“. Wieso sollten Sie daher verkaufen? Nun, Sie tun es. Wenn Sie Ihren Job ernst nehmen und in irgendeiner Form in Kundenkontakt stehen, dann verkaufen Sie. Spätestens seit Kapitel 4 („Entdecke und präsentiere Dich selbst!“) dürfte Ihnen klar geworden sein, dass Sie zumindest ein *Verkäufer in eigener Sache* sind. Darüber hinaus arbeiten Sie aber entweder direkt oder indirekt auch als Verkäufer derjenigen Produkte und Dienstleistungen, mit denen der Kunde Sie in Verbindung bringt oder aber auch derjenigen, die insgesamt von dem Unternehmen angeboten werden, in dem Sie arbeiten. Hier drei Deutungsvarianten für die Aussage „Sie sind ein Verkäufer“:

- Variante 1: „*Wenn nicht jetzt, wann dann*?“
  Sie sind gerade „in Aktion“ beim Kunden vor Ort und kümmern sich beispielsweise um die Aktualisierung diverser Software-Releases. Eigentlich ist die Dienstleistung, die Sie erbringen, schon längst verkauft, sonst wären Sie ja nicht da. Indem Sie diese aber gut machen, verkaufen Sie sich quasi schon im Vorhinein für die nächste Gelegenheit, bei der die gleiche oder eine ähnliche Dienstleistung wieder gebraucht wird. Sie verschaffen also sich *und* dem Unternehmen, für das Sie arbeiten, einen so guten Ruf, dass die Chance recht groß ist, von diesem Kunden beim nächsten Mal wieder in Anspruch genommen zu werden. Kunden sind nämlich in der Regel ziemlich „wechselfaul“, was ihren Dienstleister angeht. Vorausgesetzt natürlich, sie sind zufrieden.
- Variante 2: „*Wer klug ist, baut vor*!“
  Sie sind als sogenannter Pre-Sales Consultant zusammen mit dem Key Account Manager Ihres Unternehmens beim Kunden vor Ort in einer Akquisesituation. Der Vertrieb hat beim Kunden bereits eine Tür geöffnet und möchte nun technische Fragestellungen erörtern, um dem Kunden zu zeigen, dass Ihr Unternehmen tatsächlich über die entsprechende Expertise verfügt. Auch jetzt sind Sie kein reiner Vertriebler, aber schon ziemlich nah dran. Denn nun hängt es wiederum von Ihrem „Verkäufer-Gen“, *Ihrer* Kompetenz, *Ihrer* Kommunikationsfähigkeit, *Ihrem* Verständnis für die Domäne des Kunden und *Ihrer* Selbstdarstellung ab, ob der Kunde genug Vertrauen in Sie setzt, dass er Ihnen – und damit auch Ihrem Unternehmen – tatsächlich den Zuschlag gibt.
- Variante 3: „*Die Vertriebsbrille*“
  Sie sind im IT-Vertrieb. Klare Sache, jetzt gehören Sie natürlich eindeutig zu den Verkäufern. Das Thema Verkauf soll an dieser Stelle nicht vertieft werden, aber wenn Sie

dieses Buch (noch einmal) mit der „Brille des Vertriebsmitarbeiters“ auf der Nase lesen, dann werden Sie sehr viele hilfreiche Informationen und Tipps vorfinden, die Sie im Verkauf hervorragend einsetzen können.

Vielleicht haben Sie den obigen Ausdruck *Pre-Sales Consulting* oder *Consultant* schon einmal gehört. Wir sprachen ja bereits davon. Ein Mensch in dieser Position weiß aus technischer Sicht meist deutlich mehr als ein reiner Vertriebsmensch, verfügt darüber hinaus aber auch über sehr gute Kommunikationsfähigkeiten und Empathie, d.h. er kann sich in seinen Kunden und dessen Bedürfnisse gut hineinversetzen und bildet somit quasi eine

Art Brücke zwischen reinem Vertrieb und reiner Technik. Das macht ihn natürlich in dem Augenblick besonders wertvoll, in dem der Verkäufer beim Kunden bereits eine Tür geöffnet hat und nun aber mit seinem technischen Know-how an seine Grenzen gestoßen ist und nicht mehr alle Fragen des Kunden in wünschenswert kompetenter Weise beantworten kann. Damit der Kunde aber auch von dieser Seite weiteren Input bekommt und gleichzeitig immer noch „vertrieblerisch“ behandelt wird, nimmt man zu solchen Gesprächen in der Regel einen Pre-Sales Consultant mit. Er schließt diese Lücke. Erinnert Sie das nicht an etwas? Richtig. Der Pre-Sales Consultant ist auf seine Art ein T-Shaped Professional, eben mit starker Vertriebsorientierung.

Allein aus dieser kleinen Beschreibung können wir nun bereits die wesentlichen drei Bereiche eines Verkaufs- oder auch Beratungsgesprächs herausarbeiten (s. Abbildung 7.2). Möglicherweise sind Sie immer noch der Meinung, dass Sie nicht im Vertrieb arbeiten? Dann ersetzen Sie *Vertrieb* durch *Dienstleistung*, und wir sollten des Pudels Kern getroffen haben. Immer noch nicht? Sie sind auch kein Dienstleister? Nun, egal wo Sie arbeiten oder wo Sie einmal arbeiten werden: Irgendjemand ist der Abnehmer der Leistung, die Sie im Unternehmen erbringen. Entweder ist das Ihr Chef, der für die Software verantwortlich zeichnet, an der Sie programmieren. Oder es handelt sich dabei um die nachfolgende Abteilung, die auf Grundlage dessen, was Sie an Output liefern, selbst wiederum ihre Leistung erbringt. Nicht zu vergessen ist natürlich der „Klassiker“, also der Endanwender, der seinerseits auch wieder mit dem, was Sie da abliefern, in irgendeiner Weise aktiv umgeht, sei es beruflich (die neue Datenbank) oder privat (der konfigurierte Laptop für zu Hause). Nicht umsonst gibt es die Unterteilung in

- *externe Kunden* (diejenigen außerhalb des Systems Unternehmen, also Endanwender, Endverbraucher etc.) und
- *interne Kunden* (nachgelagerte Abteilungen im eigenen Unternehmen oder beispielsweise auch Projektpartner, die auf Ihre Arbeitsergebnisse angewiesen sind).

Sehen Sie? Da Sie in jedem Fall ein Dienstleister sind, „verkaufen“ Sie auch in jedem Fall Ihre Leistung. Wenn Sie mögen, dann können Sie die Worte im nun folgenden Kreislauf einfach durch „Vor der Dienstleistung“, „Dienstleistungserbringung“ und „Nach der Dienstleistung“ ersetzen – der Sinn bleibt derselbe.

Abbildung 7.2: Der Kreislauf der Kunden- und Serviceorientierung [Birke05]

Vera F. Birkenbihl beschreibt den in Abbildung 7.2 dargestellten Kreislauf wie folgt:

1. *Pre-Sales*: All das, was vor dem Verkauf passiert, quasi die *Vorarbeit.*
2. *Sales*: Das eigentliche *Verkaufsgespräch* bzw. tatsächlich alles, was dazu gehört.
3. *Post-Sales*: All das, was nach erfolgtem Abschluss passiert.

Und anschließend geht es wieder mit 1. weiter, ein Aspekt, auf den ich an dieser Stelle ganz explizit hinweisen möchte. Der folgende Dialog steht stellvertretend für viele dieser Art und behandelt ein Thema, das Unternehmen sehr viel Geld kostet bzw. *nicht* einbringt, obwohl es mit relativ wenig Anstrengung hätte verdient werden können. Aber lesen Sie selbst. Unsere Protagonisten sind der Chef eines mittelständischen IT-Systemhauses und sein Mitarbeiter, der als Support vor Ort beim Kundenunternehmen dessen Server-Landschaft betreut.

Der Blick in die Praxis:
Scheuklappen können teuer sein

Mitarbeiter: „Chef, stellen Sie sich mal vor, wen ich heute bei unserem Kunden getroffen habe. Den Walther von der Firma Ludwig."

Chef: „Aha. Und was macht der Walther da? Wieso hat unser Kunde überhaupt ein zweites Systemhaus engagiert?"

Mitarbeiter: „Ich glaube, der ist für die Telefonanlage da. Die wollen das wohl umstellen und alles auch durch eine entsprechende Software mit ihrer Kundendatenbank abgleichen. Keine Ahnung. Ich habe aber mal mitgekriegt, dass unser Kunde da wohl vor zwei Wochen ziemlich intensiv nach einem Anbieter gesucht hat."

Chef: (*wütend*) „Wie bitte? Und da haben Sie nicht sofort darauf hingewiesen, dass wir uns seit vielen Jahren ganz intensiv auf dem Gebiet Telefonanlagenanbindung Expertise aufgebaut haben?"

Mitarbeiter: (*irritiert*) „Wieso? Ich bin wegen der Server da. Ich habe doch nichts mit den Telefonanlagen zu tun."

Chef:	„Richtig. Sie sind dort und haben es mitbekommen, dass die jemanden suchen. Und Sie sind nicht zufällig auf die Idee gekommen, dass wir für die Telefonanlagen ein Angebot hätten machen können? Der Kunde ist doch schließlich ansonsten super zufrieden mit uns. Es ist ihm nur offensichtlich nicht bewusst, dass wir in Sachen Telekommunikation auch aktiv sind. Aber der Fuß, den wir beim Kunden bereits in der Tür haben, hätte uns doch womöglich dabei geholfen, auch auf diesem Gebiet für unseren Kunden tätig sein zu können. Ich fasse es nicht..."

Sie sehen, es kann ganz schön „teuer" werden, wenn man seine Scheuklappen nicht ablegt. Denn auch entgangene Einnahmen sind eine Art „Preis"[10], den Sie zahlen müssen, wenn Sie nicht aufmerksam sind und mitdenken. Die fachlichen Scheuklappen abzulegen und – im Gegenteil – immer Augen und Ohren am Puls des Geschehens zu haben und somit auch noch über das verkaufte Produkt, die fakturierbare Dienstleistung hinaus zu sehen, an welcher Stelle wir für den Kunden tätig werden können („Bin schon da!"), nennt man übrigens *Cross Selling*. Eine Paradedisziplin des T-Shaped Professionals. Aber zur Erinnerung: Schuster, bleib' bei deinen Leisten! Bieten Sie nur das als direkte Dienstleistung an, was Sie auch tatsächlich als Kernkompetenz „drauf haben"!

A Der T-Shaping-Aha-Effekt

Als exzellenter Dienstleister (und Verkäufer) sind Sie mit Ihrer ganzen Aufmerksamkeit beim Kunden und wissen daher oftmals schon, was er braucht, bevor er es selbst merkt!

Jetzt erschließt sich auch, warum der Kreislauf aus Abbildung 7.2 wieder bei 1. anfängt. Denn die Post-Sales- sollte im Idealfall direkt wieder in eine Pre-Sales-Phase übergehen, indem der Kunde nämlich nach dem nächsten erfolgreichen Pre-Sales entweder

- *weiter* bei uns kauft (die gewohnte Dienstleistung bzw. das gewohnte Produkt) oder
- *wieder* bei uns kauft (diesmal ein neues Produkt oder eine Dienstleistung).

Und für jede dieser Phasen gibt es unter der Überschrift von Kunden- und Serviceorientierung einige Punkte, die sich ungeachtet des Persönlichkeitstypen, den der Kunde verkörpert, ausgesprochen günstig auf Ihre Beziehung zu ihm auswirken.

---

[10] Wir sprechen hier auch von sogenannten *Opportunitätskosten*.

C Die T-Shaping-Checkliste: Dienstleistung de luxe

- ☐ Lassen Sie Ihren Kunden nicht warten. Pünktlichkeit ist eine Frage des Respekts. Und sollte es doch einmal passieren, dass Sie zu spät sind, dann entschuldigen Sie sich bitte.
- ☐ Beantworten Sie (Kunden-)E-Mails innerhalb von 24 Stunden. Sie können – wenn Sie unterwegs sind – auch einen Autoresponder einrichten, der darauf hinweist, dass Sie die E-Mail erhalten haben und in einem Zeitraum X darauf antworten werden.
- ☐ Vergessen Sie bei E-Mails nicht die persönliche Anrede. Ein „Hallo", „Guten Tag", o.Ä. ohne Namensnennung ist ein absolutes No-Go. Und vergessen Sie akademische oder Adelstitel nicht – den höchsten zu nennen, reicht[11].
- ☐ Tragen Sie als Ansprechpartner immer die Verantwortung für das, was in Zusammenhang mit Ihrem Kunden passiert. „Ja, aber das war der Kollege ... " als Ausrede geht gar nicht, denn für den Kunden sind Sie der Ansprechpartner und warum etwas schief gelaufen ist, spielt für ihn zunächst einmal keine Rolle. Rücken Sie die Dinge einfach wieder gerade, auch wenn Sie nicht der „Verursacher" waren.
- ☐ Bieten Sie Ihrem Kunden immer Lösungen an und keine Problembewältigung: Er will Löcher und keinen Bohrer.
- ☐ Diskutieren oder streiten Sie niemals mit Kollegen in Gegenwart Ihres Kunden.
- ☐ Hören Sie immer aktiv zu, stellen Sie so viele Fragen wie notwendig, geben Sie immer konstruktiv Feedback und bedanken Sie sich für die aktive Mitarbeit.
- ☐ Achten Sie im Umgang mit Ihrem Kunden darauf, dass Sie mit „seinen Ohren hören" und mit „seinen Augen sehen".
- ☐ Seien Sie über alle Produkte und Dienstleistungen in Ihrem Unternehmen bestens informiert – auch wenn diese nicht in Ihren Bereich fallen. Denn nur dann können Sie Ihrem Kunden Lösungen anbieten, die möglicherweise andere Kompetenzen erfordern als die Ihrigen.
- ☐ Bieten Sie Ihrem Kunden immer höchste Qualität, aber gehen Sie im Bedarfsfall auch bewusst, offen und zuvorkommend mit Reklamationen und Beschwerden um, auch wenn diese vielleicht unbegründet sein sollten.
- ☐ Denken Sie immer daran: Für Ihren Kunden sind Sie die Firma bzw. das Gesicht der Firma – der Eindruck, den Sie hinterlassen, fällt auf das komplette Unternehmen zurück, für das Sie arbeiten.

---

[11] Es ist ausreichend, eine Frau Professor Dr. Dr.-Ing. Müller mit „Sehr geehrte Frau Professor Müller" anzureden. Der „Professor" ist zwar eine Berufsbezeichnung und streng genommen kein Titel, wird aber gemäß Knigge ebenso behandelt. Und er wird – im Gegensatz zum „Dr." – immer vollständig ausgeschrieben. Antwortet Frau Professor dann einfach mit „Beste Grüße, Anneliese Müller", dann ist das die „offizielle" Erlaubnis, den Titel im nächsten Schreiben weglassen zu dürfen.

7.2 Wertschöpfung basiert auf Wertschätzung

Glauben Sie mir: Ich verstehe sehr gut, dass es Sie reizt, die neuesten Technologien einsetzen oder den aktuellsten Hypes folgen zu wollen. Sie wären nicht der Erste, der sich

- seiner Sache *zu* sicher ist,
- die zu lösenden Probleme unterschätzt und
- im Gegenteil glaubt, dass „das alles Peanuts sind".

Und ich kann aus meiner eigenen Arbeit absolut nachvollziehen, dass Sie ab und zu glauben, besser zu wissen, was Ihr Kunde braucht, als der Kunde selbst. *Sie* sind ja schließlich der Tekkie. Manchmal mag das stimmen, aber in der Regel ist es – gerade als jemand, der noch nicht viel Praxiserfahrung sammeln konnte – ein recht „dünnes Eis", auf dem Sie sich dabei bewegen. Auch wenn eine innovative Programmierleistung Ihrem Ego ebenso wie Ihrem Selbstanspruch und möglicherweise auch Ihrer Karriere gut tun würde, so birgt sie doch mindestens die eine Riesengefahr: Möglicherweise ist nämlich die von Ihnen angestrebte Lösung gar nicht die, die der Kunde will, geschweige denn die, die er braucht. Wenn Sie Ihren Job richtig verstehen bzw. die Bedeutung Ihres Jobs richtig verstanden haben, dann sind Sie als z.B. Entwickler im Idealfall weder ein abgehobener Künstler noch ein leidenschaftsloser Code-Erzeuger.

A Der T-Shaping-Aha-Effekt

Sich der Versuchung des technologisch Machbaren hinzugeben, birgt immer die Gefahr, den Blick für das tatsächlich Notwendige zu verlieren.

Um zu erkennen, was Ihr Kunde tatsächlich braucht und was für sein Budget und sein Umfeld realistisch ist, müssen Sie kommunizieren und sich „seine Brille aufsetzen", um seine Welt auch durch seine Augen zu sehen. Dazu gehört u.a. auch ein Blick in seine Branche, so es nicht auch die Ihre ist. Aber in Sachen „Brille" (siehe Abschnitt 4.1) und Kommunikationsfähigkeit (siehe Kapitel 5) sind Sie ja mittlerweile schon recht fit.

7.2.1 Erfolgsfaktor Branchenkenntnis

Ohne IT geht heutzutage nahezu nichts mehr, wie wir bereits wissen. Irgendwo in einem Unternehmen, ob Pharmariese oder Tischlerwerkstatt, steht immer zumindest *ein* Rechner, auf dem unternehmenskritische Software läuft. Je größer das Unternehmen, desto größer wird auch der Aspekt „unternehmenskritisch", wenn von Hard- und Software die Rede ist. Und irgendwann ist der Punkt erreicht, an dem man mit dem Sohn vom Chef, der Informatik studiert hat und Papa gelegentlich zu erklären versucht, wie „das mit dem Social Media Marketing so funktioniert", nicht mehr weiterkommt. Ein IT-Experte wird engagiert. Und ein solcher, also Sie, kann schlussendlich in jeder Branche landen.

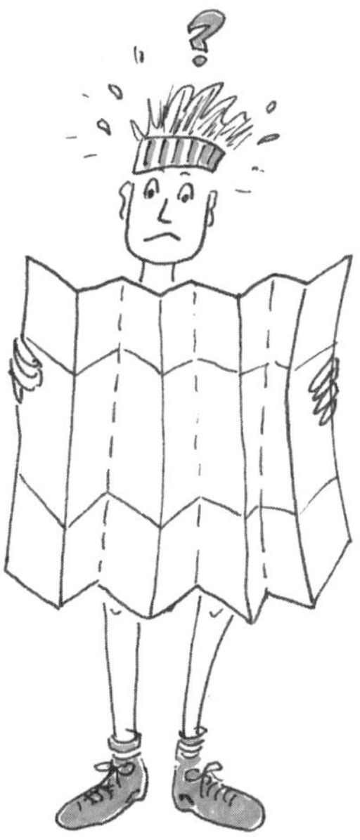

Kennen Sie die Geschichte von dem Marathonläufer, der in Berlin immer wieder falsch abbiegt, obwohl er einen Stadtplan in der Hand hält? Bis ihm ein Passant erklärt, den er nach dem Weg fragt, dass er mit dem *Hamburger* Plan in *Berlin* wohl kaum weiterkommen werde. Klar, das ist in Zeiten navigierender GPS-Handys kein wirklich aktuelles Beispiel mehr, aber ich wette, Sie verstehen die Botschaft dahinter.

Stellen Sie sich doch einfach einmal vor, Sie kommen aus Ihrem Ihnen bis in den kleinsten Winkel vertrauten Ort auf einmal in die „große Stadt" – alles ist neu, Sie kennen niemanden und können auch nicht einschätzen, ob es der Mensch dort drüben auf der anderen Straßenseite gut mit Ihnen meint oder es auf Ihre Brieftasche abgesehen hat. Wenn Sie als Dienstleister in einem Unternehmen tätig sind, dann ist das ähnlich. Allen, die Ihnen begegnen, ist ihr eigenes Terrain bestens bekannt, nur Ihnen nicht. Wenn Sie z.B. in der Pharmabranche unterwegs sind, dann haben Sie es dort auf Abteilungsleiterebene vorwiegend mit Chemikern, Apothekern oder auch Physikern zu tun. Die kennen ihre Branche und können Ihnen – salopp gesagt – alles darüber erzählen. Oder auch zu wenig. In jedem Fall sind Sie als jemand, der eigentlich beraten soll, auf recht verlorenem Posten, wenn Sie überhaupt keine Ahnung von der Branche an sich haben, noch die dortigen Gepflogenheiten (Kultur und Denke), Prozesse und Abläufe kennen, geschweige denn die Fachsprache beherrschen, die dort gesprochen wird. Das heißt für Sie, dass Sie sich zeitig genug, sofern Sie in der betreffenden Branche noch nicht selbst gearbeitet haben, mit den wichtigsten Aspekten vertraut machen sollten. Das geht auch als Berufseinsteiger, verlangt allerdings ein wenig Sherlock-Holmes-Mentalität von Ihnen.

C Die T-Shaping-Checkliste: Branchenkenntnis

- ☐ Googeln Sie nach der betreffenden Firma, deren Wettbewerbern und natürlich der Branche an sich. Wichtig sind vor allem auch Artikel auf Fachportalen, die Ihnen einen Eindruck der jeweiligen Branche vermitteln und Sie mit aktuellen Infos „füttern".
- ☐ Finden Sie heraus, wer die Kunden Ihres Kunden sind (Endanwender, Endverbraucher, Unternehmen etc. gleicher oder anderer Branchen?)
- ☐ Lesen Sie entsprechende Fachliteratur und -magazine.
- ☐ Suchen Sie das Gespräch mit Branchenkennern (wie Sie an die herankommen, steht u.a. in Kapitel 8).

7.2.2 Die Sprache des Kunden sprechen

Heutzutage müssen Sie längst nicht mehr nur ein guter „Rechner" sein, sondern in immer stärkeren Maße ein guter Redner bzw. Kommunikator, um die neuen Technologien effizient und effektiv nutzen zu können. Denn die IT hängt mehr und mehr von Sprache ab, weswegen auch immer öfter von *sprachbasierten Technologien* anstelle von Informations- und Kommunikationstechnologien die Rede ist. Das betrifft die Benutzung (z.B. eines iPads) ebenso wie die Entwicklung entsprechender Anwendungssysteme (z.B. durch die *modellierungssprachliche* Visualisierung dessen, was der Kunde *umgangssprachlich* an Vorgaben gemacht hat).

Nun haben Sie ja in Sachen Empathie und Kommunikation schon recht viel in den Kapiteln 4 und 5 lesen können. Das Werkzeug dort benötigen Sie natürlich auch dann, wenn Sie auf Ihre Kunden treffen, denn da prallen bisweilen zwei Welten aufeinander, zwischen denen erst einmal eine Brücke gebaut werden muss: Tekkie und Nicht-Tekkie[12]. Die Verschiedenheit der Welten offenbart sich besonders deutlich dann, wenn es um die Anforderungsanalyse geht (siehe Abschnitt 2.1.2). Denn hier wirft so mancher Kunde mit „sprachlichem Nebel" um sich. Teils macht er das, weil es einfach seine Art ist, teils aber auch aus Unkenntnis darüber, was von seinen Anforderungen tatsächlich auch technisch machbar ist oder was wiederum Sie als IT'ler an Informationen benötigen, um Ihre Arbeit machen zu können. Und da *Sie* der Dienstleister sind, sollten auch Sie es sein, der die Brücke baut! Die Gräben, die es mit selbiger zu überwinden gilt, sind in der Regel die folgenden:

- Ihr Kunde kommt aus *seiner* fachlichen Domäne. Damit verbunden ist natürlich auch eine eigene Begriffswelt: „Wissen Sie, das Dokumentenmanagementsystem muss den Genehmigungslauf der Studien von der Tox hin zu Regulatory gemäß der FDA-Auflagen entsprechend abbilden[13]." Und, alles verstanden? Wahrscheinlich nicht. Müssen Sie aber, denn von Ihnen als IT'ler wird verlangt, dass Sie a) in der Lage sind nachzufragen und b) sich rasch in diese neue Begriffswelt hineinzuarbeiten, d.h. gleichermaßen lernfähig und lernwillig zu sein. Ein großer Fehler wäre es, anzunehmen, dass sich der Kunde *Ihnen* (sprachlich) anpassen muss.
- Was der Kunde sagt, ist durchaus nicht immer das, was er meint. Demzufolge ist es wichtig, dass Sie empathisch sind (siehe Kapitel 4) und versuchen, so viele Informationen wie möglich über Ihren Kunden zu sammeln, um einen Eindruck davon zu bekommen, welcher Typ er ist (siehe auch Abschnitt 7.2.3), welche „Brille er auf der Nase hat" und von welchen Motiven er getrieben wurde, als er sich für Sie als Dienstleister

---

[12] Leider auch gelegentlich anzutreffen, der Nicht-Tekkie, der sich als Möchtegern-Tekkie präsentiert.

[13] Dieser Kunde kommt ganz klar aus dem pharmazeutischen Bereich. Mit *Tox* ist die *Toxikologie* gemeint, also eine der Forschungsabteilungen, in der Untersuchungen zur Zusammensetzung von Medikamenten gemacht werden („Was macht die Substanz mit dem Körper?"). *Regulatory* hingegen ist eine gängige Kurzform von *Regulatory Affairs*, also derjenigen Abteilung in einem Pharmaunternehmen, in der die Zulassungen neuer Medikamente bearbeitet werden und die demzufolge alle Studien aus den vorgelagerten Abteilungen innerhalb des Zulassungsprozesses zusammen trägt. Die *FDA* (U.S. Food and Drug Administration) ist diejenige Behörde, die in den USA den Marktzugang von Lebensmitteln und Medikamenten regelt.

und/oder Produktanbieter entschieden hat. Auch ist es wichtig, dass Sie aktiv zuhören (siehe Abschnitt 5.2.1) und nachfragen (siehe Abschnitt 5.3), um sprachlichen Nebel aufzulösen, Unklarheiten zu beseitigen und diejenigen Informationen zu bekommen, die Sie für Ihre Arbeit benötigen. Denn sprachbasierte Technologien vertragen – im wahrsten Sinne des Wortes – keinen Nebel.

- Manchmal sagt ein Kunde auch gar nichts und wartet frei nach dem dem Motto „Warum soll ich Ihnen ein Briefing geben – Sie sind doch der Datenbankexperte und müssen wissen, was ich brauche" auf Vorschläge. Dann sind Sie nicht nur Dienstleister und Verkäufer, sondern überdies *Berater*. Übrigens auch in Situationen, in denen gelegentlich auch einmal sehr schnell entschieden werden muss, ob eine Lösung zum einen machbar, sinnvoll oder überhaupt innerhalb des vorgegebenen Budgets realisierbar ist. Gerade während der Systemanalyse müssen teilweise schon Lösungsansätze im Vorhinein entschieden werden (z.B. ob Standard-Software oder Neuentwicklung), weil die weitere Analyse und Planung davon abhängen.
- Manche Kunden sind einfach keine Tekkies. Und das müssen sie auch nicht sein. Aber gelegentlich bringt dieser Umstand des IT'lers Geduld an dessen Grenzen. Eine Webentwicklerin brachte es mit dem Beispiel einer ihrer Kunden treffend auf den Punkt, denn er rief sie irgendwann mit folgenden Worten aufgeregt an: „Gehen Sie sofort aus meiner Website raus! Ich weiß genau, dass Sie gerade drin sind. Aber ich will jetzt auch mal da rein und gucken!" Hier hilft nur geduldiges Erklären des tatsächlichen Sachverhalts und wenn das versagt: stillschweigendes Ertragen.

Sie merken: Nicht umsonst ist gerade die kommunikationsreiche Analysephase in einem IT-Projekt eine besonders zeitaufwendige.

7.2.3 Mein Kunde, das unbekannte Wesen

Der Kunde droht mit Auftrag. Er möchte eine hervorragende Software, die intuitiv zu bedienen ist, sich quasi von alleine installiert und aktualisiert, stabil und fehlerfrei läuft, die Konkurrenz im Regen stehen lässt und noch dazu nichts kostet.

So oder ähnlich mag mancher IT-Dienstleister auffassen, was seine Kunden ihm als Eckdaten vorgeben. Und jetzt? „Der Kunde ist König" ist ein bekannter Grundsatz, der sein Für und Wider hat. Natürlich gilt gerade im Dienstleistungsbereich als oberstes Ziel, die Wünsche des Kunden zu erfüllen. Aber manchmal weiß er eben selbst nicht so genau, was er möchte. Und wer nicht weiß, was er will, der kann schwerlich König sein. Ein anderes Paradigma lautet „Der Kunde als Partner". Nun, da könnte man natürlich leicht auf den Gedanken kommen, dass der Kunde gar nichts bezahlen muss, wenn er sowieso einen Teil der Arbeit übernimmt und als Partner gesehen wird.

Wie dem auch sei – wir müssen unseren Kunden ja nicht heiraten. In jedem Falle aber hat er unseren Respekt beziehungsweise unsere Wertschätzung verdient. Das gilt auch und insbesondere für die sogenannten schwierigen Kunden. Tilla Heinemann, eine erfahrene Kursleiterin, brachte sehr treffend auf den Punkt, als sie zur Fortbildung „Der schwierige

Kursteilnehmer“ eingeladen wurde: „Es gibt keine schwierigen Kursteilnehmer, nur schwierige Kursleiter.“ Es liegt in nicht zu knappem Maße an Ihnen selbst, ob Sie einen Kunden als unüberwindbar schwierig empfinden oder nicht. Es ist *Ihre* Entscheidung, sich als hilfloses Opfer zu fühlen. Aber wenn man bedenkt, wie viel Zeit Ihres Lebens Sie in Ihrem Job verbringen, dann wäre es doch wirklich sehr schade, wenn Sie sich in eben dieser Zeit durch die „Opferrolle“ Lebensqualität nähmen. Und das wiederum hat sehr viel mit der eigenen inneren Einstellung zu tun und mit der Tatsache, dass Menschen nun einmal verschieden sind und wir sie in ihrer Verschiedenartigkeit akzeptieren sollten. Von Vera F. Birkenbihl stammt die Aussage, dass der Kreis derjenigen Menschen, die ich ablehne, missachte, nicht ernst nehme etc., zwangsläufig größer wird, je kleiner und elitärer der Kreis derjenigen Menschen ist, die ich zu akzeptieren bereit bin. Denn wenn ich meinen Mitmenschen, in diesem speziellen Fall meinen Kunden, nicht den nötigen Respekt entgegenbringe, dann sagt das sehr viel über meine innere Haltung *allen* Menschen gegenüber aus.

A **Der T-Shaping-Aha-Effekt**

Wertschätzung baut oft auf Respekt auf. Und den muss man sich erst erarbeiten.

Jeder Kundenkontakt ist immer ein Augenblick der Wahrheit, und deswegen begegnen wir nun zum letzten Mal während unserer T-Shaping-Tour unseren vier Persönlichkeitstypen und betrachten sie diesmal mit der „Kundenbrille auf der Nase“. Sie wissen mittlerweile ja, wie bzw. woran man sie ganz gut erkennen kann, wie man mit ihnen kommuniziert und wie sie sich so in einem Team einbringen. Doch auch als Kunden begegnen sie uns, und gerade da ist es wichtig, immer im Hinterkopf zu behalten,

- *welche* Erwartungen unser Kunde als Alphatier, Alleskönner, Teamplayer oder Qualitätssicherer wohl haben wird, und
- *wie* er demzufolge von uns behandelt werden möchte.

Können Sie sich noch an das Spiel „Ich sehe was, was du nicht siehst“ erinnern? Wie war das doch gleich? Einer von den Spielpartnern hatte irgendeinen Gegenstand in Sichtweite im Sinn: „Ich sehe etwas, das du nicht siehst, und das ist rot.“ Mehr Informationen gab's nicht. Was tat nun im besten Falle der andere Spielpartner? Na klar. Er fragte. Und je besser, d.h. konkreter und nachhakender er fragte und „Eins und Eins zusammenzählte“, desto schneller kam er dahinter, um welchen Gegenstand es ging. Sie merken, wir sind wieder voll im Thema Kommunikation und hier natürlich insbesondere bei dem speziellen Aspekt der Fragetechniken angelangt. Da nicht jeder Kunde sehr redselig ist und somit von sich selbst heraus alle notwendigen Informationen bezüglich des gewünschten Produkts oder der angefragten Dienstleistung kundtut, ist es immer sehr wichtig, dass Sie sich bestmöglich auf Ihr Gegenüber einstellen.

Werfen wir im Folgenden also noch einmal einen Blick darauf, wie sich unsere vier Typen Alphatiere, Alleskönner, Teamplayer und Qualitätssicherer offenbaren, wenn sie in der Rolle des Kunden vor Ihnen stehen [DeSc08]. Aber vorher dürfen Sie in Ergänzung zu Ihrem ersten Eindruck, den Sie von Ihrem Kunden erhalten haben, und zu den Schlussfolgerungen, die Sie aus den ersten Gesprächen mit ihm ziehen konnten, anhand der folgenden Checkliste eine kleine Schnupperanalyse machen[14]. Kreuzen Sie für den betreffenden Kunden in jeder Zeile an, welche der jeweils vier Eigenschaften am ehesten auf ihn zutrifft, und addieren Sie zum Schluss die Ergebnisse in den Spalten. Dann sollten Sie einen *ersten Hinweis* darauf haben, welchem unserer vier Gesellen er wohl zugeordnet werden kann.

Ü Die T-Shaping-Übung: Kundentypenanalyse-„Quickie“

	Alphatier	*Alleskönner*	*Teamplayer*	*Qualitätssicherer*
Auftreten	☐ dominant	☐ lebendig	☐ vorsichtig	☐ verschlossen
Kleidung	☐ exakt	☐ modisch-leger	☐ unauffällig	☐ konservativ
Auto	☐ beeindruckend	☐ eher sportlich	☐ funktionell	☐ traditionell
Blickkontakt	☐ direkt	☐ offen	☐ vorsichtig	☐ selten
Körpersprache	☐ ungeduldig	☐ gestenreich	☐ zurückhaltend	☐ verschlossen
Schritt	☐ energisch	☐ schwungvoll	☐ weich	☐ beherrscht
Stimme	☐ kräftig	☐ lebendig	☐ ruhig	☐ reserviert
Zuhören	☐ ungeduldig	☐ unkonzentriert	☐ empathisch	☐ selektiv
Antworten	☐ schnell	☐ direkt	☐ zögerlich	☐ verdeckt
Wesen	☐ herrisch	☐ freundlich	☐ zustimmend	☐ kritisch
Ansprüche an..	☐ Qualität/Design	☐ Optik/Stil	☐ Zuverlässigkeit	☐ Kosten/Qualität
Entschlusskraft	☐ entschieden	☐ spontan	☐ zögerlich	☐ unentschlossen
Es geht um...	☐ Zeit	☐ Beziehungen	☐ Sicherheit	☐ Fehlerfreiheit
Summe				

Diese Checkliste können Sie natürlich nicht nur für Kunden einsetzen, aber da ist sie besonders hilfreich. Denn denken Sie immer daran: Behandeln Sie den anderen nicht so, wie Sie selbst behandelt werden wollen, sondern so, wie eben dieser will, dass man mit ihm umgeht.

[14] Basierend auf der Kundenbeziehungsanalyse des Insights-MDI-Persönlichkeitsprofils.

Der Alphatier-Kunde (Typ 1)

Sie erinnern sich bestimmt: Das Alphatier ist nicht nur konsequent, sondern tritt auch so auf. Er ist klar in Körpersprache und Sprache, kommt ohne Umschweife auf den Punkt und möchte nur die Informationen, die er für seine Entscheidung braucht. Und er akzeptiert auch nur ein Gegenüber, das ihm auf Augenhöhe begegnet – sowohl hinsichtlich der Kompetenz als auch des Selbstauftretens. Holen Sie also Ihre geballte Souveränität heraus, wenn Sie auf einen Vertreter des konsequenten Alphatiers treffen. Wenn er merkt, dass er Ihnen in irgendeinem Bereich überlegen ist, neigt er dazu, das auch auszuspielen. Das muss gar nicht böse gemeint sein, sondern hat vor allen Dingen mit dem Austesten von *Grenzen* und manchmal auch mit dem Faktor *Macht* zu tun.

Bleiben Sie vor allen Dingen klar und ebenso konsequent wie er selbst. Das bedeutet beispielsweise beim Aushandeln von weiteren Funktionalitäten der bestellten Software, dass Sie ihm klarmachen müssen, dass das beispielsweise mit Zeitverzug oder auch mit erhöhten Kosten einhergeht. Erst wenn das Alphatier verstanden hat, dass jede seiner zusätzlichen Forderungen ihren Preis hat – auch im übertragenen Sinne –, wird er mit den Machtspielchen aufhören.

C Die T-Shaping-Checkliste: Typ 1 als Kunde

- ☐ Bier ist Bier und Schnaps ist Schnaps – belassen Sie die Geschäftsbeziehung mit diesem Kunden auch als solche und werden Sie nicht zu kumpelhaft.
- ☐ Verhalten Sie sich diszipliniert, korrekt, pünktlich und gut organisiert.
- ☐ Halten Sie immer sinnvolle und notwendige Daten, Grafiken oder Muster bereit, die Sie als Untermauerung Ihrer Argumente anführen können.
- ☐ Versuchen Sie möglichst früh, seine Ziele und die Aspekte, die ihm wichtig sind, herauszufinden.
- ☐ Richten Sie Ihre Argumente und Ihr Verhalten darauf entsprechend aus und stellen Sie nach Möglichkeit immer den Nutzen Ihres Handelns (Zeit, Geld, Status, Marktführerschaft etc.) in den Vordergrund.
- ☐ Bieten Sie ihm Optionen bzw. Alternativen und legen Sie die jeweiligen Vor- und Nachteile offen auf den Tisch.
- ☐ Reden Sie auch über mögliche Konsequenzen seiner Entscheidung.
- ☐ Seien Sie vor allem souverän, zeigen Sie Ihre Kompetenz und machen Sie nur diejenigen Zugeständnisse, von denen Sie sich sicher sind, dass sie Ihnen nicht „wehtun".

Der Alleskönner-Kunde (Typ 2)

Unser charismatischer Chaot. Damit er sich als Kunde wohlfühlt, müssen Sie schon, ob Sie wollen oder nicht, ein bisschen Smalltalk halten. Denn Sie wissen ja, er ist ein „Beziehungsmensch" und möchte überdies unterhalten werden bzw. Applaus, also Anerkennung dafür bekommen, dass er selbst unterhält. Ihm ist wichtig, dass die Zusammenarbeit harmonisch und ohne größere Probleme oder gar Konflikte verläuft. Ihn für Produkte oder Dienstleistungen zu begeistern, hängt entscheidend davon ab, welches Feuer Sie für die Sache in ihm entfachen können.

Wenn er begeistert ist, dann haben Sie ihn als Kunden schon fast in Ihr Boot geholt. Das gelingt Ihnen am besten, wenn Sie ihm wortreich und bildhaft schildern, in welcher Weise das Produkt oder die Dienstleistung seine Arbeit erfolgreicher oder komfortabler macht. Fallen Sie bei Gesprächen mit diesem Kunden am besten nicht sofort mit der fachlichen Tür ins Haus, sondern gönnen Sie sich ein bisschen Zeit für ein „Warm up". In Sachen Verträge kann es Ihnen beim Alleskönner passieren, dass er unterschreibt, ohne sich alles im Detail durchgelesen zu haben – das ist ihm zum einen zu viel Detailarbeit und zum anderen vertraut er Ihnen ja schließlich.

C Die T-Shaping-Checkliste: Typ 2 als Kunde

- ☐ Seien Sie offen und positiv, zeigen Sie echte Begeisterung, aber nicht zu sehr für Zahlen, Daten und Fakten, sondern für die Sache als solche.
- ☐ Achten Sie auf alles, was diesen Kunden interessiert, und bieten Sie ihm Neues bzw. Innovatives.
- ☐ Visualisieren Sie wesentliche Informationen.
- ☐ Vermeiden Sie ein steifes, „überkorrektes" Auftreten, achten Sie aber – zu seiner eigenen Sicherheit – darauf, dass er z.B. auch bei Verträgen das Kleingedruckte liest.
- ☐ Kalkulieren Sie unbedingt Zeit dafür ein, mit ihm eine persönliche Beziehung aufzubauen.
- ☐ Unterstützen Sie ihn – sofern möglich – bei seinen kreativen Vorstößen und Ideen und spenden Sie ihm dafür eine wenig „Applaus".
- ☐ Wenn Sie ihn in seinem Überschwang ein wenig bremsen müssen, dann tun Sie das mit Anerkennung für seinen bisherigen Input.
- ☐ Halten Sie Augenkontakt und hören Sie aktiv zu.

Der Teamplayer-Kunde (Typ 3)

Der bodenständige Teamplayer braucht vor allen Dingen eines: Vertrauen. Und wenn Sie das gewonnen haben, dann ist das fast ein Freifahrtschein. Doch der Weg dorthin ist nicht ganz einfach und erfordert von Ihnen eine große Portion Empathie.

Das Produkt oder die Dienstleistung, mit der Sie den Teamplayer überzeugen, muss ihm vor allem Sicherheit bieten. Sowohl hinsichtlich der Qualität als auch des Preises. Sie sind also gut beraten, mit Referenzen oder Tests zu überzeugen. Im Umgang mit diesen Kunden brauchen Sie selbst eine große Portion Zuversicht, Optimismus und Authentizität, denn er merkt sofort, wenn Sie selbst nicht von Ihrem Produkt oder Ihrer Dienstleistung überzeugt sind, und greift diese Zweifel dann direkt auf. Wichtig ist auch, dass er Sie als Partner begreift, der dafür Sorge trägt, dass in der gemeinsamen Geschäftsbeziehung keiner der beiden Partner vom anderen übervorteilt wird.

C Die T-Shaping-Checkliste: Typ 3 als Kunde

- ☐ Seien Sie emphatisch, kompetent und auf eine natürliche, nicht überhebliche Art und Weise souverän.
- ☐ Strahlen Sie Freundlichkeit aus und sprechen Sie eher langsam und ruhig.
- ☐ Nehmen Sie sich ausreichend Zeit und arbeiten Sie geduldig und kontinuierlich an einer soliden Vertrauensbasis.
- ☐ Machen Sie ihm deutlich, dass Sie daran interessiert sind, die bestmögliche Lösung für sein Problem zu finden.
- ☐ Finden Sie heraus, welche Dinge ihm wichtig sind, welche Werte für ihn möglicherweise maßgeblich sind.
- ☐ Geben Sie ihm Sicherheit beispielsweise durch Angabe von Referenzkunden oder -projekten.
- ☐ Vermeiden Sie Konflikte oder emotionale Meinungsverschiedenheiten, denn er braucht ein harmonisches Umfeld.
- ☐ Überhäufen Sie ihn nicht mit Informationen und erzwingen Sie keine schnellen Entscheidungen.
- ☐ Geben Sie ihm ausreichend Zeit, das Gesagte oder Gezeigte entsprechend „sacken" zu lassen, und haben Sie Geduld, wenn er Verständnisfragen stellt.

Der Qualitätssicherer-Kunde (Typ 4)

Ähnlich wie Typ 1 möchte auch der Qualitätssicherer-Kunde ein kompetentes Gegenüber. Denn in den meisten Fällen weiß er über den Markt und die dort angebotenen Konkurrenzprodukte bestens Bescheid, und daher ist es schier unmöglich, ihm ein „X für ein U" vorzumachen. Er hat einen hohen Qualitätsanspruch an Produkte und Dienstleistungen, möchte aber auf der anderen Seite so wenig wie möglich dafür zahlen.

Der Qualitätssicherer wird versuchen, so viele Informationen wie möglich zu erhalten, damit er seine Entscheidung und sein Handeln auf die aus seiner Sicht sicherste und damit bestmögliche Grundlage stellen kann. Wenn irgendwo noch ein Hauch von Zweifeln besteht, dann möchte er diese ausgeräumt wissen. Deswegen brauchen Sie auch bei diesem Kundentypen eine gesunde Portion Geduld, denn er liest ein Pflichtenheft im Bedarfsfall durchaus mehrfach, um ganz sicherzugehen, nichts vergessen zu haben. Auch Verträge unterschreibt er nicht sofort, sondern erst nach gründlicher Überprüfung.

C Die T-Shaping-Checkliste: Typ 4 als Kunde

- ☐ Agieren Sie präzise, kompetent und seien Sie jederzeit souverän.
- ☐ Vermeiden Sie „schenkelklopfenden Humor", sondern bleiben Sie bewusst geschäftsmäßig.
- ☐ Bereiten Sie sich auf das Gespräch mit ihm gut vor und bringen Sie mindestens alle vordergründig notwendigen Informationen mit, die Sie im Bedarfsfall auf den Tisch legen können.
- ☐ Erläutern Sie möglichst genau, *was* Sie machen und vor allem *warum*.
- ☐ Führen Sie ihn mit klugen und sachbezogenen Fragen.
- ☐ Seien Sie bestmöglich darüber informiert, was Ihre Konkurrenz „so macht".
- ☐ Drängen Sie ihn nie zu schnellen Entscheidungen, sondern lassen Sie ihn zu der Erkenntnis kommen, dass er nun alles weiß, was er für eine Entscheidung braucht.
- ☐ Verlieren Sie nicht die Geduld und geben Sie ihm immer das Gefühl, dass er einen Vorteil für sich herausgearbeitet hat.

7.3 Auf den Punkt gebracht

Ein Produkt kann man anfassen, eine Dienstleistung in der Regel nicht. Dafür ist bei ihr auch die Interaktion zwischen dem Anbieter der Arbeitsleistung und dem Abnehmer derselben deutlich größer. Und das, was ein Kunde an Input liefert, um eine gute, d.h. den Anforderungen gerecht werdende Dienstleistung abzuliefern, ist ungefähr so variabel wie das, was wiederum Dienstleister gelegentlich an Output bieten.

Ein Kunde hat Erwartungen, und die möchte er erfüllt wissen. Sie betreffen sowohl das Produkt bzw. die Dienstleistung per se als auch – nicht immer so klar zu greifende – Aspekte wie etwa Image des Anbieters oder Präferenzen bzgl. des Designs. Beides sind Faktoren, die unserem Kunden Nutzen bringen. Und zufriedene Kunden sind in der Regel loyal, d.h. treu und möglicherweise auch die beste Werbung, die Sie als Unternehmen kriegen können, wenn Ihr Kunde Sie gerne und überzeugt weiterempfiehlt. Ist er zufrieden, fühlt er sich sowohl kunden- als auch serviceorientiert bedient. Das erworbene Produkt oder die eingekaufte Dienstleistung ist auf ihn als Zielgruppe ausgerichtet (Kundenorientierung), und das „Drumherum“ wie z.B. die dazugehörige Beratung und eine anschließende Nachbetreuung sind so ausgelegt, dass sein Problem gelöst bzw. sein Mangel behoben wird (Serviceorientierung). Er will eben ein funktionierendes Intranet und kein Lager voll neuer Rechner.

Sie selbst sind hierbei nicht nur Dienstleister, sondern auch Berater und Verkäufer, und das in jeder Phase der Produktübereignung oder Dienstleistungserbringung, sofern Sie dort eingebunden sind. Dabei ist es insbesondere in der Analysephase, wenn Sie also genau herausbekommen möchten, was Ihr Kunde will bzw. tatsächlich braucht, elementar wichtig, sich in seine Position versetzen zu können. Was macht er, welche Kunden hat er möglicherweise selbst, in welcher Branche ist er tätig, durch welche Motive wird er getrieben und was meint er, wenn einen bestimmten, seiner Fachdomäne zuzuordnenden Ausdruck verwendet? Die Sprache des Kunden zu sprechen, ist das A und O kunden- und serviceorientierten Handelns gerade in Zeiten immer stärker sprachorientiert ausgerichteter Technologien.

Ü Die T-Shaping-Übung: Nächste Schritte

1. Welche neuen Erkenntnisse nehmen Sie aus diesem Kapitel mit, wo hatten Sie den größten „Aha-Effekt"?

___

___

___

2. Was davon möchten Sie für sich umsetzen, vertiefen, etc.?

___

___

___

3. In welchem Bereich möchten Sie diese Kompetenzen auf welche Weise nutzen bzw. einsetzen?

___

___

___

4. Wie wollen Sie 2. ganz konkret in die Tat umsetzen? (Bücher oder Audio-Books, Seminar oder Webinar, Austausch mit Profis auf diesem Gebiet etc.)

___

___

___

5. Wie schaut Ihr Zeitplan für Punkt 3 aus, d.h. *wann* fangen Sie damit an und *bis wann* wollen Sie *was* vertieft, geübt etc. haben?

___

___

___

8

8 In die Breite (Teil 6): Agiere strategisch und vernetze Dich!

Der größte Fehler in Sachen Netzwerken ist es, erst gar nicht damit anzufangen.

*Joachim Rumohr (*1968)*
deutscher Netzwerk- und Xing-Experte

In diesem Kapitel erfahren Sie,

- wie wichtig es ist, die richtigen Menschen zum richtigen Zeitpunkt zu kennen,
- wie Sie sich ein gut funktionierendes und durch gegenseitige Wertschätzung geprägtes Netzwerk sowohl aufbauen als auch pflegen und
- am Beispiel von Xing, wie Sie sich selbst auf Online-Netzwerk-Plattformen optimal darstellen.

Nein, das Netzwerk, von dem im Folgenden die Rede sein wird, hat nichts zu tun mit dem, das Ihnen vielleicht beruflicherseits manchmal auf die Nerven geht. Zwar sind Rechnernetze auch dadurch charakterisiert, dass verschiedene „Objekte" in besonderer Weise miteinander verbunden sind, aber in diesem Fall ist ausdrücklich das *Netzwerk und Netzwerken zwischen Menschen* gemeint und nicht das zwischen Computern, auch wenn diese Art von Mensch-zu-Mensch-Interaktion heutzutage natürlich stark IT-unterstützt ist, wie wir noch sehen werden.

Die Notwendigkeit sinnvollen Netzwerkens (auf Neudeutsch *Networking*) ist etwas, das erfahrungsgemäß insbesondere Studierenden und Absolventen der Informatik anfänglich nicht so recht einleuchten möchte. Schließlich haben Sie auf Facebook 500+ „Freunde" und tummeln sich neben StudiVZ auch noch auf diversen anderen Plattformen. Ertappt? Macht ja nichts. Hauptsache, Sie sind dem Gedanken gegenüber offen, dass Netzwerke keineswegs eine bloße Anhäufung virtueller Kontakte sind, sondern im Gegenteil eine Angelegenheit, die weitestgehend durch eine klare Strategie geprägt sein sollte: in der „Anschaffung" ebenso wie in der „Pflege". Und es geht natürlich auch um die Fähigkeit des miteinander Kommunizierens.

Früher, also in den Zeiten vor Xing & Co., gab es natürlich auch schon Netzwerke. Wenn jemand über das berühmt-berüchtigte „Vitamin B" verfügte oder etwa aufgrund einer dubiosen Vetternwirtschaft seine Ziele erreichte, dann gab es offensichtlich jemand anderen, der in der Lage war, ihm Türen zu öffnen, die sonst verschlossen geblieben wären. Wenn er dann auch noch einen lukrativen Job bekam, fragte sich seine gesamte Umgebung – außer ihm selbst natürlich – sogleich, wie er an den wohl herangekommen sein möge. Das war im Grunde nichts anderes als Netzwerken, also das Nutzen aufgebauter (oder familiär ererbter) und gepflegter Kontakte. Klar, so etwas hatte und hat mitunter einen kleinen Beigeschmack, denn Vitamin B bzw. das Heranziehen des richtigen Netzwerks „gewinnt" gelegentlich schon einmal gegenüber menschlicher und fachlicher Kompetenz. Umso wichtiger ist es, dass Sie sich schon frühzeitig mit dem Aufbau von Netzwerken beschäftigen, die für Sie bzw. für die Verwirklichung Ihrer Ziele und das Verfolgen Ihrer Interessen hilfreich sind. Und das bedeutet keineswegs, dass Sie auf Facebook Unmengen von sogenannten Freunden „sammeln", sondern dass Sie zunächst einmal überlegen,

- *wohin* Ihr Weg gehen soll,
- *wer* Sie auf selbigem unterstützen kann,
- *wem* Sie andererseits selbst Türöffner sein können und
- *wo* Sie beide Kategorien Mensch finden.

8.1 Von Netzwerkern und Netzwerken

Ungeachtet von dessen „Qualität" sollten Sie natürlich zunächst einmal jeden Kontakt ernst nehmen. Denn Dank der Unberechenbarkeit des Lebens wissen Sie natürlich nie, wer Ihnen später einmal „von Nutzen" sein könnte. Vielleicht will es der Zufall, dass in der Firma, in der Sie am allerliebsten als Softwareentwickler anfangen würden, Ihr ehemaliger Schulkamerad Michael Personalleiter ist. Oder Sie haben zufällig einmal in einem Restaurant am Nebentisch einen Rechtsanwalt kennengelernt, der sich auf Patente spezialisiert hat und den Ihr Chef nun sehr gut gebrauchen kann, um das neue Produkt gegen Plagiate der Konkurrenz zu schützen. Schon können Sie bei Ihrem Vorgesetzten punkten, indem Sie nämlich einen Kontakt vermitteln, den er selbst nicht hat, aber gerade dringend braucht. Sie sehen, es sind nicht immer nur die direkten Kontakte, die wir nutzbringend einsetzen können. Manchmal dienen wir auch als Kontakt für Kontakte. Ein Prinzip im Übrigen, mit dem gerade Online-Netzwerke sehr erfolgreich sind.

8.1.1 Sie tun es längst

Sie glauben, Sie haben kein Netzwerk? Ich verrate Ihnen ein Geheimnis: Sie haben. Erinnern Sie sich an das System „Familie" aus Abschnitt 3.1.2? Voilà, Ihr erstes Netzwerk, in das Sie einfach hineingeboren wurden. Es ist – wie in Abbildung 8.1 zu sehen – also quasi gar nicht möglich, sich aus dem Netzwerken herauszuhalten. Wir alle tun es, nur die wenigsten von uns bewusst, geschweige denn mit System. Und ohne dass Sie es vielleicht geahnt haben, sind Sie bereits ein Netzwerker.

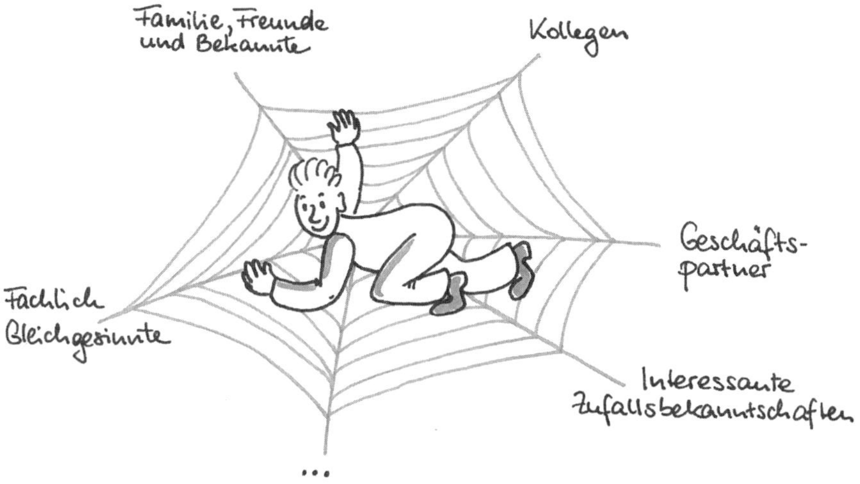

Abbildung 8.1: Sie und Ihr Netzwerk

In Sachen *Netzwerken* können wir folgende drei Gruppen unterscheiden:

- 1. Gruppe – „Vade retro, Satanas!“[1]
  Dieser Menschenschlag meidet Netzwerke grundsätzlich: entweder weil es ihm schwerfällt, von sich aus mit Menschen in Kontakt zu treten (wie z.B. unser Typ 4, der analytische Qualitätssicherer), oder weil er die Wichtigkeit von Netzwerkkontakten nicht erkennt.
- 2. Gruppe – „Sammler aus Leidenschaft!“
  Dazu gehören jene, die ihre Netzwerke und Kontakte zu beherrschen glauben, aber aufgrund der „wilden Sammelleidenschaft“ – trotz Tagging – längst den Überblick verloren haben[2]. Sie erfreuen sich in erster Linie an der beeindruckenden Menge der Menschen, die sie offenbar „kennen“. Schließlich könnte das ja irgendwann einmal zu einem Geschäft oder Ähnlichem führen, und überdies macht es doch schließlich gehörigen Eindruck („wen der alles kennt!“).
- 3. Gruppe – „Die Guten ins Töpfchen, die Schlechten ins Kröpfchen“
  Jene, die die hohe Kunst des Netzwerkens tatsächlich beherrschen. Sie „sammeln“ nicht einfach, sondern halten die Zahl ihrer Kontakte auf einem übersichtlichen und kleinen, aber feinen Niveau. Und um dieses kümmern sie sich dann auch – persönlich und regelmäßig.

1 „Vade retro, Satanas!“ („Weiche zurück, Satan“) ist eine auf einer mittelalterlichen katholischen Exorzismus-Formel basierende Redewendung und meint sinngemäß „Bleib weg von mir und führe mich nicht in Versuchung!“.

2 Ich weiß, Sie als Informatiker gehören „auf gar keinen Fall“ zu dieser Spezies, es sei denn, Sie sind im Vertrieb oder im Training beschäftigt.

Machen Sie doch einmal eine kleine Bestandsaufnahme: In welchen Netzwerken tummeln Sie sich bzw. mit welchen Menschen sind Sie auf welche Weise vernetzt?

Ü Die T-Shaping-Übung: Eine kleine Netzwerkanalyse

- ☐ Sind Sie Mitglied eines Sport- oder Wohltätigkeitsvereins, einer politischen Partei, einer fachlich fokussierten oder anderen Gruppierung?
- ☐ Bewegen Sie sich auf einer Netzwerkplattform bzw. einem sogenannten Social Network wie Facebook, Xing oder LinkedIn?
- ☐ Sind Sie regelmäßig in Foren oder Blogs aktiv oder betreiben Sie vielleicht sogar selbst einen solchen zu einem bestimmten (Fach-)Thema?
- ☐ Gibt es sonstige Gruppen, mit denen Sie aus beruflichen oder freizeitbezogenen Gründen Zeit verbringen?

Sollten Sie nun in obiger Liste tatsächlich nur einen oder gar keinen Haken gesetzt haben, dann liegt offensichtlich noch ein wenig Überzeugungsarbeit vor uns.

8.1.2 Nutzen kommt von nützen

Jetzt mal Butter bei die Fische: Sind Sie ein Vertreter der ersten Gruppe, also derer, die das Netzwerken per se meiden oder gar strikt ablehnen? Denken Sie sich, dass Sie es doch wahrlich nicht nötig haben, sich „wie Sauerbier" anzupreisen? Oder ist es Ihnen unangenehm, sich selbst so in den Mittelpunkt zu stellen, zumal Sie als typischer Tekkie diese aufdringlichen Profilneurotiker ohnehin nur schwer ertragen? Schade. Denn erstens heißt Netzwerken ja nicht automatisch, dass Sie die vielleicht in Ihnen schlummernde Rampensau wecken müssen, um eine One-Man-Show abzuliefern, und zweitens verpassen Sie jede Menge Chancen, Ihren Horizont menschlich, fachlich und möglicherweise auch in puncto Karriere zu erweitern.

T Der T-Shaping-Tipp

Für Ihr persönliches Netzwerk sollte die Devise „Qualität vor Quantität" gelten.

Fakt ist, dass heutzutage fast jeder Zweite seinen Job mithilfe seines Netzwerks an Land zieht. Und zwar gar nicht so sehr auf Basis der direkten Kontakte, sondern eher auf der jener berühmten *Kontakte zweiten Grades*, also derjenigen Kontakte, die er nicht selbst, sondern wiederum einer seiner direkten Kontakte hat.

Netzwerke können Ihnen z.B. folgenden Nutzen bieten:

- *Beruflich relevante* Kontakte:
  „Der Maier hat mir erzählt, dass die in ihrer Firma einen neuen Hardware-Lieferanten haben, der viel günstiger ist als unserer. Vielleicht sollten wir den mal testen?“
- Kenntnis über einen *interessanten Job*:
  „Mein Tennispartner Max hat mir gesteckt, dass bei der Firma xyz bald die Position des stellvertretenden IT-Leiters frei wird.“
- Einen *Wissenspool*, auf den Dank Foren & Co. zeitnah zurückgegriffen werden kann:
  „In Sachen Altdatenmigration nach SAP habe ich im Forum xyz tolle Erfahrungsberichte und konkrete Tipps erhalten, die mir jede Menge Mehraufwand erspart haben.“
- *Testmarkt* für neue Produkte und/oder Dienstleistungsangebote:
  „Mein Netzwerk bekommt demnächst unsere neue Facebook-App als Gratis-Download für einen Beta-Test. Die Rückmeldungen fließen dann direkt in die finale Version ein.“
- Kontakt zu möglichen *personellen Ressourcen*:
  „Wegen des Bedarfs an Web-Entwicklern kann ich ja mal in meiner PHP-Google-Group[3] nachfragen, ob da gerade jemand freie Kapazitäten hat.“
- *Hilfe bei der Suche* nach etwas Bestimmtem:
  Sie benötigen z.B. eine neue Wohnung oder hätten gerne Erfahrungsberichte zu einer bestimmten Software: „Meine neue Zweitwohnung in Hamburg für die Dauer unseres Großprojekts habe ich durch eine Anfrage[4] auf Xing gefunden.“
- *Motivation* und *Anregungen* durch den Kontakt mit Gleichgesinnten weltweit:
  „Ich habe mich mit einem Kontakt aus Übersee über die Probleme bei der Einführung von Social Media Marketing in mittelständischen Unternehmen austauschen können. Sehr beruhigend, dass die offenbar die gleichen Akzeptanzprobleme bei den älteren Mitarbeitern haben wie wir.“
- *Kooperations-* und andere *Geschäftspartner*:
  „Meinen Geschäftspartner habe ich über einen gemeinsamen Bekannten bei dessen Geburtstagsparty kennengelernt. Dann hat sich herausgestellt, dass wir doch tatsächlich auf der gleichen Uni waren und auch im selben Jahr unseren Abschluss gemacht haben.“

Damit ein Netzwerk auch tatsächlich einen solchen Nutzen bietet, gilt es, aktiv daran zu arbeiten, denn es kommt in den seltensten Fällen von selbst bei Ihnen zur Tür hereingestolpert. *Eigeninitiative* ist angesagt, und das betrifft sowohl den *Aufbau* des Netzwerks als auch vor allem die *Pflege* desselben.

---

[3] Google, Yahoo und andere bieten ihren Usern mit sogenannten Newsgroups die Möglichkeit, auf von ihnen betriebenen Websites Themengruppen zu gründen und die von den jeweiligen Anbietern zur Verfügung gestellten Tools wie Foren, Mailing-Listen, Archive etc. zu nutzen.

[4] Xing, die Plattform für Geschäftskontakte, bietet ihren Nutzern die Applikation „XING-Mitglieder fragen“. Hier geben Sie eine Frage ein und freuen sich darauf, dass andere Mitglieder Ihnen mit Rat, Tat und Erfahrung weiterhelfen.

8.1.3 Ja, wo laufen sie denn? Der Aufbau des Netzwerks

In Abschnitt 4.3.4 sind wir schon einen großen Schritt in Richtung *Netzwerken* gegangen, indem Sie sich mit dem Thema Ihres eigenen Elevator Pitches beschäftigt haben. Das ist ein erster wichtiger Schritt. Zu beachten gilt hierbei aber unbedingt, dass Sie Ihre Kurzvorstellungen auch auf die Situation abstimmen. Es ist wenig sinnvoll, dass Sie Ihre kleine Rede, die Sie für ein Bewerbungsgespräch vorbereitet haben, bei einem Netzwerktreffen mit anderen Software-Entwicklern einbringen. Passen Sie sich also immer der Situation, das heißt der Umgebung und den Menschen an. Dazu gehören im Übrigen auch durchaus das optische Erscheinungsbild und gutes Benehmen. Grundkenntnisse in Sachen Knigge sind – wie eigentlich überall im Leben – hier also nicht nur von Vorteil, sondern eigentlich ein Muss, aber das wissen Sie ja bereits.

Aber wie bauen Sie sich nun ein Netzwerk auf? Machen Sie die Augen auf und stellen Sie Ihre Ohren auf Empfang, denn potenzielle Netzwerkkontakte lauern quasi überall: beim Friseur, am Arbeitsplatz, im Sportverein, an der Kasse im Supermarkt, beim Ehemaligentreffen der Fachinformatiker-Abschlussklasse von 2002 usw. Nicht mit jedem stehen Sie in permanentem Kontakt. Das ist auch nicht unbedingt nötig, denn wichtig ist vor allem, dass diese Menschen Ihnen sozusagen „nicht verloren" gehen, und dafür sorgen Sie mit gezieltem „In Kontakt bleiben" realer oder virtueller Art wie z.B. mittels eines sozialen Netzwerks.

Nun gibt es aber unzählige Menschen auf der Welt, die Sie noch *nicht* kennen, von denen der eine oder andere aber sicherlich interessant für Sie sein könnte. Die Small-World-Hypothese etwa besagt, dass *jeder Mensch* auf der Welt *mit jedem anderen* über „sechs Ecken" bekannt ist[5]. Ein spannender Gedanke, der Ihnen aber beim konkreten Aufbau eines guten Netzwerks nicht wirklich weiter hilft. Wo treffen Sie nun also auf Menschen, die für Ihr Netzwerk interessant sein und dieses auf bereichernde Weise erweitern könnten? Na, unter anderem hier, und zwar real ebenso wie virtuell[6]:

- Kongresse, Messen und Fachvorträge, aber auch zugehörige offizielle Abendveranstaltungen
- Private Veranstaltungen wie Einladungen oder kulturelle Ereignisse
- Berufs- und Branchenverbände wie z.B. die Gesellschaft für Informatik e.V.[7] (GI), Verband Deutscher Ingenieure e.V.[8] (VDI) oder die Bitkom e.V.[9] (Bundesverband Informationswirtschaft, Telekommunikation und neue Medien e.V.)

---

[5] Die sogenannte Small-World-Hypothese behauptet, dass jeder Mensch etwa 150 Personen kennt, die wiederum selbst weitere 150 Personen kennen und so fort. Daraus ergibt sich laut [ChFo10], das jeder von uns um durchschnittlich sechs Ecken mit allen anderen Menschen auf der Welt „bekannt" ist. Die Wirkung dieser Netzwerke verebbt den Autoren zufolge allerdings hinter der dritten Ecke.

[6] Die aufgelisteten Beispiele sind rein willkürlich und stellen keine konkrete Empfehlung oder Präferenz dar. Sie müssen – wie schon ausgeführt – selbst für sich herausfinden, *was* Sie *mit welchem* Netzwerk erreichen wollen. Aber vielleicht ist ja die eine oder andere Anregung auf dieser Liste für Sie dabei.

[7] `http://www.gi-ev.de`

[8] `http://www.vdi.de`

- Interessenverbände sozial oder fachlich Gleichgesinnter wie z.B. Clean Code Developer (CCD)[10] oder auch webgrrls.de[11]
- Parteien und Bürgerinitiativen
- Veranstaltungen Ihrer Hoch- oder auch Berufsschule wie z.B. Alumni-Treffen
- auf Wissenschaft und Forschung ausgerichtete Verbände wie z.B. die Deutsche Physikalische Gesellschaft e.V.[12] (DPG)
- freizeitbezogene Interessengemeinschaften wie z.B. ein Fotoclub, der Deutsche Olympische Sportbund oder auch der Tennisverein in Ihrer Stadt
- sogenannte Social Networks (Online-Netzwerke wie Xing, Facebook, MySpace, StudiVZ & Co.)
- Foren, Blogs und Newsgroups
- usw.

Die Liste der Möglichkeiten, Menschen mit ähnlichen oder gar gleichen Interessen wie Sie selbst kennenzulernen, ist nahezu endlos. Hingehen bzw. beitreten müssen Sie allerdings schon selbst. Und vergessen Sie Ihre Visitenkarten nicht!

Übrigens fallen fachliche Interessengemeinschaften wie beispielsweise die Mitglieder des Netzwerks Clean Code Developer unter die sogenannten *vertikalen,* auf bestimmte Themen fokussierte *Netzwerke* [Hahn09]. Im Gegensatz dazu haben die horizontalen Netzwerke keine thematische Ausrichtung, sind daher auch für alle Berufsgruppen offen und setzen sich als Ziel, über den eigenen Tellerrand hinauszuschauen. Beispiele dafür sind die diversen Verbände und Netzwerke, die sich in sozialen Projekten engagieren und eher nicht auf Gewinn, sondern auf Wohltätigkeit oder Wissenserwerb angelegt sind.

Der T-Shaping-Tipp

Es empfiehlt sich, mindestens einem horizontalen und beliebig vielen vertikalen Netzwerken (online oder offline) beizutreten.

Wenn Sie dann mit dem konkreten Ziel des Vernetzens auf eine entsprechende Veranstaltung gehen, sollten Sie dies möglichst ohne private Begleitung tun, zumindest ohne eine solche, bei der die Gefahr besteht, dass Sie sich den ganzen Abend nur mit dieser betreffenden Person unterhalten werden. Das ist, wie wenn Sie abends mit Kollegen ein Bier trinken oder mit der besten Freundin shoppen gehen. Schön, aber eher weniger dazu angetan, neue Menschen kennenzulernen.

---

9 `http://www.bitkom.de`

10 Die Clean-Code-Developer beschäftigen sich aktiv mit Prinzipien und Praktiken zur Erstellung besserer Software (`http://www.clean-code-developer.de`).

11 Business Networking für Frauen in den neuen Medien (`http://www.webgrrls.de`)

12 `http://www.dpg-physik.de`

Werden Sie vor allem selbst aktiv. Sie haben nämlich kein Schild auf der Brust, auf dem geschrieben steht: Bitte sprich mich an! Manchmal reicht schon ein Blick, um mit jemandem in Kontakt zu treten. Aber meistens muss man das ganz gezielt tun oder zumindest die Gelegenheit, die sich zufällig bietet, beim Schopfe packen. Doch darauf gehen wir in Abschnitt 8.2 noch näher ein. Wichtig ist, dass Sie sich im Vorfeld über folgende Fragen für sich selbst Klarheit verschaffen.

C Die T-Shaping-Checkliste: Ihre Netzwerkstrategie

- ☐ Welche Ziele verfolgen Sie mit Ihrem (aufzubauenden) Netzwerk: „just for fun", Wissenserweiterung oder Karriereleiter oder ein anderes Ziel?

  ____

  ____

- ☐ Welche Netzwerke bieten sich hierfür an?

  ____

  ____

- ☐ Wie können Sie in diese hineinkommen? „Einfach so" oder gezielt über Türöffner, d.h. Menschen, die dort bereits integriert sind, und wer könnte das sein?

  ____

  ____

- ☐ Über welche Netzwerke und Netzwerkpartner verfügen Ihre bereits vorhandenen direkten Kontakte, und können Sie darüber Ihr eigenes Netzwerk erweitern?

  ____

  ____

- ☐ Wie viel Zeit möchten Sie welchem Ihrer Netzwerke widmen?

  ____

  ____

8.1.4 Kontakte wollen gepflegt sein

Man sagt, dass echte Freunde auch nach vielen Jahren des Nichtmeldens genau „an derselben Stelle“ anknüpfen, an der sie seinerzeit eine Pause eingelegt hatten – ohne jeglichen Verlust von Vertrautheit und Nähe. Verlassen Sie sich bei Ihren Netzwerkpartnern darauf besser nicht. Es gibt ja, wie bereits angedeutet wurde, gerade auf Online-Plattformen die Tendenz des auf den ersten Blick „wahllosen“ Sammelns von Kontakten, aber das ist sicherlich nicht jedermanns Sache. Allerdings muss man bei aller kritischen Einstellung dazu einräumen, dass manche unter uns berufsbedingt tatsächlich mit ungeheuren Menschenmengen in Berührung kommen. Denken Sie nur an Trainer oder professionelle Redner. Diese lernen in Seminaren oder Vortragsveranstaltungen sehr viele Menschen kennen und akzeptieren natürlich in den meisten Fällen deren (Online-)Kontaktanfragen. Das führt unweigerlich zu Netzwerken mit fünfstelliger Teilnehmerzahl und fällt eher unter „Marketing und Vertrieb“, was absolut legitim ist. Die *Netzwerk*pflege ist dann gleichzusetzen mit *Kunden*pflege. Ein *persönliches* Netzwerk hingegen will auch *persönlich* gepflegt sein. Und das für ein Nutzen bringendes, wertschätzendes Miteinander notwendige *Vertrauen* braucht in der Regel Zeit, sich aufzubauen.

C Die T-Shaping-Checkliste: Die Netzwerkpflege

- ☐ Melden Sie sich regelmäßig bei Ihren Netzwerkpartnern, und wenn es „nur“ einmal im Jahr für einen kurzen telefonischen, elektronischen oder realen Kartengruß zum Geburtstag ist.
- ☐ Halten Sie die Ohren und Augen offen für Kontakte, die wiederum für Ihre (anderen) Kontakte interessant sein könnten, und spielen Sie selber Kontaktknoten. Das zeigt wiederum Ihren direkten Kontakten, dass Sie es mit dem „Geben“ ernst meinen und sich für deren Belange tatsächlich interessieren.
- ☐ Leiten Sie Informationen, die für Ihre Kontakte interessant sein könnten, direkt weiter, d.h. bieten Sie ihnen Mehrwert.
- ☐ Bedanken Sie sich Ihrerseits für Netzwerkdienste, die Ihr Kontakt Ihnen erwiesen hat, wie z.B. das Herstellen eines weiteren Kontakts, Informationen über offene Stellen oder fachlichen Input.
- ☐ Halten Sie Ihre Netzwerkpartner auf dem aktuellen Stand Ihres beruflichen Status. Nicht, dass in Ihrem Online-Profil noch „Informatik-Student Hochschule xyz“ steht, Sie aber längst Projektleiter in einem IT-Systemhaus sind.

Zwar wird in jedem Ratgeber darauf hingewiesen, dass Netzwerken ein *Geben und Nehmen* ist, doch sieht die Realität in den meisten Fällen nicht ganz so ausgeglichen aus. In manche Beziehungen stecken Sie einfach mehr hinein, von anderen wiederum profitieren Sie vielleicht mehr als Ihr Kontakt. Schrauben Sie also Ihre Erwartungen nicht zu hoch, sondern sehen Sie das Ganze realistisch. Manchmal möchte man mit einem Menschen auch einfach nur in Kontakt bleiben, weil man ihn sympathisch findet. Solange Sie nicht den Überblick verlieren, ist gar nichts dagegen einzuwenden. Das fällt dann unter *soziale Netzwerke*, und die sind auch wichtig, für manche im Sinne einer „selbst gewählten Familie“ sogar genauso oder gar noch wichtiger als die eigene Ursprungsfamilie.

T **Der T-Shaping-Tipp**

Gehen Sie in Sachen „Geben und Nehmen" bewusst, aber homöopathisch dosiert in Vorleistung und haben Sie ein waches Auge sowie ein offenes Ohr für „Gutes", das Sie einem Ihrer Netzwerkkontakte tun können. Und wenn er sich dann irgendwann dafür erkenntlich zeigt, dann freuen Sie sich einfach!

Für richtiges und erfolgreiches, das heißt z.B. auch *nachhaltiges* Netzwerken brauchen Sie einen langen Atem. Denn Netzwerke zahlen sich in den seltensten Fällen *sofort* aus, dafür aber mittel- oder langfristig. Das heißt für Sie: Fangen Sie heute damit an. Oder am besten sofort. Eine Möglichkeit besteht darin, dass Sie sich auf vorwiegend beruflich relevanten Netzwerkplattformen wie Xing, LinkedIn oder anderen anmelden. Dazu später aber mehr in Abschnitt 8.3.3.

8.2 Kleines Gespräch mit großer Wirkung: Der Smalltalk

Stellen Sie sich einmal vor, Sie sind bei einer Konferenz oder einem Seminar und treffen dort zufällig auf einen hochrangigen Menschen, der ausgerechnet in derjenigen Firma arbeitet, bei der Sie schon seit Jahren versuchen, als Systemarchitekt eine Anstellung zu bekommen. Oder Sie sitzen im Zug und hören, wie sich zwei Menschen hinter Ihnen über die aktuellen Sicherheitsprobleme in deren Firma unterhalten und darüber, dass der dafür eigentlich engagierte Dienstleister das Ganze gerade so gar nicht in den Griff bekommt. Zufälligerweise handelt es sich dabei genau um diejenigen Dienstleistungen, die Sie und Ihr Unternehmen aus dem Effeff beherrschen.

In beiden Fällen wäre es jetzt eine wirklich gute Idee, Sie würden Ihren ganzen Mut zusammennehmen und die betreffenden Personen freundlich und unaufdringlich ansprechen bzw. den Versuch starten, mit ihnen in ein lockeres Gespräch zu kommen. Im ersten obigen Fall könnten Sie dadurch einen wichtigen Kontakt für Ihre weitere Karriere knüpfen und im zweiten Fall möglicherweise einen lukrativen neuen Kunden akquirieren. Das magische Wort heißt hier: *Smalltalk*. Das kleine Gespräch, das doch eine so große Wirkung haben kann, wenn man es beherrscht. Und genau darum wollen wir uns im nun folgenden Kapitel kümmern.

8.2.1 Der Einstieg – Eine Herausforderung für sich

Eins vorneweg: Wenn Sie es nicht wollen, dann wird es nicht klappen. Das soll (wieder einmal) heißen: Es ist erneut Ihre innere Einstellung, Ihr Wille, „es“ zu tun, was Ihre Smalltalk-Bemühungen entweder zum Erfolg oder zum Reinfall werden lässt. Was darüber hinaus auch nicht fehlen sollte, ist ein wenig Mut. Denn es liegt natürlich nicht jedem, einen fremden Menschen einfach anzusprechen. Doch es gibt zwei gute Nachrichten: Erstens ist der Smalltalk trainierbar, und zweitens haben Sie in Kapitel 4 und 5 bereits fundiertes Handwerkszeug zur Verfügung gestellt bekommen, mit dem eigentlich nichts mehr schief gehen kann.

In wessen Gegenwart fühlen Sie sich grundsätzlich wohler: in der des Grantlers[13] mit pessimistischer Ausstrahlung oder doch eher in der des optimistisch fröhlichen Plauderers? Ich weiß, wenn Sie vom Typ Teamplayer oder Qualitätssicherer sind, dann sollte der Plauderer möglichst nicht zum Plapperer mutieren, aber grundsätzlich wird er Ihnen doch wohl lieber sein, oder? Sehen Sie! Und das geht anderen Menschen genauso. Der daraus resultierende Umkehrschluss heißt:

T Der T-Shaping-Tipp

Lassen Sie eine offen-interessierte Grundhaltung und ehrliche Freundlichkeit die Antriebsmotoren all Ihrer Smalltalks (und am besten auch anderer Gesprächssituationen) sein.

Beim *Einstieg* in einen Smalltalk ist es vor allen Dingen wichtig, dass Sie – insbesondere wenn Sie ein eher introvertierter Mensch sind – ein bisschen über Ihren Schatten springen. Keiner verlangt von Ihnen, dass Sie den Alleinunterhalter spielen oder eine Pulitzerpreis-verdächtige Konversation beginnen, aber wenn sich die Gelegenheit zum Kennenlernen einer interessanten, wichtigen Person ergibt, dann sollten Sie diese auch nutzen. Es gibt übrigens zurückhaltende Menschen, die ihre Schüchternheit – je nach Situation, in der sie sich gerade befinden – erstaunlich gut über Bord werfen können, wie die folgende wahre Geschichte zeigt.

Ein Blick in die Praxis:
Das Märchen vom Superhelden

„Es ist schon erstaunlich", resümiert der Chef eines mittelständischen IT-Systemhauses. „Vor etwa einem Monat hatten wir eine Art Klausurtagung mit dem gesamten Team, und dabei konnte ich meine Jungs mal so richtig – auch privat – in Aktion erleben. Wir hatten einen guten Tag, haben am Morgen ziemlich produktiv über die Zukunft der

[13] Bayerisch-österreichische Bezeichnung für einen mürrischen, übelgelaunten Menschen

Firma gesprochen, um dann am Nachmittag und Abend mit gemeinsamen Freizeitaktivitäten das Wir-Gefühl zu stärken. Naja, und an der Bar zu später Stunde konnte ich dann live dabei sein, wie meine Herren Programmierer und Netzwerkadministratoren, die sonst die Zähne kaum auseinanderbekommen, so richtig einen „auf dicke Hose" gemacht haben. Die wenigen Damen, die da waren, konnten sich vor lauter geballter Männlichkeit und pfauenhaftem Getue kaum noch retten. Das war schon erstaunlich anzusehen. Noch erstaunlicher fand ich dann aber vor allen Dingen das, was zwei Wochen später passierte. Da nahm ich nämlich zwei meiner „Superhelden" mit zum Kunden zu einem für unser Unternehmen äußerst wichtigen Pre-Sales-Gespräch. Wir waren also mehr oder minder auf dem direkten Wege zum Vertragsabschluss, und es hing jetzt sehr viel daran, was die Jungs fachlich und auch menschlich beizutragen hatten. Was soll ich sagen? Keiner hat so richtig den Mund aufgekriegt. Vom Selbstbewusstsein des besagten Abends war nichts mehr da. Das hat mich richtig geärgert."

Die betreffenden Herren waren offensichtlich in puncto Damenwelt von „Willen und Wollen" getrieben. Beim Kunden in spe überwogen dann hingegen wahrscheinlich übermäßiger Respekt der Wichtigkeit der Situation gegenüber und entsprechende Hemmungen. Sie merken also: Es hat wieder einmal mit der inneren Einstellung zu tun. Und mit Mut. Und natürlich auch mit Übung, denn die macht bekanntlich den Meister.

Es gibt übrigens jede Menge Gelegenheiten, um den Smalltalk zu üben: in der Supermarktschlange, an der Tankstelle, im Restaurant usw. Die Liste dieser ungezwungenen und damit „ungefährlichen" Gelegenheiten ist unendlich lang und kann Ihnen als exzellente Spielwiese dienen, um bei solchen Gelegenheiten, bei denen es in der Regel um etwas mehr geht als das dringend notwendige Öffnen einer zweiten Kasse, Sicherheit im Smalltalk zu erlangen.

A **Der T-Shaping-Aha-Effekt**

Ein guter Smalltalker ist wie eine Radarstation: immer auf Empfang und bereit, aus passenden Stichworten gute Gespräche aufzubauen.

Glauben Sie mir, auch die erfolgreichsten Smalltalker haben irgendwann einmal angefangen. Mit ein bisschen Veranlagung, Mut und Übung können Sie in jedem Fall eine gewisse Expertise darin erlangen. Und noch etwas sollten Sie haben bzw. sich antrainieren: den Blick für Gelegenheiten! Denn der Einstieg in einen Smalltalk muss keineswegs immer generalstabsmäßig vorbereitet werden. Er kann sich auch ganz natürlich ergeben, und dann ist es wichtig, dass Sie die Gelegenheit so oder so ähnlich nutzen:

- *Der Einsatz von Vermittlern*
  Wenn Sie über den Luxus verfügen, jemanden zu kennen, der wiederum denjenigen kennt, mit dem Sie gerne ins Gespräch kommen möchten, sollten Sie diese Person unbedingt einsetzen. Bitten Sie Ihren Kontakt, Sie dem „Objekt Ihrer Begierde" vorzu-

stellen. Dann ist der Einstieg quasi schon erledigt, und Sie können sich dem weiteren Verlauf des Smalltalks widmen.

- *Der „geplante Angriff“ bzw. Ihr Elevator Pitch*
  Variante 1: Sie wissen, dass eine bestimmte Person, die Sie gerne kennenlernen möchten, auf demselben Event ist wie Sie. Dann sollten Sie Ihren Elevator Pitch entsprechend vorbereitet haben und ihn bei Bedarf quasi aus der Tasche ziehen können. Variante 2: Sie verfügen über einen „Meta“-Elevator Pitch, also eine kleine Kurzvorstellung, die mehr oder minder auf jede Person aus einem bestimmten Netzwerk gut passt und die Sie vielleicht sogar spontan und situationsbedingt angepasst einsetzen können, sobald jemand Interessantes in Smalltalk-Nähe kommt.
- *Die gute Gelegenheit*
  Sie stehen neben Ihrer „Zielperson“. Jetzt ist genau der Zeitpunkt, diesen Menschen anzusprechen. Dazu eignet sich z.B. die sogenannte BASF-Formel [HeSc07]:
  - *B*: Der *Blickkontakt* als allererste Kontaktaufnahme.
  - *A*: *Ansprechen*, d.h. Sie stellen sich zunächst einmal selbst vor.
  - *S*: Mit dem *Statement* ergreifen Sie die Gelegenheit des in der Luft liegenden Themas und äußern sich dazu.
  - *F*: Sie stellen eine *Frage* und geben damit den „Ball“ an Ihren potenziellen Gesprächspartner weiter.

  A und S können Sie auch tauschen, wie das folgende Beispiel zeigt. Sie und Ihr potenzieller Gesprächspartner stehen auf einer Anwenderkonferenz nebeneinander an einem Buchtisch und schauen sich Literatur zum gleichen Thema an.

  Ihre Blicke treffen sich [B], und Sie starten in Ihren Smalltalk:

  [A] *„Hallo und Entschuldigung, dass ich Sie störe.“*

  [S] *„Wie ich sehe interessieren Sie sich auch für PHP-Literatur? Das ist klasse.“*

  [F] *„Können Sie mir da vielleicht Literatur empfehlen? Ich beschäftige mich nämlich noch nicht so lange damit und bin ein bisschen ratlos.“*

  Nun kann Ihr Gesprächspartner in spe entweder auf diesen Einstieg eingehen oder Ihnen (körper)sprachlich signalisieren, dass er sich jetzt nicht unterhalten möchte. Wenn er aber interessiert antwortet, dann gilt es nachzuhaken, beispielsweise durch weitere Kommentare in der Sache, und dann unbedingt durch eine kurze Vorstellung:

  [A] *“Toller Tipp, danke. Mein Name ist übrigens Michael B. Ich arbeite bei der Firma xyz als Anwendungsentwickler. Und was machen Sie so?“*

In obigem Beispiel ist übrigens noch ein charmanter Trick versteckt, nämlich das *Kompliment.* Indem ich jemanden um Rat frage, gebe ich ihm zu verstehen, dass ich seine Kompetenz auf dem betreffenden Gebiet zumindest voraussetze, wenn nicht gar schätze. Und Anerkennung ist etwas, das jedem von uns in gewissem Maße schmeichelt und uns positiv gegenüber unserem Gesprächspartner einstellt. Aber Vorsicht: Nicht übertreiben. Insbesondere Typ 4 ist für Komplimente – wie Sie sich sicherlich denken können – nur begrenzt empfänglich.

Hier nun noch ein paar Punkte, auf die Sie beim Einstieg in ein Gespräch (und darüber hinaus) unbedingt achten sollten.

C Die T-Shaping-Checkliste: Der Einstieg in den Smalltalk

- ☐ Ein Gesprächseinstieg muss immer ein erkennbares Motiv haben (die gleiche Krawatte, gemeinsame Interessen, die Frage nach einem Regenschirm, weil es draußen regnet etc.).
- ☐ Beachten Sie unbedingt die Reaktion Ihres Gesprächspartners in spe. Liegt erkennbar kein Interesse an einem Austausch mit Ihnen vor, so beharren Sie nicht darauf.
- ☐ Starten Sie ein Gespräch immer mit leichten Themen, d.h. mit solchen, die kein Konfliktpotenzial enthalten (siehe Abschnitt 8.2.2).
- ☐ Seien Sie höflich, positiv und interessiert – das drücken Sie nicht nur mit Ihren Worten, sondern auch mit Ihrer offenen und zugewandten Körpersprache aus.
- ☐ Versuchen Sie nicht, besonders originell zu sein. Das kann mächtig daneben gehen. Wenn Ihnen partout nichts Besseres einfällt, dann halten Sie sich am besten an Offensichtliches wie zum Beispiel „Na, das nenne ich aber mal ein Buffet. Finden Sie nicht auch, dass wir hier richtig verwöhnt werden?".
- ☐ Nach einer förmlichen Vorstellung besteht manchmal die Gefahr, dass das Gespräch wieder verebbt. Hier sollten Sie vorbereitet sein und den Faden unbedingt in der Hand behalten. Das gelingt Ihnen vor allem durch offene Fragen. Wenn Sie die geschlossenen Ja/Nein-Fragen stellen, ist das Gespräch womöglich zu Ende, noch bevor es so richtig angefangen hat.
- ☐ Vermeiden Sie Fragen im Maschinengewehrtakt. Der Einstieg in einen Smalltalk ist kein Verhör!
- ☐ Reden Sie selbst nicht ohne Punkt und Komma – vor allem nicht nur von sich selbst. Sich kennen Sie ja schon, den anderen noch nicht, oder?
- ☐ Beschränken Sie sich – nicht nur im Einstieg, sondern generell – auf Themen, zu denen Sie auch etwas Gehalt- und Sinnvolles sagen können. Sonst kann es möglicherweise peinlich für Sie werden.

So, nun ist der Einstieg also geschafft und Sie sollten sich dem eigentlichen Smalltalk widmen. Aber bevor dieser wichtige Punkt in Vergessenheit gerät, sollte ich Sie noch darauf hinweisen, dass es in Ihrem Fall immer ein wenig „gefährlich“ sein kann, Nicht-Tekkies zu sagen, was Sie beruflich machen (siehe Abbildung 8.2).

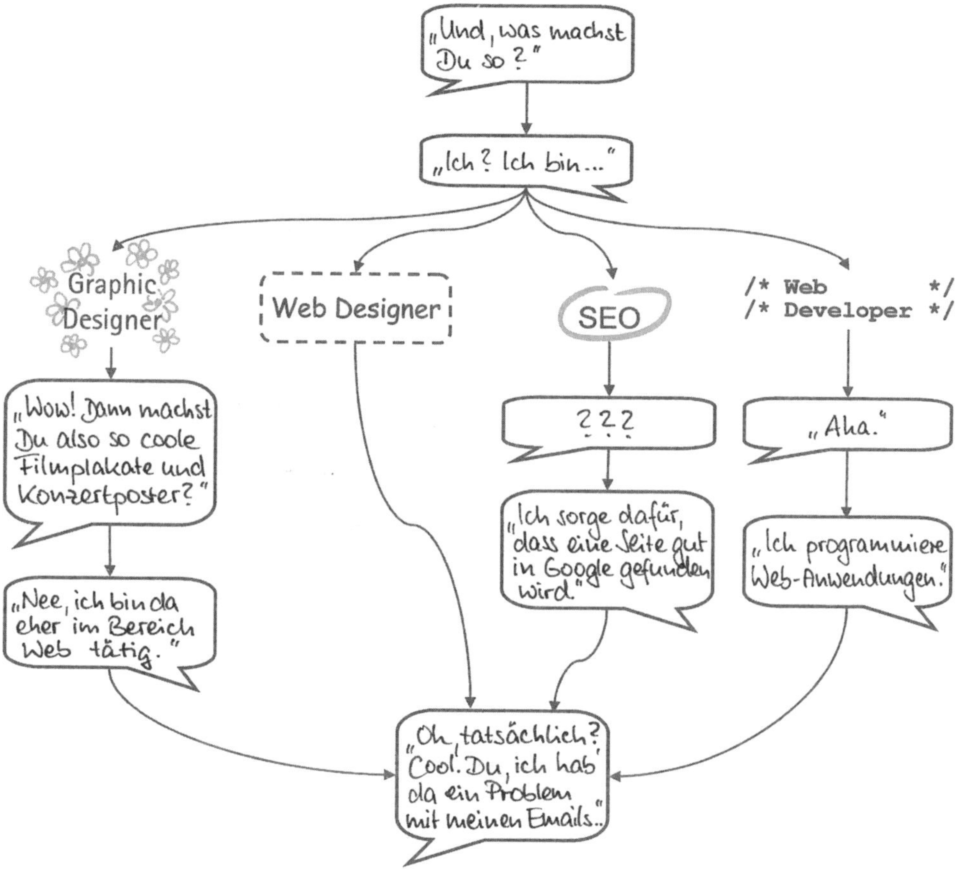

Abbildung 8.2: Smalltalk mit Web-Experten[14]

Übrigens gehören Sie als Technik-Affiner unter Nicht-Technik-Affinen nicht allein zu einer solchermaßen „gefährdeten Spezies“. Es gibt leider eine generelle Tendenz dazu, sich bei Smalltalk-tauglichen Veranstaltungen mal eben, quasi ganz beiläufig, kostenlosen Rat von diesbezüglich begehrten Berufsgruppen wie Steuerberatern, Rechtsanwälten & Co. einholen zu wollen [Wred01]. Mit Stil hat das allerdings rein gar nichts mehr zu tun, und nicht jeder der Betroffenen hat genug Mut, freundlich, aber bestimmt abzulehnen.

Noch etwas: Wir Menschen hören gerne unseren eigenen Namen. Versuchen Sie deshalb unbedingt, sich den Namen Ihres Gegenübers zu merken. Fragen Sie zur Not lieber noch einmal nach, wenn Sie ihn nicht richtig verstanden haben. Ein „Jetzt haben wir so interessant geplaudert, dass ich vor lauter neuen Anregungen glatt Ihren Namen nicht mehr parat habe“ oder auch ein nicht ganz ernst gemeintes „Ich werde offensichtlich alt: Sagen Sie mir bitte noch einmal Ihren Namen?“ zeigen, dass auch Sie „nur“ ein Mensch sind. Und ein offener und angenehm direkter noch dazu!

---

[14] SEO ist die Abkürzung für *Search Engine Optimizer*, also den Suchmaschinenoptimierer.

8.2.2 Mit den richtigen Themen im Gespräch bleiben

Ich hoffe es für Sie zwar nicht, aber vielleicht kommt Ihnen folgende Situation bekannt vor. Man hat sich gerade vorgestellt, Hände geschüttelt und ein paar nichts sagende Floskeln ausgetauscht. Da passiert es auch schon: Der Eiserne Vorhang des Schweigens senkt sich über die Szenerie. Jeder der Beteiligten schaut betreten auf den Boden, konzentriert sich voll und ganz auf seinen Imbissteller oder wendet sich (körper-)sprachlich jemand anderem zu bzw. tritt den geordneten Rückzug an. Was für ein Albtraum! Offensichtlich hat jemand etwas Falsches gesagt oder – was nicht wirklich besser ist – gar nichts mehr.

Wenn der Einstieg geschafft ist, haben Sie zwar ein Drittel Ihres Smalltalk-Weges bereits erfolgreich beschritten, aber es liegt immer noch ein gutes Stück Arbeit vor Ihnen. Denn jetzt müssen Sie schauen, über welche Themen Sie sich denn unterhalten können, um den einmal aufgenommenen Faden so schnell nicht wieder aus der Hand geben zu müssen. Hier ist nun ganz klar derjenige im Vorteil, der über eine gute Allgemeinbildung verfügt und sich darüber hinaus auch noch für das aktuelle Tagesgeschehen interessiert[15].

A Der T-Shaping-Aha-Effekt

Der Smalltalk dient dem Beziehungsaufbau und der Beziehungspflege. Nicht mehr, aber auch nicht weniger!

Egal über welches Thema Sie reden, wichtig ist vor allen Dingen, dass Sie einen positiven Eindruck hinterlassen. Es geht beim Smalltalk nicht darum, wichtige Geschäftsabschlüsse zu tätigen oder sich gegenseitig zu belehren, sondern tatsächlich „nur" um die Beziehungsanbahnung und -pflege. Typische Themen sind daher die Folgenden:

- *Zeitungsschlagzeilen*: Damit sind die aktuellen Themen des Tages oder der Woche gemeint. Also solche, die Otto Normalverbraucher und Lieschen Müller gerade bewegen wie etwa der orakelnde Krake Paul und Ihre eigene Treffsicherheit beim Tippen der Fußballergebnisse während der WM 2010 in Südafrika.
- Alles, was aus der *aktuellen Situation* heraus entsteht, wie etwa das Wetter, ein interessanter Buchtitel, das gerade eröffnete Buffet, die Ausstattung des Hotels, in dem Sie untergekommen sind etc.
- *Kulturelle Themen* wie das tolle Konzert von den Black Eyed Peas oder die aktuelle Rizzi-Ausstellung.

[15] An dieser Stelle dürfen Sie unseren Buchtitel „Jenseits der Programmierung" durchaus noch ein wenig weiter fassen als bisher.

- *Gemeinsamkeiten*, also etwa das gleiche Hobby wie mittelalterliche Rollenspiele oder die beiderseitige Liebe zum Bodensee.
- *Fachliches* (wenn es denn unbedingt sein muss ☺) wie z.B. die schönsten FOR-Schleifen in Java.

T **Der T-Shaping-Tipp**

Füllen Sie Ihren Wissenstank – eine gute Allgemeinbildung und aktuelles Tageswissen erleichtern sowohl Einstieg als auch Fortführen des Smalltalks ungemein.

Sammeln Sie Ihre Lieblingsthemen, die Sie bei Bedarf „aus der Tasche ziehen" können, und hören Sie aktiv zu, d.h. überfluten Sie Ihren Gesprächspartner nicht mit Informationen (sorry, liebe Vertreter des Typs 2), sondern lassen Sie Raum für ein ausgeglichenes kommunikatives „Geben und Nehmen"[16].

Aber Vorsicht: Wie schon erwähnt, dient der Smalltalk dem Beziehungsaufbau und der Pflege derselben. Es kann Ihnen also passieren, dass hier im Sinne des Modells der vier Seiten einer Nachricht (siehe Abschnitt 5.2.3) eine Ihrer Aussagen beim Gesprächspartner leider nicht so ankommt, wie Sie diese eigentlich gemeint haben. Wenn Sie beispielsweise ganz locker und leicht, ohne jeglichen Hintergedanken von Ihrem letzten Karibikurlaub erzählen („Sachebene"), dann kann das bei Ihren Gesprächspartner durchaus folgende Reaktion bewirken: „Angeber. Der will mir verdeutlichen, wie viel Geld er hat und welche Reisen er sich leisten kann. Unsympathischer Kerl!" Er hat eben auf dem Beziehungs-Ohr gehört und interpretiert Ihre Aussage als Ausdruck Ihres Prahlens, wie gut es Ihnen doch offensichtlich im Gegensatz zu Ihrem Gesprächspartner geht. Denn auch das vermeintlich ungefährlichste Thema kann, wenn es im ungünstigen Moment angesprochen wird, zu Missstimmungen führen [Bonn02]:

Die Kollegin: „*Ist es nicht wunderbar, hier draußen auf der Kantinenterrasse bei herrlichstem Wetter einen leckeren Latte macchiato zu trinken*?"

Der Kollege: „*Tja, wenn man während der Arbeit Zeit dazu hat, dann sicherlich*."

Trotz der vermeintlichen Leichtigkeit des Themas, das eigentlich ideal für einen kleinen Smalltalk wäre, wird daraus wohl keiner werden, denn der Herr hat wohl gerade keine so gute Laune und möglicherweise sehr viel Stress.

Überhaupt sollten wir jetzt unbedingt auf diejenigen Fettnäpfchen zu sprechen kommen, die Sie bei einem guten Smalltalk besser „großräumig umfahren" sollten.

---

[16] Während eines Bewerbungsgesprächs nach dem Studium fand ich mich nach dem üblichen „Frage-Antwort-Spiel" unvermittelt in einer Smalltalk-Situation wieder. Ich behaupte heute noch, dass meine Fähigkeit, mich eine gute halbe Stunde über Opern und die aktuellen Inszenierungen des Darmstädter Staatstheaters unterhalten zu können, neben Studienabschluss und professionellem Auftreten zu meiner ersten Festanstellung als IT-Consultant führte.

8.2.3 Von Fettnapfumschiffungen und einem würdigen Ende

Vier Glas Wein und das Thema „Politik“: Schneller kann man sich gar nicht um Kopf und Kragen reden.

*Jürgen Hesse (*1951) und Hans Christian Schrader (*1952)*
deutsche Bewerbungs- und Karriereberater

Es gibt Themen, mit denen man sich ganz schön in die Brennnesseln setzen kann oder zumindest demonstriert, dass man weder über Taktgefühl noch über Stil verfügt. So wie der junge Mann, der bei der Anwenderkonferenz eines großen Dokumentenmanagementsystem-Anbieters einem freundlichen Unbekannten entrüstet über die fachliche Inkompetenz seines Chefs erzählte und feststellen musste, dass er mit dem Cousin desselben gesprochen hatte. Oder die beiden IT-Berater unterschiedlicher ethnischer Herkunft, die sich über den Bau der Kölner Moschee ziemlich heftig in die Haare bekamen und diesen Konflikt auch während der restlichen Monate ihrer gemeinsamen Projektarbeit nicht mehr so richtig aus der Welt räumen konnten.

Kurz und gut: Schon immer gilt in Sachen Smalltalk die goldene Regel, folgende Themen besser zu meiden

- Lästereien über Ab- und Anwesende,
- Stammtischparolen und niveauloses Geplänkel,
- Krankheit und Tod,
- Glaubensfragen,
- Rassenproblematik und
- Politik.

Man kann es sich aber durchaus auch mittels anderer Aspekte als dem falschen Thema mit seinem Gesprächspartner verderben. Auch eine abwehrende, vor allem geschlossene Körpersprache, mangelnde Kongruenz zwischen gesprochenem Wort und körpersprachlich „Gesagtem“ sowie eine desinteressierte Stimme, also das totale Gegenteil von aktivem Zuhören, sorgen nicht gerade dafür, dass eine angenehme Gesprächsatmosphäre herrscht. Umgekehrt sollten Sie, wenn solche Anzeichen bei Ihrem Gesprächspartner erkennbar sind, diese auch wahrnehmen und vor allem akzeptieren. Der Betreffende möchte im Augenblick vielleicht wirklich nicht mit Ihnen über dieses und jenes plaudern. Das ist in Ordnung und darf so sein. Sie brauchen sich dadurch in Ihrem Selbstwertgefühl keineswegs angekratzt zu fühlen. Vielleicht hat der Mensch gerade nur einen schlechten Tag und würde unter anderen Voraussetzungen wirklich gerne mit Ihnen sprechen. Wichtig ist, dass Sie nicht „den Traktor spielen“ und über seine ablehnenden Signale einfach „hinweg fahren“, indem Sie weiter munter drauflos reden.

Sympathie und eine für den Smalltalk äußerst günstige gleiche Wellenlänge ist übrigens meistens dann vorhanden, wenn wir ähnliche „Brillen auf der Nase“ tragen, also in Bezug auf unsere Werte, Glaubenssätze, Erfahrungen etc. Übereinstimmung zeigen. Da sich so etwas vorwiegend auf der unbewussten Ebene manifestiert, bemerken wir den Grund für die Sympathie auch selten sofort. Sie ist einfach da, und das ist gut so.

Spannenderweise kann nicht nur der Einstieg in den Smalltalk eine echte Herausforderung darstellen, sondern auch das höfliche *Beenden* desselben. Wenn das Gespräch einmal in Gang gekommen ist, man womöglich bei seinem Gesprächspartner auf einen „Knopf gedrückt hat" und er mit seinen Ausführungen so gar nicht mehr aufhören will, leider auch Ihre vielsagende Schweigsamkeit erfolgreich ignoriert, dann ist spätestens der Zeitpunkt gekommen, das Gesprächsende bewusst herbeizuführen. Hier nun einige Anregungen, wie Sie ein Gespräch respektvoll beenden können. Achten Sie darauf, dass Sie in jedem Fall eine Art Atempause bei Ihrem Gegenüber abwarten und ihm möglichst nicht ins Wort fallen. Nach jedem der hier vorgeschlagenen Sätze sollten Sie sich natürlich höflich – eventuelle sogar mit Handschlag – von ihm verabschieden.

Ü Die T-Shaping-Übung: Den Smalltalk höflich beenden

- ☐ „Bitte entschuldigen Sie, da drüben sehe ich Herrn X, einen guten Kunden unseres Unternehmens. Den muss ich mal eben begrüßen."
- ☐ „Das war wirklich interessant, und ich freue mich darauf, unser Gespräch bei einem Wiedersehen fortzuführen. Bis zum nächsten Mal."
- ☐ „Ach schade, schon so spät. Ich muss jetzt wirklich gehen."
- ☐ „Darf ich Ihnen Herrn F. vorstellen. Sie sind beide ausgewiesene Experten in Sachen Software-Architekturen, und ich finde, Sie sollten sich unbedingt mal kennenlernen. Ich darf mich derweil verabschieden."

Manchmal hat man es mit wirklich hartnäckigen Kandidaten zu tun. Dann hilft leider auch keine Höflichkeit. Das ist der Moment, in dem Sie all das, was Sie zum Thema aktives Zuhören gelernt haben, vergessen und Ihrem Gegenüber (körper)sprachlich signalisieren sollten, dass das Gespräch für Sie beendet ist. Wenn er es dann immer noch nicht versteht, sollten Sie sich freundlich verabschieden und gehen.

8.3 Ein wichtiger Exkurs: Online-Reputation und -Profil

Facebook, LinkedIn, StudiVZ, Twitter, Xing, YouTube, Flickr und wie sie alle heißen: Dank *Social Networks* sind wir präsent, und zwar längst nicht mehr nur im Entwicklerteam, am Konferenztisch oder auf der Anwenderkonferenz. Mittels unseres Benutzerprofils hat nahezu jeder, der ins Netz der Netze geht, quasi nonstop, also 24 Stunden an jedem Tag der Woche Zugriff auf unser virtuelles Alter Ego. Das Internet hat mit *Ubiquitous Computing*[17] nicht nur die Technik allgegenwärtig gemacht, sondern im Sinne einer *Ubiquitous Personality* via Sprache auch uns selbst.

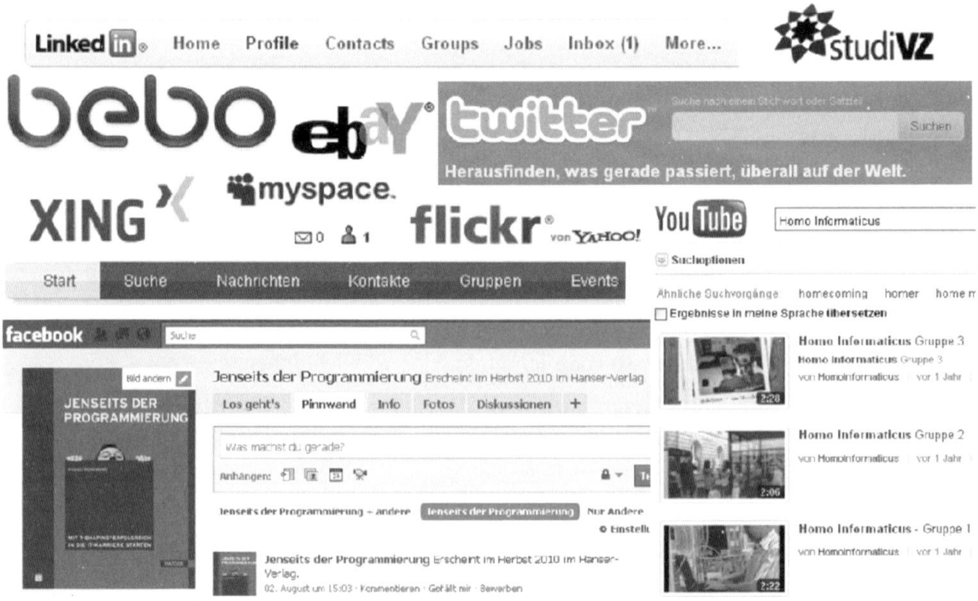

Abbildung 8.3: Social Networks – eine Auswahl

Diese permanente Präsenz hat natürlich Vorteile für den Aufbau und die Pflege unserer Netzwerke, birgt aber auch etliche Tücken, denen es unbedingt auszuweichen gilt. Denn gerade das Internet hat ein Gedächtnis wie ein Elefant und merkt sich selbst diejenigen Informationen, die eigentlich gar nicht mehr da sein dürften, weil sie vermeintlich schon längst gelöscht wurden. Denn wir hinterlassen Spuren in Form unserer Daten, und diese Spuren sind – einmal gelegt – kaum mehr zu verwischen.

[17] Ubiquitous Computing bezeichnet die Allgegenwärtigkeit von IT und Computerleistung in beliebigen Alltagsgegenständen, die auch noch über Netze miteinander kommunizieren können. Sie „wissen" z.B. auch, wo sie sich befinden, was in der Vergangenheit schon mit ihnen geschehen ist und welche anderen Gegenstände sich in der Nähe befinden (z.B. [FRGK10]).

8.3.1 Virtuelle Persönlichkeiten mit Stil

Eine von LinkedIn in Auftrag gegebene Studie[18] aus dem Jahre 2008 ergab für Deutschland als Umfrageergebnis unter 500 Entscheidern folgendes Ergebnis: Über ein Drittel der Befragten sehen das Internet als effizientesten Weg an, erfolgreich Netzwerke aufzubauen und zu pflegen. Knapp zwei Drittel wiederum trennen hierbei nicht zwischen geschäftlichen und privaten Kontakten. Und da genau liegt der Hund begraben, denn die teils persönlichen Informationen, auf die Sie Ihre Geschäftspartner zugreifen lassen wollen, sind sicherlich andere als die für Ihre Freunde und Familienmitglieder, richtig? In der bereits genannten Studie ist in diesem Zusammenhang übrigens von sogenannten *Frollegen* die Rede, also von einer „virtuellen Mischung“ aus Freunden und Kollegen – eine brisante Kombination, die als sehr kritisch bewertet wird, heutzutage aber kaum noch zu verhindern ist.

Auf dem Weg in die „berufliche Professionalität“ kommen Sie an diesem schweren Schritt nicht vorbei, nämlich StudiVZ & Co. Lebewohl zu sagen und sich stattdessen auf einer etwas „erwachseneren“ Online-Plattform zu tummeln. Denn dass die Tools des Social Web wie YouTube, Facebook und Twitter gerade im beruflichen Kontext eine immer wichtigere Rolle spielen, klang ja bereits mehrfach an. Ganze Beratungszweige, Regalwände an Fachbüchern und zahlreiche Weiterbildungsangebote entstehen augenblicklich im Sog dieser nicht mehr zu bremsenden Bewegung. Das ist auch gut so, denn es bedarf durchaus entsprechender Vorkenntnisse – auch und gerade im ethischen Sinne –, um sich in dem, was heutzutage technisch und vor allem online möglich ist, nicht vollständig zu verheddern. Und damit Sie dabei auch noch „stilvoll“ bleiben, hat der Deutsche Knigge-Rat ganz aktuell zwölf Benimmregeln für das Social Web herausgegeben, deren Befolgen auch auf Facebook und den „üblichen Verdächtigen“ einen gewissen Anstand und für wertschätzende Kommunikation garantieren sollen [Wäld10]. Sie werden dabei etliches wiederfinden, was wir bereits besprochen haben oder was Sie anderswo schon mehrfach nachlesen konnten. Und so kommt diese Empfehlung nicht wirklich neu daher, fasst aber noch einmal sehr schön zusammen, was für einen wertschätzenden Umgang im Netz wichtig ist. Überdies scheint eine solche Empfehlung auch durchaus angezeigt, wenn man sich so manche Forendiskussionen einmal genauer durchliest. Gegenseitiger Respekt oder auch nur halbwegs fehlerfreie Grammatik ist dort selten im Überfluss zu verzeichnen. Nun aber zu den Benimmregeln 2.0 in der weitgehend unverändert übernommenen Fassung des Online-Dienstes meedia.de, der die Tipps (vor allem für Facebook) hinsichtlich ihrer Rechtfertigung und Einsetzbarkeit kommentiert und teils sehr gut erweitert hat[19]:

---

[18] LinkedIn ist das eher international ausgerichtete Pendant zu Xing, also ein Online-Netzwerk für in erster Linie geschäftliche Kontakte. Im Rahmen der Studie „European Professional Online Networking“ wurden auf den europäischen Kernmärkten Deutschland, UK und Frankreich insgesamt über 1.500 Geschäftsleute befragt, die bereits Mitglied in mindestens einem Online-Businessnetzwerk sind. Quelle: `http://www.pressebox.de/pressefach/linkedin-corporation/meldungen/2`, Abruf am 23. Mai 2010.

[19] `http://meedia.de/nc/details-topstory/article/knigge-rat--benimmregeln-frs-social-web_100029475.html`, Abruf am 7. Aug. 2010.

1. **Bestimmen Sie Ihre Zielgruppen und die passenden Netzwerke.**
   Man solle sich vor dem Beitritt überlegen, in welches soziale Netzwerk man eintritt, meint der Knigge-Rat. Ein guter Punkt. Der Tipp, man solle Privates und Berufliches in ein und demselben Netzwerk nicht vermischen, wird sich in der Praxis aber kaum durchhalten lassen. Gerade bei Menschen, die im Social Web aktiv sind, verschwimmen die Grenzen zwischen Privat- und Berufsleben zusehends.
2. **Bleiben Sie authentisch.**
   Man soll keine fiktive Identität aufbauen und in allen Netzwerken das gleiche Foto zur leichteren Identifizierung benutzen. Gegen diese Empfehlung ist nichts einzuwenden.
3. **Meiden Sie plumpe Vertraulichkeiten.**
   Das ist generell ein guter Rat. Die Tipps für die Umsetzung gehen dann aber ein wenig am Thema vorbei: Man solle sich überlegen, welche Kontakte man zulassen möchte oder nicht, schreibt der Knigge-Rat. Geschäftskunden würden es vielleicht als unpassend empfinden z.B. als „Freund" bei Facebook angesprochen zu werden. Kann sein. Was aber, wenn der Kunde oder Geschäftspartner selbst einem als „Freund" auf die virtuelle Schulter klopft? Dann kann man nicht einfach ablehnen, ohne den Betreffenden zu brüskieren. Der meedia-Tipp: Zum Beispiel bei Facebook eine eigene Untergruppe für Geschäftskontakte anlegen und die Einstellungen der Gruppe so ändern, dass Kunden und Geschäftspartner keine privaten Informationen zu sehen bekommen. Auf diese Weise bleibt man freundlich, aber diskret.
4. **Lehnen Sie unerwünschte Anfragen ab.**
   Es gibt keinen Zwang, Herrn Hinz und Frau Kunz, die man nicht kennt, als „Freunde" zu bestätigen. Gut auch der Hinweis vom Knigge-Rat, Ablehnungen kurz und freundlich damit zu begründen, dass man nur persönliche Kontakte über das Netzwerk pflegen möchte.
5. **Belästigen Sie Ihre Kontakte nicht.**
   „Belästigen Sie Ihre ‚Freunde' nicht mit nervenden Spielen und Anwendungen", schreibt der Knigge-Rat. In der Tat – wer kennt nicht die endlosen Aufforderungen, bei FarmVille mitzupflanzen oder endlich in den Mafia-Bandenkrieg einzusteigen. Gut gemeinter Tipp vom Knigge-Rat, der wahrscheinlich nichts nützen wird. Die Social-Games sind einfach ungeheuer populär. Zum Glück gibt es bei Facebook die „Verbergen"-Taste, mit der sich Spieleanfragen einfach für alle Zeit wegklicken lassen. Allerdings muss man das leider für jedes Spiel extra betätigen.
6. **Bleiben Sie freundlich.**
   Der Knigge-Rat meint: „Eine korrekte Anrede und ein höflicher Abschiedsgruß gehören bei Kontaktanfragen dazu und steigern Ihre Chancen, akzeptiert zu werden." Genau so sieht es aus.
7. **Reagieren Sie humorvoll.**
   „Unbequeme Einträge" auf der Pinnwand soll man nicht löschen, sondern mit Humor und Witz darauf reagieren. Es kommt natürlich auch auf den Eintrag selbst an. Allzu unflätige oder derbe Kommentare darf und sollte man natürlich löschen.

8. **Halten Sie den Dialog lebendig.**
   Man solle auf Anfragen und Kommentare reagieren. Eigentlich eine Selbstverständlichkeit.
9. **Behalten Sie einen kühlen Kopf.**
   Impulsive Einträge vor der Veröffentlichung lieber zu löschen, ist ein guter Rat. Man solle sich die Frage stellen: Möchte ich das auch in zwei Jahren noch über mich lesen? Wenn manche Zeitgenossen diesen Rat beherzigen würden, hätten sie freilich plötzlich nur noch sehr wenig zu schreiben.
10. **Schließen Sie Trolle aus.**
   Der Knigge-Rat warnt: „Die sogenannten ‚Trolle[20]' sind nicht am eigentlichen Thema interessiert, sondern wollen nur Menschen in Misskredit bringen oder Diskussionen sabotieren. Blockieren Sie diese Personen in Ihrer Kontaktliste." Dem ist nichts hinzuzufügen.
11. **Business-Tipp: Geben Sie Empfehlungen.**
   Man darf ab und zu auch mal auf eigene Projekte hinweisen. Aber nicht nur: „Die Abwechslung ist auch hier entscheidend", schreibt der Knigge-Rat. Wer das nicht beherzigt, für den greift Tipp 12.
12. **Business-Tipp: Vorsicht vor plumper Werbung.**
   Man soll „Freundschaften" nicht mit plumper Werbung belasten. Wer nur platt verkaufen will, wird schnell ignoriert, meinen die Knigge-Leute und dürften damit Recht haben.

Und nun noch ein letzter (T-Shaping-)Tipp, der mir besonders am Herzen liegt:

13. **Business-Tipp (nicht nur): Beherrschen Sie Ihre Sprache(n).**
   Erinnern Sie sich elementarer Grammatikregeln und beachten Sie die Rechtschreibung Ihrer Muttersprache bzw. derjenigen Sprache, mit der Sie online „auftreten". Denn unsere Sprache ist der Spiegel unseres Denkens ebenso wie unseres Handelns und wirkt: positiv ebenso wie negativ. Und wozu gibt es schließlich heutzutage IT-Werkzeuge wie automatische Schreibkorrekturen, die eine solche Schwäche oder auch bewusste Nachlässigkeit entsprechend abfedern.

8.3.2 Ist der Ruf erst ruiniert: Die Online-Reputation

Haben Sie schon einmal Sherlock Holmes in eigener Sache gespielt und sich den Spaß gemacht, nach Ihrem eigenen Namen zu googeln (Sie wissen schon – am besten mit „")? Und, wie viele Treffer haben Sie durch dieses *Ego-Googeln* von sich erhalten und wie viele davon betreffen tatsächlich Sie selbst? Werfen alle Treffer ein aus Ihrer Sicht erfreuliches Bild auf Sie oder sind auch Links dabei, die beispielsweise ein Chef in spe besser nicht sehen sollte? Ja, ja, das Internet kann eine ganz schöne Falle darstellen und zum

[20] Ein *Troll* ist ein Mensch, der andere in Foren, Blogs oder Mailinglisten provoziert und sich zu Themen auf eine die Kommunikation der Community ausgesprochen störende Weise äußert.

Stolperstein für die Karriere werden – selbst wenn diese noch gar nicht begonnen hat. Denn Personalverantwortliche schauen mittlerweile nicht selten *vor* dem Bewerbungsgespräch im Netz nach, wie sich der Betreffende in seinen diversen *Social Network Accounts* so darstellt. Gemäß einer Studie von Microsoft[21] suchen 59 Prozent der Personaler in Deutschland „immer" oder „meistens" vor einem Bewerbungsgespräch Informationen im Internet über den Bewerber, so natürlich auch in Social Network Accounts, sofern vorhanden. Bereits 16 Prozent haben einen Kandidaten aufgrund der Rechercheergebnisse, also wegen unpassender Kommentare z.B. in Foren, ungünstigen Fotos und Videos, bedenklicher Hinweise auf den Lebensstil oder sogar wegen des Aufdeckens von Falschangaben in den Bewerbungsunterlagen glattweg abgelehnt.

Übrigens scheint die Online-Reputation gemäß der Studie insbesondere für Mitarbeiter der mittleren Führungsebene von besonderer Wichtigkeit zu sein, wie 70 Prozent der befragten 279 Personaler bestätigt haben.

Der T-Shaping-Tipp

Das Internet ist ein Moloch, und was einmal hineingelangt ist, kriegt man nur schwer wieder heraus. Achten Sie deswegen sehr genau darauf, welche Informationen dort an welcher Stelle über Sie zu finden sind.

Sowohl für den Berufseinstieg als auch für das weitere Berufsleben wird es immer wichtiger, online nicht einfach nur Präsenz zu zeigen, sondern dies auf bestmögliche Weise zu tun. Stellen Sie sich einmal vor, irgendwie ist ein altes StudiVZ-Foto, auf dem Sie erkennbar nicht mehr ganz nüchtern zu sehen sind, immer noch im Netz zu finden und taucht leider durch Eingabe Ihres Namens und eine entsprechende Bildersuche auch ziemlich weit oben in der Trefferliste auf. Gar nicht gut. Sie sollten also so früh wie möglich darauf achten, in welchen Zusammenhängen und mit welchen Inhalten Ihr Name im Netz auftaucht[22].

Soweit zur Verhinderungsstrategie. Andererseits haben Sie aber auch die Möglichkeit, ganz aktiv daran zu arbeiten, dass Ihre *Reputation*, also der systematisch aufgebaute Ruf ein guter ist. Und das scheint sich zu lohnen, denn gemäß obiger Studie sind mit 71 Prozent über zwei Drittel der befragten Personaler der Meinung, dass sich eine positiv zu bewertende Online-Reputation günstig auf eine mögliche Einstellung auswirkt.

Insbesondere Foren und Newsgroups stellen eine gute Möglichkeit dar, bewusst und gezielt an seinem Ruf oder gar Expertenstatus zu arbeiten. Neben den oben aufgeführten Knigge-Regeln sind noch die folgenden Aktivitäten im Zuge eines bewussten Online-Reputationsmanagements (ORM) empfehlenswert:

---

[21] `http://www.microsoft.com/germany/sicherheit/datenschutzstudie.mspx`, Abruf am 23. Juli 2010.

[22] Dafür gibt es heutzutage schon entsprechende Software und natürlich Berater, die sich ganz gezielt mit dem Reputationsmanagement einer Person inklusive dem Offenbaren und „Korrigieren" des virtuellen Images beschäftigen.

C Die T-Shaping-Checkliste: Ideen fürs eigene ORM

- ☐ www.VornameNachname.de oder www.Vorname-Nachname.de[23]: Falls noch nicht geschehen, dann reservieren Sie eine .de- oder .com-Domain mit Ihrem Namen und nutzen Sie diese entweder tatsächlich als Homepage oder verlinken Sie sie mit einem bereits vorhandenen Profil von Ihnen. So verhindern Sie, dass ein anderer, der Ihren Namen trägt, schneller ist und mit Ihnen in Verbindung gebracht wird.
- ☐ Suchen Sie sich Online-Gruppen oder Foren, in denen es um ein Thema geht, das Sie zum einen interessiert und mit dem Sie zum anderen mittel- oder langfristig in konkrete Verbindung gebracht werden wollen. Posten Sie dort fachlich fundierte und für die Leser interessante Beiträge. Entsprechende Gruppen finden Sie bei Google und Yahoo, aber auch auf Xing.
- ☐ Wenn Sie sich für ein Thema besonders interessieren und sowohl gerne schreiben als auch recherchieren, dann starten Sie einen eigenen Blog bei blog.de oder de.wordpress.com, um nur zwei kostenlose Anbieter zu nennen.
- ☐ Verfassen Sie Ihre Kommentare in Foren und Blogs nicht als „Kater1968" oder „phpAgent007". Sie sollten schon Verantwortung für das übernehmen, was Sie denken, schreiben bzw. sagen und letztendlich auch tun. Und dazu gehört, mit seinem Namen, am besten mit seinem *guten Namen* für solchen Output einzustehen.
- ☐ Verwenden Sie ein aktuelles und seriöses Profilfoto. Das muss deswegen noch lange nicht spießig und langweilig sein, aber denken Sie einfach daran, dass es wahrscheinlich noch im Netz zu finden sein wird, wenn Sie es schon längst ausgetauscht haben.
- ☐ Betreiben Sie regelmäßiges Ego-Googeln, um informiert zu sein, welche Informationen von Ihnen und über Sie unterwegs sind und mit welchen Sie eventuell in Zusammenhang gebracht werden könnten[24]. Geeignete Tools hierfür sind z.B. neben der namensgebenden Suchmaschine auch yahoo.de und bing.de, die zwar höchstwahrscheinlich gleiche Ergebnisse liefern, aber möglicherweise nicht in derselben Reihenfolge[25].
- ☐ Wenn Sie unwahre und ungünstige Darstellungen finden, dann schreiben Sie eine Gegendarstellung (Foren und Blogs) oder setzen Sie sich ggf. mit dem Betreiber direkt in Kontakt (Blogs und statische Webseiten).

---

23 Sie und ich wissen natürlich, dass die Kapitälchen hier keine Rolle spielen ☺.

24 Hier bietet sich auch die Funktion „Alerts" auf Google an. Sie geben einfach Ihren Namen ein und erhalten dann von Google Alerts per Email eine Nachricht zugesandt, wenn Sie online namentlich genannt werden (`http://www.google.de/alerts?hl=de`).

25 Bei der Ergebnisliste sind in der Regel die ersten 30 Treffer beachtenswert [Eck08].

- ☐ Beauftragen Sie im Ernstfall einen Reputationsexperten oder setzen Sie eine entsprechende Software ein wie z.B. reputationdefender.com, trackur.com oder brandseye.com.
- ☐ Nutzen Sie Webdienste zur gezielten Darstellung Ihrer Person im Netz wie z.B. Xing.de, myOn-ID.de oder yasni.de.
- ☐ Lassen Sie Ihr(e) Profil(e) im Netz nicht zu Karteileichen werden, das macht keinen guten Eindruck.
- ☐ Ein sorgfältig aufgebautes und gepflegtes Image braucht Zeit – planen Sie diese ein.

Was die Menge der Kontakte angeht, sollten Sie als Berufseinsteiger etwa 50, als im Berufsleben bereits etablierte Person ungefähr ab 200 Kontakte haben [Eck08]. Wenn Sie einen eigenen Blog betreiben, auf dem Sie in unregelmäßiger Regelmäßigkeit interessante Inhalte zu Ihrem Fachgebiet veröffentlichen, so gehört der Hinweis darauf natürlich auch in Ihr Online-Profil. Aber Achtung: Wenn der Blog vornehmlich der Dokumentation Ihrer letzten Urlaubsreise auf die Malediven dient oder dem stolzen Präsentieren von Frau, Kind und Hund, dann ist das zwar für Ihr privates soziales Netz eine feine Sache, hat aber im professionellen Kontext nichts verloren. Sollten Sie irgendwann mit Ihrem Chef abends mal ein Bier „auf Du und Du" trinken, dann ist es Ihnen natürlich freigestellt, ihn an Ihren Urlaubserinnerungen teilhaben zu lassen.

Doch nicht nur bei der Einstellung spielt das, was man von Ihnen finden kann, möglicherweise eine entscheidende Rolle, sondern durchaus auch bei potenziellen Kunden, wie das folgende Praxisbeispiel zeigt.

Ein Blick in die Praxis: **Wer suchet, der findet.**

Franz A., CIO eines Unternehmens mit weltweit 1.500 Angestellten in der Nahrungsmittelindustrie, hat in letzter Zeit große Probleme mit der Datensicherheit in seinem Unternehmen. Also lässt er sich die Unterlagen einiger Firmen zusenden, die sich mit dieser Thematik beschäftigen. Nach Durchsicht der Unterlagen weist er seinen Assistenten an, von ausgewählten Anbietern herauszufinden, was über diese im Internet zu finden ist. Vor allem möchte er wissen, ob sich jemand bereits tatsächlich entsprechend als Fachmann oder -frau etabliert hat und es valide Referenzen gibt. Nach ein paar Tagen kommt sein Mitarbeiter mit dem eindeutigen Ergebnis:

„Chef, über zwei der Firmen ist so gut wie gar nichts zu finden. Deren eigene Homepage ist zwar ganz gut, aber ich habe ansonsten nicht viel finden können, außer ein paar Einträgen auf Facebook, aber die scheinen wohl eher privat zu sein. Die anderen beiden tauchen immer mal wieder in Foren oder Blogs auf, aber nichts, was mich fachlich sonderlichen beeindrucken würde. Eine Anbieterin allerdings ... wow, Respekt. Die scheint wirklich Ahnung von der Materie zu haben. Frau H. gehört zu der Firma, deren Unterlagen wir erst letzte Woche angefordert haben, weil Sie dachten, das wäre nur so ein kleines aufstrebendes IT-Unternehmen. Aber sehen Sie mal, was ich über die Dame alles gefunden habe:

- Sie ist auf Brainguide.de als Expertin gelistet und hat dort einige richtig gute Artikel über Datensicherheit bei KMU veröffentlicht bzw. verlinkt. Sie hält wohl auch Vorträge zum Thema, wie ich diesem Profil entnehmen konnte.
- Apropos Vorträge: Sie war doch tatsächlich in den USA auf der Black Hat[26] als Rednerin eingeladen und hat dort zum Thema Sicherheitslücken bei Internet-Browsern referiert.
- Sie hat einen Twitter-Account, mit dem sie richtig regelmäßig Links auf gute Artikel über Datensicherheit verschickt. Und immerhin hat sie da auch schon über 1000 Follower.
- Sie betreibt einen eigenen Blog und diskutiert dort auch mit echten Sicherheits-Cracks wie z.B. dem „Dingens", na, Sie wissen schon.
- Sie hat ein richtig gutes Xing-Profil, moderiert dort eine Gruppe zum Thema und ist selbst recht aktiv in wiederum anderen Gruppen zu ähnlichen Themen. Auch da sind die Forenbeiträge echt gut.

Zusammenfassend kann ich sagen, dass wir Frau H. unbedingt einmal einladen sollten. Sie hat ihr eigenes Unternehmen offensichtlich noch nicht so lange, aber erstens war sie 11 Jahre bei der Firma xyz Datensicherheitsbeauftragte, und zweitens ist an ihrer Fachexpertise offenkundig nichts zu rütteln. Ich habe definitiv nichts im Internet gefunden, was negativ gegen sie ausgelegt werden könnte."

Dreimal dürfen Sie raten, wer den Auftrag zur Analyse und Optimierung der Datensicherheitsmaßnahmen im Unternehmen von Herrn A. bekommen hat.

Der Charme, bei einer seriösen Netzwerkplattform angemeldet zu sein und dort einen guten Eindruck zu machen, ist überdies, dass Google solche Plattformen bevorzugt „findet". Wenn dann allerdings ein Chef in spe oder auch ein potenzieller Kunde auf ein Online-Profil von Ihnen stößt, das nur unwesentlich „erwachsener" ist als das, was seinerzeit auf StudiVZ von Ihnen zu lesen war, dann hätte er Sie besser überhaupt nicht gefunden. Was die professionellen Profile angeht, so führt Xing im deutschsprachigen Sprachraum wohl zweifelsfrei die Geschäftskontakt- und Netzwerkplattformen an. Grund genug, uns im nun folgenden Abschnitt diesem „Ego-Schaufenster" einmal gesondert zu widmen.

---

[26] Black Hat®-Konferenzen sind weltweit stattfindende Veranstaltungen, die sich rund um das Thema Sicherheit drehen (`http://www.blackhat.com`). Der Begriff *Black Hat* selbst bezeichnet im Übrigen einen zerstörerisch agierenden Computer-Hacker oder sogenannten -Cracker.

8.3.3 Profil zeigen am Beispiel von Xing

Netzwerkplattformen wie Xing sind quasi „omnipotent", d.h. sie können Sie bei der Verfolgung gleich mehrerer Zielsetzungen unterstützen [LuRu10]:

- *Kontaktdatenbank* (sofern Ihre Kontakte auch tatsächlich zumindest größtenteils auf Xing zu finden sind),
- *Informations-Tank* über Geschäftspartner (von Interesse sind hier u.a. Foto, Angaben in „Ich suche" und „Ich biete", die eigene aktuelle Position, möglicherweise aber auch die eigenen Kontakte),
- vereinfachte *Kontaktaufnahme* und *-pflege,* z.B. auch, um neue Kollegen oder Projektpartner zu finden,
- *Wissens-* und *Erfahrungsaustausch* (über Gruppenforen, direkte Fragen an Kontakte oder auch an die gesamte Community via der Applikation „Xing-Mitglieder fragen"),
- Werkzeug für das *Selbstmarketing*, indem Sie sich mittels Ihres Profils optimal präsentieren.

Aber wie in einem Geschäft, dessen Schaufenster einfach nur nichtssagend und uninteressant dekoriert ist, lädt auch ein ungünstig gestaltetes Xing-Profil alles andere als zum Verweilen ein: weder potenzielle Kunden oder Geschäftspartner noch Arbeitgeber in spe. Deswegen sollten Sie Ihrer virtuellen Selbstdarstellung – egal auf welcher Plattform – unbedingt Aufmerksamkeit und Sorgfalt schenken, denn sich auf z.B. Xing anzumelden dauert etwa 30 Sekunden. Sich dort gut zu präsentieren, braucht deutlich mehr Zeit. Die folgenden Hinweise geben Ihnen demzufolge Anregungen, es richtig gut zu machen, und stellen keine Schritt-für-Schritt-Anweisung dar[27]. Die bekommen Sie – wenn Sie sich bei Xing anmelden – quasi frei Haus und stellt für Sie als Tekkie, der auch gerne einmal selbst herausbekommt, wie etwas funktioniert, sowieso keine wirkliche Herausforderung dar.

Premium oder Basis?

Wenn Sie sich auf Xing angemeldet haben, erhalten Sie automatisch die Basis-, für den ersten Monat sogar die Premium-Mitgliedschaft. Erstere bietet Ihnen kostenfrei im Grunde schon sehr viele Funktionalitäten, aber als echter Netzwerker, der Sie schon sind oder ab jetzt werden wollen, fehlen Ihnen im Basispaket doch einige nützliche Funktionen, die das Netzwerken eigentlich erst so richtig spannend machen. Dazu gehört beispielsweise:

- Eine komfortable *Suche*: Suchen können Sie als Basis-Mitglied natürlich auch, aber lediglich nach „Vor- und Zunamen", „Stadt", „Interessen", „Branche", „Sprache", „Hochschule" und „Organisation". Alles darüber hinaus fehlt aber, z.B. die sinnvollen Funktionen, nach einer bestimmten „Firma" oder „Position" zu suchen oder nach etwas, das die betreffenden Personen vermutlich in „Ich biete" vermerkt haben. Allein das ist ein

[27] Die folgenden Tipps basieren in erster Linie auf der 2010 erschienenen und sehr empfehlenswerten DVD *Xing optimal nutzen: Das Xing-Profil* von Joachim Rumohr sowie auf persönlichen Erfahrungen.

Grund, sich den Wechsel zur Premium-Mitgliedschaft zumindest zu überlegen, wenn Sie Xing auch in Richtung einer bewussten Kontaktsuche nutzen möchten[28].

- Versenden von *Nachrichten* in Xing: Wenn Sie jemanden kontaktieren möchten, der nicht zu Ihren direkten Kontakten zählt, so geht das als Basismitglied nur, indem Sie ihm sogleich eine Kontaktanfrage stellen. Das ist allerdings nicht „die feine englische Art“ und wirkt auf die meisten Menschen etwas aufdringlich. Aber es geht nicht anders, denn i.d.R. hat er Ihnen als unbekanntem Profilbesucher seine Daten ja nicht frei geschaltet. Das Xing-interne Nachrichten- bzw. E-Mail-System steht Ihnen als Basis-Mitglied nicht zur Verfügung. Sie könnten natürlich noch eine Botschaft in seinem Gästebuch hinterlassen, aber guter Stil ist das bei einander unbekannten Menschen auch nicht. Nachrichten von Premium-Mitgliedern *erhalten* können Sie im Übrigen auch im Basis-Tarif.
- Das *Nachverfolgen* der Profil- und Homepage-Besucher: Wenn ein anderes Mitglied oder jemand außerhalb von Xing Ihr Profil aufruft und dann vielleicht noch auf die dort angegebene Homepage-Adresse klickt, so können Sie zwar aufgrund des Fotos vermuten oder erkennen, wer das war. Aber nur als Premium-Mitglied sind Sie darüber hinaus in der Lage, direkt auf das Profil des Besuchers zu gehen, um sich dort beispielsweise selbst ein wenig umzuschauen oder Kontakt mit der Person aufzunehmen.
- *Sonstiges*: Als Basis-Mitglied haben Sie nur beschränkten Zugriff auf die sogenannten „Best Offers“, also spezielle Rabattangebote von Xing-Partnern wie Hotelportalen, Autoverleihern oder Software-Anbietern. Es gibt auch Aktionen, die Basis-Mitgliedern zur Verfügung stehen. Außerdem wird im Basis-Paket Werbung geschaltet, und zwar sowohl auf Ihrer Profilseite, wenn sie von anderen Basis-Mitgliedern besucht wird, als auch auf Profilen, die Sie Ihrerseits besuchen.

Für was Sie sich entscheiden, liegt letztlich an Ihnen. Es muss ja durchaus auch nicht Xing sein, aber mit insgesamt 9,2 Mio. Mitgliedern[29] ist diese Plattform sicherlich eine überlegenswerte Alternative.

Bei den nun folgenden Ausführungen zu einem optimalen Xing-Profil liegt der Premium Account zugrunde, und nur im Bedarfsfall wird auf eventuell relevante Einschränkungen in der Basis-Mitgliedschaft verwiesen.

Die Kontakte 2. Grades oder: Gut gesucht ist halb gefunden!

Auf gute Kontakte können Sie zurückgreifen wie auf eine Familie. Aber: Wir kennen natürlich nicht zwangsläufig die Menschen, die unsere eigenen Kontakte kennen. Bei Xing wiederum kann das durchaus funktionieren, wenn mein Kontakt mir seine eigene Kontaktliste sichtbar geschaltet hat (was übrigens im Sinne des Netzwerkgedankens durchaus empfehlenswert ist).

---

[28] Sie werden es im weiteren Text noch bemerken: Ich bin eine Befürworterin von Xing und hatte seit 2004 reiflich Zeit, es zu testen. Manches sehe ich kritisch, aber das Meiste erachte ich für Selbständige ebenso wie für Festangestellte als vorteilhaft und in vielerlei Bereichen hilfreich.

[29] Stand: März 2010.

Dass die berühmten Kontakte zweiten Grades eine wichtige Rolle für das Thema Netzwerken darstellen, haben wir ja bereits besprochen. Beispielsweise können Sie mit der „Erweiterten Suche“ ganz gezielt bei Ihren Kontakten recherchieren. Sie möchten beispielsweise mit jemand von Firma XYZ ins Gespräch kommen, kennen aber selbst niemanden, der dort arbeitet. Nun suchen Sie gezielt in den „Kontakten Ihrer Kontakte“ und stellen erfreut fest, dass dort tatsächlich jemand mit einem Mitarbeiter des betreffenden Unternehmens vernetzt ist. Nun können Sie Ihren Kontakt bitten, Sie dieser Person vorzustellen. Das ist im Übrigen eine weitere, sehr sinnvolle Funktion auf Xing (auch für Basis-Mitglieder).

Das Profilfoto

Der erste Blick unseres Profilbesuchers geht – Sie ahnen es – normalerweise auf das Profilfoto. Überlegen Sie also, welche Botschaft Sie damit vermitteln möchten. Wenn Sie Xing ernsthaft in beruflicher Weise nutzen wollen, sollte Ihr Antlitz diesem Anspruch auch gerecht werden. Im Klartext heißt das: Schnappschüsse aus dem Urlaub, auf denen Ihre rote Sonnenbrandnase in die Kamera ragt und im Hintergrund die Sonne bei Capri im Meer versinkt, haben dort nichts verloren. Gleiches gilt für Fotos mit dem Hund beim Spielen o.ä. Das ist völlig in Ordnung für Facebook & Co., hat aber auf Xing nichts zu suchen und mit Ihrer Zielsetzung, sich dort mit dem eigenen Profils bestmöglich zu präsentieren, nichts zu tun. Auch unruhige Bilder, die Sie verloren im Grün Ihres heimischen Gartens zeigen, sind eher ungünstig. Wer ist die Blume und wer der Mensch? Diese und ähnliche Fragen kommen einem beim Betrachten so mancher Profilbilder (nicht nur) auf Xing in den Sinn. Aus diesem Grund zeigt Ihnen nun Abbildung 8.4 vier gelungene und – ungeachtet der unstrittigen Geschmacksfrage – durchaus eher als „klassisch“ einzustufende Fotos, die aktuell auf Xing zu finden sind.

Abbildung 8.4: Beispiele für gelungene Profilbilder auf Xing

Von Vorteil ist immer eine klare Struktur, d.h. ein ruhiger, am besten heller Hintergrund, eine offene und nicht zu steife bzw. gerade Kopfhaltung, ein freundliches Lächeln oder zumindest ein Blick, der den Betrachter weder das Fürchten lehrt noch in suizidale Depressionen stürzt. Kreativität ist keineswegs verboten, wie die Körperhaltung des zweiten Fotos von rechts zeigt, auch wenn der *ab*gewandte Körper mit dem offen *zu*gewandten Blick hier körpersprachlich schon fast eine „kecke“ Spannung erzeugt. Denken Sie aber bitte immer daran, dass es für den ersten Eindruck keine zweite Chance gibt.

Für die weiteren Ausführungen möchte ich Ihnen Anna Bockard vorstellen, ihres Zeichens Software-Architektin bei der Metaprogramm GmbH & Co. KG (siehe Abbildung 8.5). Sie ist unsere virtuelle Xing-Frau und begleitet uns durch die „Tipps & Tricks“ in Sachen Xing-Profil.

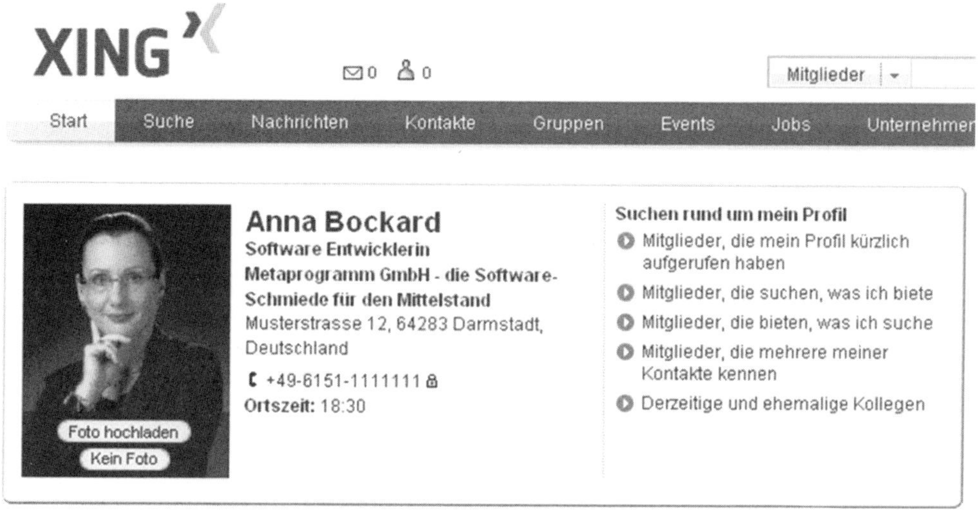

Abbildung 8.5: Anna Bockard auf Xing

Businessdaten: Persönliches

- *„Ich suche“*

  Im Feld „Ich suche“ finden sich oft die gleichen Inhalte wie im Feld „Ich biete“ – gerade bei Selbständigen. Sie erliegen der Versuchung, jede vermeintliche Chance zu nutzen, um unter den richtigen Stichworten auch tatsächlich gefunden zu werden. Aber das ist ein Schuss, der in der Regel nach hinten losgeht.

  In das Feld „Ich suche“ sollten Sie – so der Rat des Xing-Experten Joachim Rumohr, tatsächlich nur das schreiben, was Sie tatsächlich konkret suchen: also beispielsweise einen Kooperationspartner für ein Java-Entwicklungsprojekt oder eine neue Wohnung in Hamburg. Generell findet Xing immer die Begriffe und Ausdrücke, die durch Kommata getrennt sind. Wenn Anna beispielsweise – wie in Abbildung 8.6 zu lesen ist – den Satz „Ein sehr gutes Tagungshotel [...]“ eingibt und jemand sucht unter dem Stichwort „Tagungshotel“, dann wird er Anna auch finden. Daher muss „Ich suche“ keine unpersönliche Auflistung von Stichworten sein. Sie können es auch ganz leer lassen, dann erscheint es für Ihre Profilbesucher erst gar nicht.

- *„Ich biete“*

  Hier gibt es auf Xing unendlich viele Stichwortwüsten: knackige Fachausdrücke über 30, 40 und mehr Zeilen hinweg, alle durch Kommata getrennt und in einer kunterbunten Mischung aus Privatem und Beruflichem. Das lesen nur noch echte Fans oder Menschen mit viel Zeit. Es ist nämlich ein Trugschluss zu denken, dass Sie besser gefunden werden, je mehr Stichworte Sie auflisten. Denken Sie doch einmal an die Situationen, in denen Sie den Elevator Pitch benutzen, und stellen Sie sich vor, Sie würden sich – statt in ganzen Sätzen – nur in Stichworten vorstellen. Keine gute Idee, oder? Überlegen Sie also zunächst, welche(s) Ziel(e) Sie mit Ihrem Xing-Profil verfolgen. Es ist nämlich ein großer Unterschied, ob Sie klammheimlich darauf warten, von einem Headhunter abgeworben zu werden, oder ob Sie als Freiberufler auf der Suche nach neuen Projekten sind. Schreiben Sie doch einfach eine Abwandlung Ihres Elevator Pitch. In der Kürze liegt die Würze. Und wer mehr wissen will, den verweisen Sie ganz elegant auf die „Über mich"-Seite oder die eigene Homepage. Doch dazu später mehr. Anna beispielsweise hat ihr „Ich biete" in Abbildung 8.6 durchaus mit ein wenig Kreativität und mit Humor formuliert, so wie es ihrer Persönlichkeit auch entspricht.

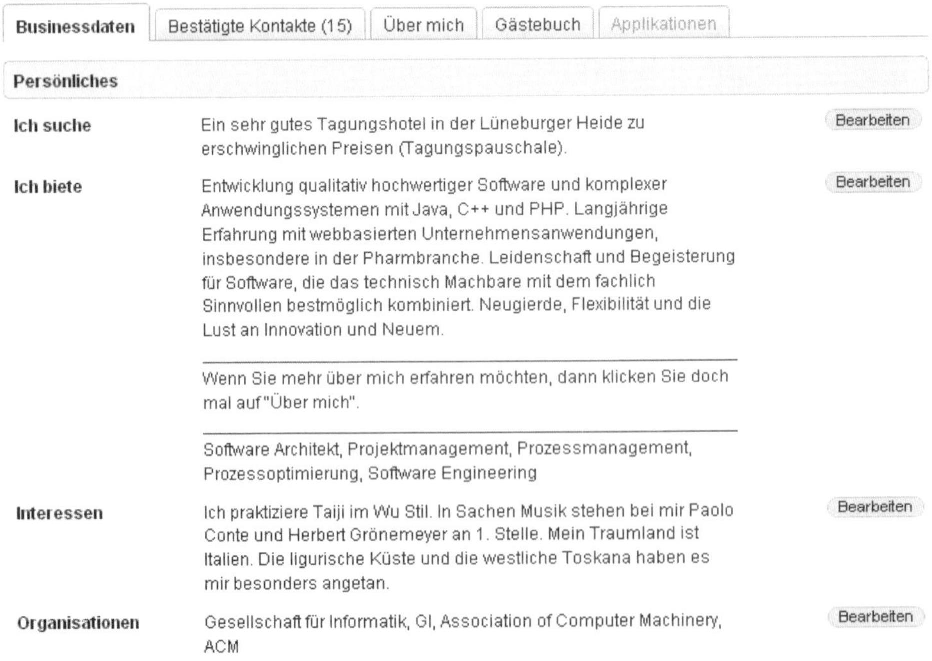

Abbildung 8.6: Xing-Businessdaten – Persönliches[30]

- *„Interessen"*
  Ein schönes Beispiel für ein wirklich „gelungenes" Zusammenspiel zwischen Gesuchtem, Gebotenem und Interessen ist das folgende:
  - „Ich suche": Kunden, die einen kompetenten Steuerberater benötigen.
  - „Ich biete": Kompetente Steuerberatung.
  - „Interessen": Steuergesetzgebung und Steuersparmodelle.

[30] Wundern Sie sich bitte nicht, dass Frau Bockard nur 15 Kontakte hat. Sie ist keineswegs ein unbeliebter Mensch, sondern wurde vor so kurzer Zeit „geschaffen", dass es ihr einfach noch nicht möglich war, ein entsprechendes Netzwerk aufzubauen.

Gratulation. Der Mann hat seine Berufung gefunden und ist in Sachen Smalltalk sicherlich ein überaus „unterhaltsamer" Gesprächspartner. Unter „Interessen" sollten Sie ruhig einmal ein bisschen (private) Farbe bekennen. Das ist ähnlich wie beim Smalltalk. Hier dürfen Sie Dinge von sich preisgeben, die andere vielleicht auch toll finden und über die man dann in Kontakt kommen kann. Hobbys oder die bevorzugte Musik sind hier sicherlich Aspekte, die auch einem in Sachen Schutz der Privatsphäre sehr engagierten Menschen nicht den Schweiß auf die Oberlippe treiben sollten. Anna Bockard zeigt uns in Abbildung 8.6 erneut, wie sie es gemacht hat.

- *„Organisation"*
  Wenn Sie Mitglied einer (politisch korrekten) Organisation sind und diese üblicherweise mit einem Akronym abgekürzt wird wie beispielsweise *GI* für *Gesellschaft für Informatik*, dann sollten Sie auch beide Begriffe verwenden (siehe Abbildung 8.6). Sie wissen nie, nach welcher Variante jemand sucht. Das „e.V." lassen Sie am besten weg. Dann werden Sie von den Alleskönnern, die ja nicht so detailverliebt sind, ebenso gefunden wie von den Qualitätssicherern.

Businessdaten: Berufserfahrung

In diesem Teil des Profils legen Sie auch fest, welcher Text neben Ihrem Profilfoto zu lesen ist (siehe Abbildung 8.7). Wenn Sie beispielsweise als Java-Programmierer gefunden werden wollen, dann sollten Sie nicht einfach Programmierer als „Position" angeben. Sie können beispielsweise auch schreiben „Programmierer für Java und PHP". Gerade wenn Sie auf Jobsuche sind, ist durchaus ein wenig mehr Kreativität angesagt.

Abbildung 8.7: Xing-Businessdaten – Berufserfahrung

Gleiches gilt für den Firmennamen. Natürlich gibt es Unternehmen, deren blanke Erwähnung bereits alle Unklarheiten beiseite räumt und beim Profilbesucher entweder verzückte Blicke oder andächtige Ehrfurcht erzeugen. Aber die meisten Firmennamen sind Kunstnamen und sagen uns auf den ersten Blick nicht wirklich viel. Da ist es doch sehr hilfreich, Sie ergänzen ihn um das, was diese Firma in ihrem Kerngeschäft ausmacht. Aber beachten Sie dabei immer die Corporate Identity (CI) des Unternehmens, in dem Sie arbeiten. Manche habe da ganz strikte Vorgaben, auch was die Nennung auf Internetportalen wie Xing angeht. Und falls Sie gerade ohne feste Anstellung sind, dann bitte nicht einfach „---" eintippen. Wie wäre es denn stattdessen einmal mit „Netzwerkadministrator, Rhein-Main-Gebiet, sofort verfügbar“?

Businessdaten: Referenzen & Auszeichnungen

Hier haben Sie als Premium-Mitglied die Möglichkeit, sich von anderen Mitgliedern Referenzen schreiben zu lassen und natürlich auch Ihrerseits Referenzen abzugeben. Auch können Sie in dieser Rubrik Dateien wie Arbeitsproben, Zeugnisse oder auch Whitepaper und Ähnliches anhängen, jedoch nicht im Basis-Tarif. Sollten Sie einen Preis oder eine Auszeichnung erhalten haben, so kann dies im gleichnamigen Feld eingetragen werden. Nicht jeder nimmt dieses Feld sehr ernst, und so ist hier durchaus auch schon einmal „Tante des Jahres 2010“ oder „Goldene Verdienstnadel des Gesangsvereins Hintertupf“ zu lesen.

Businessdaten: Ausbildung, Web und Kontaktdaten

Diese Bereiche sprechen eigentlich für sich. Achten Sie aber vor allem darauf, dass Sie bei den „weiteren Profilen von mir im Web“ keine Links angeben, die auf Profile führen, die Ihrer Reputation schaden könnten (siehe Abschnitt 8.3.2). Was Sie von diesen Daten und auch den Kontaktdaten wem freigeben möchten ist, wie schon gesagt, eine persönliche Entscheidung.

Über mich

Die „Über mich“-Seite wird oft unterschätzt. Zum einen wird sie bei Suchanfragen von Xing auch berücksichtigt, d.h. hier können Sie die Wahrscheinlichkeit, gefunden zu werden, noch einmal deutlich erhöhen. Und zum anderen haben Sie die Möglichkeit, Informationen über sich zu schreiben, die den Rahmen von z.B. „Ich biete“ deutlich sprengen würden. Auch besteht die Möglichkeit, eine E-Mail-Adresse anzugeben, über die Sie auch von Nicht-Kontakten kontaktiert werden können, sofern Sie das möchten. Sie erinnern sich: Ein Basis-Mitglied müsste Ihnen sofort eine Kontaktanfrage senden, weil es Ihnen auf Xing keine Nachricht schicken darf.

Gästebuch

Gästebucheinträge sind eine schöne Sache. Aber achten Sie darauf, dass das dort eingetragene Feedback Sie als Person betrifft und nicht auf die Firma zielt, für die Sie arbeiten. Möglicherweise werden Sie dort nicht mehr die nächsten 20 Jahre verbringen, und das Profil ist ja Ihr Schaufenster und höchstens indirekt das Ihres Arbeitgebers.

C Die T-Shaping-Checkliste: Dies und das in Sachen Xing

- ☐ Ein Xing-Profil ist nichts Fixes, sondern kann und sollte (!) regelmäßig aktualisiert, angepasst und aufgehübscht werden.
- ☐ Gleiches gilt auch für Teilbereiche wie „Ich suche" oder „Ich biete".
- ☐ Generell ist eine Rubrik für den Betrachter gar nicht erst sichtbar, wenn Sie dort nichts eingetragen haben.
- ☐ Vergleichbar dem Smalltalk sollten Sie auch auf Xing politische Gruppen ausblenden, es sei denn, Sie haben berufliche oder persönliche Gründe, Ihre diesbezügliche Einstellung offen zu zeigen.
- ☐ Während Sie Ihr Profil bearbeiten, sollten Sie die Zugriffsrechte *sehr* einschränken.
- ☐ Schauen Sie während der Überarbeitung immer mal wieder auf die Profilvorschau, um zu sehen, wie das aussieht, was Sie da gerade gemacht haben.
- ☐ Was Sie tatsächlich wem an Informationen freigeben wollen, ist eine individuelle Angelegenheit, aber achten Sie immer drauf, dass der Eindruck, den Sie hinterlassen, positiv ist.
- ☐ Die Statusmeldung eignet sich sehr gut, um Kontakten oder auch Nicht-Kontakten interessante Informationen wie z.B. einen spannenden Zeitungslink zukommen zu lassen. Ab und an können Sie auch ruhig einmal etwas Persönliches melden wie z.B. „Anna Bockard ... freut sich auf ihren Toskana-Urlaub!"
  Nur vergessen Sie nicht, eine solche Meldung auch wieder zu löschen.

8.4 Aktiv auf den Punkt gebracht

Auch ein T-Shaped Professional weiß natürlich nicht alles und kennt wahrlich nicht jeden. Aber er ist sich der Bedeutung bewusst, die das strategische Vernetzen mit anderen Menschen hat. Denn der gezielte Aufbau und vor allem die Pflege von Netzwerken können uns sowohl menschlich als auch fachlich bereichern und uns bei der Erreichung unserer anvisierten Ziele maßgeblich unterstützen. Und das gilt für reale Netzwerke ebenso wie für virtuelle, wobei letztere durch die zunehmende Durchdringung der Social Networks und durch die generellen Möglichkeiten des Web 2.0 immer mehr an Bedeutung gewinnen.

Doch der Aufbau eines Netzwerks findet in den seltensten Fällen von alleine statt und muss aktiv angegangen werden. Hierzu gibt es zahlreiche Möglichkeiten – online wie offline. Man muss sie allerdings nutzen und beispielsweise auf Konferenzen ganz gezielt das Gespräch suchen oder sich im Netz in entsprechenden Fachforen tummeln. Am besten lassen sich Kontakte natürlich nach wie vor in der realen Welt aufbauen, denn das Kennenlernen von Angesicht zu Angesicht ist doch immer noch etwas anderes als das Kontakten zweier virtuell agierender Menschen. Um offline ins Gespräch zu kommen, sind der Smalltalk und seine Spielregeln ein probates Mittel. Er ist das kleine, unkomplizierte Gespräch, das eine erste Beziehung zwischen zwei sich bis dato unbekannten Menschen aufbaut. Ob daraus eine Geschäftspartnerschaft, eine Neuanstellung oder einfach ein netter Kontakt wird, das kann man zu diesem Zeitpunkt in der Regel noch nicht sagen. Aber der erste Schritt ist getan und der erste gute Eindruck hinterlassen.

Und um den geht es auch in der virtuellen Welt. „Ach, hätt' ich doch nicht ..." denkt wohl so mancher, wenn er registriert, welche „Jugendsünden" online von ihm auch Jahre später noch zu finden sind. Dabei will er sich vielleicht gerade einen guten Ruf als seriöser Projektleiter aufbauen, wozu natürlich auch eine tadellose Online-Reputation gehört, und die will ebenso sorgfältig aufgebaut sein wie der sonstige Ruf. Ein Schritt dorthin sind professionelle „Visitenkarten", die Sie im Internet hinterlassen, wie z.B. ein gut gemachtes Xing-Profil. Hier können sich sowohl Kunden, Chefs in spe oder auch potenzielle Mitarbeiter ein erstes Bild von Ihnen machen: beruflich, aber in Maßen auch als Privatperson.

Ü Die T-Shaping-Übung: Nächste Schritte

1. Welche neuen Erkenntnisse nehmen Sie aus diesem Kapitel mit, wo hatten Sie den größten „Aha-Effekt"?

____

____

____

2. Was davon möchten Sie für sich umsetzen, vertiefen, etc.?

____

____

____

3. In welchem Bereich möchten Sie diese Kompetenzen auf welche Weise nutzen bzw. einsetzen?

____

____

____

4. Wie wollen Sie 2. ganz konkret in die Tat umsetzen? (Bücher oder Audio-Books, Seminar oder Webinar, Austausch mit Profis auf diesem Gebiet etc.)

5. Wie schaut Ihr Zeitplan für Punkt 3 aus, d.h. *wann* fangen Sie damit an und *bis wann* wollen Sie *was* vertieft, geübt etc. haben?

9

9 Epilog: Bleiben Sie dran!

Es ist nicht genug zu WISSEN,
man muss es auch anwenden;
es ist nicht genug zu wollen,
man muss es auch TUN.

Johann Wolfgang von Goethe (1749-1832)
deutscher Dichter und Denker

Vielleicht erinnern Sie sich: In Kapitel 1 habe ich das vorliegende Buch einen Sparringspartner genannt. Nun, ich hoffe sehr, es ist diesem Anspruch gerecht geworden und hat Ihnen spannende Anregungen *jenseits der Programmierung* geschenkt, die es wert sind, vertieft zu werden. Und da sind wir auch schon beim Thema. Der Stein ist ins Rollen gebracht, aber dafür, dass er weiter rollt, müssen Sie selbst sorgen.

Sie haben gut daran getan, sich den T-Shaping-Themen zu widmen, auch wenn Sie als „reiner“ Fachexperte in einem ganz spezifischen Themenbereich tätig sein möchten. Denn auch dort benötigen Sie – was wir in diesem Buch hoffentlich hinreichend geklärt haben – den Blick über den Tellerrand. Lassen Sie doch einfach einmal die folgenden Beispielzitate aus Tageszeitungen, Fachmagazinen und -zeitschriften auf sich wirken[1]:

> „Gefragt sind teamfähige IT-Spezialisten, die mit anderen Experten maßgeschneiderte Problemlösungen entwickeln können – fürs eigene Unternehmen und für Kunden.“

> „Wir brauchen IT’ler, die auch das nötige betriebs- und finanzwirtschaftliche Fachwissen haben, um die Geschäftsprozesse in unseren Unternehmen zu verstehen.“

> „Die mit der SOA-Einführung betrauten Mitarbeiter dürfen also keine reinen ‚IT-Cracks‘ sein. Sie müssen auch Geschäftsprozesse und technische Konzepte verstehen und miteinander in Einklang bringen können.“

---

[1] Die Originalzitate finden Sie – ebenso wie zahlreiche andere, die in die gleiche Kerbe schlagen – in diversen Online- und Print-Veröffentlichungen des Jahres 2010 wie z.B. F.A.Z., Computerwoche, Business & IT, channelpartner.de, monster.de, Die Welt, Informationweek, Perspektive Mittelstand, gulp.de etc.

„In Zeiten wie diesen, in denen jeder Euro dreimal umgedreht wird, ist die Arbeit stärker als bisher am Geschäftserfolg des Kunden auszurichten.“

„Dem Faktor Mensch (was im Menschen ist) und dem Faktor Unternehmenskultur (was zwischen den Menschen abläuft) wird in IT-Projekten oft zuwenig Bedeutung geschenkt. Der Grund dafür ist vielfach mangelndes Wissen sowie mangelnde Methoden und Instrumente.“

Die Liste ließe sich beliebig fortsetzen, und erfreulicherweise findet sich jedes der in diesem Buch behandelten Themen in einem der Zitate explizit oder „zwischen den Zeilen“ wieder. Sie sind also auf dem richtigen Weg, doch wie geht's nun weiter? Dranbleiben heißt die Devise. Und das betrifft das Vertiefen derjenigen Aspekte, die Sie besonders angesprochen haben, ebenso wie die nun folgenden Themenempfehlungen:

- *Technische „Nachbardisziplinen“*
  Sich „rechts und links“ Ihres eigenen, IT-bezogenen „Tiefenthemas“ auszukennen, ist für Sie als T-Shaped Professional ebenso wichtig, wie über entsprechende Soft Skills zu verfügen. Sie werden höchstwahrscheinlich in Teams verschiedener Experten gemeinsam Lösungen für Ihre Kunden entwickeln, und dann sollten Sie zumindest ungefähr wissen, von was der Kollege da eigentlich spricht. In welchen Bereichen Sie sich nun aber technisch gesehen in die Breite entwickeln, hängt neben Ihrer eigenen Spezialisierung natürlich weitgehend von der Position ab, die Sie anstreben.

- *Knigge & Co.*
  Sie erinnern sich sicherlich, dass wir dieses Thema als „Must have“ schon einmal angesprochen haben. Lassen Sie es dabei nicht bewenden, sondern beschäftigen Sie sich mit dem Thema Stil und Etikette. Wenn sogar ausgewiesene Fachmagazine wie beispielsweise die Computerwoche[2] dem guten Benehmen und der Kleiderfrage einiges an Platz einräumen, dann hat das wohl seinen Grund. Nicht wenige Kunden bemängeln, dass IT'ler beispielsweise beim Gähnen ihr Gegenüber fast aufzufressen scheinen, weil sie die Hand nicht vor den Mund nehmen. Oder es wird einfach vergessen zu klopfen, wenn man zur Tür hereinkommt, oder der Netzwerkadministrator steht vor dem Meeting nicht auf, wenn der Vorstandsvorsitzende eintritt und ihn per Handschlag begrüßt. Stil und Etikette sind übrigens keineswegs Unternehmensberatern & Co. vorbehalten, sondern allgemein ein Zeichen von Respekt.

  Dazu gehört auch das Wissen um die wichtigsten Verhaltensregeln anderer Kulturen, wenn Sie beispielsweise im Ausland tätig sind oder in einem Projekt mit vorwiegend ausländischen Kollegen arbeiten. Das betrifft den veränderten Arbeitsrhythmus ebenso wie das vielleicht ungewohnte Kommunizieren in einer anderen Sprache. Berücksichtigen Sie kulturelle Unterschiede und informieren Sie sich entsprechend.

---

[2] Geben Sie doch einfach einmal auf `hptt://www.computerwoche.de` den Suchbegriff „Knigge“ ein. Sie werden überrascht sein.

- *Führung*
  Nein, entgegen vielleicht anders lautender Meinungen ehrgeiziger, förderungswilliger und gut meinender Chefs ist *nicht* jeder als Führungskraft geeignet. Stellen Sie sich beispielsweise einmal unseren Typ 3 (der bodenständige Teamplayer) in seiner typischsten Ausprägung vor. Er *möchte* in der Regel schlichtweg keine Führungsverantwortung für andere Menschen übernehmen. Zwar sorgt er sehr gerne dafür, dass die Atmosphäre stimmt, aber die Bürde der personellen Verantwortung möge bitte jemand anders tragen. Das ist absolut o.k. so und hat auch nichts mit Feigheit zu tun, sondern eher mit einer ehrlichen Selbsteinschätzung und vor allem mit Sorge und Verantwortung für das eigene Wohlergehen. Denn wenn Sie in eine Rolle hineingepresst werden, in die Sie nun einmal partout nicht hineinpassen, wird keiner glücklich: weder Sie noch diejenigen, die von Ihren Arbeitsergebnissen in irgendeiner Weise abhängig sind. Und Menschen, die rollenbedingt völlig fehl am Platze sind, landen früher oder später möglicherweise in den Fängen eines ausgewachsenen Burn-Out-Syndroms.

  Ungeachtet dessen: Wenn Sie das Thema Führung „sexy" finden und sich auch dafür berufen fühlen, dann ist a) die T-Shaping-Strategie eine exzellente Voraussetzung dafür, in eine Führungsposition hineinzuwachsen, und b) sollten Sie sich dann mit dem Thema unbedingt näher auseinandersetzen. Das vorliegende Buch hat thematisch schon eine sehr gute Grundlage dafür geschaffen, an der es nun aber weiterzuarbeiten gilt. Denn Führen heißt auch *Fördern und Fordern*, und das will geübt sein.

- *Projektmanagement*
  An diesem Thema kommen Sie zwar nicht vorbei, aber ich habe eine gute Nachricht für Sie: Vor allem was die „weichen" Themen des Projektmanagements angeht, haben Sie mit dem Durcharbeiten dieses Buches wiederum das Wichtigste abgedeckt. Denn der Projektmanager von heute hat Branchen- und unternehmerisches Wissen, kann mit den Werkzeugen des Projektmanagements umgehen, ist sozial kompetent und gut vernetzt, erfasst die Bedeutung und den Kontext, in den „sein" Projekt eingebettet ist, und ist in der Lage, bei Bedarf auch interkulturell zu agieren.

  Die Zeiten des „rein technisch orientierten und (aus)gebildeten Projektmanagers" sind also nachweislich vorbei. Denn „schlechte Kommunikation" und „unklare Zielsetzung", was ja vom Ursprung ebenso ein Kommunikationsproblem darstellt, sind die meistgenannten Gründe, wenn es darum geht zu benennen, warum IT-Projekte scheitern. Je nach Quelle liegt die Zahl der IT-Projekte, die ihre ursprünglich festgelegten Ziele nicht erreichen, zwischen 50 und 80 Prozent. Erschreckende Zahlen! Demzufolge ist das Thema Projektmanagement so elementar, dass an dieser Stelle mit Nachdruck auf die gängige Fachliteratur verwiesen sei. Und auf die Praxis, denn gutes Projektmanagement lebt von der Erfahrung, die entsprechenden anerkannten Methoden und Standards z.B. gemäß PMI (Projekt Management Institute), GPM (Deutsche Gesellschaft für Projektmanagement e.V.), Prince2 (Projects in Controlled Environments) u.a. tatsächlich im realen Projektalltag erlebt zu haben.

Kürzlich fragte mich ein junger IT'ler, der sich über die Jahre hinweg instinktiv mehr und mehr in Richtung eines „waschechten" T-Shaped Professional entwickelt hatte, wohin ihn denn seine Reise nun klassischerweise führen würde. T-Shaped sei er ja jetzt schon. Das ist eine gute Frage. Zum einen hört die Entwicklung zum T-Shaped Professional – einmal eingeschlagen – eigentlich nie auf, und zum anderen liegt es natürlich an Ihnen, was Sie daraus machen. Eines ist aber klar: Der T-Shaped Professional ist exzellent in denjenigen Tätigkeitsbereichen aufgehoben, in denen es um Zusammenarbeit mit Menschen geht, die aus verschiedenen technischen und fachlichen Disziplinen kommen, und er ist – die „richtige" Persönlichkeitsstruktur einmal vorausgesetzt – die ideale Besetzung für Projekt- und Führungsverantwortung.

So, nun haben Sie aber wirklich das Ende dieses Buches erreicht, sind damit dem T-Shaped Professional in Ihnen ein Stück „auf die Pelle" gerückt und haben vielleicht auch schon eine klare Vorstellung, wohin Ihr Weg Sie führen soll.

Sie werden durch die Erfahrungen der nächsten Jahre – sei es beruflich oder auch privat – jede Menge dazulernen. Es ist aber sinnvoll, dieses Lernen zum einen in eine bestimmte Richtung zu lenken und zum anderen entsprechend Ihrer bereits gelegten fachlichen und zwischenmenschlichen Kompetenzen zu kanalisieren. Ihr persönliches T wird sowohl in die Tiefe als auch in die Breite beständig wachsen und sich vielleicht über die (Berufs-)Jahre hinweg auch einmal in eine andere Richtung verschieben als ursprünglich angedacht. Ich wünsche Ihnen dabei in jedem Fall viel Erfüllung, Freude und Erfolg.

Mit *T-Shaped* Grüßen

Ihre

Anhang A: Bildnachweise

Kapitel 1:

Golden Gate Bridge: privates Photo

Kapitel 2:

Evolution: Stellvertretend für unzählige Internetquellen dieses Bildes: http://cyberpingui.free.fr/humour/evolution-white.jpg, Abruf am 20. August 2010.

„Schilderwald": privates Photo

Kapitel 3:

Hund: privates Photo (in liebevoller Erinnerung an Gala, den wunderbarsten Hund der Welt)

Kapitel 4:

Geldschein: Nutzung gemäß Reproduktionsvorschriften der Europäischen Zentralbank, http://www.ecb.int/euro/html/reproduction.de.html, Abruf am 20. August 2010.

Die 4 Temperamente: Nutzung gemäß GNU-Lizenz für freie Dokumentation, http://upload.wikimedia.org/wikipedia/commons/d/d7/Alletemp.jpg, Abruf am 20. August 2010.

Kapitel 5:

Elefant: Nutzung gemäß Public Domain, http://de.wikipedia.org/wiki/Die_blinden_Maenner_und_der_Elefant, Abruf am 20. August 2010.

Kapitel 6:

Ente-Hase: Ursprüngliche Quelle: Jastrow, J. (1899). The mind's eye. Popular Science Monthly, 54, 299-312. Hier: http://de.wikiquote.org/wiki/Datei:Duck-Rabbit_illusion.jpg, Abruf am 20. August 2010.

Kapitel 8

Smalltalk mit …?: In Anlehnung an und mit freundlicher Genehmigung von www.younic.de auf der Grundlage von www.themaninblue.com.

Portraits, von links

#1 Xing-Profilfoto der Autorin,

#2 Xing-Profilfoto von Herrn Sven Saal,
mit freundlicher Genehmigung von t.w. klein photography

#3 Xing-Profilfoto von Frau Nicole Zeise,
Technische Universität Darmstadt

#4 Xing-Profilfoto von Herr Matthias Rädge
mit freundlicher Genehmigung der Lynx Consulting GmbH

PS.: Alle weiteren Illustrationen und Handzeichnungen stammen, soweit keine anderen Quellen vermerkt sind, aus Fantasie und Feder der Autorin.

Anhang B: Bibliographie

[BaGr10] Bandler, Richard und Grinder, John: *Metasprache und Psychotherapie: Die Struktur der Magie. Band 1.* 12., neu übersetzte Auflage, Junfermann, Paderborn 2010.

[Birk05] Birkenbihl, Vera F.: *Birkenbihl on Service.* Econ, Berlin 2005.

[Bohi09] Bohinc, Tomas: *Soft Skills: Die Schlüssel zum Erfolg in der Fachkarriere.* Vahlen, München 2009.

[Bonn02] Bonneau, Elisabeth: *Erfolgsfaktor Smalltalk.* Gräfe und Unzer, München 2002.

[Brau02] Braun, Roman: *NLP für Chefs und alle, die es werden wollen.* Überreuter Wirtschaft, Wien/Frankfurt a. M. 2002.

[Busc09] Busch, Michael W.: *T-Shaped Skills. Der Spezialist mit überfachlichen Antennen.* In: OrganisationsEntwicklung Nr. 4, 2009, S. 73-80.

[ChFo10] Christakis, Nicholas A.; Fowler, James H.: *Connected. Die Macht sozialer Netzwerke und warum Glück ansteckend ist.* S. Fischer, Frankfurt a. M. 2010.

[Chom78] Chomsky, Noam: *Aspekte der Syntax-Theorie.* Suhrkamp, Frankfurt a. M. 1978.

[Cole10] Cole, Tim: *Unternehmen 2020 – Das Internet war erst der Anfang. Praxiskonzepte für den Mittelstand.* Hanser, München 2010.

[DeSc08] Detroy, Erich-Norbert; Scheelen, Frank M.: *Jeder Kunde hat seinen Preis. So verhandeln Sie individuell, verkaufen besser... und Ihr Kunde fühlt sich gut.* 3. Aufl., Walhalla, Regensburg 2008.

[Druc01] Drucker, Peter F.: *The Essential Drucker.* Harper, New York, London, Toronto & Sydney 2001.

[Eck08] Eck, Klaus: *Karrierefalle Internet. Managen Sie Ihre Online-Reputation, bevor andere es tun!* Hanser, München 2008

[Gada09] Gadatsch, Andreas: *Grundkurs Geschäftsprozess-Management: Methoden und Werkzeuge für die IT-Praxis: Eine Einführung für Studenten und Praktiker.* 6. Aufl., Vieweg + Teubner, Wiesbaden 2009.

[GaTi07] Gadatsch, Andreas, Tiemeyer, Ernst (Hrsg.): *Betriebswirtschaft für Informatiker und IT-Experten*. Elservier, München 2007.

[Glas10] Glasl, Friedrich: *Konfliktmanagement: Ein Handbuch für Führungskräfte, Beraterinnen und Berater*. 9., aktual. und erg. Auflage, Haupt, Bern/Stuttgart/ Wien 2010.

[GrWa07] Gries, Sabine; Wagner Hardy: *Erfolg durch Persönlichkeit*. Empirische Pädagogik, Landau 2007.

[Gues91] Guest, David: *The hunt is on for the Renaissance Man of computing*. In: The Independent (London), September 17, 1991.

[Gute05] Gutenberg, Erich: Grundlagen der Betriebswirtschaftslehre: Die Produktion: Bd. 1. 24. Aufl., Springer, Berlin 2005.

[HaHo09] Hachtel, Günther; Holzbauer, Ulrich: *Management für Ingenieure: Technisches Management für Ingenieure in Produktion und Logistik*. Vieweg + Teubner, Wiesbaden 2009.

[Hahn09] Hahn, Thorsten: *77 Irrtümer des Networkings ... erfolgreich vermeiden*. FinanzBuch, München 2009.

[Harz02] Bad Harzburger Akademie für Führungskräfte: Mythos Team auf dem Prüfstand. Teamrbeit in deutschen Unternehmen. Eine Befragung von 376 Führungskräften, 2002.

[Hein08] Heinemann, Elisabeth: *Schulbildung und Berufsfähigkeit in einer Zeit der Übergänge*. In: Heinemann, E. (Hrsg.): Anwendungsinformatik: Die Zukunft des Enterprise Engineering. Nomos, Baden-Baden 2008.

[Hein09] Heinemann, Elisabeth: *Educating T-Shaped Professionals*. In: Proceedings der 15. AMCIS in San Francisco (CA), 6.-9. August 2009.

[HeSc07] Hesse, Jürgen; Schrader, Hans Christian: *Praxisbuch Small Talk: Gesprächseröffnungen, Themen, rhetorische Tricks*. Eichborn, Frankfurt 2007.

[Horx06] Horx, Matthias: *Ohne Wissen kein Wohlstand*. In: *€uro am Sonntag* vom 05.11.2006.

[Hübn09] Hübner, Sabine: *Service macht den Unterschied. Wie Kunden glücklich und Unternehmen erfolgreich werden*. Redline, München 2009.

[Hunt08] Hunt, Andrew: *Pragmatisches Denken und Lernen. Refactor your wetware*. Hanser, München 2008.

[Ians93] Iansiti, Marco: *Real Word R&D: Jumping the product generation gap*. In: *Harvard Business Review*, Vol. 71 (1993), No. 3, S. 138-147.

[Kiml08] Kimla, Nikolaus: *Die IT-Revolution: 10 Thesen für Ihren Unternehmenserfolg*. Molden, Wien 2008.

[Kühm08] Kühmayer, Franz: *Zukunft der Bildung. Das Potentialorientierte Bildungssystem*. Studie im Auftrag von Microsoft Österreich, 2008.

[LaLS09] Laudon, Kenneth C., Laudon, Jane P.; Schoder. Detlef: *Wirtschaftsinformatik: Eine Einführung*. 2., akt. Ausg., Pearson, München 2009.

[Losc05] Loschky, Eva: *Gut klingen – gut ankommen. Effektives Stimmtraining mit der Loschky-Methode®*. Kösel, München 2005.

[LuRu10] Lutz, Andreas; Rumohr, Joachim: *Xing optimal nutzen. Geschäftskontakte – Aufträge – Jobs. So zahlt sich Networking im Internet aus*. 2., aktualisierte Auflage, Linde, Wien 2010.

[Mitte05] Mittelstraß, Jürgen: *Methodische Transdisziplinarität*. In: *Technikfolgenabschätzung: Theorie und Praxis*, Nr. 2 (14), S. 18-23, Juni 2005.

[McAf09] McAfee, Andrew P.: *Enterprise 2.0: New Collaborative Tools for Your Organization's Toughest Challenges*. New York, McGraw-Hill, 2009.

[McOC99] McDermott, Ian und O'Connor, Joseph: *NLP für die Management-Praxis. Finden Sie heraus, was anderen wichtig ist und Sie besitzen den Schlüssel zum Erfolg. Ein Praxiskurs*. Junfermann, Paderborn 1999.

[Molc96] Molcho, Samy: *Körpersprache*. Goldmann, München 1996.

[Nier08] Niermeyer, Rainer: *Mythos Authentizität*. Campus, Frankfurt 2008.

[Ortn05] Ortner, Erich: *Sprachbasierte Informatik; Wie man mit Wörtern die Cyber-Welt bewegt.* Eagle, Leipzig 2005.

[Ortn10] Ortner, Erich: *Reset. Wie Computer Technik menschlicher machen.* Unveröffentliches Buchmanuskript, 2010.

[Petz98] Petzold, Hilarion G.: *Integrative Supervision, Meta-Consulting & Organisationsentwicklung. Modelle und Methoden reflexiver Praxis. Ein Handbuch.* Junfermann, Paderborn 1998.

[Pola85] Polanyi, Michael: *Implizites Wissen.* Suhrkamp, Frankfurt a.M. 1985.

[PPI09] PPI AG: *Studie: IT-Jobscout 2009. Stellen für Absolventen.*

[Rupp09] Rupp, Chris: *Requirements-Engineering and -Management*. 5., überarb. Auflage, Hanser, München 2009.

[ShWe76] Shannon, Claude E.; Weaver, Warren: *Mathematische Grundlagen in der Informationstheorie*. Oldenbourg, München/Wien 1976.

[Sche06] Scheelen, Frank: *Menschenkenntnis auf einen Blick. Sich selbst und andere besser verstehen*. Mvg, 6. Auflage, München 2006

[Schu09] Schulz von Thun, Friedemann: *Miteinander reden, Bd. 1: Störungen und Klärungen. Allgemeine Psychologie der Kommunikation*. 47. Aufl., Rororo, Reinbek b. Hamburg 1981.

[ScSW02] Schimmel-Schloo, Martina; Seiwert, L.; Wagner, Hardy (Hrsg.): *Persönlichkeitsmodelle. Die wichtigsten Modelle für Coaches, Trainer und Personalentwickler*. Gabal, Offenbach 2002.

[ScSe10] Schmelzer, Hermann J.; Sesselmeier, Wolfgang: *Geschäftsprozessmanagement in der Praxis: Kunden zufrieden stellen – Produktivität steigern – Wert erhöhen*. 7., überarb. Aufl., Hanser, München 2010.

[Simo07] Simon, Walter: *GABALs großer Methodenkoffer. Persönlichkeitsentwicklung*. GABAL, Wiesbaden 2007.

[Skam04] Skambraks, Joachim: *30 Minuten für den überzeugenden Elevator Pitch*. 3. Auflage, Gabal, Offenbach 2004.

[ViSc07] Vigenschow, Uwe; Schneider, Björn: *Soft Skills für Software-Entwickler: Fragetechniken, Konfliktmanagement, Kommunikationstypen und -modelle*. dPunkt, Heidelberg 2007.

[ViSM09] Vigenschow, Uwe; Schneider, Björn; Meyrose, Ines: *Soft Skills für IT-Führungskräfte und Projektleiter: Softwareentwickler führen und coachen, Hochleistungsteams aufbauen*. dPunkt, Heidelberg 2009.

[WaBJ07] Watzlawick, Paul; Beavin, Janet H.; Jackson, Don D.: *Menschliche Kommunikation: Formen, Störungen Paradoxien*. 11., unveränd. Auflage, Huber, Bern 2007.

[Wäld10] Wälde, Rainer: *Personal Branding. Natürlich erfolgreich. Auch bei Facebook, Twitter & Co.*. Rainer Wälder Media, Limburg a.d.L. 2010.

[Watz09] Watzlawick, Paul: *Anleitung zum Unglücklichsein*. 15. Auflage, Piper, München 2009.

[Watz10] Watzlawick, Paul: *Wir wirklich ist die Wirklichkeit? Wahn, Täuschung, Verstehen*. 8. Auflage, Piper, München 2010.

[Wred01] Wrede-Grischkat, Rosemarie: *Mit Stil zum Erfolg*. Heyne, München 2001.

[ZeAn02] Zemke, Ron; Anderson, Kristin: *Umwerfender Service: Die Bibel für den direkten Kundenkontakt*. 5. Aufl., Campus, Frankfurt a.M. 2002.

Register

C

D

E

F

G

H

I

J

K

O

P

R

S

T